内蒙古社科规划后期资助项目

History of Science
and Technology
in the Northern Dynasties

李海 段海龙 著

北朝科技史

上海人民出版社

目录

序

《北朝科技史》正式出版了。这是一个令人心酸又让人欣慰的事情。令人心酸的是，该书作者李海教授已于2017年6月溘然去世。李海教授研究科技史多年，本书是他的遗作，斯人已逝，不能再与同行对面晤谈，交换读书心得，探究科技史奥秘了。追忆与李海教授交往的点滴，能不心酸？令人庆幸的是，斯稿犹存，李海教授思想犹在，我们仍能通过他的著作，领悟他的所思所想，为他的学术成果，仍在泽被后世而欣慰。特别应予指出的是，内蒙古师范大学的段海龙副教授为李海教授遗稿的出版，付出了很大的精力，正是在他的精心整理、修订下，在内蒙古哲学社会科学规划办公室的大力支持下，该书才得以面世。我们要对这些感念前辈，心系学术，不吝个人付出的学界同仁，表示由衷的赞意。

《北朝科技史》是一部填补科技史研究空白的著作。长期以来，中国科技史的研究，取得了丰硕成果，出版物汗牛充栋，尤以李约瑟博士的巨著 *Science and Civilization in China*（中译本定名为《中国科学技术史》）和前中国科学院院长卢嘉锡教授主编的多卷本《中国科学技术史》最为辉煌，其他类型的中国科技史著作也比比皆是。这些著作，有以专题形式写作的，也有以断代体形式呈现的，这其中，都有涉及南北朝时期的科技史的。例如，在史仲文、胡晓林两教授主编的《新编中国科技史》丛书中，就有何堂坤、何绍庚两先生撰写的《中国魏晋南北朝科技史》专书。杜石然先生等撰著的《中国科学技术史稿》，则以专章的形式，介绍三国两晋南北朝时期的科学技术，把中国科技发展的这个历史阶段认定为"古代科技体系的充实和提高"时期。这些，对我们了解南北朝时期中国科技的发展状况，起到了至为重要的作用。

但是，所有的这些著作，都把南北朝视为一个历史阶段，当作一个整体，去探讨该阶段中国科技发展状况，忽略了南朝和北朝政权的对立和文化的差异，特别是对北朝科技的发展，有所漠视。人们潜意识中总以为，北朝是游牧民族入主中原建立起来的政权，制度简单，文化落后，科技上也乏善可陈，因而在写作时有意无意对之会有所忽视。可是，在历史上，毕竟是在北朝基础上建立起来的大隋征服了南陈，再度统一了中国，结束了自永嘉之乱以来，中国分裂近 300 年之久的"南北朝时代"。由此，如果说汉民族的形成与汉王朝的建立有千丝万缕的关系的话，中国国家传统的形成，北朝也发挥了相当大的作用。显然，对于这样一个重要的历史朝代，我们在探讨社会进步的根本动力科学技术的发展状况时，对之有所忽略，是不应该的。

李海教授的《北朝科技史》的问世，改善了科技史研究中对北朝科技有所忽视的状况，填补了相应的空白。李海教授（1948 年 9 月 18 日—2017年 6 月 21 日）是山西最北部的大同左云县人，1976 年毕业于山西师范学院（现山西师范大学）物理系，之后任教于雁北师范专科学校（1993 年改为雁北师范学院）。2006 年，该校与大同医学专科学校等学校合并，成立山西大同大学，李海教授随之在该校物理与电子科学学院工作。大同历史上曾是北魏的都城（时称平城），留有与北魏有关的重要文物古迹，相关史料文献也更为丰富，李海教授在从事繁重的物理学教育之余，利用这些便利条件，对北魏乃至整个北朝科技史开展了深入研究，取得了一系列成果。例如，他的"北魏尺度及其对后世的影响""北魏孝文帝对度量衡的改革及其影响"，从度量衡史的角度，揭示了北魏度量衡对后世度量衡格局的形成所起的决定性作用。天文学是古代科学的带头学科，李海教授对北朝天文学的发展也着力甚多，他的"北魏铁浑仪考"，指出我国历史上第一台铁浑仪是在北魏铸成的，行用达 300 余年之久；他的"李兰漏刻——中国古代计时器的重大发明"，对北魏道士李兰发明的秤漏等做了探讨，指出了该项发明的历史意义，并对前人的研究与复原做了讨论；他的"北魏明堂初步研究"，不仅辨析了北魏平城明堂的成因、地理位置、具体构型等，还着重指出，该明堂不仅具有政治功能，更能用于天文观测与演示；他的"北魏天文学成就初探"，在其研究的基础上，综述了北魏天文学发展取得的各项成就，揭示了北魏天文学在整个中国古代天文学史上的地位。在从事这些研究的同时，李海教授还有意识地将研究的视野投向更广阔的天地。他的"北魏旱地农业技术研究""北魏纺织技术研究"属于农史研究的范畴；他的"北魏机械制造成就初探"，属于技术史的领地；他的"北魏乐律学研究"，则进入了物理学史研究的领域。显然，李海教授就是用这样的方式，为撰写一部全面反映北朝科技发展状况的著作做着扎扎实实的学术准备。

当然，李海教授的研究视野并不仅限于北朝，他对大同历史的诸多研究、对中国古代物理学史的诸多探索、对西方科技史上一些重要人物和事件的介绍，都多有成果问世。也正是由于具有这样全面的学术视野和扎实的学术准备，《北朝科技史》才得以成稿。

李海教授生前，未能看到《北朝科技史》的成书。现在，经过数位热心学者的努力，上海人民出版社圆了李海教授的心愿，使该书得以面世。《北朝科技史》是李海教授筚路蓝缕，以启山林之作。对这样一部著作表达敬意的合理的方式，是认真研读它，辨析其长处和不足，在其基础上做进一步的探索，最终超越它，超越已有的研究——栉风沐雨，薪火相传。相信这也是李海教授的愿望。

是为序。

关增建

2019 年 7 月

于上海交通大学

前　言

　　北朝（386—581）是中国古代东晋和隋唐之间存在于北方的五个朝代的总称，包括北魏、东魏、西魏、北齐和北周。东魏和西魏由北魏分裂而成，东魏之后为北齐，西魏之后为北周。北魏对北方的统一，不仅结束了近150年的中原混乱局面，还为之后隋唐的统一奠定了基础。

　　北魏由鲜卑拓跋部所建，开创了北朝时代。鲜卑拓跋以游牧民族入主中原，学习中土文化，兼容并蓄，在科学技术方面取得了较大的进步和突破。北朝一方面继承和发展中原已有科技，一方面吸收以佛学为代表的域外文化使之成为中华文化的一部分。期间，在天学、地学、算学、农学、医学、建筑及机械技术等诸多方面涌现了大量人才，产生了一系列的重要成果。北朝科技与南朝科技一道，为充实和发展中国古代科技体系起到了重要的作用。

　　在中国古代科技史中，北朝科技有两个特点比较突出：

一、继承与发展

　　如同其他时期的科技一样，北朝科技首先在前人成果的基础上得以发展，并在"继承与发展"方面表现得更为突出，在天、算、农、医、地、建筑及手工制作等方面都有所体现。

　　中国古代一直有治历的传统，北朝之前就有多部历法出现。北朝期间，历法家频频出现，呈遍地开花之势，期间修订历法者十余家，正式改历六次。其中不乏优秀历法，如《神龟历》将九家之法综成一历，后改名为《正光历》，首次记载了七十二候。北朝对天文的观察和记录十分完备，出现了多项重大发现，尤其是新星和超新星的发现及张子信的三大发现，直接促进了中国天文学的发展。565年前后，张子信发现了太阳视运动的不均匀性、五星视运动的不均匀性以及月球视差对日食的影响等"三大发现"。这三大发现及其初步定量的描述方法，将中国古代对于交食、太阳与五星运动的认识提高到了一个新阶段，在定气、定朔、晷影、漏刻、日月交食、五星运行等计算中，引入了前所未有的新观念、新方法，开创了古代历法计算的新局面。张子信的工作深刻影响了隋唐历法的编撰，在中国古代天文史上具有特殊的地位。

同其他朝代一样，北魏对于度量衡的考定也非常重视，开启了"大小制"并存制度，即天文乐律尺沿用"古制"，长期不变；日常使用的度量衡，根据当时社会发展的实际情况制定实施。北朝这一制度，既稳定了社会经济秩序，又为之后隋唐的度量衡制度奠定了良好的基础，并基本为隋唐至明清所沿用。

中国算学史上，北朝出现了一批天算家。甄鸾博达经史，尤精历算，著有《五经算术》《五曹算经》和《数术记遗》，并为《周髀算经》《夏侯阳算经》《张丘建算经》等多种数学名著作注。清阮元在《畴人传》中说："鸾为学精思，富于论撰，诚数学之大家矣！"《张丘建算经》广泛吸收了《九章算术》的成果，并提供了很多推陈出新的创见。在具有里程碑意义的《算经十书》中，北朝贡献了三部著作，有力地充实了中国古代算学内容。

北朝农学巨著《齐民要术》，除记录作者贾思勰的劳动实践、考察研究外，还引用古书多达150余种，影响了元代《农桑辑要》《王祯农书》、明代《农政全书》、清代《授时通考》等书的体例和取材，为后来的农学发展奠定了基础。

郦道元的《水经注》30多万字，记述时间上起先秦、下至南北朝，记载各水道流域自然地理和人文地理概况，内容丰富，大多文献真实可靠，是我国6世纪的一部地理百科全书。并由此形成了一门专门的学问"郦学"，研究者逐步形成了考据、地理和辞章三派。

北朝期间，帝王御医多次主持、组织众多医家集体编撰医书，卷帙甚巨。编撰有《药方》百余卷、《徐氏家传秘方》二卷、《徐王八世家传效验方》十卷、《徐王方》五卷、《小儿方》三卷、《集验方》十卷、《备急单要方》三卷等，对医术的总结、提高和推广具有积极意义。

建筑方面，北魏平城宫城的基础是汉代平城县城，洛阳城的基础是东汉洛阳城，而东汉洛阳城又是继承发展了西周成周城、东周王城、秦和西汉的洛阳城。东魏、北齐的邺南城具有明显的中轴线，开创了中国都城整齐划一的新规制。北朝都城的建设都是继承旧城，并对后世的都城建设产生了深远的影响。

在技术方面，北朝灌钢技术发展成熟，綦毋怀文在制造"宿铁刀"的过程中，使用了灌钢法，为灌钢法的发展做出了重大贡献。灌钢法是我国古代炼钢工艺中的最高成就，在坩埚炼钢法发明之前，它一直是最先进的炼钢方法。北朝发展的灌钢技术对我国古代炼钢技术的进步和钢铁生产起到了巨大的推动作用。

二、吸收与融合

秦汉一统天下之后，中原被视为正统。北魏的进入，打破了这一定势。鲜卑拓跋部以中土文化为师，认真学习并竭力实践，经过几代帝王的努力，使本民族与汉族真正融合为一体。他们不仅不排斥外域文化，还接纳并吸收之。北朝期间，佛教盛行，尽管有数次灭法活动，但佛教已经生根开花，并直接影响了北朝天文历法、医学、建筑等领域的发展。

南北朝时期，印度天文学开始明显地影响中国天文学。北朝天算家们纷纷编撰"七曜术"之书。"七曜术"伴随着佛教的传入而传入，为西域高僧在中土传播佛教的同时带来的印度天文历算知识，经西域、河西走廊到中原。439 年，北凉赵𤕤撰《七曜历数算经》进入中原。北魏太武帝拓跋焘时期，《七曜历》在中原已经很流行。太武帝后，七曜历在知识界的影响更大。此外，北朝还译出了以婆罗门为名的天文历法或算经六部：《婆罗门天文经》二十一卷（题"婆罗门舍仙人所说"）、《婆罗门竭伽仙人天文说》三十卷、《婆罗门天文》一卷、《婆罗门算法》三卷、《婆罗门阴阳算历》一卷、《婆罗门算经》三卷。七曜术之东来，对完善发展中国古代天文学起到了积极的促进作用。

随着佛教的传播，南亚医学知识传入中国，有外域僧人从事医学活动，亦有大量南亚医书被翻译传入，还有西来高僧和本土医僧合作，撰写了不少医书。北朝时期传入的印度医学逐渐被中国传统医学接纳吸收，并最终成为中国医学的重要组成部分。

南北朝时期，印度式样的佛教建筑在中原建设过程中逐步被"汉化"，塔在寺中的地位逐渐下降，佛寺布局中的中国传统建筑色彩不断增强，佛寺整体建筑表现为中轴线对称分布，殿堂建筑不断增多，布局日益复杂，为隋唐时期佛寺布局的进一步汉化奠定了基础。佛寺建筑在北朝实现了文化融合，佛教文化与中国传统建筑相结合，形成了具有中国传统特色的佛教建筑。

可以看出，佛学文化对于北朝的天文历法、医学、建筑等产生了重要影响。但中土原有的科技体系并没有被弱化，而是将其吸收借鉴并本土化之后融合为一体，继续向前发展，取得了丰硕成果，对后世的科技发展产生了深远的影响。

北朝科技一方面继承和发展秦汉以来形成的体系，在天文、地学、农学、医学、建筑等领域取得了长足的发展和重大的突破；另一方面借鉴吸收外来科技知识如"七曜术历"、印度医学理论等，将其融入中国科技体系之中。北朝科技成果不仅充实了中国古代科技体系，还提升了其水平，最终完善发展了中国传统科技，对中国传统科技体系的发展起到了独特而重要的作用。

第一章　度量衡

度量衡既是测量物体长度、容量、重量的基本标准，又是国家上层建筑的组成部分。它随着人类社会生产与交换的需要而出现，又随着社会发展和制度的改变而不断变化。中国古代度量衡源远流长，内容丰富多彩。夏商周时期，度量衡制度逐步建立，成为划分土地、征收赋税的依据，建筑宫殿城堡的准绳，手工业生产的技术基础。春秋战国时期，诸侯割据，各自为政，都独自建立了度量衡制。秦统一六国后，在秦制的基础上统一了全国度量衡。汉承秦制，并在度量衡理论和标准器的制造上有所建树。魏晋南北朝时期，魏、晋、十六国及南朝的度量衡基本沿袭汉制。而北朝的度量衡却有较大的变革：其一，单位量值急剧增大；其二，初步形成了度量衡大制与"古制"两个系统。这种变革成为隋唐，乃至宋明清度量衡制的基础。本章主要讨论北朝度量衡制度的渊源、单位量值的演变及其影响。

第一节　北朝度量衡溯源

北朝度量衡是在继承前人成果的基础上发展起来的。为了厘清其发展脉络，先简要叙述两汉、魏晋及南朝度量衡的一些重要事件。

一、刘歆的贡献

刘歆（？—23），字子骏，沛（今江苏沛县）人。西汉末期著名的经学家、目录学家、律历学家[1]。

---

[1]　[东汉] 班固：《汉书》卷三十六。

王莽篡汉后，复古改制，征集通晓律历学的学者百余人。在刘歆的主持下，考证了历代度量衡器制；依"周礼"，研究了度量衡进位制、单位系列名称、单位量标准、标准器形制及行政管理等，并整理成审度、嘉量、权衡诸篇专论，收入《汉书·律历志》，成为我国最早的度量衡专著。其主要内容是[①]：

度者，分、寸、尺、丈、引也，所以度长短也，本起于黄钟之长。以子、谷、秬、黍中者，一黍之广度之，九十分黄钟之长，一为一分，十分为寸，十寸为尺，十尺为丈，十丈为引，而五度审矣……职在内官，廷尉掌之。

量者，龠、合、升、斗、斛也，所以量多少也，本起于黄钟之龠。用度数审其容，以子、谷、秬、黍中者，千有二百实其龠，以井水准其概，合龠为合、十合为升、十升为斗、十斗为斛，而五量嘉矣……职在太仓，大司农掌之。

衡权者：衡，平也；权，重也，衡所以任权而均物平轻重也。

权者，铢、两、斤、钧、石也，所以称物施，知轻重也。本起于黄钟之重。一龠容千二百黍，重十二铢，两之为两。二十四铢为两，十六两为斤，三十斤为钧，四钧为石……五权之制……职在大行，鸿胪掌之。

秬，黑色的黍。黄钟，律名，古代十二律中的第一律，亦指黄钟律管。龠，原为古代的一种管乐器，转为古代一种容量单位，2龠为1合。概，量米粟时刮平斗、斛用的木板。铢，古代重量单位，24铢为1两。"衡所以任权而均物平轻重也"，权与物的重量相等，才能相平衡。可见，称重的标准器应是等臂秤（天平）。这段文献记载的意思是：

长度为分、寸、尺、丈、引（五度），都采用十进制，即

1引 = 10丈，1丈 = 10尺，1尺 = 10寸，1寸 = 10分。

---

① ［东汉］班固：《汉书》卷二十一。

度起源于黄钟的长度。长度单位的标准是，以吹出黄钟音律的开口笛管之长的 1/90 作为 1 分（黄钟律管长为 9 寸）。以一粒中等黍的宽度（横黍）定为 1 分，作为校验 1/10 寸的佐证。这样，90 粒中等横黍就与黄钟律管等长，100 粒中等横黍之长就是 1 尺。

量制为龠、合、升、斗、斛（五量），除 2 龠为合外，其余采用十进制，即 1 斛 = 10 斗，1 斗 = 10 升，1 升 = 10 合，1 合 = 2 龠。

量起源于黄钟的容积。其单位的标准是，以黄钟律管的容积为 1 龠。1 龠的容积可用黍来校验，即选择中等黍 1200 粒，置于黄钟律管内，再用"概"校正，恰如水平。这样平准的 1200 粒黍就是 1 龠的容量。"用度数审其容"，这是提出，容量是长度的导出单位，只要定出标准器各部位的尺寸，就可计算出标准器容积。

衡制为铢、两、斤、钧、石（五权），换算关系为

1 石 = 4 钧，1 钧 = 30 斤，1 斤 = 16 两，1 两 = 24 铢。

衡起源于黄钟的重量，其单位的标准是，置于黄钟律管内中等黍 1200 粒，它的重量就是 12 铢。

上述文献确立了度量衡三个量的相互关系、单位名称、进位关系等，这些内容既是西汉度量衡制度的实录，又是对秦代度量衡制度的补记[1]。突出的一点是，明确规定度量衡以黄钟为标准，藉以累黍定出尺度、容量、权衡的单位量值。

《汉书·律历志》尚记载了刘歆制定的度量衡标准器。其中，最著名的是"新莽铜嘉量"。该嘉量以《考工记》中的"栗氏量"为模式设计制造，包括了龠、合、升、斗、斛这五个容量单位，即上为斛，下为斗，左耳为升，右耳为合、龠。这五部分量器都内呈圆柱形，见图 1-1。新莽铜嘉量的每一个量又有详细的分铭，分别记录了各器的径、深、底面积和容积。如斛铭是：

---

① 阴发鲁、许树安：《中国文化史》（三），北京大学出版社 1991 年版，第 68 页。

律嘉量斛，方尺而圜其外，庛旁九厘五毫，冥百六十二寸，深尺，积千六百二十寸，容十斗。

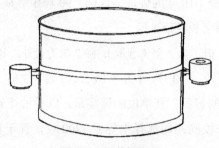

图 1-1　新莽铜嘉量

1978 年，学者刘复、马衡、励乃骥等人对台北"故宫博物院"所藏的新莽铜嘉量作了精确的测量和计算，得出①：

1 尺 = 23.10 厘米，1 升 = 200 毫升，1 斤 = 224 克。

这三个单位量的数值，后世称为度量衡古制（小制）。

据有关专家考证②：西汉时，1 尺约合当今 23.10 厘米，1 升约合当今 200 毫升，1 斤约合当今 250 克；东汉时，斤的数值有所减小，1 斤约合当今 220 克，尺、升的数值同西汉。

二、杜夔尺和魏大司农斛

（一）杜夔尺

《隋书·律历志》云③："魏武（曹操）始获杜夔，使定音律，夔依当时尺度，权备典章"，"魏有先代古乐，自夔始也，自此迄晋，用相因循"。杜夔，字公良，河南人，生卒年不详，三国时著名的音律学家。魏文帝曹丕黄初年间（220—226），杜夔任太乐令、协律都尉。杜夔因制乐的需要制尺，但"依当时尺度"，即按曹魏当时日常用尺的长度制造律尺。所谓日常用尺，即指官尺或市尺，用于市场交易与税收的尺度。律尺，指天文乐律尺，即调

---

① 邱隆：《中国历代度量衡单位量值表及说明》，《中国计量》2006 年第 10 期。
② 丘光明：《中国物理学史大系计量史》，湖南教育出版社 2002 年版，第 229—322 页。
③ ［唐］李淳风：《隋书》卷十六。

钟律、测表影的一种专用尺。唐李淳风收集了汉至隋共 17 个朝代的 27 种古尺之记载及实器，并以"荀勖律尺"（晋前尺）之长为标准，考校这些尺度，分别其异同，列为十五等尺，载于《隋书·律历志》中。荀勖律尺之长为 23.10 厘米（见下文），杜夔尺"实比晋前尺一尺四分七厘"，其长为 23.10 × 1.047 = 24.1857 厘米。杜夔尺即"魏尺"，为《隋志》十五等尺中的第五等尺，较东汉之尺稍长。

（二）魏大司农斛

魏晋数学家刘徽曾测算三国时曹魏大司农斛，并与新莽嘉量作比较。对此，《晋书·律历志》记载，魏陈留王景元四年（263），刘徽注《九章商功》曰[①]：

> 当今大司农斛，圆径一尺三寸五分五厘，深一尺。积千四百四十一寸十分寸之三。王莽铜斛于今尺为深九寸五分五厘，径一尺三寸六分八厘七毫。以徽术计之，于今斛为容九斗七升四合有奇。魏斛大而尺长，王莽斛小而尺短也。

这段文献是目前可供考证曹魏时期容量制度的惟一可信资料，弥足珍贵。通过对这段文献的疏释，可以得到以下重要信息。

1. 推算魏尺的长度

"王莽铜斛于今尺为深九寸五分五厘"，即 1 莽尺相当于魏尺（今尺）的 0.955 尺。因为 1 莽尺 = 23.10 厘米，则 1 魏尺 = 23.10/0.955 = 24.1885 厘米，1 魏寸 = 2.41885 ≈ 2.4189 厘米。与依《隋志》计算的魏尺（杜夔尺）相符。

2. 计算魏斛与莽斛的容量值（以魏尺测量并计算）

"以徽术计之"，即按刘徽给出的方法计算。由"当今大司农斛（魏斛），圆径一尺三寸五分五厘，深一尺"，取 π = 3.14，可得 1 魏斛 = $\pi R^2 H$ = 3.14 × (13.55/2)^2 × 10 = 1441.3（立方寸），1441.3 × 2.4189^3 = 20399 厘米^3。则 1

---

① ［唐］房玄龄：《晋书》卷十六。

魏升 = 203. 99 厘米^3 ≈ 204 厘米^3。

由"王莽铜斛于今尺为深九寸五分五厘，径一尺三寸六分八厘七毫"，取 π = 3.14，可得 1 莽斛 = $\pi R^2 H$ = 3.14 × (13.687/2)^2 × 9.55 = 1404.4（立方寸），1404.4 × 2.4189^3 = 19871 厘米^3。则 1 莽升 = 198. 71 厘米^3 ≈ 198.7 厘米^3。

比较魏斛与莽斛的容量：1 魏斛 /1 莽斛 = 20399/19871 = 1.0263，即 1 魏斛容量比 1 莽斛容量大 2.63%。故 1 莽斛 = 10/1.0263 ≈ 9.74（斗），即莽斛"于今斛为容九斗七升四合有奇"。

由此得到结论："魏斛大而尺长，莽斛小而尺短。"

三、荀勖律尺

西晋初期，礼乐方面仍沿用曹魏时期杜夔所定的音律制度。但是，杜夔所定的音律并不十分准确。晋武帝司马炎泰始九年（273），晋武帝指派荀勖考订音律。荀勖（？—289），字公曾，颍川颍阴（今河南许昌）人，晋代著名音律家。荀勖历经曹魏和西晋两个政权，仕宦终生。西晋初，荀勖主持乐律改革，制造出 12 支标准铜律管，发现了管口校正数，对中国音律学的发展做出了重大贡献。他还考校和制定了新的律尺，在中国计量史上也占有一席之地。

荀勖为了考订音律，首先要找到能发出标准音高的乐器，再按这种乐器所提供的长度基准来核定尺度。尺度确定之后，就可按照规定的尺寸制作出新的乐器。可见，长度基准的确定，是考订音律过程中至关重要的一环。荀勖发现了当时行用的尺度（杜夔尺）与古尺之差别，于是根据姑洗玉律、小吕玉律、西京铜望臬、金错望臬、王莽铜斛、古钱及建武铜尺等七种古器制定出新的律尺——古尺（周尺），即"荀勖律尺"，又称晋前尺，尺长为 23.10 厘米。从而为后世考定音律工作奠定了良好基础。对此，《晋书·律历志》曰[①]："中书监荀勖校太乐，八音不和，始知后汉至魏，尺长于古四分有余，勖乃部著作郎刘恭，依《周礼》制尺，所谓古尺也"。晋泰始十

---

① ［唐］房玄龄：《晋书》卷十六。

年（274），荀勖用其律尺，"谨依典记，以五声、十二律还为宫之法，制十二律" ①。即依照三分损益法制造了与十二律相应的 12 支标准铜律管，以调声韵，"时人称其精密"。荀勖律尺后来被祖冲之所收藏，又辗转传到了唐李淳风手中。李淳风即以此尺之长为标准，考校他尺，载于《隋书·律历志》中。

当初，荀勖用其律尺考订音律时，也受到争议。散骑侍郎阮咸讥讽荀勖所造律尺，长短不准，校考的乐律太高，"声高则悲，亡国之音。亡国之音哀以思，其人困。今声不合雅，惧非德正至和之音，必古今尺长短所致也……后始平掘地得古铜尺，岁久欲腐，不知所出何代，果长荀尺四分" ②。下面从声学原理说明阮咸提出的问题：

一根乐律管发出的声音，是由管内空气柱的振动所致。音调的高低决定于管内空气柱的振动频率。当振动频率增加时，就会感到音调提高；反之，音调降低。理论上开口管频率的公式是：

$$f = \frac{V}{2\left[(L - H/2) + 0.612D\right]}$$

$$(1-1)$$

其中，f 为乐律管基音频率；V 为管内声速，声速与温度有关，约 1 ℃时，$V = 3400 \text{ m/s}$；L 为乐律管长度；H 为开口管吹口豁口长度，$(L - H/2)$ 为律管的有效长度；D 为管内径，$0.612D$ 为管口校正值。如 D、H 固定，则开口管基音频率就取决于 L。

据（1-1）式可得：管子增长（$L\uparrow$），频率减小（$f\downarrow$），音调就降低；反之，音调升高。由荀勖律尺确定的黄钟律管长为 23.10 × 0.9 = 20.79 厘米。阮咸古铜尺 1 尺 = 23.10 + 0.23 × 4 = 24.02 厘米，由其确定的黄钟律管长为 24.02 × 0.9 = 21.618 厘米。因为由荀勖律尺确定的律管短（即 L 小），则发出的音调高（f 高）。

不过，晋武帝认为荀勖律尺与周汉的古尺、古律相合，仍批准行用。但"荀勖监新尺，惟以调音律，至于人间未甚流布" ③。这说明西晋泰始十年以

_____

①②③〔唐〕房玄龄：《晋书》卷十六。

后，荀勖律尺仅用于天文乐律，日常用尺仍为杜夔尺。

综合文献、考古资料及传世物器，可将三国曹魏及西晋时度量衡日常用器的单位分别厘定为：1 尺约合当今 24.20 厘米，1 升约合当今 200 毫升，1 斤约合当今 220 克 [1]。

四、东晋、十六国及南朝的尺度

（一）东晋、十六国的尺度

西晋末年，荀勖律尺遗失。东晋元帝（317—322 在位）后，江东所用尺为"晋后尺"，"实比晋前尺一尺六分二厘（24.5322 厘米）" [2]，为《隋志》十五等尺中的第六等尺，实为杜夔尺，随俗而来，略有讹增。

十六国时期，前赵刘曜光初四年（321）铸浑仪，八年铸土圭，所用"浑天仪土圭尺"，为《隋志》十五等尺中的第十四等尺——"杂尺"，"实比晋前尺一尺五分（24.2550 厘米）" [3]，与杜夔尺相近。十六国时期的尺度出土实物很少，传世者亦不多见。目前所见实物并知其出土地点者有两种 [4]：一是北凉木尺。1963 年，新疆吐鲁番阿斯塔那十六国墓出土一件北凉木尺，长为 24.50 厘米；二是后凉骨尺。1975 年，甘肃敦煌市文化路后凉墓出土二件后凉骨尺，长均为 24.20 厘米。由文献和考古实物可证，十六国时期的尺度仍为杜夔所定并流传下来的"今尺"。可见，永嘉之乱以后，天文乐律用尺与日常用尺又合二为一。

综上，东晋、十六国尺度仍以杜夔尺为准，也可厘定为 24.20 厘米。

（二）南朝的尺度

《隋志》十五等尺中提到的南朝之尺有六种 [5]：

宋氏尺，"实比晋前尺一尺六分四厘"（24.5784 ≈ 24.58 厘米），为《隋志》十五等尺中的第十二等尺。《隋书·律历志》注云："此宋代人间所用尺，传入齐、梁、陈，以制乐律。"

钱乐之浑天仪尺，南朝刘宋太史令钱乐之制浑天仪时所用的律

---

①④　丘光明：《中国物理学史大系计量史》，湖南教育出版社 2002 年版，第 229—322 页。

②③⑤　[唐]李淳风：《隋书》卷十六。

尺。与宋氏尺同列为第十二等尺。可见，宋氏尺在刘宋时，亦用于调律制器。

梁朝俗间尺，"实比晋前尺一尺七分一厘"（24.7401 厘米），南朝萧梁的日常用尺，为《隋志》十五等尺中的第十五等尺。宋氏尺和梁朝俗间尺二者长度相近，都是杜夔尺讹增而来。

祖冲之所传铜尺，即荀勖律尺（晋前尺），为《隋志》十五等尺中的第一等尺，即周尺。刘宋大明六年（462），祖冲之制成《大明历》，呈进朝廷，因戴法兴反对而未能施行。祖冲之修撰《大明历》时，可能行用此铜尺。

梁表尺，"实比晋前尺一尺二分二厘一毫"（23.6105 厘米），为《隋志》十五等尺中的第三等尺。《隋书·律历志》引萧吉云："出于司马法。梁朝刻其度于影表，以测影。"又云："此即奉朝请祖暅所算造铜圭影表者也"。祖暅，祖冲之之子，南朝著名数学家、历算家。祖暅曾用梁表尺修订《大明历》，并三次上书梁武帝，建议采用之。梁天监九年（510），《大明历》得以颁行，在梁、陈两朝共行用了 80 年（510—589）。《隋书·律历志》又载，梁表尺"经陈灭入（隋）朝。大业中，汉以合古，乃用之调律，以制钟磬等八音乐器"。可见，南朝梁、陈曾行用过梁表尺。隋大业年间，又用之调律制器。

梁法尺，"实比晋前尺一尺七厘"（23.2617 厘米），与晋时田父野地中所得的玉尺，同为《隋志》十五等尺中的第二等尺。梁武帝《钟律纬》中记有此尺，比祖冲之所传铜尺长半分。《隋书·律历志》云："梁初，因晋、宋及齐，无所改制。其后武帝作《钟律纬》，论前代得失……未及改制，遇侯景乱。"据此可知，梁武帝时为考校乐律，曾依照古制造出新律尺——梁法尺。但因遇侯景之乱而未及改制，故梁法尺并未推行。实际上，梁朝律尺亦用宋氏尺，有《隋志》云"传入齐、梁、陈，以制乐律"可证。

可见，南朝时无论是日常用尺，还是律尺（梁表尺除外），仍行用杜夔尺（或略有增损）。

第二节　北朝度量衡管理及乐律学家的工作

一、北朝对度量衡的管理

度量衡的考订与乐律关系密切，《尚书·舜典》言"同律度量衡"。北朝各政权对度量衡及乐律的考订与改革非常重视。

北魏立国之初，道武帝拓跋珪就下诏考订度量衡。《魏书·太祖纪》记载 ①，天兴元年（398）七月，迁都平城。八月，"诏有司正封畿，制郊甸，端径术，标道里，平五权，较五量，定五度"。十一月，"诏尚书吏部郎中邓渊典官制，立爵品，定律吕，协音乐"。北魏太和十九年（495），孝文帝"诏改长尺、大斗。依《周礼》制度，班之天下" ②。北魏永平年间（508—512），宣武帝下诏，对北魏尺度进行了一次讨论，参加者有太乐令公孙崇、太常卿刘芳、中尉御史元匡等人 ③。北魏熙平元年（516），孝明帝诏中尉元匡，主持修订尺度，参与者有侍中崔光等人 ④。北周武帝保定元年（561），"晋国造仓，获古玉斗。暨五年乙酉冬十月，诏改制铜律度，遂致中和" ⑤。

可见，大凡遇到度量衡及乐律的重大或根本性改革问题，北朝皇帝会下诏召集众部门主管官员，共议度量衡及乐律制度损益得失。足见北朝对度量衡及乐律制度的重视，也非常重视对这项工作的管理。

如上文所言，道武帝下诏考订度量衡的同时，诏尚书吏部郎中邓渊"定律吕，协音乐"。说明北魏立国之初，由邓渊主管考订和建立度量衡制度。北魏太武帝拓跋焘时期（424—452），设置殿中、乐部、驾部、南部、北部五尚书。其中，乐部尚书管理乐律、舞蹈事宜。北魏孝文帝拓跋宏太和年间（477—499），职官体系的改革多依魏晋职官之制，九品中正，稍有损益。设

---

① ［北齐］魏收：《魏书》卷二。
② 同上，卷七。
③ 同上，卷一〇七。
④ 同上，卷一九。
⑤ ［唐］李淳风：《隋书》卷十六。

太常、光禄、卫尉、太仆、廷尉、鸿胪、宗正、司农、太府九卿，秩正三品。其中，太常卿为九卿之首，主管乐律舞蹈、祭祀祷告、天文历法、医药、占卜、书写碑文等事宜。太常卿下属与乐律有关的机构是太乐署，设有太乐令、太乐丞、协律郎、钟律郎、太乐博士等职官。我国古代进行乐律改制，须先确定基准音高（定律），然后以数理方法确定其他各律（生律），再以此造出一套标准音高乐器（一般是律管），去校准其他各乐器（正律）。而确定基准音高，即制造基音律管与度量衡有关，故太乐署的各职官不仅精通音律，而且多精通度量衡制。因此，魏晋时度量衡的考订或改制，多由主管乐事的官员主持。例如：曹魏时期，杜夔任太乐令、协律都尉，因制乐的需要而创制了杜夔尺；西晋初期，荀勖任秘书监，掌管乐事。期间，主持了乐律改革，考证并确立了荀勖律尺。北魏时亦然。另外，孝文帝所设置的太府，在魏晋时期称少府，孝文帝更名为太府，主管手工业生产及金帛府库。由于手工业生产与计量标准有关，所以孝文改制后的度量衡制度及其单位量值由太府管理。

东魏、北齐对度量衡的管理，沿袭北魏后期之制。

西魏初期，沿袭北魏后期之制。西魏废帝三年（554），在权臣宇文泰的操作下，依《周礼》，改变了西魏的官员品阶之名。西魏恭帝三年（556），宇文泰又以"汉魏官繁"为由，对国家的组织形式进行了改变。依《周礼》，设天、地、春、夏、秋、冬六官府，总理国家中央政务。其中，天官府设大冢宰卿一人为长，小冢宰上大夫二人为副，总管宫廷事务；地官府设大司徒卿一人为长，小司徒上大夫二人为副，负责土地、户籍、赋役等事务；春官府设大宗伯卿一人为长，小宗伯上大夫二人为副，负责礼仪、祭祀、历法、乐舞等事务；夏官府设大司马卿一人为长，小司马上大夫二人为副，负责军政、军备、宿卫等事务；秋官府设大司寇卿一人为长，小司寇上大夫二人为副。负责刑法狱讼及诸侯、少数民族、外交等事务；冬官府设大司空卿一人为长，小司空上大夫二人为副，负责各种工程制作事务。各官府的主官称为卿，正七命；副职称为少卿，正六命。各官府下属部门的主官为中大夫，正五命；或下大夫，正四命。天官府下属有太府，其主官为太府中大夫，正五命。此时的太府"掌贡赋货贿"，即变成了专司皇室财政收支的机构，而非北魏时主管手工业生产的九卿之一了。是时，管理度量衡的机构和职官属于春官府和冬官府。

冬官府下属与度量衡有关的机构是匠师，掌城郭宫室之制及度量衡。职官有：匠师中大夫，小匠师下大夫，小匠师上士。

春官府下属与乐律有关的机构和职官主要有：

司乐（又称乐部），总管乐律事宜。职官有大司乐中大夫，小司乐下大夫，小司乐上士。

乐师，歌舞总教习、总指挥。职官有乐师上士，乐师中士。

乐胥，乐工总监督，管理人事及学生学籍。职官有乐胥中士，乐胥下士。

典庸器，负责制造、修缮、保管及陈设乐器。职官有典庸器中士，典庸器下士。

此外，尚有司歌、司鼓、司吹、司舞、司钟磬、籥章、掌散乐、典夷乐等专业机构，其职官均有中士和下士。

以上职官中，中大夫正五命，下大夫正四命，上士正三命，中士正二命，下士正一命。

这种设置在北周时才开始实施。较之北魏，对乐事的管理分工更为详尽。

二、乐律学家对度量衡的贡献

考订乐律，先要制定律尺，因此，古代乐律学家皆精通度量衡，而且考订度量衡，亦由乐律学家完成。北朝多次考订乐律，故乐律学家众多，他们对我国古代度量衡及乐律学的发展作出了重要贡献。

（一）邓渊

邓渊，北魏前期著名政治家、乐律学家，字彦海，安定（今甘肃省泾川）人，生卒年代不详。史称其"性贞素，言行可复，博览经书，长于《易》筮"，"明解制度，多识旧事"[1]。北魏立国初期，邓渊先后任著作郎、薄

---

[1]　[北齐]魏收：《魏书》卷二四。

丘令、尚书吏部郎等职。北魏迁都平城后，邓渊随道武帝征平阳，以功赐爵汉昌子，后改下博子，并加中垒将军。邓渊为官，小心翼翼，循规蹈矩，"谨于朝事，未尝忤旨"。

考订度量衡，考订律吕、音乐是邓渊最重要的贡献之一。如前文所言，天兴元年北魏迁都平城，立即考订度量衡，并诏尚书吏部郎中邓渊"典官制，立爵品，定律吕，协音乐"①。《魏书·邓渊传》亦载②，邓渊"与尚书崔玄伯参定朝仪、律令、音乐，及军国文记诏策，多渊所为"。律吕，是指古乐十二律，按其声音高低顺序排列为：黄钟、大吕、太簇、夹钟、姑洗、仲吕、蕤宾、林钟、夷则、南吕、无射、应钟。其中，单数六律称"律"，双数六律称"吕"，合之即律吕。定律吕，即要制造出 12 支标准律管，每支律管的音高对应十二律中的一律。或先制出黄钟律管，再以黄钟律管的音高确定弦乐器的黄钟律，然后用三分损益法求得其他十一律。这些事项都必须有精确的尺度，因此，定律必先制尺。"平五权，较五量，定五度"，指考订度量衡，与"定律吕，协音乐"相辅相成。据此，邓渊制定了当时北魏的度量衡制度及度量衡单位量值，是没有问题的。

邓渊还按道武帝诏撰写《国记》，写了十余卷，都是按年月、起居、行事记载，未有体例，相当于编年史。

（二）高闾

高闾（425—? 502）③，字阎士，渔阳雍奴（今天津武清东）人，北魏著名的政治家、乐律学家。史载其"少好学，博综文史，文才俊伟，下笔成章"。高闾于太武帝时参政，太平真君九年（448）拜中书博士，后迁中书侍郎；经文成帝、献文帝，到文明太后临朝执政时，"引闾与中书令高允入于禁内，参决大政，后进爵为侯"；孝文帝承明初（476），高闾"为中书令，加给事中，委以机密"，官至中书监，后转为太常卿。宣武帝景明初（500），因年老辞官，特优授金印紫绶光禄大夫。

---

① ［北齐］魏收：《魏书》卷二。
② 同上，卷二四。
③ 同上，卷五四。

高闾精通音律，《魏书·乐志》曰[①]："闾器识详富，志量明允。每闾陈奏乐典，颇体音律，可令与太乐详采古今，以备兹典。"在孝文帝改革度量衡的过程中，高闾做出了重要贡献。《魏书·律历志》记载[②]，孝文帝太和十八年（494），时任中书监的高闾主持修订乐律。高闾上表，力荐时任"教乐令"的公孙崇"参知律吕钟磬之事"，著作郎韩显宗"亦求今时往参知"。孝文帝"诏许之"。同年，高闾和皇宗博士孙惠蔚、太乐令公孙崇依汉代京房的方法，制造了一个音高标准器——准。对此，《魏书·律历志》曰[③]："案京房法作准以定律，吹律以调丝。案律寸以孔竹，八音之别，事以粗举。"京房，汉代著名乐律学家，创建古乐六十律。为了六十律理论能在弦线上标识出来，并演示给众人观赏，京房创制了称为"准"的定律器（音高标准器），后世称之为"京房准"。《后汉书·律历志上》记载[④]："房之准状如瑟，长丈而十三弦，隐间九尺，以应黄钟之律九寸。中央一弦，下有画分寸，以为六十律清浊之节。"宋代陈畅根据这些文字记载，绘画出"东汉京房乐准图"（图1-2），载于其著作《乐书》中。由于战乱，"京房准"失传。为了作准，高闾曾制订了一种律尺，依"京房法作准以定律"，该律尺当与"古尺"同长，此尺制法载于《魏书·景穆十二王》中。

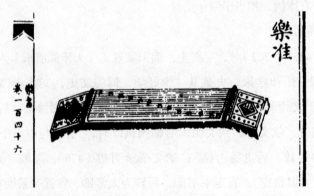

图1-2　宋代陈畅《乐书》中"东汉京房乐准图"

---

① ［北齐］魏收：《魏书》卷一〇九。
②③ 同上，卷一〇七。
④ ［南朝宋］范晔：《后汉书》卷九十一。

高闾深受孝文、宣武两帝重用，凡国家诏令颂赞之类，皆出其手。文章与高允不相上下，时称"二高"。景明三年（502），高闾卒，谥曰文侯。其生前所作军国书、檄、诏、令、碑、颂、铭、赞凡百有余篇，集为《魏书本传》三十卷，行于世。纵观高闾一生，"历官六朝，著勋五纪"，《魏书》作者魏收称其为"一代伟人"。

（三）公孙崇

公孙崇（生卒年不详），北魏乐律学家、历法家，正史无传。其事迹散见于《魏书》中的《乐志》《律历志》《刘芳传》及《广平王洛侯传附元匡传》等文献中。据《魏书·律历志》记载[①]，公孙崇曾在邺城任"教乐令"，据此推测，公孙崇或为邺城人士。教乐令即是一个普通音乐教师，"徒教乐童书学而已"，但公孙崇在乐律方面才华横溢。《魏书·乐志》记载[②]，公孙崇"即广搜黍，选其中形，又采梁山之竹，更裁律吕，制磬造钟"，即制造了 24 枚编钟组合的钟磬之乐，并撰《钟磬志议》二卷。因此，高闾对公孙崇十分赏识。太和十八年（494），上表孝文帝，竭力举荐公孙崇曰[③]：

> 近在邺见崇，臣先以其聪敏精勤，有挈瓶之智。虽非经国之才，颇长推考之术，故臣举以教乐令。依臣先共所论乐事，自作《钟磬志议》二卷。器数为备，可谓世不乏贤。

这一表奏获得孝文帝的赞同，诏许公孙崇"参加律吕钟磬之事"，并官封给事中，后任太乐祭酒。从太和十八年开始，公孙崇便与高闾共事，历时五年。

景明元年（500），宣武帝继位，公孙崇任太乐令。宣武帝"诏太乐令公孙崇等考定乐律，修理金石及八音之器"。是时，高闾年老辞官，公孙崇接替了考定乐律的工作。八音之器，就是乐器的八大类。古代划分乐器是按照制作材料来归类的，如编钟用金属制作，就归入"金"类；磬用石或玉制

---

①③ ［北齐］魏收：《魏书》卷一〇七。
② 同上，卷一〇九。

作，就归入"石"类；琴、瑟等用丝线作为琴弦，归入"丝"类等等。这样，金、石、土、革、丝、木、匏、竹共八类，所以称为"八音"。"八音之中，金石为先"。古代的金、石类打击乐器，在祭典音乐活动中，往往被视为"重器"，而得到特殊的重视，故有"金石及八音之器"的提法。有时，金石也泛指各种乐器。修理乐器，要有准确的律尺，为此，公孙崇据《汉志》，"以一黍之长，累为寸法"制造新尺、新秤。宣武帝景明四年（503），"并州获古铜权，诏付崇以为钟律之准"①。公孙崇便用古铜权考校其新秤，结果完全符合"古制"。《魏书·乐志》记载②，永平二年（509），"太乐令公孙崇所造八音之器并五度、五量"。据此，公孙崇还制造过量器。宣武帝永平年间（508—512），北魏朝廷内部展开了一次古律尺之争，或称"永平乐议"。是时，太乐令公孙崇、太常卿刘芳、中尉元匡各以自己所造之尺参与争论，众人看法不一，各持己见。此事影响甚大，载于《魏书·律历志》中。

公孙崇不仅精于律算与器乐制造，在乐律理论上也颇有建树。他发现了七弦琴的纯律特性，同时注意到了民间对楚调的爱好，发明或推广了七弦琴仲吕宫弦式，不再囿于京房律制③。公孙崇精于历法，宣武帝景明年间（500—503），曾撰《景明历》，但没有颁行。

（四）刘芳

刘芳（452—513），字伯之，彭城（今江苏徐州）人，汉楚元王之后，北魏著名政治家、乐律学家。《魏书·刘芳传》记载④，刘芳少年时，家道中落，流离失所。16岁时，流落到北魏平城，为平齐民⑤。刘芳虽处穷窘之中，但"业尚贞固，聪敏过人，笃志坟典。昼则佣书，以自资给，夜则读诵，终夕不寝"，终于学有所成。成年后，"才思深敏，特精经义，博闻强记，兼览

① ［北齐］魏收：《魏书》卷一〇七。
② 同上，卷一〇九。
③ 王德埙：《论楚、瑟、平三个调与公孙崇的七弦琴仲吕宫弦式》，《中国音乐学》1992年第2期。
④ ［北齐］魏收：《魏书》卷五五。
⑤ "平齐民"为北魏平定三齐得来的民户。见邢丙彦：《〈"平齐民"与"平齐户"试释〉商榷》，《上海师范大学学报》（哲学社会科学版）1983年第4期。

《苍》《雅》，尤长音训，辨析无疑"；"沉雅方正，气度甚高，多通经传"，熟悉儒家典章制度。

早在平城时，孝文帝"诏中书监高闾、太常少卿陆琇、并公孙崇等十余人修理金石及八音之器"。迁都洛阳后，此事由太乐令公孙崇负责。宣武帝时，公孙崇"乃上请尚书仆射高肇，更共营理。世宗诏芳共主之"。刘芳上表认为，礼乐之事关系重大，应广泛召集公卿大臣、大儒宿彦，进行深入的讨论。刘芳所陈得到采纳，数旬之内，朝臣频繁讨论三次。大家认为公孙崇专管此事已久，不应有谬妄之处。因此，到会者大多默然无语。刘芳则探引经书，搜寻旧文，共相质难，所说都有明确根据。刘芳认为，当时乐器盈缩尺度都与典制有差距，不合典制范式。公孙崇虽然也有一些应答，但往往答非所问，终而无法自圆其说。宣武帝得知这些情况后，就下诏委派刘芳另外继续考索典制，"寻太常卿刘芳，受诏修乐，以柜黍中者，一黍之广即为一分"①。刘芳为了考订乐律，"积黍起度"，制造了一种律尺，此尺和孝文帝时制定的律尺相等，在"永平乐议"中当作争论的一方。

刘芳一生，著述颇丰，撰郑玄所注《周官仪礼音》、干宝所注《周官音》、王肃所注《尚书音》、何休所注《公羊音》、范宁所注《榖梁音》、韦昭所注《国语音》、范晔《后汉书音》各一卷，《辨类》三卷，《徐州人地录》二十卷，《急就篇续注音义证》三卷，《毛诗笺音义证》十卷，《礼记义证》十卷，《周官》、《仪礼义证》各五卷。宣武帝延昌二年（513），刘芳卒，年61岁。诏赐帛400匹，赠镇东将军、徐州刺史，谥文贞。

（五）元匡

元匡（？—525），字建扶，北魏政治家、音律学家。史称其"性耿介，有气节"②。元匡本是阳平幽王的第五个儿子，由于广平王洛侯无子，死后谥为"殇"，并以元匡作为其后嗣。孝文帝很器重元匡。匡，为孝文帝所赐，意即匡辅帝室，以终成其美。

元匡热衷于度量衡的考订和改革，常与人争辩。宣武帝时，元匡"以一

---

①② ［北齐］魏收：《魏书》卷一〇九。

黍之广，度黍二缝，以取一分"①，制造了一种律尺，在"永平乐议"时，和刘芳、公孙崇进行了辩论。

孝明帝即位后，元匡又多次请求修订度量衡。元匡请求集合朝臣，议定其所制之尺是否准确。熙平元年（516），孝明帝下诏，将元匡尺、公孙崇尺、刘芳尺均交付门下、尚书、三府、九卿议定。这实际上是"永平乐议"的延续，可称为"熙平乐议"。太师、高阳王雍等人商议后，否决了元匡尺和公孙崇尺，肯定了"同高祖所制"的刘芳尺。同时，请求"停止匡议，永遵先皇之制"。孝明帝"诏从之"。

孝明帝孝昌初年（525），元匡因病而回到京城，是年去世，谥为"文贞"，并追赠恢复本来的爵位，改封为济南王。

（六）崔光

崔光（449—522），北魏著名政治家、音律学家，东清河鄃（今山东省夏津）人，本名孝伯，字长仁，其名为孝文帝所赐。《魏书·崔光传》记载②，崔光"家贫好学，昼耕夜诵"，"少有大度，喜怒不见于色"，"宽和慈善，不逆于物，进退沉浮，自得而已"。

崔光深受孝文、宣武、孝明三朝重用。《魏书·景穆十二王传》记载③，熙平元年（516），孝明帝诏中尉元匡，主持讨论、修订尺度。是时，"侍中崔光得古象尺，于是亦准议令施用"。《魏书·崔光传》记载④，正光元年（520），孝明帝"诏光与安丰王延明议定《服章》"。议定《服章》，即制定有关朝服的规定，此举需要标准律尺。这条文献表明，崔光参与了当时讨论、修订尺度之举，其所制定之尺"亦准议令施用"。崔光尚精通历法，神龟元年（518），撰《神龟历》，但未颁行。

神龟四年，崔光卒。谥文宣公，赠太傅，领尚书令、骠骑大将军、开府、冀州刺史，侍中如故。崔光一生著作宏富，"凡为诗、赋、铭、赞、诔、颂、表、启数百篇，集成五十余卷"，后来大多散佚。

---

① ［北齐］魏收：《魏书》卷一〇七。
②④ 同上，卷六七。
③ 同上，卷一九。

22

（七）元延明

元延明（482—530），文成帝的孙子，安丰王元猛的儿子。元猛死后，元延明袭安丰王。元延明是北魏后期重要的政治家、乐律学家。史称其"既博极群书，兼有文藻，鸠集图籍，万有余卷"，"以才学令望有名于世"。①

元延明在担任侍中、兼尚书右仆射期间，孝明帝"诏与侍中崔光撰定《服制》"，"以延明博识多闻，敕监金石事"。"撰定《服制》"与"监金石事"都与尺度有关，这说明元延明通晓度量衡。《隋书·律历志》记载②，元延明于北魏末，"累黍用半周之广为尺"，此尺名为"东后魏尺"，"实比晋前尺一尺五寸八毫"，为《随志》十五等尺中的第十等尺，东魏、北齐沿用。

元延明著述颇丰，曾著诗、赋、赞、颂、铭、诔 300 余篇，撰《五经宗略》及《诗礼别义》，注《帝王世纪》及《列仙传》。又撰《古今乐事》《九章》十二图，集《器准》九篇。元延明在徐州期间，曾俘获著名的历算家梁朝太史令祖暅。在元延明的宾馆中，祖暅将其数学、天文学知识，传授于元延明的宾客信都芳。信都芳是北魏、北齐间著名的历算家，为《古今乐事》《九章》十二图、《器准》作注。特别是注后的《器准》成《器准图》三卷，是中国最早的一部科学仪器专著，惜已佚失③。

（八）苏绰

苏绰（498—546）④，字令绰，京兆武功（今陕西武功）人，西魏著名政治、乐律学家。史称其"年少即好学，博览群书，尤善算术"。

宇文泰曾命苏绰"详正音律"。为此，苏绰以南朝宋尺为样本，制定了一种律尺，即历史上有名的"后周铁尺"。该尺"实比晋前尺一尺六分四厘"，为《隋志》十五等尺中的第十二等尺，北周、隋、唐用为律尺。

苏绰深得宇文泰信任，参与机密，助泰改革制度。曾创制计账、户籍等法，精简冗员，设置屯田、乡官，增加国家赋税收入。其功绩可以比之"管

---

① ［北齐］魏收：《魏书》卷二〇。
② ［唐］李淳风：《隋书》卷十六。
③ ［唐］李延寿：《北史》卷八十九。
④ ［唐］令孤德棻：《周书》卷二十三。

子治齐，诸葛治蜀"。为以后北周灭齐，并进一步统一黄河流域打下了基础。大统十二年，苏绰卒于位，时年 49 岁。

第三节　北朝尺度的单位量值及其演变

本节讨论北朝尺度的单位量值及其演变，依北魏、东魏与北齐、西魏与北周的顺序进行。

一、北魏的尺度

（一）北魏立国初期的尺度

北魏从登国元年（386）至天兴元年（398）七月迁都平城的 12 年中，正逢拨乱反正之时，北魏尚无精力完善国家机构及考订各项制度。是时，应行用十六国时期的度量衡制度。就行用的尺度而言，当为前赵刘曜铸浑仪、土圭的"杂尺"（实则杜夔尺）。十六国时期，政权更换频繁，官民不遵法度任意造尺现象时有发生，尺度不断增大。道武帝迁都平城后，采取了一系列重大举措。《魏书·太祖纪》记载[1]，天兴元年八月，"诏有司正封畿，制郊甸，端径术，标道里，平五权，较五量，定五度"。即一是"正封畿"至"标道里"，为确立京畿范围，并在此范围内规划田制、阡陌、沟洫，以督课农耕；二是"平五权"至"定五度"，考定度量衡。但依据什么考定度量衡，《魏书》等史籍中都没有记载。有学者认为，"所依乃新莽之制，实际并未实行"[2]，有待商榷。我们认为，是以三国曹魏之制考定其度量衡的。理由如下[3]：

其一，北魏拓跋氏自称是黄帝后裔。《魏书·序纪》记载，鲜卑族祖先是黄帝正妃嫘祖所生的第二个儿子昌意之子，因为昌意封地在北方，封地内有大鲜卑山，因之名号为鲜卑，即有华夏族的身份，可承继中原历史发展的

---

① ［北齐］魏收：《魏书》卷二。

② 吴慧：《魏晋南北朝隋唐的度量衡》，《中国社会经济史研究》1982 年第 3 期。

③ 李海、吕仕、高海：《北魏尺度及其对后世的影响》，《山西大同大学学报》（自然科学版）2010 年第 4 期。

统序。《序纪》又说："其裔始均，入仕尧世，逐女魃于弱水之北，民赖其勤，帝舜嘉之，命为田祖。"[①] 意即昌意的后裔始均在尧时为官，并得到舜的赏识，任命为田祖，即管理农业的官员。既然拓跋氏的祖先在尧、舜时期曾入仕为官，这就进一步肯定了拓跋氏一直是华夏族的一部分。

其二，北魏自认是曹魏的合法继承者。《魏书·崔玄伯传》记载，北魏决定以"魏"为国号，其意义有二：一是"夫魏者，大名，神州之上国"[②]。表明拓跋氏占有中原，理居"正朔"；二是拓跋珪以魏为国号，并报书于东晋，等于宣称北魏政权才是曹魏的合法继承者，而夺取曹魏政权的司马氏建立的晋政权是非法的。《魏书》称东晋为"僭伪"，是要说明北魏才是正统所在；称宋齐梁为"岛夷"，则是要表明北魏才是中原先进文化的继承者。

北魏政权既然自认为是曹魏的合法继承者，那么，其典章制度当依曹魏之制（或魏晋之制）。如北魏初始，其官制采用曹魏创立的三省（中书、尚书、门下）制，历法上袭了曹魏所用的《景初历》等。由此推断，在度量衡制上也应遵从曹魏之制，故尺度沿袭杜夔尺，尺长24.20厘米。此尺度主要作为天文律尺，长期不变。

（二）日常用尺

《隋书·律历志》记载，北魏日常用尺有三种：前尺、中尺和后尺。"前尺，实比晋前尺一尺二寸七厘"，为《隋志》十五等尺的第七等尺；"中尺，实比晋前尺一尺二寸一分一厘"，为第八等尺；"后尺，实比晋前尺一尺二寸八分一厘"，为第九等尺。

北魏前尺应为北魏前期的日常用尺。此尺和晋前尺比较，突然增长二寸多；和中尺比较，仅少四厘，意味着相当长的时期几乎不再增长；和后尺比较，又增长七分。这一记载似与历代度量衡值增长规律不符[③]，可能史籍记载有误。查《宋史·律历志》，见高若纳依《隋书·律历志》定十五

---

① ［北齐］魏收：《魏书》卷一。
② 同上，卷二四。
③ 丘光明：《中国物理学史大系计量史》，湖南教育出版社2002年版，第229—322页。

等尺曰："七、后魏前尺，比晋前尺为一尺一寸七厘"①。《隋书·律历志》亦载，开皇九年平陈后，牛弘、辛彦之、郑译、何妥等，参考古律度，各依时代，按十五等尺中的 12 种不同等尺，制成黄钟律管，俱径三分，长九寸，分别考校各律管所容黍之粒数②。其中，包括了后魏前尺、中尺和后尺。容黍分别为：前尺"一千一百一十五"，中尺"一千五百五十五"，后尺"一千八百一十九"。"前尺"比"中尺"少容 445 粒黍，作一粗略比较，可证"后魏中尺"比"前尺"仅长四厘当有误，《宋史·律历志》所记可信。按晋前尺为 23.10 厘米，可以算出后魏前尺、中尺、后尺的数值。

前尺：23.10 × 1.107 = 25.5717 ≈ 25.57 厘米；

中尺：23.10 × 1.211 = 27.9741 ≈ 27.97 厘米；

后尺：23.10 × 1.281 = 29.5911 ≈ 29.59 厘米；

上述北魏三尺何时所定，史载阙如。我们作如下推断③。

北魏前尺，为天兴元年考订度量衡时所定。十六国时期所行用的尺度，应是前赵刘曜光初四年（321）行用的"杂尺"，北魏立国初期行用杜夔尺，二者符同。从前赵光初四年到北魏天兴元年，已历时 77 年，作为日常用尺，其长度已有一定程度的增大，而且官民已习惯于增大后的量值。于是，道武帝天兴元年，诏崔玄伯、邓渊等人考订度量衡时，就把这一量值定为当时的日常用尺——北魏前尺。

北魏中尺，与"孝文改制"有关。北魏前期，由于多种社会原因，如各级官吏不给俸禄，中央官吏按等级分享战利品或受额外赏赐，地方官吏则只要上交额定租调，就可在所管辖区域任意搜刮等，致使度量衡单位量值不断增大。"后乃渐至滥恶，不依尺度"④；在容量和权衡方面，也出现了大斗、重秤，造成了严重的社会问题。孝文帝太和年间（477—499），北魏进行了一次重大的政治经济改革，史称"孝文改制"。如颁行"俸禄制""三长制""均田制"等。是时，制订度量衡制度也是"孝文改制"的内容之一。对此，

① ［元］脱脱：《宋史》卷七十一。
② ［北齐］魏收：《魏书》卷一。
③ 李海、王怡：《北魏乐律学研究》，《山西大同大学学报》（自然科学版）2015 年第 6 期。
④ ［北齐］魏收：《魏书》卷一一〇。

《魏书·高祖纪》记载，太和十九年（495）六月戊午，"诏改长尺、大斗。依《周礼》制度，班之天下"①。这简短的十几个字，且语焉不详，后世对这句话的理解也往往会产生歧义。所幸《魏书》中的《律历志》《乐志》《景穆十二王列传》《张普惠传》以及《隋书·律历志》等文献都有一些记述。通过对这些零散文献的分析，可了解当时所定度量衡的大体情况：一是把当时混乱的度量衡法制化。从天兴元年到太和十九年，在长达近百年的时间里，逐渐增大的长尺、大斗、重秤，官民早已习用。因此，只能顺其发展趋势，力求做到制度化，并以法制的形式颁发至全国各地，以保证有官定的统一度量衡。在这一背景下，制定了"后魏中尺"，并于太和十九年六月颁行。由于百姓不再受任意加大的长尺、大斗、重秤赋税之苦，加上孝文帝实行轻徭薄赋政策，因而法制化的长尺、大斗、重秤很受百姓欢迎。《魏书·张普惠传》云②："仰惟高祖废大斗、去长尺、改重秤"，万民得荷轻赋之饶。"故歌舞以供赋，奔走以役勤，天子信于上，亿兆乐于下"。二是制定律尺。孝文帝改制度量衡，为符合"周礼"而制定了律尺，以取代北魏前期所用的杜夔尺。

北魏后尺，当为孝明帝熙平年间（516—518）所定。孝文帝改制度量衡后不到20年，积弊重演，度量衡值又出现了随意增大的现象。《魏书·杨津传》曰③："延昌末（515），津为华州刺史。先是，受调绢布，尺度特长，在事因缘，共相进退，百姓苦之。津乃令依公尺度。"《北史·卢同传》曰④："熙平间，同累迁尚书左丞。时相州刺史奚康生征百姓岁调，皆长七八十尺，以邀忧公之誉，部内患之。同于岁禄，官给长绢。同乃举案康生度外征调。书奏，诏科康生罪。"《魏书·张普惠传》曰⑤："神龟中（518—520），天下民调，幅度长阔，尚书计奏，复征绵麻。"自秦汉以来，布帛皆以四十尺为一匹，而此时"皆长七八十尺"，或"幅度长阔"、"尺度特长，"问题严重。这样，将再度混乱的度量衡统一起来，成为宣武、孝明两帝必须解决的一个重要问题。《魏书·律历志》记载，宣武帝永平年间（508—512），曾对北魏尺

---

① ［北齐］魏收：《魏书》卷七。
②⑤ 同上，卷七八。
③ 同上，卷五八。
④ ［唐］李延寿：《北史》卷三十。

度进行了一次讨论，尚未定论，宣武帝崩，孝明帝继位。《魏书·景穆十二王传》记载①，孝明帝熙平元年（516）诏中尉元匡，主持讨论、修订尺度，参与者有侍中崔光等人。这次修订尺度，类似于孝文帝改制度量衡。一方面，律尺要"永遵先皇之制"②，仍然沿用孝文帝时所定的律尺。另一方面，将已增大的日常用尺法制化，制定了"后魏后尺"。是时，制尺者可能与侍中崔光有关。《魏书·景穆十二王传》曰："又侍中崔光得古象尺，于是亦准议令施用。"③崔光制尺，亦当积黍起度，而唯增加了"古象尺"为其参校物。"亦准议令施用"，即是所制定的"后魏后尺"，批准颁行。

（三）律尺

如前文所言，北魏从立国到孝文帝改革度量衡期间，北魏的律尺是杜夔尺，1尺合当今 24.20 厘米，现举例说明。

例证一。《隋书·天文志》记载④："后魏道武天兴初，命太史晁崇修浑仪，以观星象。十有余载，至明元永兴四年壬子，诏造太史候部铁仪，以浑天法，考璇玑之正……其余皆与刘曜仪大同，即今太史候台所用也。"《宋史·天文志》记载⑤："太史令晁崇、斛兰皆尝为铁仪。其规有六，四常定，一象地，一象赤道，其余象二极，乃是定所谓双规者也。其制与定法大同。"类似的内容在《旧唐书·天文志》卷三十五、《唐会要》卷四十二、《图书集成·历法典》卷八十一等文献中尚有记载。据这些资料可知：北魏立国之初，道武帝拓跋珪便命太史令晁崇修复一台前人留下的浑仪，用以观察天象。明元帝永兴四年（412），都匠斛兰主持铸造了我国历史上第一台铁浑仪。该浑仪"皆与刘曜仪大同"，"其制与定法大同"。如前文所言，前赵刘曜光初四年铸浑仪，所用尺为十四等尺"杂尺"，实为杜夔所定并流传下来的"今尺"。北魏铁仪"皆与刘曜仪大同"，其考订标准当为杜夔尺。

例证二。《魏书·释老志》记载，和平初（460），开始开凿云冈石窟的第一期工程"昙曜五窟"时，昙曜对文成帝说："于京城西武州塞，凿山石壁，

---

①②③ ［北齐］魏收：《魏书》卷一九。
④ ［唐］李淳风：《隋书》卷十九。
⑤ ［元］脱脱：《宋史》卷四十八。

开窟五所，镌建佛像各一，高者七十尺，次六十尺，雕饰奇伟，冠于一世。"[1]
昙曜五窟即 16—20 窟，今测最高的佛像在第 19 窟，高 16.8 米[2]。据此，计算
当时尺长：1 尺 = 1680 /70 = 24（厘米）。"次六十尺"，不好判断是哪个大佛，
可按其他 4 个大佛像高度的平均值计算。第 16、17、18、20 窟的 4 个大佛像
的高度分别是 13.5 米、15.6 米、15.5 米和 13.7 米，当时尺长的平均值为 1 尺 =
1350 + 1560 + 1550 + 1370 /（4 × 60）= 24.2917（厘米）。二者皆与杜夔尺符合。

495 年后的北魏律尺，则是"孝文改制"的产物。《魏书·律历志》记
载[3]，孝文帝太和十八年（494），中书监高闾主持修订音律。高闾和皇宗博士
孙惠蔚、公孙崇依汉代京房的方法，制造了一个音高标准器——准。作准先要
制订律尺，依汉"京房法作准以定律"，律尺当为"古尺"，其长 23.10 厘米。
《魏书·律历志》曰[4]：

> 太和十九年，高祖诏，以一黍之广，用成分体，九十黍之长，以定
> 铜尺。

《魏书·景穆十二王列传》曰[5]：

> 高祖孝文皇帝，以睿圣统天，克复旧典。乃命中书监高闾，广旌
> 儒林，推寻乐府，依据《六经》，参诸国志，以黍裁寸，将均周、汉旧
> 章……以一黍之大，用成分体，准之为尺，宣布施行。

可见，太和十九年，高闾等人据孝文帝的诏书，依《周礼》制度，"积
黍起度"，制定了北魏律尺，其实就是高闾作准时所制的律尺，其长同荀勖
律尺，我们称之为"孝文黍尺"。该尺于太和十九年六月颁行。

---

[1] ［北齐］魏收：《魏书》卷一一四。
[2] 赵一德：《云冈石窟文化》，北岳文艺出版社 1998 年版，第 29—32 页。
[3][4] ［北齐］魏收：《魏书》卷一〇七。
[5] 同上，卷一九。

宣武帝永平年间（508—512），朝廷内部展开了一次古律尺之争，太乐令公孙崇、太常卿刘芳、中尉元匡等参与争论，众人看法不一，各持己见，且追溯到高祖孝文帝定尺之事。《魏书·律历志》记载[①]：

> 永平中，崇更造新尺，以一黍之长，累为寸法。寻太常卿刘芳，受诏修乐，以柜黍中者，一黍之广即为一分。而中尉元匡，以一黍之广，度黍二缝，以取一分。三家纷竞，久不能决……而芳尺同高祖所制，故遂典修金石。迄武定（东魏孝静帝时）末未有论律者。

这表明宣武帝永平年间制尺，都遵循了"积黍起度"之法，但公孙崇、刘芳及元匡在如何计量黍之长广时，皆有不同，遂致争竞不决。直到孝明帝继位后，又进行了一次事关尺度的制定和讨论。《魏书·景穆十二王传》记载，孝明帝熙平元年（516），诏中尉元匡修订尺度，"请集朝士议定是非"。当时，太师、高阳王雍等人说[②]：

> 伏惟高祖创改，权量已定。匡今新造，微有参差，且匡云："所造尺度与汉志王莽权斛不殊。"又晋中书监荀勖云："后汉至魏，尺长于古四分有余。"于是，依"周礼"积黍以起度量。惟古玉律及钟遂改正之。寻勖所造之尺与高祖所定，毫厘略同。又侍中崔光得古象尺，于是亦准议令施用。仰惟孝文皇帝，德迈前王，睿明下烛，不刊之式，事难变改。臣等参论，请停匡议，永遵先皇之制。

对高阳王雍等人的建议，孝明帝"诏从之"。这表明，孝明帝为此前三家争竞做了结论，否决了元匡尺和公孙崇尺，肯定了"同高祖所制"的刘芳尺，而且要"永遵先皇之制"。从而，证明了"孝文改制"时，确曾累黍制定律尺，与荀勖律尺略同，即前文所述的"孝文黍尺"。这也符合《隋志》

---

① ［北齐］魏收：《魏书》卷一〇七。
② 同上，卷一九。

所言①："孝文时，一依《汉志》作斗、尺。"孝文黍尺是托古改制的一种形式，多用于天文、乐律制度。"故遂典修金石，迄武定末未有论律者"。即自太和十九年（495）至武定末年（550）一直用该律尺。对此再没有人讨论过。据此推测：从北魏立国到"孝文改制"前，北魏一直以杜夔尺为律尺，"孝文改制"之后，用孝文黍尺进行调钟律、测表影。

其实，孝文黍尺用于调律，也有争议。《魏书·乐志》记载，永平二年（509），尚书高肇等奏言②："案太乐令公孙崇所造八音之器并五度、五量。太常卿刘芳及朝之儒学，执诸经传，考辨合否尺寸度数，悉与《周礼》不同。问其所以，称必依经文，声则不协，以情增减，殊无准据。""悉与《周礼》不同"、"必依经文，声则不协"的原因是，北魏的乐器多来源于东晋、十六国和南朝，如《魏书·律历志》记载③："永嘉以后，中原丧乱，考正钟律所未闻焉，其存于夷裔声器而已。魏氏平诸僭伪，颇获古乐。高祖虑其太爽，太和中诏中书监高闾修正音律，久未能定也。"这些魏晋之际的乐器，多用尺长 24.20 厘米左右的魏晋尺（杜夔尺）调律，如依《周礼》，以 23.10 厘米的孝文黍尺用于这些乐器的调律，必然"声则不协"、"久未能定"。西晋荀勖造律尺之初，阮咸就发现了这一问题，并讥讽荀勖所造律尺长短不准，校考的乐律太高。这个事例也说明孝文黍尺的存在。由于孝文黍尺在调律出现问题，当时调律也可能仍用杜夔尺。

二、东魏、北齐的尺度

534 年，北魏分裂为东魏与西魏。550 年，高洋废东魏建立北齐。577 年，北周灭北齐。东魏、北齐所用之尺也是两类：日常用尺和律尺。

（一）日常用尺

《隋志》十五等尺中"后魏后尺"条注曰："此后魏初及东西分国，后周

① ［唐］李淳风：《隋书》卷十六。
② ［北齐］魏收：《魏书》卷七。
③ 同上，卷一〇七。

未用玉尺之前，杂用此等尺。"① "后周未用玉尺之前"，当指北周。东魏、北齐的日常用尺则沿袭北魏后尺。《隋志》还记载东魏的另一种日常用尺——"东后魏尺"，是《隋志》十五等尺中的第十等尺，《宋书·律历志》和《玉海》卷八均作"东魏后尺"。《隋志》记载②："东后魏尺实比晋前尺一尺五寸八毫。此是魏中尉元延明，累黍用半周之广为尺，齐朝因而用之。"据此，东后魏尺为北魏末安丰王元延明所定，为东魏日常用尺，又为北齐沿用。该尺或为东魏、北齐的部分区域所用。

关于东后魏尺，相关学者有不同的理解。依《隋志》，按晋前尺为23.10厘米计算，东后魏尺长为23.10 × 1.5008 = 34.6685厘米，要比北魏后尺增长5厘米有余。马衡在考校十五等尺时指出③，"东后魏尺"以今营造尺校之，尚长八分有奇，虽北朝以调绢之故，逐渐增长，亦不应骤增至二寸以上，而此后又复减短。揆之事理，皆有未合。故余疑《隋志》当有误字。后与《宋史·律历志》相校，乃知为"比晋前尺为一尺三寸八毫"④，"五"字实为"三"字之误。按《宋史·律历志》计算：23.10 × 1.3008 = 30.0485厘米，即东后魏尺当合今30.048厘米，比北魏后尺略有讹增。

吴慧认为，东后魏尺长度是34.75厘米。吴慧的解释是：按元延明"累黍用半周之广为尺"，依照黄钟生度量衡的学说，其义似是以横黍尺9寸，即黄钟之长为径，求其圆周取半，所得之长为尺。如以黍尺长24.5784厘米（宋氏尺）计，取圆周率π为3.1416，则黄钟律管长22.12厘米，圆周为69.49厘米，半周34.75厘米⑤。这个结果的计算过程如下：

$$L = \frac{2\pi R}{2} = 3.1416 \times \frac{24.578 \times 0.9}{2} \times \frac{69.4828 \times 0.9}{2}$$

$$= 69.4828/2 = 34.7464 \approx 34.75 \text{ 厘米。}$$

尺长与《隋志》符合。这种观点稍显勉强，尚有研究之必要。

①② ［唐］李淳风：《隋书》卷十六。
③ 马衡：《将斋金石丛稿》，中华书局1997年版，第148页。
④ ［元］脱脱：《宋史》卷七十一。
⑤ ［唐］令孤德棻：《周书》卷二十三。

陈梦家认为，东后魏尺就是"实比晋前尺一尺五寸八毫"，即尺长为 34.6685 厘米。依据是，东魏、北齐据有太行山以东的华北平原，史家称为"山东"[1]。《旧唐书·食货志》记载："山东诸州，一尺二寸为大尺，人间行用之。"[2] 此山东民间大尺，是唐官用大尺（约 29.5 厘米）的一尺二寸，约 35.4 厘米。此尺即是东魏、北齐以来"山东"地区的长尺。

我们以陈梦家先生的观点为是，并补充一相关证据，即东魏、北齐时的"齐地大亩"。贾思勰《齐民要术·卷首杂说》曰[3]：

假如一惧牛总营得小亩三顷，据齐地大亩一顷三十五亩也。

贾思勰为北魏末期著名的农学家，曾先后到现在的河南、河北、山西、山东等地考察农业生产情况。回到家乡后，从事农牧业的生产实践。他的记载应属亲眼所见，可信度很高。

从《齐民要术》来推断东后魏尺之长。由记载可知，小亩三顷，相当于大亩一顷三十五亩，即 300×1 小亩面积 $= 135 \times 1$ 大亩面积，则 1 大亩面积/1 小亩面积 $= 300/135$。假设小亩用高祖黍尺测量，大亩用东后魏尺测量，则

$$\frac{1\text{大亩面积}}{1\text{小亩面积}} = \frac{300}{135} = \frac{240 \times 6^2 \times (1\text{东后魏尺})^2}{240 \times 6^2 \times (1\text{孝文黍尺})^2},$$

$$(1\text{东后魏尺})^2 = (1\text{孝文黍尺})^2 \times 300/135 = (23.10)^2 \times 300/135,$$

$$1\text{东后魏尺} = 23.10 \times \sqrt{300/135} = 23.10 \times 1.4907 = 34.4352 (\approx 34.44)\text{厘米}。$$

与《隋书·律历志》记载基本相符。由此可以推断，东魏、北齐之际，至少在山东地区存在 34 厘米以上的"东后魏尺"[4]。

---

[1] 陈梦家：《亩制与里制》，《考古》1966 年第 1 期。
[2] ［后晋］沈昫：《旧唐书》卷四十八。
[3] ［北魏］贾思勰：《齐民要术》，卷首《杂说》。
[4] 杜永清、李海、吕仕儒：《"东后魏尺"考》，《物理通报》2011 年第 8 期。

当今有学者认为《齐民要术·卷首杂说》是唐代作品[1]。若是，则《齐民要术》所言大亩，应为唐代的"齐地大亩"。由于"东后魏尺"乃是东魏、北齐以来"山东"地区的长尺，故可推知，东魏、北齐时亦存在"齐地大亩"，即存在"东后魏尺"。

（二）律尺

根据《魏志》"迄武定末未有论律者"可知，东魏、北齐的律尺，沿袭孝文改制时所定的律尺，当为 23.10 厘米的孝文黍尺。如同北魏时期，调律时也可能仍用杜夔尺。

三、西魏、北周的尺度

534 年，北魏分裂为东魏和西魏。557 年，西魏恭帝禅位宇文觉，建立北周。581 年北周静帝禅位杨坚（隋文帝），始建隋。西魏及北周度量衡袭用北魏后期之制。天和元年（566），周武帝依玉斗改制度量衡。之后，度量衡几经变革。西魏、北周所用之尺也是两类：日常用尺和律尺。

（一）日常用尺

1. 西魏的日常用尺。《隋志》十五等尺中"后魏后尺"条注曰："此后魏初及东西分国，后周未用玉尺之前，杂用此等尺。"[2]因此，西魏和东魏一样，日常用尺沿袭北魏后尺，长为 29.5911（≈29.59）厘米。

2. 北周的日常用尺。北周的日常用尺有 2 种："后周市尺"和"后周玉尺"。后周市尺，北周初的日常用尺，实则后魏后尺。后周市尺与隋开皇官尺同属《隋志》十五等尺中的第九等尺。566 年之前，北周尚未行用"后周玉尺"时，行用此尺。对此《隋书·律历志》曰[3]：

（后魏）后尺实比晋前尺一尺二寸八分一厘，即开皇官尺及后周市尺。后周市尺，比玉尺一尺九分三厘……传梁时有志公道人作此尺，寄入周朝……周朝人间行用。

① 曾雄生：《中国农学史》，福建人民出版社 2008 年版，第 367—373 页。
②③〔唐〕李淳风：《隋书》卷十六。

由于后周市尺即后魏后尺，其长当为 29.5911 厘米。还可从"后周玉尺"之长 26.7498 厘米（见下文），算出后周市尺的长度：26.7498 × 1.093 = 29.2375 厘米。这一结果比北魏后尺略小 3.5 毫米，这应为李淳风计算不够精确之故。按后魏后尺"即开皇官尺及后周市尺"及"后周未用玉尺之前，杂用此等尺"，后周市尺仍然厘定为 29.5911（≈ 29.59）厘米。

后周玉尺，是《隋志》十五等尺中的第十一等尺。该尺与下文提到的玉斗、玉秤之来历，皆与北周权臣宇文护有关。西魏大统元年（535），权臣宇文泰拥立元宝炬为西魏文帝，实际自己掌握军政大权，并进行了两次行政改制，并立其子宇文觉为世子。恭帝三年（556）九月，宇文泰病逝。弥留之际，托后事于其兄之少子宇文护。宇文护，"幼方正有志度，特为德皇帝所爱，异于诸兄"[①]。557 年，宇文护逼迫恭帝禅位于宇文泰之子宇文觉，是为北周闵帝，始建北周。后宇文护将闵帝毒死，另立宇文泰的长子宇文毓为天王，是为北周明帝。560 年，宇文护又将明帝毒死，立宇文泰第四子宇文邕为帝，是为北周武帝，年号保定（561—566）。武帝天和七年（572），诛宇文护，并改元建德（572—578）。从 557—572 年，宇文护专权 15 年。武帝保定元年（561）五月，宇文护因修缮仓库而获得古玉斗，并将玉斗献给武帝。慑服于宇文护之权势，武帝按玉斗造玉尺、玉秤，改制度量衡，历时 5年完成。对此，《隋书·律历志》曰[②]：

> 会闵帝受禅，政由冢宰，方有齐寇，事竟不行。后掘太仓，得古玉斗，按以造律及衡，其事又多淹。
>
> 后周武帝保定中，诏遣大宗伯卢崇宣、上党公长孙绍远、歧国公斛斯徵等，累黍造尺，纵横不定。后因修仓掘地，得古玉斗，以为正器，据斗造律度量衡，因用此尺（指后周玉尺）。大赦，改元天和（566—572），百司行用，终于大象之末（580）。

① ［唐］令孤德棻：《周书》卷十一。
② ［唐］李淳风：《隋书》卷十六。

后周玉尺，实比晋前尺一尺一寸五分八厘。

即宇文护托古改制，出现了"后周玉尺"，并于天和二年（567）颁行。"后周玉尺，实比晋前尺一尺一寸五分八厘"，据此，可算出其 1 尺之长为：

23.10 × 1.158 = 26.7498 ≈ 26.75 厘米。

《隋志》称，行用后周玉尺"终于大象之末"，这不大可能。因为武帝天和七年诛宇文护，并改元建德。随即废止了与宇文护有关的玉尺、玉斗、玉秤。因此，玉尺、玉斗、玉秤仅在 567—572 年间行用，历时 5 年。之后，日常用尺仍为后周市尺。

（二）律尺

西魏及北周初期，日常用尺沿袭北魏后尺。与此类似，其律尺亦应沿袭北魏后期之律尺，即 23.10 厘米的孝文黍尺（调律时也可能仍为杜夔尺）。

北周后期，则使用新的律尺——后周铁尺。西魏权臣宇文泰命尚书苏绰"详正音律"，苏绰以南朝宋尺为样本，制定了一种律尺，是为"后周铁尺"。对此，《隋书·律历志》曰[1]：

> 西魏废帝元年，周文摄政。又诏尚书苏绰详正音律。绰时得宋尺，以定诸管，草创未就……未及详定，高祖受终。牛弘、辛彦之、郑译、何妥等久议不决。

苏绰依宋尺制定"后周铁尺"，但遇到了困难而"草创未就"，有了异议，故"久议不决"。建德六年（577）周武帝平齐后，议用铁尺"同律度量，颁于天下"。北周末，宣帝宇文赟大成年间（579），达奚震、牛弘等重提北周铁尺，认为其适宜于当时的实际情况，且"与宋尺符同"。并对"玉尺"提出批评，且建议用铁尺为律[2]：

---

[1][2] ［唐］李淳风：《隋书》卷十六。

今之铁尺，是太祖遣尚书故苏绰所造，当时检勘，用为前周之尺。验共长短，与宋尺符同，即以调钟律，并用均田度地……今勘周汉古钱大小有合，宋氏浑仪，尺度无舛……至于玉尺累黍为长，管累既有剩，实复不满，寻防古今，恐不可用。其晋（荀勖尺）、梁尺量，过为短小，以黍实宫，弥复不容。据律调声，必致高急……详校前经，斟量时事，谓用铁尺，于理为便。

达奚震、牛弘认为，"玉尺累黍为长，管累既有剩，实复不满，寻访古今，恐不可用"，并建议用后周铁尺。可见，后周玉尺也用于调律。因此，武帝天和年间行用玉尺时，日常用尺和律尺合二为一。

由于达奚震、牛弘等人的努力，进一步确立了铁尺的地位，横黍尺（铁尺）调律为人们普遍认同。查《隋书·律历志》可知，宋氏尺、钱乐之浑天仪尺、后周铁尺、开皇初调钟律尺及平陈后调钟律水尺同为《隋志》十五等尺中的第十二等尺。而后周铁尺条注曰："平陈后，废周玉尺律，便用此铁尺律，以一尺二寸即为市尺（后周市尺）。"据此，可以算出后周铁尺的长度：29.2375/1.2 = 24.3646 厘米。此与宋氏尺稍有差异，是李淳风计算不够精确之故。后周铁尺"与宋尺符同"，故可厘定后周铁尺亦为 24.5784 ≈ 24.58 厘米。

1978 年第 2 期《文物》发表了伊世同的文章《量天尺考》[1]，该文介绍北京古观象台联合调查研究小组，在南京紫金山天文台发现了明初天文尺（俗称量天尺）的残存刻度，经精密检测，得一尺长 24.525 厘米。据史籍记载：明量天尺实即经宋、元所承传的隋、唐小尺，其前身为后周铁尺（源于宋氏尺，更早当为杜夔尺）。该尺在南朝宋、齐、梁、陈作日常用尺，同时在宋、齐作天文乐律尺。在长达 1300 年的使用期间，承传误差约半毫米（245.78 - 245.25 = 0.53 毫米），这在中外度量衡史上实属罕见。这一结论被收入《大百科全书·天文学》卷。

北朝尺度出土或传世的实物很少。目前仅见一北魏铜尺[2]（图 1-3）。此

---

① 伊世同：《量天尺考》，《文物》1978 年第 2 期。

② 丘光明：《中国物理学史大系计量史》，湖南教育出版社 2002 年版，第 309—323 页。

尺原系罗福颐先生家藏，今归中国博物馆。尺正面刻 10 寸。隐约可见寸格内有线刻山峦、屋宇、飞禽和云气纹，与北魏时期绘画风格相似。尺长 30.9 厘米，宽 2.3 厘米，厚 0.2 厘米。北魏铜尺上有铭文，经收藏单位鉴定，时代定为北魏。此尺应为北魏后尺。

图 1-3　北魏铜尺 [1]

第四节　北朝容量和权衡的单位量值及其演变

有关北朝容量和权衡的文献资料稀少，记载简单，均未对其作出详尽的考证。目前尚未得到确为可信的实物资料供校测推算，现将有限的资料整理归纳如下。

一、北魏的容量和权衡

如前文所言，北魏前期，容量和权衡当依曹魏之制，1 升约合当今 200 毫升，1 斤约合当今 220 克。随后，度量衡的单位量值就不断增大，由此产生了严重的社会问题，导致孝文帝于太和十九年（495）改制度量衡。从北魏立国到太和十九年长达一百多年的时间里，逐渐增大的长尺、大斗、重秤官民早已习用，孝文帝改革只能顺其发展趋势，力求做到制度化，以保证有官定的统一度量衡。另外，由于调钟律、测晷影、合汤药及冠冕之制等特定的行业，仍用"古制"为便。"依《周礼》制度，班之天下" [2]，即同时制定了度量衡小制。

（一）小制

关于北魏容量和权衡的小制，《隋书·律历志》曰 [3]："孝文时，一依《汉

① 国家计量总局、中国历史博物馆：《中国古代度量衡图集》，文物出版社 1984 年版，第 21 页。
② ［北齐］魏收：《魏书》卷七。
③ ［唐］李淳风：《隋书》卷十六。

志》作斗、尺。"就是孝文帝时，依"古制"之五度、五量、五权的单位量值进行改制，是为小制，其单位量值为 1 尺 = 23.10 厘米，1 升 = 200 毫升，1 斤 = 220 克。

北魏对度量衡小制的研制，孝文帝去世后还在继续。《魏书·律历志》曰："景明四年（503），并州获古铜权，诏付（公孙）崇以为钟律之准"[①]。此古铜权在《隋书·律历志》中亦有记载[②]，为汉代王莽时所制，由并州人王显达献出。其上有铭文 81 字。其铭云："律权石，重四钧。""其时，太乐令公孙崇依《汉志》，先修称（秤，下同）、尺，及见此权，以新称（指公孙崇所修之秤）称之，重 120 斤。新称与权，合若符契。于是付崇调乐"。"依《汉志》，先修称"，是说景明四年之前，公孙崇已依《汉志》制作了新秤。古铜权铭文记其"重四钧"，合"古制"120 斤；用公孙崇所制新秤称之，重 120 斤。可见，公孙崇所制新秤完全符合"古制"。因为公孙崇是孝文帝改制度量衡的主要参与者，其新秤或为孝文帝时已制成。因此，这条文献也说明，太和十九年孝文帝改制度量衡时，确实依《汉志》制定了度量衡小制。

（二）大制

有关北魏容量、权衡大制的文献很少，我们只能从零散的记载资料中考察这一问题。唐代孔颖达《左传正义》记载[③]：

> 权量之起，本自钟而世俗不同，每有改易。《传》称，齐旧四量，陈氏皆加一焉，是其不必常依古也。近世以来，或轻或重。魏齐斗、称，于古二而为一；周隋斗、称，于古三而为一。

北魏道士李兰曾发明了秤漏，唐代徐坚《初学记》曰[④]：

---

① ［北齐］魏收：《魏书》卷一〇九。
② ［唐］李淳风：《隋书》卷十六。
③ ［唐］孔颖达：《春秋左传注疏·定公八年》。
④ ［唐］徐坚：《初学记》卷二十五。

李兰《漏刻法》曰：以器贮水，以铜为渴乌，状如钩曲，以引器中水，于银龙口中吐入权器。漏水一升，秤重一斤，时经一刻。

梁代沈约《袖中记》亦有李兰《漏刻法》的记载。

孔颖达所指的"古"制，当为由"新莽铜嘉量"所得之数据：1升 = 200毫升，1斤 = 224克。"魏齐斗、称，于古二而为一"，即 1升 = 200 × 2 = 400毫升，1斤 = 224 × 2 = 448克。

李兰漏刻法，"漏水一升，秤重一斤"。如 1升 = 400毫升，400毫升的水重400克，即 1斤 = 400克。这一数值可作为北魏中后期1斤已超400克的一个佐证。我们以孔颖达记载为是。因此，北魏中后期的量衡的单位值可厘定为：1升 = 400毫升，1斤 = 440克。

孔颖达《左传正义》所记，应为当时官方的法制化量值。这一量值何时所定，缺乏文献记载。我们推测，这一量值可能是太和十九年孝文帝改革度量衡时所定。

二、东魏、北齐的容量和权衡

关于东魏、北齐的容量和权衡的单位量值，孔颖达《左传正义》记载[①]：

魏齐斗、称，于古二而为一；周隋斗、称，于古三而为一。

《隋书·律历志》记载[②]：

梁陈依古。齐以古升（一斗）五升为一斗……梁陈依古称。齐以古称一斤八两为一斤。

---

① 〔唐〕孔颖达：《春秋左传注疏·定公八年》。
② 〔唐〕李淳风：《隋书》卷十六。

40

梁陈，应泛指南朝的宋齐梁陈。齐，则指北朝的北齐。《左传正义》与《隋志》记载不同。查《北齐令》，未见北齐斗、秤的单位量值均 1.5 倍于"古"制的记载。北魏后期的容量、权衡单位已"于古二而为一"，因此，北齐不可能"以古升（一斗）五升为一斗，以古称一斤八两为一斤"。再者，北齐延续了北魏前期的制度，不给各级官吏发放俸禄，度量衡值又有随意增大之势。对此，北齐神武帝高欢曾下诏"请均斗、尺，颁于天下"[①]，禁止私造。因此，《隋志》所记可能只是民间或地方官吏所用，并不为官方法令所认可。孔颖达所记当为官方的法制化量值，故以孔颖达记载为是，东魏、北齐的量、衡单位量值沿袭北魏后期之量值，即

小制：1 升 = 200 毫升，1 斤 = 220 克；大制：1 升 = 400 毫升，1 斤 = 440 克。

三、西魏、北周的容量与权衡

（一）西魏的容量与权衡

关于西魏的容量与权衡的单位量值，在史籍中尚未见到记载，不能准确表明。但因西魏尚属"魏"，以此推断，应沿袭北魏后期之量值，即

小制：1 升 = 200 毫升，1 斤 = 220 克；大制：1 升 = 400 毫升，1 斤 = 440 克。

（二）北周的容量与权衡

关于北周的容量与权衡，目前发现史籍中有三条文献予以记载。

1. 斗、秤日常用器（大制）

北周斗、秤日常用器的单位量值，按孔颖达所云"周隋斗、称，于古三而为一"，当为：1 升 = 600 毫升，1 斤 = 660 克。

2. 玉斗、玉秤

《隋书·律历志》曰[②]：

> 后周武帝保定元年（561）辛巳五月，晋国造仓，获古玉斗。暨五年乙酉冬十月，诏改制铜律度，遂致中和。累黍积龠，同兹玉量，与衡

---

① ［唐］李延寿：《北史》卷六。
② ［唐］李淳风：《隋书》卷十六。

度无差。准为铜升，用颁天下。内径七寸一分，深二寸八分，重七斤八两。天和二年（567）丁亥，正月癸酉朔，十五日戊子校定，移地官府为式。此铜升之铭也。

其玉升（斗）铭曰："维大周保定元年，岁在重光，月旅蕤宾，晋国之有司，修善仓廪，获古玉升（斗），形制典正，若古之嘉量。太师晋国公以闻，勒纳于天府。暨五年岁在协洽，皇帝乃诏稽准绳，考灰律，不失圭撮，不差累黍。遂熔金写之，用颁天下，以合太平权衡度量。"今若以数计之，玉升（斗）积玉尺一百一十八寸八分有奇，斛积一千一百八（寸）五分七厘三毫九秒。

周玉秤四两，当古秤四两半。

前已述及，北周宇文护专权时获古玉斗，曾按古玉斗造玉尺。从上面的文献进一步知道，北周还按古玉斗造玉斗、玉秤。同时，按古玉斗更造了铜质度量衡标准器。天和二年（567）将之"移地官府为式"，即把度量衡标准器颁发全国各地官府，作为全国统一标准，进行度量衡改制。但这次度量衡改制由于政治方面的原因，"其事又多淹"，不了了之。下面根据文献记载，计算玉斗、玉秤的单位量值。

首先，据"斛积一千一百八（寸）五分七厘三毫九秒"，查证当时圆周率 π 的取值。已知

1 斛 = 1108.5739（立方寸），因为 1 斛 = 10 斗，则 1 斗（原文为升，有误）= 110.85739（立方寸）。由 $V = \pi R^2 \times H$，得 $\pi = V/R^2 H = 110.85739/(7.1/2)^2 \times 2.8 = 3.1415926$。

可见，北周保定元年（561）计算玉斗之积时，所用圆周率的值也达到了祖冲之圆周率的水平。则玉斗的容量为：

$V = \pi R^2 \times H = 3.1415926 \times (7.1/2)^2 \times 2.8 = 110.8573$（立方寸）。

此即"玉升（斗）积玉尺一百一十寸八分有奇"。再用玉尺验证之。由 1 玉尺 = 26.75 厘米，则

1 玉寸 = 2.675 厘米，

那么，1 玉斗的容量约合当今 110.8573 × 2.675^3 = 2121.9539 厘米^3，即 1 玉升 = 212.1954 ≈ 212.20 厘米^3。

其次，求出玉秤的单位量值。由"周玉称四两，当古称四两半"，则玉秤 1 斤（16 两）相当于古秤 16 × 4.5/4 = 18 两。如按当今从新莽嘉量推得的权衡值，1 斤约合 224 克（见本章第一节）计算，则

玉秤 1 斤 = 18 × 224 /16 = 252 克。

从玉斗、玉秤的单位量值看，和当时行用玉尺一样（见本章第二节），是大、小制合二而一。宇文护专权期间的天和二年（567），将按玉斗、玉秤所制的铜质标准器"移地官府为式"，572 年，宇文护被诛。仅此 5 年期间内，可能行用玉斗、玉秤。

3. 量衡官制（小制）

北周时尚存在着一种法定的量衡官制（小制）。《隋书·律历志》曰[1]：

> 又甄鸾《算术》云："玉升一升，得官斗一升三合四勺。"此玉升大而官斗小也。以数计之，甄鸾所据后周官斗积玉尺九十七寸有奇，斛积九百七十七寸有奇。后周玉斗并副金错铜斗及建德六年金错题铜斗，实同以秬黍定量。以玉秤权之，一升之实，皆重六斤十三两。

甄鸾，北周时著名的数学家、天文学家（"数学"章有介绍）。周武帝宇文邕时任司隶校尉（亦说司隶大夫）、汉中郡守等官职。甄鸾与献玉斗的宇文护同为周武帝宇文邕时的重要官员，他记载的玉斗、玉秤之事确实可信。据甄鸾《算术》"后周官斗积玉尺九十七寸有奇，斛积九百七十七寸有奇"，以及前文玉升铭"玉升（斗）积玉尺一百一十寸八分有奇，斛积一千一百八（寸）五分七厘三毫九秒"，可计算出官升之容积。

玉斛与官斛（玉斗与官斗）容积之比为 1108.5739/977 = 1.1346，此与甄鸾《算术》"玉升一升，得官斗一升三合四勺"，误差为 15.3 %，可能是甄鸾

---

[1] ［唐］李淳风：《隋书》卷十六。

记录有误，把"1.134"误记为"1.34"。则

1 官升 = 1 玉升 /1.134 = 212.20/1.134 = 187.1252 厘米 ^{3}。

去除各种误差，可厘定为：1 官升合当今 200 毫升。下面求出玉秤和古秤 1 斤的重量。

1 玉斗 = 2121.9539 厘米 ^{3}，取上等秬黍的比重为 0.8 克 / 厘米 ^{3}，则 1 玉斗秬黍，其重合当今 2121.9539 × 0.8 = 1697.5628 克。

又"以玉秤权之，一升（斗）之实，皆重六斤十三两"，"六斤十三两"，即 6 × 16 + 13 = 109 两，则玉秤 1 两合当今 1697.5628 / 109 = 15.5740 克，故玉秤 1 斤 = 15.5740 × 16 = 249.1835 ≈ 249.18 克，

由"周玉称四两，当古称四两半"，可得：

古秤 1 斤 = 249.1835 × 4/4.5 = 221.4964 ≈ 221.50 克。

以上分析与计算说明两个问题：

其一，玉秤 1 斤之重与前文推算的依据不同，故可作为前文结论（252 克）的佐证。据此，可以厘定为：玉秤 1 斤合当今 250 克，古秤 1 斤合当今 220 克。

其二，查《周书》及《隋志》都没有说此官升及古秤的来历。甄鸾把玉升和官升作比较，《隋志》将玉秤和古秤作比较。可以证明，官升及古秤与北周据玉斗改制度量衡无关，只能是沿袭前朝而来。北朝期间，只有"孝文改制"时，"依《周礼》制度，班之天下"，"一依《汉志》作斗、尺"，所以，北周的官升及古秤应是继承北魏斗、秤之小制。

综上，北朝各代度量衡单位量值见表 1-1。

四、北朝量器和衡器实物

（一）量器[①]

目前所见北朝量器实物有两件：铜缶和晋寿铜缶。

铜缶，原系罗福颐先生家藏，今归故宫博物院。器壁刻铭文一行："铜

---

① 丘光明：《中国物理学史大系计量史》，湖南教育出版社 2002 年版，第 309—323 页。

表1-1 北朝各代及隋初度量衡单位量值表

朝代	时间/a	尺度/cm		容积/mL		重量/g	
		日常用尺	律尺	大制	小制	大制	小制
北魏	立国初	杜夔尺/24.20	杜夔尺/24.20	升/200	升/200	斤/220	斤/220
北魏	前期	后魏前尺/25.57	杜夔尺/24.20	升/200	升/200	斤/220	斤/220
北魏	中期	后魏中尺/27.97	杜夔尺/24.20	升/400	升/200	斤/400—440	斤/220
北魏	后期	后魏后尺/29.59	孝文泰尺①/23.10?	升/400	升①/200	斤/400—440	斤①/220
东魏	534—550	后魏后尺/29.59	孝文泰尺/23.10?	升/400	升/200	斤/400—440	斤/220
北齐	550—577	后魏后尺/29.59	孝文泰尺/23.10?	升/400	升/200	斤/400—440	斤/220
西魏	534—557	后魏后尺/29.59	孝文泰尺/23.10?	升/400	升/200	斤/400—440	斤/220
北周	557—566	后周市尺/29.59	宋氏尺/24.58	升/600	升/200	斤/600—660	斤/220
北周	567—572	后周玉尺/26.75	后周玉尺/26.75	玉升/212	玉升/212	玉秤斤/250	玉秤斤/250
北周	573—580	后周市尺/29.59	后周铁尺/24.58	升/600	升/200	斤/600—660	斤/220
隋初	581—589	开皇官尺②/29.59	调钟律尺②/24.36	升/600	升/200	斤/600—660	斤/220

注：① 北魏度量衡的小制，为孝文帝大和十九年（495），"依《汉志》作斗、尺"，改制度量衡的结果。
② 隋初，开皇官尺实则后周市尺（后魏后尺）；调钟律尺实为后周铁尺。

缶，容一升有盖，并重一斤五两。第二十一。"实测铜缶，容水 395 毫升，重 455 克。按铭文折算：$16 \times 455/(16+5)=346.67$ 克。即一斤约合 347 克。如果依"古"制推断，"齐以古称，一斤八两为一斤"，器当为北齐。

晋寿铜缶（图 1-4），器底刻铭文："晋寿次百七，容一升。"晋寿，县名，始置于晋惠帝，宋齐梁陈因之，一度为北魏属地，至北周废。治所在今四川省广元县昭化西南。器未注明时代，仅从县名考证，似在西晋至北魏的 300 年间。实容水 535 毫升，近"古"之三倍，仅从量值增大这一点来判断，"周隋斗秤，于古三而为一"，器当属北魏后期到北周之间。

图 1-4　晋寿铜缶器及底刻铭文[①]

（二）权器

目前所见北朝权器实物较多，如下：

1. 北魏铜权和铁权[②]

1974 年，河南渑池出土北魏八棱瓜形铜权 1 件、半球形铁权 2 件，河南省博物馆藏。铜权重 155 克，呈八棱瓜形，上有瓜叶状纹饰、鼻纽（图 1-5）。铁权别重 1030 克（图 1-6）、593 克（图 1-7），呈半球形，鼻纽。

2. 北齐武平铁权[③]

武平铁权高 5.3 厘米、底径 2 厘米，重 74 克。呈葫芦形，鼻纽。中国国家博物馆藏。该权有长期使用造成的磨损。权的一面刻"武平"，一面高 3 厘米、底径 4.7 厘米，刻"元年"，见图 1-8。北齐有两个武平年号，一为

---

① 国家计量总局、中国历史博物馆：《中国古代度量衡图集》，文物出版社 1984 年版，第 188 页。
②③ 丘光明：《中国物理学史大系计量史》，湖南教育出版社 2002 年版，第 309—323 页。

图 1-5 北魏八棱瓜形铜权

图 1-6 北魏半球形铁权（1030 克）

图 1-7 北魏半球形铁权（593 克）

北齐后主年号，其武平元年当公元 570 年；一为北齐范阳王年号，其武平元年当公元 577 年。这种形状的权，形制已脱离鼻纽半球形权样式，与后代的权形制相同，因此有人认为这是历史上最早的秤砣。

图 1-8 北齐武平铁权及其拓片

3. 北朝瓜棱形铜权 [1]

目前，所见到的北朝瓜棱形铜权有 11 枚。其中，北京故宫博物院藏 6 枚，其重量分别是 487.5 克（图 1-9）、299.5 克、265 克、219.5 克、143.5 克、173.4 克；中国国家博物馆藏有 5 枚，其重量分别是 219.5 克、299.5 克、265 克、143.5 克、173.4 克。铜权呈瓜棱形，上有瓜叶状纹饰。鼻纽，底有圈足。

图 1-9　故宫博物院收藏的北朝铜权。重 487.5 克，高 3.8 厘米，地径 3.8 厘米

北朝权器有两个特点。其一，权不再是单一的鼻纽半球形一种形状，有了仿生形的瓜棱形权、葫芦形权。权的质地也不再局限于铜，新出现了铁权等种类。二是权器的重量无规律可循，可能是与杆秤配合使用的秤砣，从秤砣中也无法推算出单位量值。中国古代在"东汉或至晚在东汉时期已有杆秤" [2]。北朝秤砣的多样化，说明杆秤在这一时期基本定型。

第五节　北朝度量衡的特点及其影响

一、北朝度量衡的特点 [3]

（一）度量衡单位量值急剧增大

我国从春秋战国至清末 2000 多年来，度量衡单位量值不断增大。度，

---

① 丘光明：《中国物理学史大系计量史》，湖南教育出版社 2002 年版，第 309—323 页。
② 骆钦、华骆英：《中国何时出现杆秤》，《中国计量》2005 年第 3 期。
③ 李海、吕仕儒：《北魏孝文帝对度量衡改革及其影响》，《山西大同大学学报》（自然科学版）2013 年第 29 期。

一尺从 23 厘米左右增至 32 厘米,增长了 39%。其中,北朝 195 年间就增长了 30%;量,一升从 200 毫升增至 1000 毫升,增长了 400%。其中,北朝期间就增长了 200%(三倍于"古");衡,一斤从 250 克增至 600 克,增长率为 140%。其中,北朝期间增长了 200%(三倍于"古"),比总增长率还高出 60%。究其原因是隋以后历代呈略下降趋势,故总增长率小于北朝期间的增长率。北朝,尤其是北魏度量衡单位量值急剧增大,其增长率明显高于其他任何一个朝代。关于北朝度量衡单位量值急剧增大的原因,不少研究者认为,当时官府为了多收税赋,地主为了多收地租,即为了加大对劳动者剥削量,所以用长尺、大斗、重秤。这种看法是片面的。

首先,度量衡单位量值的增大,并不是统治者增加剥削量的基本手段,其基本手段是增加租调定额。北魏孝文帝时期,采取了一系列改革措施。太和九年(486),颁布了均田令;第二年,建立了三长制。随着均田制和三长制的推行,小农户日益增多,在"轻徭薄赋"政策下,生产得到了一定的恢复和发展。北魏后期的度量衡单位量值增大了,而且正式以法律形式颁布之,但这时统治阶级对农民的剥削却相对减轻了。与北朝相对的南朝,日常用尺为"宋氏尺"或"梁朝俗间尺",量衡则是"梁陈依古",即南朝的度量衡单位量值比北朝小,但对农民的剥削和奴役却比北朝重得多。南朝大地主热衷于土地兼并,甚至发展到占领山泽。《宋书·徐豁传》记载,南朝人民"年满十六,便课米六十斛,十五以下至十三,皆课米三十斛,一户内随丁多少,悉皆输米。且十三岁儿,未堪田作,或是单迥,无相兼通,年及应输,便自逃逸……或乃断截支体,产子不养"[1]。《南齐书·竟陵王子良传》载,南齐人民"自残躯命,亦有斩绝手足,以避徭役"[2]。可见徭役之重。这足以说明,度量衡单位量值的大小,不能直接反映阶级剥削的轻重。

其次,历代度量衡的标准都是国家颁布的,单位量值的大小都是以法律形式确定的,和其他法律一样,是强制力保证执行的行为规则,私自

---

[1] [南朝梁]沈约:《宋书》卷九十二。
[2] [南朝梁]萧子显:《南齐书》卷四十。

加大度量衡单位量值是非法的，会受到干涉和制止。北魏孝文帝改制度量衡，北齐神武帝高欢下诏"请均斗、尺，颁于天下"等，就是这样的事例。

那么，是什么原因使度量衡单位量值增大呢？众所周知，度量衡制度是社会上层建筑的一部分，是由一定的经济基础决定的。一定历史时期的度量衡制度总是和当时的经济状态相适应的，都是用以巩固和发展对统治者有利的社会关系和社会秩序的。不管那个朝代的度量衡制度，都是以便利当时社会的生产、交换和消费为出发点的。北朝所确立的度量衡单位量值能够成为隋朝第二次统一我国度量衡的基础（见下文），基本为隋唐至明清沿用，足以证明其有合理的成分。

（二）初步形成了度量衡大制与"古制"两个系统

北朝度量衡单位量值急剧增大，对于官府征税、民间常用可行。但对于调音律、测圭影、称量药物及皇室制造冠冕等特定行业不能施行。律尺不能任意增大或缩小，否则音律就调不准，圭影也测不准，故其波动幅度必然有限。皇室制造冠冕为礼仪所系，为保全古制，仍需用古尺。治病的药方一向用的是古方，如果改用不合"古制"的新秤称量，容易出错，还是不做修改为妙。为了解决这些问题，就有必要保留"古制"。为此，北朝政权机构多次下诏托古改制，例如：北魏孝文帝改制度量衡，"依《周礼》制度，班之天下"；北齐高祖神武帝高欢"请均斗尺，班于天下"；北周高祖宇文泰"乃命苏绰、卢辩以'周礼'改创其制"；北周武帝因得古玉斗，而更造铜质度量衡标准器，将之"移地官府为式"。这样，北朝期间已初步形成了官府征税、民间常用的大制与只用于礼乐制度的"古制"度量衡两个系统。

二、北朝度量衡对后世的影响

（一）奠定了隋统一全国度量衡的基础

581 年，杨坚灭北周建立隋朝。589 年，又灭陈统一了全国，结束了东晋十六国和南北朝共 272 年分裂混乱的局面。隋初，典章制度大都"采后周之制""仍依周制"或"遵后齐之制"。其度量衡制，也不例外。隋文帝下令以北周的度量衡大制统一全国度量衡。对此，《隋书·律历志》云[①]：

> 开皇初，著令以为官尺，百司用之，终于仁寿。大业中，人间或私用之……开皇以古斗三升为一升，大业初，依复古斗；开皇以古称三斤为一斤，大业中，依复古秤。

开皇官尺，实则"后周市尺"，是隋初的日常用尺，1尺之长约29.5厘米。开皇九年（589），隋文帝颁行的律尺则是"后周铁尺"。铁尺之一尺二寸，即为北周市尺。开皇十年，隋文帝又命万宝常造水尺律，是为《隋志》十五等尺中的第十三等尺，"实比晋前尺一尺一寸八分六厘"，尺长约27.3966厘米，"其黄钟律当铁尺南吕倍声"[②]。铁尺并行不废。尺度已堂而皇之地正式形成双轨制。

孔颖达在论及隋制时，将"周隋"并称，如谓"周隋斗秤，于古三而为一"。至今，虽未见到确切纪年的隋代度量衡器，但根据上述文献资料，可作出初步判断：隋初，日常所用斗、秤皆沿用北朝之大斗、大秤，其单位量值当为：1升约600毫升，一斤约660克，与北周一致。可见，隋开皇中的度量衡大制是依据北朝迭次增大的最后结果。

隋炀帝好古，大业三年（607）下令恢复度量衡古制。废铁尺律，以梁表尺为律尺。如前文所言，梁表尺是《隋志》十五等尺中的第三等尺，"实比晋前尺一尺二分二厘一毫"，其长23.61厘米。但较大的开皇官尺"民间或私用之"。关于大业"古制"中斗、秤的单位量值，《隋书·刑法志》有一佐证云[③]：

> 隋炀帝即位……时斗秤皆小旧二倍，其赎铜亦加二倍为差。

----

① ② ［唐］李淳风:《隋书》卷十六。
③ ［唐］魏徵、令狐德棻:《隋书》卷二十五。

另外，至今仍藏于日本的一件隋大业量——铜合，周缘有铭文："大业三年五月十八日太府寺造，司农司校"。实测铜合容积为 19.91 毫升，则 1 升为 199.1 毫升，与新莽量 1 升为 200 毫升相近。由此推知，1 斤当为 220 g 左右[①]。传世的隋代铜合，也是大业改制的证据。然而，当时因官民早已习用大制，大业改制并未能有效地推广。

（二）开创了唐实行度量衡大小制之先河

唐代度量衡基本沿用隋制，并将北朝及隋以来的大小制法制化，按典章制度作了规定，载于《唐六典》等典籍中。度量衡大小制，在秦汉时就出现了，但正式明确度量衡分为大小二制，并规定其适用范围，且有史文可稽者，则始于唐，这是度量衡史上的一件大事。《唐六典》记载[②]：

> 凡累黍所定度量衡者，皆为礼乐、天文和称量药物及冠冕之制所用，此为小制。积秬黍为度量衡者，（小者）调钟律，测晷景，合汤药及冠冕之制则用之，内外官私悉用大者。

类似的记载，还见于《唐律疏议》《通典》《旧唐书》等典籍中。官民日常用大制，而调钟律、测晷影、合汤药及冠冕之制悉用小制。下面讨论唐度量衡大小制的单位量值。

1. 度量衡小制

小制即隋大业中议复的古制。但以炀帝覆亡为鉴的唐王朝，其律尺并没有套用炀帝时的律尺——梁表尺，而是采用了开皇及北周之制的"后周铁尺"。《新唐书·礼乐志》云[③]：

> 唐兴，即用隋乐不改……唐为国作乐之制尤简。高祖、太宗即用隋

---

① 丘光明：《中国物理学史大系计量史》，湖南教育出版社 2002 年版，第 309—323 页。
② ［唐］杜佑：《唐六典》卷三。
③ ［宋］欧阳修、宋祁：《新唐书》卷二十一。

乐与孝孙、文收所定而已。

《宋史·律历志》云[①]：

> 至唐祖孝孙、张文收，号称知音，亦不能更造尺律，止沿隋之古乐，制定声器。

《金史·乐志》云[②]：

> 其后范镇等论乐，复用李照所用太府尺，即周、隋所用铁尺，牛弘等以谓近古合宜者也……盖今之钟磬，虽崇宁之所制，亦周、隋、唐之乐也。

这些文献说明唐律尺（小尺）沿用"后周铁尺"。唐时，尺长 24.60 厘米[②]，比北周时略有所讹增。容量、权衡依古，当为 1 升 = 200 毫升，1 斤 = 220 克。

2. 度量衡大制[③]

《唐六典》云[④]：

> 隋制，前代三升当今一升，三两当今一两，一尺二寸当今一尺；唐代，一尺二寸为大尺，三斗为大斗，三两为大两。

由"一尺二寸为大尺、三斗为大斗、三两为大两"可得，1 大尺约为 29.50 厘米左右，1 大升约为 600 毫升左右，1 大斤约为 660 克左右。

---

① ［元］脱脱：《宋史》卷七十一。
② ［元］脱脱：《金史》卷三十九。
③ 胡戟：《唐代度量衡与亩里制度》，《西北大学学报》1980 年第 4 期。
④ ［唐］杜佑：《唐六典》卷三。

由上述分析可知，北朝的度量衡大制和"古制"，经过隋朝的发展，到唐代法制化，形成唐代的度量衡大小制。这一制度经宋、元，直到明、清，影响了中国度量衡的发展1300多年。另外，北朝（特别是北周）与隋代、唐代度量衡的单位量值有直接承传关系。唐以后度量衡单位数值虽有变化，但比较平缓。

第二章　天文历法

我国古代，天文历法在国家政治与社会生活中占据着重要地位。一方面，统治者从巩固政权的需要出发，经常从天象星历中寻找其统治的合法性与政策的合理性的依据；另一方面，天文历法对农业生产有着重要的指导意义。因此，历代统治者都非常重视天文历法，致使我国成为世界天文历法发达最早的国家之一。先秦时期，已初步形成较完整的天文学体系。秦汉魏晋时期，在历法编制、天文仪器制造、宇宙理论及星图绘制等方面，已取得了长足的进步，使我国古代天文学得到了进一步的完善和发展。北朝时期，我国在天文观测、历法修订、天文仪器制造及天文资料收集整理等方面均有所突破。

第一节　北朝之前的天文历法

北朝天文历法是在继承前人及借鉴南朝天文成果的基础上发展起来的，为了厘清其发展脉络，先对北朝之前的天文观测和记录、历法制定、浑仪浑象制造等方面作一概述。

一、北朝之前天文观测与记录

我国先民很早就开始了天文观测。在殷商甲骨文中，已可看到古人对天文的真实记录，涉及日月食、日珥、新星等异常天象。春秋战国时期，天文观测和记录趋于多样化和系统化，已有彗星、流星雨、陨石的明确记载，并对二十八宿的距度进行了测定。魏国的石申、齐国的甘德按一定方法对恒星进行了区划和命名。石申还定出了120个星官的标准星的具体坐标，编制了

《石氏星经》，这是世界上最早的星表之一。石申和甘德还对五大行星运动周期进行了测量，并发现了火星和金星的逆行现象。秦汉时期，天文观测和记录已经具备了成熟的形态。当时天文观测记录有两个特点：一是各种记录趋于齐备，除过去已有的天文记录外，西汉初期又出现了世界上最早的太阳黑子和超新星记录。二是天文记录日趋详尽，如对日食的观测，不但有日期记载，而且开始注意了食分、方位、亏起方位及初亏和复圆时刻的描述。魏晋十六国时期，天文观测与记录有了新的突破。

其一，三国时期陈卓绘制了全天星图。陈卓，生卒年代不详，三国时吴国人，善于星占，精通天文星象。陈卓先后任吴国、西晋、东晋太史令，撰写了《天文集占》十卷，《四方宿占》和《五星占》各一卷，《万氏星经》七卷，《天官星占》十卷等占星学方面的著作。陈卓一生中最重要的工作就是综合甘、石、巫咸三家学派所定的星官，将其构成了一个有283官、1464颗恒星的相对完整的全天星官系统.《晋书·天文志上》记载[1]："武帝时，太史令陈卓总甘、石、巫咸三家所著星图，大凡二百八十三官，一千四百六十四星，以为定纪。"陈卓总结的全天星官名数一直是后世制作星图、浑象的标准。

其二，东晋虞喜发现了"岁差"。虞喜（281—356），字仲宁，会稽余姚（今浙江余姚）人，史称[2]"博学好古，尤喜天文历算"，"世为豪族，精天文、经学，兼擅谶纬诸学"。东晋咸和五年（330），虞喜根据冬至日恒星的中天观测，发现了岁差。即发现太阳在天球上周年视运动一周天，并非冬至一周岁。太阳从冬至到下一个冬至，并没有回到原来恒星间的位置，而是冬至点西移。应该是"天自为天，岁自为岁"。虞喜根据历史记录进行了推演计算，得出了每50年冬至点西移1°的岁差值。其值虽比实际值（现代测定为71年8个月西移1°）稍大，但作为我国历史上第一次探索岁差的规律，很是可贵。岁差的提出，为历法相关问题计算精度的提高准备了条件。虞喜还撰有《安天论》《毛诗释》《尚书释问》等十余种著作。其中，《安天论》宣扬宣夜说观

---

① ［唐］李淳风：《晋书》卷十一。
② ［唐］房玄龄：《晋书》卷九十一。

点，主张天高无穷，在上常安不动，日月星辰各自运行。

其三，后秦姜岌首创"月食冲法"，以推算太阳的位置[①]。姜岌，甘肃天水人，史不见传。从《隋书·天文志》《晋书·律历志》、清孙星衍辑《续古文苑》等文献可知，姜岌精通天文、术数，后秦（384—417）时曾任太史令，著名天算家。由于太阳的光芒强烈炫目，只要太阳处在地平线上，便会将背景中的恒星全部隐去，从而失去直接判断太阳位置的参照物。在姜岌之前，间接推测的方法是，当太阳落下之后或升起之前的短暂时刻，通过观测昏旦中星（过子午圈的恒星）来得知。姜岌是在月食的时候测量月亮在恒星间的位置，由此可知与之正相对的太阳的位置，这样可以消除前法中由于昏旦时刻不准确等原因所导致的误差，得到较为准确的结果。这一方法称为"月食冲法"，备受后世历家的重视和称赞，并被广泛采用，对太阳在恒星间的位置以及岁差值计算精度的提高起了良好的作用。

二、北朝之前的历法[②]

中国古代历法，又称历术。其最初的内容比较单一，只考虑如何根据日月运动规律来安排年、月、日，编制历谱。随着天文学水平的提高，又在这部分内容之外增加了日月五星位置的推算、日月食的预报、日月节气的安排等，从而形成了一种特有的历法系统。历法有史可考者可上溯至殷商时期。人们在对甲骨文的研究中发现，商代历法与观象授时法相结合。首先，以干支纪日，使用阴阳合历，年有平闰，月有小大，年终置闰；其次，已有测定分、至的知识，一年分为春秋两季，以新月出现为一月之始，季节与月份之间的对应关系基本固定。商代历法大约一直延续到公元前600年前后的春秋中期。

春秋时期，至迟从公元前589年开始，19年7闰的闰周已被掌握。从公元前552年开始，大月的安排也有了一定的规则，表明朔望月长度的测定已比较准确。是时，已得到了较为准确的回归年长度值，即365.25日。在这些

---

① ［唐］李淳风：《晋书》卷十六。
② 石云里：《中国古代科学技术史纲天文学卷》，辽宁教育出版社1999年版。

基础上，人们就可以不借助观象授时，建立起一套推排历谱的方法。战国时期，先后出现过六种历法，即黄帝、颛顼、夏、殷、周、鲁等历，史称古六历，惜已佚失。从残存的资料看，其中一些历法可能已具备了步交食与步五星的初步知识。

秦汉时期，在古六历基础上历法继续发展。如汉武帝元封七年（前104）颁行的《太初历》，基本具备了推历谱、步日月五星及步交食等方面的内容，采纳了二十四节气，用二十八宿表示日月五星的位置，以冬至为天文年的开端，创立了以无中气之月置闰的法则。其后，《三统历》基本沿袭《太初历》。东汉《四分历》则正式具备了昏旦中星、晷影及昼夜漏刻等内容，使中国古历达到了相当高的科学水平。东汉前期已经发现月行有迟疾的现象，随后又相继出现了《九道术》《月食术》《月食注》等专门讨论月行及月食的著作。206年，刘洪将这些结果引入其创立的《乾象历》中。该历首次引入了近点月概念及定朔记算法，首次定出了交食食限，并在交点月、回归年、黄白道距离等研究上均有突破，从而开辟了中国历法发展的一个新纪元。

魏晋时期，三国曹魏尚书郎杨伟撰《景初历》，曹魏颁行。此历提出了食分及日食亏起方位的计算方法，促进了交食理论的发展。西晋时将《景初历》改名为《泰始历》，为西晋、东晋沿用。

十六国时期，后秦姜岌制定《三纪甲子元历》，该历于姚苌白雀元年（384）至姚泓永和二年（417，是年后秦亡于东晋），在后秦颁行34年。后来北魏天文学家修订历法时多参考该历。北凉（401—439）赵𢾾撰《元始历》，亦称《玄始历》或《甲寅元历》，首先打破了19年7闰的旧框架，改用600年221闰的闰周。该历于北凉沮渠蒙逊元始元年（412）至沮渠牧犍永和七年（439）在北凉颁行。北魏太武帝拓跋焘平定北凉，得《元始历》，于452至522年在北魏行用。

南朝，刘宋将《景初历》改名为《永初历》，于237至444年沿用。宋文帝元嘉二十年（443），何承天撰《元嘉历》，445年颁行。《元嘉历》历经萧齐，一直沿用至梁武帝天监八年（509）。只是在萧齐时，改《元嘉历》之名为《建元历》。《元嘉历》继承了刘洪《乾象历》、杨伟《景初历》等历法的先进内容。祖冲之在宋孝武帝大明年间（457—464），编制了《大明历》，梁天监九年（510）开始颁行，直到陈亡国（589）。《大明历》中首次引入了"岁差"概念，提高了冬至点推算的准确性。

三、北朝之前的浑仪和浑象

天文仪器是准确观测天象和制定历法的重要工具。因此，创制和改进天文仪器，使其更加精良和简便有效，一直是天文历法家关心的大事。

（一）浑仪

浑仪是中国古代测量天体坐标的仪器。史载，浑仪的制造始于西汉落下闳。落下是四川人，民间天文学家，浑天说的积极支持者。西汉太初元年（前104），他应汉武帝之召到京师长安参与制定《太初历》，并用自制的仪器"观新星度，日月行"，同时"运算转历"。东汉杨雄著《法言·重黎》篇云："或问浑天，曰落下闳营之，鲜于妄人度之，耿中丞象之。"这个"营"字，可以理解为设计与制造。《隋书·天文志》引虞喜之言，以及《史记索引》引《益部耆旧传》都说，落下闳"于地中转浑天"。这里的"浑天"应是一种有测度功能的器物。从这些资料看，浑仪的发明至迟在公元前1世纪的西汉时代。落下闳的浑仪称为"赤道圆仪"。东汉时，人们已经觉察到太阳在黄道上是匀速运行的，月亮运动也在黄道坐标中更近于均匀。正如《后汉书·律历志》中贾逵论历所言："典星待诏姚崇、井毕等12人皆曰，星图有规法，日月实以黄道，官无其器，不知实行。"为了准确测量太阳的视运动，永元十五年（104），东汉和帝"诏左中朗将贾逵，乃始造太史黄道铜仪"[1]，这是我国历史上第一台黄道仪。东汉张衡（78—139）也制造过一架浑象——"水运浑天仪"，也制造过浑仪。惜史料未记载这些测天仪器的式样。

我国历史上留下详细记载的第一台浑仪，是十六国时前赵（318—329）太史令孔挺设计制作的。该浑仪制成于刘曜光初六年（323）。据《隋书·天文志》记载[2]，孔挺浑仪系铜制，由内外两重组成。外重由三个相交的大圆环

---

① ② ［唐］李淳风:《隋书》卷十九。

构成浑仪的骨架，并由四柱支撑外重骨架。内重是用轴固定在骨架上的可转动的双环，双环直径 8 尺。双环之间夹置一具可以俯仰的望筒，长亦 8 尺。由于内重的转动轴一为天北极，另一为天南极，所以这架仪器可以方便地测量天体的赤道坐标。《隋书·天文志》还认为该浑仪是"则古浑仪之法者也"。东晋义熙十四年（418），南朝宋高祖刘裕于咸阳之战后，得到孔挺所制浑仪，并在称帝后，将其运至都城建康（今南京）。"其仪至梁尚存，华林重云殿前所置铜仪也"①。

（二）浑象

中国古代把演示天象变化的仪器叫做浑象，又称浑天仪。历史上最早制造浑象的是西汉宣帝时大司农中丞耿寿昌，故杨雄说"耿中丞象之"。但耿寿昌的浑象和著作都未能保存下来，具体结构无从知晓。张衡在前人的基础上也制作了一架"水运浑天仪"即浑象。其外形是一个大圆球，周长为一丈四尺六寸一分，相当于四分为一度，周天共三百六十五又四分一度。上面标有二十八宿中外星官、南北二极，黄赤二道，北极周围有恒显圈，南极附近有恒隐圈，还有二十四节气，日、月、五大行星等。采用齿轮系统把浑象和表示时间的漏壶联系起来，利用滴水的力量，发动齿轮，带动浑象绕轴旋转一天一周，与天球转动合拍。这样，浑天仪就能把天空的周日运动较好地表示出来。张衡写了《浑天仪图注》，对该浑象作了记载。《浑天仪图注》是目前能见到最早的有关浑象记载的著作。浑象经过汉代的初步发展，开始形成了两种不同的类型，但其模拟天象变化的效果是一致的。第一类就是天球仪形式，相当于人们从天球外面看天球，星象位置与实际情况正好左右相反。为了表示半天可见，另一半不可见，古人也曾设计用方木柜做基座，代表地平面，露在木柜外面的半球表示可见的部分，在木柜里的就是不可见的部分。另一类型浑象是假天仪形式。假天仪的设计可以上溯到三国时代。当时吴国有一位叫葛衡的人，"明达天官，能为机巧"，既懂天文星象，又精于机械设计。他设计了一架浑象，"使地居于中，以机动之，天转而地止，以上

---

① ［唐］李淳风：《隋书》卷十九。

应暑度"①。人在假天仪中的"地"上观看天象的变化,使演示更加符合天象的实际情况。

两晋及南朝时期,亦有多人造过浑象,其原理一样,不再一一赘述。

第二节 北朝历法管理及天文历法家的工作

一、北朝对天文历法的管理

(一)天文历法管理机构和职官设置

我国古代天文学管理机构和职官的设置相传在五帝时就有。少皞时凤鸟氏"为历正",颛顼时重"司天"、黎"司地",唐虞时羲氏、和氏"代序天地","夏有太史终古者",殷有太史高势,都是管理天文历法的职官。西周时期,设天、地、春、夏、秋、冬六官府,其中春官府下设"太史掌建邦之六典,正岁年以序事,颁告朔于邦国。又有冯相氏视天文之次序,保章氏掌天文之变"②。秦汉时期,设太史令取代了西周时的"太史、冯相、保章三职"。魏晋南北朝时期,沿袭秦汉之制,设太史令,管理天文历法。南朝宋、齐、梁、陈诸政权都设有太史令一职。

北魏立国之初,道武帝拓跋珪就下诏设置太史令,掌观测天象、修订历法、候望气象、调理钟律、制造天文仪器等事宜。对此,《魏书·太祖纪》记载③,天兴元年(398)七月,迁都平城。十一月。诏"太史令晁崇造浑仪,考天象"。晁崇本是后燕的战俘,道武帝拓跋珪"爱其技术,甚见亲待。从平中原,拜太史令,诏崇造浑仪,历象日月星辰,迁中书侍郎,令如故"④。北魏道武帝、明元帝、太武帝、孝文帝期间,均有明确可考的太史令官员。孝文帝太和年间,进行了一次重大的政治经济改革,史称"孝义改制"。其

---

① [唐]李淳风:《隋书》卷十九。
② [唐]杜佑:《通典》卷二十六。
③ [北齐]魏收:《魏书》卷二。
④ 同上,卷九一。

中，职官体系改革多依魏晋职官之制，九品中正，稍有损益。设太常、光禄、卫尉、太仆、廷尉、鸿胪、宗正、司农、太府九卿，秩正三品。是时，太史令属太常卿所管。北魏时期，没有明确记载太史的属官，只是在《唐六典》中提到后魏有"典历"，但史阙其员品。

北齐沿袭北魏之制，设太史令，亦属太常。据《隋书》卷二十七《百官志中》记载，北齐设"太史兼领灵台、太卜二局丞。灵台掌天文观候，太卜掌诸卜筮"，而且亦有典历之属。北周实行六官制，设天、地、春、夏、秋、冬六官府。春官府下设太史中大夫，秩正五命，"掌历家之法"。太史的下属有冯相上士、冯相中士、保章上士、保章中士、龟占下士、筮占下士、梦占下士、视祲下士、司巫下士、丧祝下士、甸祝下士、诅祝下士、典路下士等。其官秩：上士，正三命；中士，正二命；下士，正一命。这些职官"掌天星，以志星、辰、日、月之变动，辨其吉凶"。可见，北周对天文历法的管理更加细致齐全。

（二）对天文历法人才的重视

北朝各政权对天文学人才都非常重视。北魏期间，不仅设置了天文机构，还能不拘一格选拔天文人才。一是重用本国懂天文的政治家，如北魏崔浩、高允等；二是从战俘中选拔天文人才，如晁崇、张渊等人。张渊是匈奴夏国的战俘，太武帝拓跋焘"以渊为太史令，数见访问"①。三是积极选拔民间的天文人才，如"永安（528—530）中，诏以恒州民高崇祖，善天文，每占吉凶有验，特除中散大夫"②。北齐、北周都有类似的举措。因此，北齐聚集了李业兴、张子信、张孟宾、刘孝孙、宋景业、信都芳、董峻、郑元伟，北周有甄鸾、庾季才、马显等一大批高水平的天文历法家，他们为我国古代天文学发展作出了各自的贡献。

（三）民间天文历法活动的兴盛

北朝时期，民间天文活动非常兴盛。在中国古代大多数时间，天文、历法是作为一种具有神秘性的知识资源而为皇权服务，被皇权所"独占"，"官

---

① ② ［北齐］魏收：《魏书》卷九一。

营传统"是中国古代天文学的一个基本性质,"私习天文"被禁止,"从无私家经营的传统"①。北朝时期,社会动荡不止,政权更换频繁。这样客观上放松了对社会和各阶层民众的思想束缚,中央政府失去了对天文学的垄断,对民间天文活动采取了宽容的态度。《北史》卷八十九《艺术上·信都芳传》记载,南朝祖暅被北魏俘获后,信都芳向其学习历法,完全是一种"私习天文"。《隋书·天文志》说到"周自天和以来,言历者纷纷复出",似乎有一种历法家散在民间的感觉。是时,民间天算家可以自由地研习天文、历算,如北魏末,天算家张子信自带浑仪到一个海岛上观察天象三十余年。《魏书·律历志上》记载,北魏《正光历》为"九家共修",其中有一家是雍州沙门统道融,说明佛教学者也参与国家的编历。另有几家也没有官方身份,说明历算之学在民间广有流传。另外,北朝世家大族的家学传承时,都注意到天文、历算在其中的重要地位,他们中的不少人成为了天算大家。

二、天文历法家的工作②

(一)晁崇

晁崇(?—402),字子业,辽东襄平(今辽宁省辽阳市)人,出生于世代史官之家,北魏著名天文仪器制造家。《魏书·晁崇传》曰③:

> 崇善天文、术数,知名于时。为慕容垂太史郎。从慕容宝败于参合,获崇,后乃赦之。太祖爱其技术,甚见亲待。从平中原,拜太史令,诏崇造浑仪,历象日月星。迁中书侍郎,令如故。

从上述文献可知,晁崇精通天文、术数,当时就颇有名气,任后燕(384—409)慕容垂的太史郎。395年,慕容垂命太子慕容宝率军8万进攻北魏,在参合陂(今山西阳高县境内)大败,随军出征的晁崇为北魏俘获,后

---

① 江晓原:《天学真原》,辽宁教育出版社1991年版,第323页。

② 李海:《北魏天文学成就初探》,《山西大同大学学报》(自然学科版)2007年第1期。

③ [北齐]魏收:《魏书》卷九一。

被赦免。道武帝拓跋珪很欣赏晁崇的艺技，亲自召见，并拜授他为太史令。天兴元年（398）十月^①，道武帝诏令晁崇修造浑仪，以观察天象。事毕，晁崇升任中书侍郎，仍兼太史令。

晁崇精通占星术。《魏书·晁崇传》和《魏书·天象志二》均记载，天兴五年（402）十月，道武帝在柴壁之战中，大破后秦姚平（姚兴之弟），群臣纷纷奏请道武帝乘胜进攻位于黄河东岸的蒲阪。若据蒲阪，北魏军队可西渡黄河威胁后秦都城长安。但太史令晁崇却突然上奏出现"月晕左角蚀将尽"的天象，并占曰："角虫将死。"意指有角的动物将会暴死，不利行军。拓跋珪以崇言之征，遂命诸军焚车而返，放弃了灭后秦的大好时机。果然，牛遇大疫，驾车的数百头大牛首尾相继，同日死于路侧。

天兴五年十一月，因其弟家奴告发，道武帝疑其有叛变之嫌，赐死晁崇兄弟。

（二）崔浩

崔浩（381—450）^②，字伯渊，小名桃简，清河郡东武城（今山东武城西北）人，一说清河郡武城（今河北清河县）人，北魏政治家、天文历算家。崔浩才华横溢，未成年就为直郎。成年后曾仕北魏道武、明元、太武三帝，多次参与当时的军政大事。

太武帝期间，崔浩屡次力排众议，根据星象和人事判断时机，使太武帝成功灭胡夏、灭北燕、灭北凉，并击溃柔然，这些军事行动解除了北魏的外部威胁。北凉的灭亡，还使北魏打开了通往西域的商道。此外，崔浩在平息薛永宗、盖吴暴乱，征讨吐谷浑及南征刘宋等战争中亦屡献奇谋。崔浩对促进北魏统一北方做出了重要贡献。

崔浩勤于观察天象，并能持之以恒。史载^③，崔浩"明识天文，好观星变。常置金银铜铤于酢器中，令青，夜有所见即以铤画纸作字以记其异"，"学天文、星历、易式、九宫，无不尽看。至今三十九年，昼夜无废"。金银铜铤，即用铜合金做成的细棍子。酢器，放醋的容器。崔浩常把用铜合金做

---

① ［北齐］魏收：《魏书》卷二。
②③ 同上，卷三五。

成的细棍子放在醋中，使其表面颜色变青，可当笔用。每当夜间观测天象，有所发现，立即用此细棍在纸上作图写字，记载观察到的天象变化。这样，一直坚持了39年，难能可贵。

崔浩精通星占术，并多为政治服务。如崔浩对火星运动的预测，《魏书·崔浩传》曰[①]：

> 初，姚兴死之前岁也，太史奏："荧惑在匏瓜星中，一夜忽然亡失，不知所在。或谓下入危亡之国，将为童谣妖言，而后行其灾祸。"太宗闻之，大惊。乃召诸硕儒十数人，令与史官求其所诣。浩对曰："案《春秋左氏传》说神降于莘，其至之日，各以其物祭也。请以日辰推之，庚午之夕，辛未之朝，天有阴云，荧惑之亡，当在此二日之内。庚之与未，皆主于秦，辛为西夷。今姚兴据咸阳，是荧惑入秦矣。"诸人皆作色曰："天上失星，人安能知其所诣，而妄说无征之言？"浩笑而不应。后八十余日，荧惑果出于东井，留守盘旋……明年，姚兴死，二子交兵，三年国灭。于是诸人皆服曰："非所及也。"

荧惑，即火星。留守盘游：行星的视运动，有顺行、逆行和停止不动等。中国古代把"停止不动"称为"留"；超过20天，称为"守"；盘，盘绕。留守盘游，指火星经过顺、逆、留等运动状态。按占星理论，火星要下到"危亡之国"。火星不见，又不知下到何国，使北魏明元帝及众臣惶恐不安，担心下到本国。崔浩深知五星运行规律，精通分野说、干支占卜等星占学说，又熟悉当时的诸国形势，故能做出正确判断。断言火星去了秦国，稳定了众人的情绪。后来过了80多天，火星果然又在西方的井宿出现，过了几年姚秦政权便灭亡了。

崔浩对天象的多次解释，均表现了他有很高的天象预测水平。崔浩还长于历算。太武帝太平真君九年（448），崔浩上《五寅元历》。同时，上奏折

---

① ［北齐］魏收：《魏书》卷三五。

指出，汉高祖以来，世上撰历者有十多家，都未得到天道的正统法则，大的错误就有四千多处，小的错误更多了，难以尽述。现在遇到陛下太平之世，就应去伪从真，修正错误。这就是他制定历书的原因。《五寅元历》在《魏书·律历志》中有载。

太平真君十一年（450）六月，崔浩遇害，满门抄斩，株连九族。

（三）张渊

张渊，北魏占星家。《魏书·张渊传》称其"不知何许人，明占候，晓内外星分"[1]。张渊先在前秦（351—394）苻坚手下为官，曾劝阻苻坚南征东晋，苻坚不听，淝水战败，前秦崩溃。后仕后秦（384—417）姚兴、姚泓父子，任灵台令。姚泓败亡，张渊入匈奴夏国（407—431）。夏国主赫连昌任命张渊和徐辩为太史令。427年，太武帝拓跋焘攻破夏国都城统万，俘获张渊、徐辩，"以渊为太史令，数见访问"。

张渊撰有《观象赋》，以文学的形式描述天文。《观象赋》承袭董仲舒的天人感应思想，首先引用《周易·系辞》中的名言："天垂象见吉凶，圣人则之"和"观乎天文以察时变，观乎人文以化成天下"，以揭示占星学在天人关系中的重要作用。之后发表自己的看法：

> 然则三极虽殊，妙本同一；显昧虽遐，契齐影响。寻其应感之符，测乎冥通之数，天人之际，可见明矣。

意指天地人三极虽现象形式不同，但其微妙的原理却是同一的。三者的现象有的明显，有的隐晦，相差很远，但却契合齐一，如影随形，如响随声，紧密相关。考察它们相互感应的征兆，就能测知幽冥之中相互沟通的机数，于是天人之际的相互关系，就可以明显化了。这是张渊对于天人关系及占星学在其中的作用的认识，也可代表古人普遍存在的看法。接着，张渊用文学语言叙述了天空中的主要恒星。然后，列举历史上一些著名人物运用占

---

① ［北齐］魏收：《魏书》卷九一。

星学预测人事吉凶祸福的事例，具体说明了天人关系。最后，张渊总结道："谅人事之有由，岂灾之虚设"，指出天人关系中主要方面还在于人。但由于人有贤愚之分，故在天人关系中有主动和被动、吉凶、祸福的差别，这就是"诚庸主之唯悛，故明君之所察"。张渊所以强调这层意思，是要告诫后世君主，切不可忽视自身的修养。同时他也指出，既便是圣德之君主，仍不能置星象学于不顾。强调了星象学对于帝王的重要，所谓"尧无为犹观象，而况德非乎先哲"，这大概是张渊写《观象赋》的目的所在。

《观象赋》由《魏书·张渊传》全文载录，从中可以了解到当时天象观察的水平及天文学家的生活和心理，"其言星文甚备，文多不载"。

（四）高允

高允（390—487）[①]，字伯恭，北魏渤海蓚县（今河北景县）人，北魏政治家、天文历算家。高允自幼好学，史称其"性好文学，担笈负书，千里就业，博通经史、天文、术数，尤好《春秋公羊》"。

高允历仕道武、明元、太武、献文、孝文五帝，共 50 余年。高允曾为崔浩指出过记载星象的失误，其天文水平可见一斑。对此《魏书·高允传》有详细的记载[②]：

> 允曰："天文历数不可空论。夫善言远者必先验于近。且汉元冬十月，五星聚于东井，此历术之浅。今讥汉史，而不觉此谬，恐后人讥今之讥古。"浩曰："所谬云何？"允曰："案《星传》，金、水二星常附日而行。冬十月日在尾箕，昏没于申南，而东井出于寅北。二星何因背日而行？是史官欲神其事，不复推之于理。"后岁余，浩谓允曰："先所论者，本不注心，及更考究，果如君语，以前三月聚于东井，非十月也。"

高允指出，汉高祖元年冬十月根本没有五星聚井的星象，而是后来的史官"欲神其事"，即企图把汉王刘邦进占秦都的事神秘化，才附会说有这种

---

①② ［北齐］魏收：《魏书》卷四八。

星象的，根本不考虑星象的实际情况。这说明高允对星象的基本变化规律非常熟悉。另外，高允强调"天文历数不可空论"，正是他对待天学的严谨态度。

高允有很高的学术水平，著《左氏解》《公羊释》《毛诗拾遗》《论杂解》等共约百余篇，另有文集刊行于世。还精于算学，著《算术》三卷。太和十一年（487），高允去世，享年98岁。死后追赠为侍中、司空公、冀州刺史、将军，谥文。

（五）殷绍

殷绍，长乐（今河北冀县）人，生卒年不详，北魏时通解七曜术的早期人物，有很高的天学和算学造诣。《魏书·殷绍传》曰[①]：

> 殷绍，长乐人。少聪颖，好阴阳术数，游学诸方，达《九章》《七曜》。世祖为算生博士，给事东官西曹，以艺术为恭宗所知。太安四年夏，上《四序堪舆表》……其《四序堪舆》遂大行于世。

太安四年（458）夏，殷绍给文成帝上《四序堪舆表》（即《四序堪舆》的提要），同时陈述了自己的求学经历：曾在后秦的伊川（今河南伊河流域）拜师成公兴学习《九章算术》，成公兴又将其介绍给阳翟（今河南禹县）九崖岩的沙门昙影，昙影又把他领到长广东山的道人法穆那里。因此，殷绍在昙影和法穆的共同指导下学习数学、天文、历法和医学，四年后学成。之后他又学习了一年堪舆阴阳之术。414年，离开法穆和昙影到平城。

从《四序堪舆表》可知[②]，《四序堪舆》一书36卷、324章，"专说天地阴阳之本"。应是一部通俗的天学著作，以七曜历术为特征，同时结合了阴阳、术数等内容。我国传统的星占学是军国星占学，重大军事行动、国家大事进行星占预测，根本不涉及"庶人"。而《四序堪舆》"上至天子，下及庶人"，所以此书一出，"遂大行于世"。从另外的角度看，也起到了普及天文

---

① ② ［北齐］魏收：《魏书》卷九一。

知识的作用。

（六）张子信

张子信[1]，生卒年不详，北魏、北齐时天文历算家，清河（今河北清河县）人，史籍称其"少以医术知名。又善《易》、筮及风角之术"，又以"学艺博通，尤精历数"[2]，闻名于世。

北魏孝明帝期间，张子信为躲避战乱，到一处海岛隐居了30多年。在海岛上，他制做了一架浑仪，专心致志地观察日、月、五星的运动，取得了大量第一手观测资料。在此基础上，张子信结合他所能得到的前人的观测成果，进行了综合分析，发现了关于太阳运动不均匀性、五星运动不均匀性和月亮视差对日食的影响等现象。同时，提出了相应的计算方法。这是中国古代天文学史上具有划时代意义的事件。经由张子信的学生张孟宾、刘孝孙等人的努力，这三大发现及其计算方法在《孟宾历》和《孝孙历》（576）中大约已被应用，因该二历均已失传，现在无从知其详情。而在刘焯的《皇极历》（604）和张胄玄的《大业历》（607）中，这三大发现的具体应用均有明确的记载。此后，各历法无不遵而从之，并不断改进。张子信的三大发现以这样快的速度为历家所承认和应用，足见他的工作是出色和令人信服的。

（七）李业兴

李业兴（483—549），上党长子（今山西省长子县一带）人，北魏、东魏时历算家。李业兴"爱好坟籍，鸠集不已，其家所有，垂将万卷"，"博涉百家，图纬、风角、天文、占候，无不讨练，尤长算历"[3]。

北魏孝庄帝即位（528），李业兴受命主持修订历法。永安三年（530），因撰著历法有功，赐爵长子伯。李业兴先后修撰过《正光历》《兴和历》和《九宫行碁历》等历法。李业兴还精通术数，经常会影响国家的重大决策。北魏权臣高欢每次带兵出征前，都要拜访李业兴，征求用兵布阵之道。

孝静帝武定五年（547），李业兴因案事牵连入狱。武定七年，死于狱

---

① ［唐］李延寿：《北史》卷八十九。
② ［唐］李淳风：《隋书》卷二十。
③ ［北齐］魏收：《魏书》卷八四。

中，终年66岁。《北史》《魏书》《中国大百科全书》《中国人名大词典》以及《潞安府志》《长子县志》等均有其事迹记载。

（八）信都芳

信都芳，字玉琳，河间（今河北省中部）人，生卒年不详，北魏、东魏时天文历算家。史籍称他"少明算术，为州里所称。有巧思，每精研究，忘寝与食，或坠坑坎"①。

信都芳擅长算术，曾有机会就学于祖暅，学习天文、数学。信都芳撰成《乐书》及汇集浑天、地动、欹器、铜乌、漏刻、候风等巧妙制作的《器准图》三卷。《器准图》是中国最早的一部科学仪器专著，惜已佚失。信都芳还著有《史宗》，合数十卷。后又撰《遁甲经》《四术周髀宗》等书。另有《灵宪历》，但没有完成②。

东魏武定年间（543—551），信都芳去世。

（九）宋景业

宋景业，生卒年不详，广宗（今河北省威县）人，东魏、北齐时著名天文历算家。史籍称他"明周易，为阴阳纬候之学，兼明历数"③。即宋景业通晓《易经》，并研习阴阳消长及行星占候之学，兼通天文历法。

北齐天保元年（550），文宣帝命其撰造《天保历》，并于551年至577年在北齐颁行，成为北朝少数颁行的历法之一。

（十）明克让

明克让（525—594），北周、隋代天文历算家、文学家，字弘道，平原鬲（今山东省陵县）人。史籍称他"少儒雅，善谈论，博涉史书将万卷。"三礼"、《论语》，尤所研精；龟筮、历象，咸得其要"④。

561年，周武帝宇文邕命明克让与太史官撰著新历。对此，《隋书·律历志中》记载⑤："至周明帝武成元年，始诏有司造周历。于是，露门学士明克

---

① 〔唐〕李百药：《北齐书》卷四十九。
②③ 〔唐〕李延寿：《北史》卷八十九。
④ 同上，卷八十三。
⑤ 〔唐〕李淳风：《隋书》卷十七。

让、麟趾学士庾季才及诸日者，采祖暅旧仪，通简南北之术。自斯已后，颇观其谬，故周、齐并时，而日差一日。"《北史》与《隋志》关于明克让等人撰历的记载稍有不同。《北史》记为，周武帝即位（561），命明克让撰历；《隋志》记为周明帝武成元年（559），诏造《周历》。可能是作者没有仔细校对所致。不过该历"颇观其谬"，与同时的北齐并时，竟然相差一天，故未行用。后隋文帝命明克让与太常卿牛弘等人修礼、议乐。当朝典故，多所裁正。

开皇十四年，明克让因病辞官，加授通直散骑常侍。是年去世，终年 70 岁。明克让著《孝经义疏》一部、《帝代记》一卷，《文类》四卷，《名僧记》一卷、《文集》二十卷，并行于世。

（十一）庾季才

庾季才（515—603），北周、隋代天文历算家，字叔弈，南阳新野人。史籍称他"幼颖悟，八岁诵《尚书》，十二通《易》，好占玄象，居丧以孝闻"，"局量宽弘，术业优博，笃于信义，志好宾游"[1]。

最初，庾季才仕南朝萧梁，累迁中书郎，领太史之职。是时，梁元帝萧绎也通晓星象历法之学，常与庾季才一起观察天象。梁元帝承圣三年（554），西魏攻破江陵，庾季才被俘，入西魏，受到西魏丞相宇文泰（即周文帝）的欢迎和优待，让他参掌太史。旋即北周取代西魏。周明帝武成二年（560），庾季才补任麟趾学士，后来又迁升至稍伯大夫。周武帝时，调任庾季才为太史中大夫，封临颖题伯，并命他撰《灵台秘苑》。周宣帝继位，庾季才加任骠骑大将军、开府仪同三司。开皇元年（581），隋取代北周，庾季才入隋。受到隋文帝的信任，被任命为丞相，后任通直散骑常侍。开皇九年，隋文帝命庾季才出任均州刺史。他正要赴任，有人建议说，庾季才精通术艺，应用其所长。隋文帝又下诏恢复了他的原职。仁寿三年（603），庾季才去世，终年 88 岁。

庾季才撰有《灵台秘苑》，和其子庾质合撰《垂象志》、《地形志》，皆流

---

① ［唐］魏徵、令狐德棻：《隋书》卷七十八。

传于世。

北朝尚有许多重要的天文学家，如甄鸾、孙僧化、董峻、郑元伟、张孟宾、刘孝孙、马显等，此处不再赘述。

第三节　北朝的天文观察与记录

北朝期间，对日食、月食及彗星等现象的天文观察和记录完备、详尽 [①]。特别是新星和超新星的发现、张子信的三大发现，是天文观察的重大成果。

一、完备的天文观察记录

日食记录 91 条，最典型的有 "日有食之" "日十五分食八" "日有食之，在牛四度" "日从地下食出，十五分食七，亏从西南角起" "日有食之，在丙，亏从正南起" "日有食之，既" "日食于卯甲之间" 等。

月食记录 64 条，有以二十八宿为参照的月食发生的位置，如 "月食在参" "月食在危" 等，还有 "月食尽" "十五分食十" "食八"，"食之既，光不复" 等。可见，北朝已注意到日、月食发生的过程、食分、方向，并已经产生了明显的概念。另外，二十八宿体系已明确体现出来。

彗星记录 36 条，记录中称彗星为 "彗" "孛" "长" "彗星" 等。其中有一条很有意思："有彗星见东方，在中台东一丈，长六尺，色正白，东北行，西南指。" 在《魏书》一百零五卷《天象志》中还有："……庚子，夕见西北方，长尺，东南指……" 这样的记录和彗星运行时其彗尾总是偏离太阳的现象是吻合的。

太阳黑子记录 21 条，称作 "黑子" "黑气"，"乌"。对形状记录有 "大如李"、"大如桃" "大如杯" 等描述；对黑子的数量记录有 "日中有三黑子"，"黑气二" 等；对持续时间记录有 "经六日乃灭" "经四日灭"；对黑子出现的时间记录有 "日中" "日出入时" "哺时" 等。所记现象限于 "日变" 范围，

---

① 庄威凤、王立兴：《中国古代天象记录总集》，江苏科技出版社 1988 年版。

发生在日轮局部范围。占辞内容基本分为吉凶两类。

极光记录9条，最常见的称呼为"赤气""白气"，对形状描述有"长二十丈，广八九尺""东西一匹余""遍天"；对存在时间记录有"食顷乃灭""夜中始灭"；对出入方位记录有"入太微""见于西北""自卯至戌""竟天畔""起西方，渐东行"等，关于出现时间记录有"夜""昏时""戌时"等。这里记载非常详细，可以看出以二十八宿作为观测背景。

月掩行星记录45条，其中涉及月掩岁星、太白（金）、辰（水）星、填（土）星、荧惑（火）星等，也注意到了对月掩行星的天空位置。

流星记录88次。记录中称流星为"天狗""物""流星""大星""长星""奔星"等；对其颜色描述为"赤包""黄赤"等；对其声音用"有声如雷""殷殷有声""声如雷声"描述；对其光形容为"光照烛天地""光照人面"等。流星降落时记录为"破为二段，状如连珠""星陨如虹"等，非常形象。流星雨记录6次。常以"众星北流"，"数万""数千万""大小数百""不可胜数""以千计"来描述流星雨。

陨石记录一条："有物陨于殿庭，色赤，形如数斗器，众星随者如小铃。"

二、新星和超新星的发现

新星和超新星的爆发都是恒星演化的结果，有些星原来很暗，多为人目所不及。但在某个时候它的亮度突然在几天内可以增强几千到几万倍，这是新星爆发；亮度在几天内可以增强几千万到几亿倍，这是超新星爆发。可惜这些现象都很少见。自1604年在银河系蛇夫座出现过超新星以来，至今400多年再没有出现过。历史上关于新星和超新星的记录对当今射电天文学、天体物理学、粒子物理学研究有着重要的意义。

中国古代文献中将新星和超新星都称为"客星"。从公元前14世纪甲骨文记载至清康熙二十九年（1690）的3000多年中，中国、日本、朝鲜及欧洲等地的古籍所记录发现的古代新星和超新星共97颗。其中，中国记录67颗，北朝记录了7颗，同时期的东晋和南朝记录了3颗，详见表2-1。

表 2-1　北朝及同时期东晋、南朝发现和记录的新星和超新星表 [①]

序号	资料原文	来源	星座	时间	附注
北朝 1	魏皇始元年，有大黄星出于昂毕之分五十余日，十一月黄星又见，天下莫敌。	《魏书》	金牛座	396 年	新星
北朝 2	魏神瑞元午六月乙巳有星孛于昂南。	《魏书》	金牛座南	414 年 7 月 20 日	新星
北朝 3	魏泰常五年十二月客星见于翼。	《魏书》	巨爵座长蛇座	421 年 1 月	新星
北朝 4	魏太延二年五月壬申有星孛于房。	《魏书》	天蝎座	436 年 6 月 21 日	新星
北朝 5	魏太延三年正月壬午有星晡前昼见东北，在井左右，色黄赤，大如橘。	《宋书》	双子座	437 年 2 月 26 日	超新星
北朝 6	魏元象四年（西魏大统七）正月客星出于紫宫。	《魏书》	恒显圈	541 年 2 月	新星
北朝 7	周定元年九月乙巳客星见于翼。	《隋书》《通志》	巨爵座长蛇座	561 年 9 月 26 日	新星
东晋 1	晋太元十八年春二月客星在尾中，至九月乃灭。	《晋书》《通志》	天蝎座	393 年 2 月 27 日	新星
东晋 2	晋元熙元年正月戊戌，有星孛于太微西藩。	《晋书》《三国史记》	天蝎座	419 年 2 月 17 日	新星
南朝 1	陈太建七年四月丙戌有星孛于大角。	《隋书》《通志》	牧夫座	575 年 4 月 27 日	新星

由以上数据可见，北朝的观测水平远远高于同时的东晋和南朝。

同样从公元前 14 世纪甲骨文记载至 1690 年的 3000 多年中，中国、朝鲜、日本、欧洲及阿拉伯的史籍上共记录了 14 颗超新星。而北魏于 437 年发现并记录了双子座超新星，是一件了不起的事情。

[①] 席泽宗：《中、朝、日三国古代的新星记录及其在射电天文中的意义》，《天文学报》1965 年第 1 期。

三、张子信的三大发现

565 年前后，张子信敏锐地发现了太阳视运动的不均匀性、五星视运动的不均匀性以及月球视差对日食的影响等"三大发现"。对此，《隋书·天文志中》记载[①]：

> 至后魏末，清河张子信，学艺博通，尤精历数。因避葛荣乱，隐于海岛中，积三十许年，专以浑仪测候日月五星差变之数，以算步之，始悟日月交道，有表里迟速，五星见伏，有感召向背。言日行在春分后则迟，秋分后则速。合朔月在日道里则日食，若在日道外，虽交不亏。月望值交则亏，不问表里。又月行遇木、火、土、金四星，向之则速，背之则迟。五星行四方列宿，各有所好恶。所居遇其好者，则留多行迟，见早。遇其恶者，则留少行速，见迟。与常数并差，少者差至五度，多者差至三十许度。其辰星之行，见伏尤异。晨应见在雨水后立夏前，夕应见在处暑后霜降前者，并不见。启蛰、立夏、立秋、霜降四气之内，晨夕去日前后三十六度内，十八度外，有木、火、土、金一星者见，无者不见。

这一文献涵盖了张子信"三大发现"的内容，详细分析如下[②]。

（一）发现太阳运动的不均匀性

中国古代的浑仪以测量天体赤道坐标为主，当用浑仪观测太阳时，太阳每日行度的较小变化往往被赤道坐标与黄道坐标之间存在的变换关系所掩盖，这是中国古代发现太阳运动不均匀的现象要比古希腊晚得多的主要原因。虽然东汉末年刘洪（约 129—210）在关于交食的研究中，实际上已经开创了发现太阳运动不均匀现象的独特途径，但他并未意识到其工作的重

---

① ［唐］李淳风：《隋书》卷二十。
② 陈美东：《张子信》，载杜石然编：《中国古代科学家传记》（上集），科学出版社 1992 年版，第 274—278 页。

要性，后继者也不解其中奥妙，以致在之后的 300 余年中被人们遗忘。张子信正是在这样的历史背景下，最先建立了太阳运动不均匀的概念，并给出了大体正确的描述。张子信大约是经由二个不同的途径发现太阳运动不均匀现象的。

其一，冬至到平春分和夏至到平秋分均历时 91 天多，而冬至到真春分（升交点）历时 88 天多，夏至到真秋分（降交点）历时 93 天多，所以张子信用浑仪可以测算知：在平春分和平秋分时，太阳的去极度都比一个象限要小一度余。由此可推知，平春分到平秋分（时经半）视太阳所走过的黄道宿度，应小于平秋分到平春分（亦时经半）视太阳所走过的黄道宿度；也就是说平春分到平秋分视太阳的运动速度要小于平秋分到平春分视太阳的运动速度，此即张子信所说的"日行春分后则迟，秋分后则速"。

其二，在观测、研究交食发生时刻的过程中，张子信发现，如果仅考虑月亮运动不均匀性的影响，所推算的交食时刻往往不够准确，还必须加上另一修正值，才能使预推结果与由观测而得实际交食时刻更好地吻合。经过认真的研究分析，他进一步发现这一修正值的正负、大小与交食发生所值的节气早晚有着密切而稳定的关系，而节气早晚是与太阳所处恒星间的特定位置相联系的，因此，张子信实际是发现了修正值与交食所处的恒星背景密切相关。其实东汉刘洪已经得到过这两个重要结论，但他未对此提供必要的天文学解释。张子信也许受到了刘洪的影响，但更大的可能是他独立的再发现。重要的是，张子信以太阳的周年视运动有迟有疾，对这两个重要结论作了理论上的说明，从而得出太阳视运动不均匀性的崭新的天文概念。

张子信还对太阳在一个回归年内视运动的迟疾状况作了定量描述，他给出了二十四气节时太阳实际运动速度与平均运动速度的差值，即所谓日行"入气差"，这实际上就是我国古代最早的一份太阳运动不均匀性改正的数值表格（日躔表）。据唐代天文学家一行说，张子信所测定的日行"入气差""损益未得其正"[①]，此说大约可信。即便如此，张子信上述工作，已经为

---

① ［宋］欧阳修、宋祁：《新唐书》卷二十七。

后世历法提供了关于太阳运动不均匀性改正的经典计算方法，贡献巨大。

（二）发现五星运动的不均匀性

关于五星运动不均匀的现象，张子信也是经由独特的途径发现的。在源于战国时期传统的五星位置推算法中，五星会合周期和五星在一个会合周期内的动态，是最基本的数据和表格，前者指五星连续两次晨见东方所经的时间，而后者指在该时间段内五星顺行、留、逆行等不同运动状态所经的时间长短和相应行度的多少。张子信发现五星位置的实际观测结果与依传统方法预推的位置之间经常存在偏差。这种偏差的一种可能解释是，五星会合周期及其动态表不够准确。经过长期的观测和对观测资料认真的分析研究，张子信终于发现上述偏差量的大小、正负与五星晨见东方所值的节气也有着密切而稳定的关系。如前所述，节气与太阳所在的特定恒星背景相关联，而五星晨见东方时与太阳间的角距又分别存在特定的度值，因此，上述偏差量实际上也就与五星晨见东方时所处的恒星背景密切相关。张子信还进一步指出：当五星晨见东方值某一节气时，偏差量为正某值；而在另一节气时，偏差量为负某值，等等。欲求五星晨见东方的真实时间，需在传统计算方法所得时间的基础上，再加上或减去相应的偏差量。这些情况表明，张子信实际上发现了五星在各自运行的轨道上速度有快有慢的现象，即五星运动不均匀性的现象，而且给出了独特的描述方法和计算五星位置的"入气加减"法。

（三）发现月亮视差对日食的影响

在张子信之前，人们就已知道：只有当朔（或望）发生在黄白交点附近时才会发生交食现象。东汉刘洪在其《乾象历》中，最先对"附近"这一不定量词给出了明确的数量规定，这就是食限的概念和数值。在对交食现象作了长期认真的考察之后，张子信发现，对于日食而言，并不是日月合朔入食限就一定发生日食现象，入食限只是发生日食的必要条件，还不是充分条件。他指出，只有当这时月亮位于太阳之北时，才发生日食；若这时月亮位于太阳之南，就不发生日食，即所谓"合朔月在日道里则日食，若在日道外，虽交不亏"。我们知道，观测者在地面上所观测到的月亮视位置的天顶距（见图 2-1）（$z + \Delta z$），总要比在地心看到的月亮真位置的天顶距 z 低，月亮视、真位置的高度差 Δz 叫做月亮视差。对日食而言，若月亮位于太阳之北时，由于月亮视差的影响，月亮的视位置南移，使日、月视位置彼此接近；若月亮位于太阳之南，同理，将使日、月相对视位置增大，所以即使已进入食限，仍不发生日食，见图2-2。

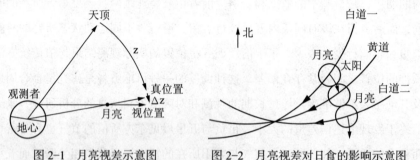

图 2-1　月亮视差示意图　　　　图 2-2　月亮视差对日食的影响示意图

概言之，张子信的三大发现及其初步定量的描述方法，把中国古代对于交食、太阳与五星运动的认识提高到了一个新阶段，深刻地影响到隋唐历法的编撰。特别是在定气、定朔、晷影、漏刻、日月交食、五星运行等计算中，引入了前所未有的新观念、新方法，从而开创了古代历法计算的新局面。

第四节　北朝历法的撰修及七曜历的传播

一、北朝撰修和颁行的历法

北朝对历法的撰修非常重视，初步统计，曾正式改历共六次，修订历法者有十余家。

北魏从386年至451年，沿袭三国曹魏的《景初历》。太延五年（439），太武帝平定北凉，得赵𫤪《元始历》，遂从452年至522年采用该历。太平真君时期（440—451），崔浩曾造《五寅元历》[①]，因崔浩受诛未颁行。景明年间（500—503），太乐令公孙崇等制作《景明历》，未颁行。延昌四年（515）

---

① ［北齐］魏收：《魏书》卷一〇七。

有李业兴、张洪、张龙祥等三家上进新历。神龟初年（518），崔光上奏，除上述三家之外，进历者尚有卢道虔、卫洪显、胡荣、统道融、樊仲遵、张僧预等六家。崔光奏请将九家之法综成一历，赐名《神龟历》。其中统道融是雍州沙门，可见，当时佛教学者也参与国家编历，说明北朝对民间天文活动的宽容。《神龟历》是以魏为水运与五行说相附会，以北方水正之位壬子为上元的一种历法。此历在正光三年（522）颁行，改名《正光历》。《正光历》颁行至北魏灭亡（534），历时12年。《正光历》首次记载有七十二候，此事引人注目。

东魏初，继续行用《正光历》。东魏迁都至邺城后，孝静帝兴和元年（539），李业兴受命造《兴和历》。此历是由《正光历》修改而成，在五星推步方面尚有缺陷，为此曾受到信都芳的非难，《北史·信都芳传》记载[1]："上党李业兴撰新历，自以为长于赵䠎、何承天、祖冲之三家。芳（信都芳）难业兴五。又私撰历书，名曰灵宪历，算月频大频小，食必以朔，证据甚甄明。"经与《正光历》互相比较，确认《兴和历》还是有若干进步之处，终被承认为官历。此历自兴和二年（540）颁行，直至东魏灭亡时（550）止。

北齐文宣帝天保元年（550），沿用《兴和历》。同时，"命散骑侍郎宋景业协图谶造《天保历》"。翌年，即改用宋景业的《天保历》。北齐后主武平七年（576），董峻、郑元伟奉进《甲寅元历》，未用。是年，张子信的弟子刘孝孙、张孟宾二人分别奉进《武平历》和《孟宾历》，与宋景业相互论争，在尚未争论出结果之时，北齐即已灭亡。

关于西魏、北周撰修和颁行历法的情况，《隋书·律历志》作了较详细的记载[2]：

> 西魏入关，尚行李业兴正光历法。至周明帝武成元年，始诏有司造周历。于是，露门学士明克让、麟趾学士庾季才及诸日者，采祖暅旧仪，通简南北之术。自斯已后，颇观其谬，故周、齐并时，而

① ［唐］李百药：《北齐书》卷四十九。
② ［唐］李淳风：《隋书》卷十七。

日差一日……及武帝时，甄鸾造《天和历》。上元甲寅至天和元年丙戌，积八十七万五千七百九十二算外。章岁三百九十一，蔀法二万三千四百六十，日法二十九万一百六十，朔余十五万三千九百九十一。斗分五千七百三十一，会余九万三千五百一十六，历余一十六万八百三十，冬至斗十五度，参用推步。终于宣政元年。

大象之初，太史马显等，又上《丙寅元历》，便即行用。

据这一文献可知，西魏及北周初亦沿用《正光历》。北周明帝武成元年（559），诏明克让和庚季才等人造《周历》。他们"采祖暅旧仪，通简南北之术"，但该历"颇观其谬"，故未行用。566年，北周甄鸾撰《天和历》，立即颁行。该历终于周武帝宣政元年（578），共行用18年，称得上古代历法名篇。北周静帝大象元年（579），马显撰《丙寅元历》（又称《大象历》），立即行用，至北周亡（581）。入隋，又用到开皇三年（583）。共用4年，是我国历史上行用最短的历法。

综合上述文献，北朝主要历法的撰修及颁行情况见表2-2。

表2-2 北朝主要历法的撰修及颁行情况表

历名	修历朝代/ 撰修者	修成年代	行用朝代/ 行用年代	文献来源
景初历[①]	三国（魏）/ 杨伟	237年	魏晋/237—420年 北魏/386—451年	《隋书·律历志》
元始历	北凉/赵歗	412年	北凉/412—439年， 北魏/452—522年	《隋书·律历志》
五寅元历	北魏/崔浩	440年	未用	《北史·崔浩传》
景明历	北魏/公孙崇	500年	未用	《魏书·律历志》
神龟历	北魏/崔光	518年	未用	《魏书·律历志》
正光历	北魏/李业兴	521年	北魏—东魏/ 523—539年 西魏—北周/ 535—565年	《魏书·律历志》

（续表）

历名	修历朝代/撰修者	修成年代	行用朝代/行用年代	文献来源
兴和历	北魏、北齐/李业兴	540 年	东魏/540—550 年	《魏书·律历志》
大同历	北魏、北齐/虞邝	544 年	未用	《魏书·律历志》
九宫历	北魏、北齐/李业兴	547 年	未用	《隋书·律历志》
天保历	北齐/宋景业	550 年	北齐/551—577 年	《隋书·律历志》
周历	北周/明克让等	559 年	未用	
天和历	北周/甄鸾	566 年	北周/566—578 年	《北齐·甄鸾传》
孟宾历	北齐/张孟宾	576 年	未用	《隋书·律历志》
武平历	北齐/刘孝孙	576 年	未用	《北齐书·刘孝孙传》
甲寅元历	北齐/董峻等	576 年	未用	《隋书·律历志》
灵宪历	北齐/信都芳	不详	未成	《北齐书·信都芳传》
大象历	北周/马显	579 年	北周/579—581 年 隋/581—583 年	《隋书·律历志》
元嘉历[2]	南朝宋/何承天	443 年	南朝宋齐/445—509 年	《宋书·律历志》
大明历[2]	南朝宋/祖冲之	463 年	南朝梁陈/510—589 年	《宋书·律历志》

注：①《景初历》为曹魏时杨伟所修，北魏前期沿用；②《元嘉历》《大明历》均为南朝所修。

二、七曜历在北朝的传播

七曜，指日、月及水、金、火、木、土五大行星，共七天体。此七天体是数千年间中国天学家反复观测、研究及论述的对象，称之为"七政"。"七曜"之名，最早见于《后汉书·律历志中》："常山长史刘洪上作《七曜术》。"其后，《宋书·律历志中》再次出现"七曜"字样，元嘉二十年

（443），何承天上表曰："……臣亡舅故秘书监徐广，素善其事，有既往《七曜历》，每记其得失。"东汉刘洪及东晋徐广家传之七曜历术为中土原产的旧七曜。南北朝间风靡一时之七曜，则为新七曜，专指一种异域输入的天学。

新七曜传入与佛教传入有关。十六国北朝时期，佛教在中国迅速传播。与明末清初西方耶稣教士在华传教，同时带来西方近代科技知识的"西学东渐"完全类似，当时西域高僧在中土传播佛教的同时，也带来了印度天文历算知识——新七曜历术，经西域、河西走廊到中原[1]。七曜术东来，是古代中西文化交流史上极为重要的事件之一。

北魏太武帝拓跋焘时，《七曜历》已经流行。前已述及，太武帝拜授的算生博士殷绍，曾就学于成公兴、昙影和法穆，"达《九章》《七曜》"。七曜即七曜历术。法穆，史不见传，他应是掌握了西域天算的道家人物。昙影，西域高僧。《高僧传》卷六《义解·晋长安释昙影传》称其在长安讲《正法华经》及《光赞波若》时，"每法轮一转，辄道俗千数"。另据《高僧传》，昙影师从著名高僧鸠摩罗什。后秦时，鸠摩罗什在长安主持经场，先后有多名高僧相助。印度传来的新天学——七曜术，当由这些西域高僧传授给东土僧徒。新天学系统严谨，故能令昙影、殷绍等心悦诚服，衣钵相传。

成公兴，史不见传，只能从其他文献零散的记载中考察其人。《魏书·殷绍传》称其为"游遁大儒"。《魏书·释老传》称其为"仙人"，并记载了与北朝道教的领袖人物寇谦之的交往[2]：

> 世祖时，道士寇谦之……少修张鲁之术，服食饵药，历年无效。
> 幽诚上达，有仙人成公兴，不知何许人，至（寇）谦之从母家佣赁……后谦之算七曜，有所不了，惘然自失。兴谓谦之曰："先生何为不怿？"谦之曰："我学算累年，而近算《周髀》不合，以此自愧。且非汝所知，何劳问也。"兴曰："先生试随兴语布之（算筹）。"俄然便决。谦之叹伏，不测兴之浅深，请师事之。

---

[1] 陈志辉：《隋唐以前之七曜历术源流新证》，《上海交通大学学报》(哲学社会科学版) 2009 年第 4 期。
[2] ［北齐］魏收：《魏书》卷一一四。

寇谦之推算七曜，"有所不了，惘然自失"，实质是不懂由七曜术衍生的数学。成公兴当时只是一个佣人，但显示了一下深不可测的算学、天学造诣，引得寇谦之要拜他为师。足见成公兴是精通由佛教徒传来的新七曜术的。

对此，陈寅恪先生认为[①]："其学算累年，而算七曜周髀有所不合，是其旧传之天文算学亦有待于新学之改进也。"道士寇谦之受学于成公兴，由"天竺输入之新盖天说"改进道教的旧的历算之术，进而改革当时颇受诟病之道教。陈寅恪还据《魏书·高允传》推出，崔浩"虽精研天算，而其初尚有未合之处"，故师从寇谦之学习新天算之学以改进其家传旧学。可见，印度传来的新天学——新七曜术，当由这些西域高僧传授给东土僧徒。

殷绍接受新七曜正当姚秦之时，可见，十六国时期，中亚新天文学说在河西关中一带已有一定影响。北凉赵𣇈曾撰《七曜历数算经》一卷[②]。439年，北魏太武帝灭北凉，《七曜历数算经》也随之由凉土而入中原。太武帝以后，七曜历在知识界的影响更大。北魏孝明帝神龟初（518），国子祭酒崔光上表，称春秋时已"定七曜"。说明北朝知识界不仅接受了新七曜历算，而且视其为华夏文明固有的一部分，如同《周易》等经典，进而形成七曜历术的注疏之学。

《隋书·经籍志一》著录[③]："《七曜历疏》一卷，李业兴撰，《七曜义疏》一卷，李业兴撰。""《七曜本起》三卷，后魏甄权遵撰。"又"《七曜术算》二卷，甄鸾撰"。《隋书·经籍志》还著录《七曜小甲子元历》一卷、《七曜历术》一卷、《七曜要术》一卷、《七曜历法》一卷、《推七曜历》一卷等不著撰人之书。按《隋书·经籍志》体例，凡梁、陈不著撰人之书，概于书名前标明朝代名称，如"梁《七曜历法》四卷""陈《永定七曜历》四卷"之类。前列诸书既不标明朝代，当属北朝著作。《隋书·经籍志》还著录《开皇七曜年历》一卷、张宾《七曜历经》四卷、张胄玄《七曜历疏》五卷等隋初著

---

① 陈寅恪：《崔浩与寇谦之》，载《在金明馆丛稿初编》，读书·生活·新知三联书店 2001 年版。
②③ ［唐］李淳风：《隋书》卷三十二。

作，其时尚未平陈，这些著作，亦属北朝。

综上，对于七曜历的介绍和研究，在北朝后期已蔚然成风。南北文化交互影响，遥相呼应，《隋书·经籍志》所著录的梁、陈二朝关于七曜历的著作，竟也达九部之多。尤其值得注意的是，从李业兴的《七曜历琉》《七曜义疏》到隋代著名历算家张胄玄的《七曜历疏》，都赫然标明其体例为义疏。注释传统典籍才能称"疏"，李业兴、张胄玄为七曜历作义疏，已把七曜历与儒释二家经典置于同等地位[①]。据《隋书·经籍志》记载，北朝还译出了以婆罗门为名的天文历法或算经六部：《婆罗门天文经》二十一卷（题"婆罗门舍仙人所说"）、《婆罗门竭伽仙人天文说》三十卷、《婆罗门天文》一卷、《婆罗门算法》三卷、《婆罗门阴阳算历》一卷、《婆罗门算经》三卷。

总之，北朝时期，正是佛教盛极于中原之时，《七曜历》亦盛行于知识界，其时北朝儒学之士多与佛教有涉。

第五节　北朝天文仪器的制造

北朝时期，在天文仪器的研制和革新方面取得了一系列的重要成就。

一、铁浑仪的制造

北魏明元帝永兴四年（412），曾制造了我国历史上唯一的一台铁制浑仪。《隋书·天文志·序》记载[②]：

> 史臣于观台访浑仪，见元魏太史令所造者，以铁为之。其规有六：其外四规常定，一象地形，二象赤道，其余象二极；其内二规，可以运转，用合八尺之管，以窥星度。周武帝平齐所得。隋开皇三年，新都初成，以置诸观台之上。大唐因而用焉。

---

① [东汉] 班固：《汉书》卷二十一。
② [唐] 李淳风：《隋书》卷十九。

《隋书·天文志上》记载[1]：

> 后魏道武天兴初，命太史晁崇修浑仪，以观星象。十有余载，至明元永兴四年壬子，诏造太史候部铁仪，以浑天法，考璇玑之正。……其制并以铜铁，唯志星度以银错之。南北柱曲抱双规，东西柱直立，下有十字水平，以植四柱。十字之上，以龟负双规。其余皆与刘曜仪大同。即今太史候台所用也。

《旧唐书·天文志上》记载[2]：

> 今灵台铁仪，后魏明元时都匠斛兰所造，规制朴略，度刻不均，赤道不动，乃如胶柱，不置黄道，进退无准。

《宋史·天文志》记载[3]：

> 太史令晁崇，斛兰皆尝为铁仪。其规有六，四常定，一象地，一象赤道，其余象二极，乃是定所谓双规者也。其制与定法大同，唯南北柱曲抱双规，下有纵衡水平，以银错星度，小变旧法。而皆不言有黄道，疑其失传也。

类似上述内容的资料在《唐会要》卷四十二、《图书集成》卷八十一、《历法典》等文献中尚有记载。由以上文献可知：北魏天兴初年（398），道武帝拓跋珪命太史令晁崇修复一台浑仪，以便观测天象，但这台浑仪的具体结构尚不清楚。永兴四年（412），明元帝拓跋嗣又诏造太史候部铁仪，由鲜卑族天文学家都匠斛兰制成，这是我国历史上唯一的一台铁制浑仪。

---

[1] ［唐］李淳风：《隋书》卷十九。
[2] ［后晋］刘昫：《旧唐书》卷三十五。
[3] ［元］脱脱：《宋史》卷四十八。

斛兰，史不见传。由姓名推断，可能是鲜卑族人。《旧唐书》称他为"都匠"，都，是"总"的意思，匠是指有某一技术特长的人。都匠，应相当于当今的总工程师。

《隋志》中称北魏铁仪，"其规有六，其外四规常定，一象地形，二象赤道，其余象二极。其内二规，可以运转，用合八尺之管，以窥星度"。规，当"圆环"讲。常定，固定不动的意思。从这条资料可以看出，这台铁仪是一种双重环组，如图2-3所示。

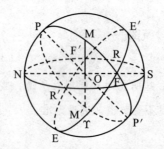

图2-3 北魏铁浑仪测量原理示意图

铁仪外层为一固定的坐标框架，有地平环 NFSF'（一象地形）、赤道环 ErRE'R'（二象赤道）和南北方向的子午双环 NPE'SP'E（其余象二极）。共有四个固定的环，故曰"四规常定"。内层为双环 PMRP'M'R'，叫四游环，又称赤径环，可绕极轴 POP' 转动（其内二规，可以运转），P 为北天极点。赤径环中有绕环的中心 O 旋转的窥管 M'OM，窥管长8尺。北魏前期的律尺为杜夔尺，尺长24.20厘米[①]。以此推算，内层双环直径约1.936米。该仪测量部分在外层的赤道环和内层的转动双环上均刻有周天度数，且在刻度上镀银，即《隋志》所云："唯志星以银错之。"

这台浑仪上没有黄道环，正如《旧唐书》和《宋史》所载："不置黄道"，"皆不言有黄道"。观测某一天体 M 时，先按东西方向旋转赤径环，使环平面对准 M。再旋转窥管，使人目从管中看见 M。则大圆弧 PM 便是天体

---

① 李海、吕仕儒、高海：《北魏尺度及其对后世的影响》，《山西大同大学学报》（自然科学版）2010年第4期。

离北极的距离，即为"去极度"。设 R 为赤道环和赤径环的交点，则 MR 便是天体离赤道的距离，天文学上叫做赤纬。显然，去极度和赤纬之和为 90°。图 2-3 中用 r 表示春分点，从该点起沿赤道量度的圆弧 rR，叫做天体 M 的赤经。两个天体的赤经差叫距度。若天体 M_1 是二十八宿的距星，天体 M_2 是要测量的星，则 M_2 和 M_1 的距度就是 M_2 的入宿度。中国古代就是用去极度和入宿度表示天体位置的。

从上述分析来看，北魏铁仪可能是仿孔挺之作。正如《宋史》所言"其制与定法大同"，《隋书》所云"其余皆与刘曜仪大同"。

北魏铁仪的底座部分为："南北柱曲抱双规，东西柱直立，下有十字水平，以植四柱。十字之上，以龟负双规。"从这段记载可知：底座的着地部分是一个十字架，架上设有十字水槽，以校准仪器水平，这是我国历史上利用水准仪的开端[①]。

从上述文献可以看出，北魏永兴四年（412）斛兰制成的铁仪，在平城使用了92年。孝文帝于494年迁都洛阳，该仪亦移致洛阳。后北魏分裂为东魏和西魏。东魏先以洛阳为都城，后迁致邺城，铁仪亦由洛阳移到邺城。东魏由北齐取代后，北齐在邺城仍用此仪观天。西魏由北周取代，周武帝于577年灭掉北齐，把铁仪转到北周都城长安，即"周武帝平齐所得"。隋取代北周后，隋文帝杨坚于开皇二年（582）在龙首原以南营建新都，一年后建成，取名大兴城。铁仪便移致大兴城。即"隋开皇三年，新都初成，以置诸观台之上"，"即今太史候台所用也"。唐朝建立后，大兴城改名为长安城，仍为唐朝都城，继续使用北魏铁仪，"大唐因而用焉"。唐睿宗景云二年（公元711），天文学家瞿昙悉达还奉敕修葺此仪。直到725年，僧一行和梁令瓒另造新浑仪后，才停止使用[②]。该铁仪经历六个封建王朝和割据政权，历时300余年，这在中国历史上是极少见的，为中国古代天文学的发展作出了重要贡献。浑仪以铁铸成，也充分反映了北魏平城铸造技术的水平。

北魏铁仪构造简单，操作方便，成为后世制造浑仪的楷模之一。唐僧

① 杜石然：《中国科学技术史稿（上册）》，科学出版社 1985 年版，第 246 页。
② 李海：《北魏铁浑仪考》，《自然辩证法通讯》1988 年第 3 期。

一行和梁令瓒所制的浑仪就是以北魏铁仪为参照 [1]。《宋史·天文志》亦载 [2]："至道中初铸浑天仪于司天监，多因斛兰，晁崇之法"，"司天铜仪……其法本于晁崇、斛兰之旧制，虽不精缛，而颇为简易"。可见，北魏铁浑仪在中国古代仪象制造史中起到承前启后的重要作用。

二、平城天象厅的创建

北朝天文学家热衷于制造浑仪，似乎没有制造过浑象，但北魏却创建了中国历史上第一座天象厅 [3]。《魏书·高祖纪》记载 [4]：孝文帝"太和十年（486）诏起明堂，辟雍。十五年，明堂、太庙成"。明堂始于西周，原为周天子颁朔、布政、朝诸侯之所。明堂和历法也有密切关系，它象征月令和季节。汉蔡邕就著有《明堂月令论》,《吕氏春秋·十二纪》也有关于明堂的记载。战国以来，汉儒都把明堂作为周道的象征而推崇。北魏修立明堂，是对汉族文化的继承和发展。更为重要的是该明堂中尚建有天象厅和天文台。对此，郦道元（466—527）在其巨著《水经注》卷十三《漯水》中，记述了漯水（今桑干河）的一个支流如浑水（今大同御河）流经平城的情况。其中有这样一段话 [5]：

> 明堂上圆下方，四周十二堂九室，而不为重隅也。室外柱内，绮井之下，施机轮，饰缥碧，仰象天状，画北道之宿焉，盖天也。每月随斗建之辰，转应天道，此之异古也。加灵台于其上。下则引水为辟雍，水侧结石为塘，事准古制。是太和中所建也。

明堂"上圆下方"，是古制，寓天圆地方之说。十二堂九室，明堂的一种建制。《太平御览·礼仪部》明堂条转引《三礼图》曰："明堂者为布政之

---

① 李海：《北魏铁浑仪考》,《自然辩证法通讯》1988 年第 3 期。
② ［元］脱脱：《宋史》卷四十八。
③ 李海：《北魏平城明堂初步研究》,《科学技术与辩证法》1996 年第 5 期。
④ ［北齐］魏收：《魏书》卷七。
⑤ ［北魏］郦道元：《水经注》卷十三。

宫，周为二室……秦为九室，十二阶各有所居。"结合《隋书·牛弘传》所载，北魏明堂"三三相重，合为九室"，可以推断平城明堂是按秦制九室所建，东西北各三室，合为九室。室外四向有堂。按《吕氏春秋》所言，四个主堂是：东为青阳，南为明堂，西为总章，北为玄堂。每堂左右各有一偏堂，称为左个、右个，共计十二堂。"室外柱内，绮井之下"，在明堂内部各室的外面有柱，用以支撑明堂顶部。柱内，指所有的柱子围成的空间。绮井，指明堂的圆穹顶部。"施机轮，饰缥碧，仰象天状，画北道之宿焉，盖天也。"机轮，指有轴可以转动的机械。缥是青白色，碧是青绿色，这里指天蓝色的纺织品。仰，抬头。北道之宿，指北天极的星宿。这两句话意思是：在藻井之下，室外柱内的空间里，装置转动机械，其上再装饰天蓝色的纺织品。抬头看，就像天一样。再画上北天极的星宿，就表示天穹。"每月随斗所建之辰，转应天道。此之异古也。"斗，指北斗星。辰，方位。中国古代把周天划分为十二辰，即把周天均分为十二段，并从东到西以十二地支一一命名。《汉书·律历志》曰"辰者，日月之会而建所指也"，即每月中日月会合于某一固定的辰次，同时北斗斗柄（建）也指向该辰次，这就是所谓的"月建"。《淮南子·时则训》中就列出了一至十二月的斗建所指，即正月指寅，二月指卯，三月指辰……十一月指子，十二月指丑，其地支次序恰好与十二辰纪月的次序一致。天道，指天象及其变化规律。《旧唐书·天文志》记载张衡的水运浑象时说"即与天道同合，当时共称其妙。"这句话的意思是，每月随北斗星的斗柄所指的方位不同，即表示的月份不同，转动机轮，使缥碧上所画的星宿符合天象变化。这里描述的完全是一个大型天象演示仪，即天象厅。从目前所见到的文献看，应是中国乃至是世界上最早的天象厅，距今已有1500多年的历史。"此之异古也"，可能有两层意思：一是该明堂与古代明堂不同，增设了假天仪；二是就假天仪本身而言，只有北天极的星宿，这与平城的纬度约北纬40°，多观察北天极的星宿有关，亦属"异古"。至于机轮是人工操作，还是借助水力自动运行，尚不清楚。"加灵台于其上。"灵台，古代观察天文气象的天文台。这句的意思是，在明堂的顶部加建天文台，用以实测天象。《魏书·高祖纪》记载，孝文帝于"太和十六年，升灵台以观云物"。即明堂建成的第二年，孝文帝亲自登上其顶部的天文台察云观象。

通过天象厅的创建，提高了北魏天文学家绘制星象图的技术与质量，这一传统也被带到新迁都城洛阳。1974年2月，考古学家在洛阳北郊的一座北魏墓的墓顶，发现了一幅绘于北魏孝昌二年（526）的星象图。墓室正方形，穹窿顶，墓室四壁和顶全用白灰涂底，上施彩绘。盗墓人将此墓四壁的壁画破坏殆尽。由于穹窿墓顶的"天象图"高达9.50米，才得以保存下来。此图银河横贯南北，波纹呈淡蓝色，清晰细致。星辰约300余颗，星点大小差不多，亮星之间有连线，绝大多数星宿名称可辩认。此图是我国目前考古发现中时代较早、幅度较大、星数较多的一幅天文图。它比著名的《苏州石刻天文图》早约700年，比宋代苏颂《新仪象法要星图》早约500年，比《敦煌星图》早约400年。北魏前的《史记·天官书》《汉书·天文志》《晋书·天文志》等书中，对星宿只有文字记录，只叙述星宿位置、星数等，对星宿形状、星间连线并无描述，而北魏墓星象图中的星宿形状、星数和星间连线可以说是一种别出心裁的创造。从这幅珍贵的星象图中可以看出，北魏已能对所见到的星进行标记作图，并能用线相连，表示为"星宿"，特别是北魏墓北斗七星形状，连线都很恰当。虽然图中银河的方向与实际星空不完全符合。星象西密东疏，星宿中的星数、形状和相对位置均有不同程度的差异，这是由于所取亮星及其数目不同所造成的。南京天文台和北京天文馆的学者实地考查认为 [1]，这个北魏墓中的星象图和实际星象是基本符合的，见图2-4。

三、李兰秤漏

天文观测、制定历法都需要精确计时。漏刻则是中国古代最重要的计时仪器之一。漏，指漏壶；刻，指箭刻。箭，就是标有刻度的标尺，它根据漏壶或箭壶中的水量变化来度量时间。不同时期，漏刻有不同的名称，如挈壶、漏、铜漏、漏壶、刻漏、浮漏等等。从制作漏刻所用的材料上分，有铜漏、玉漏、玻璃漏等；从结构形制上分，有秤漏、灯漏、碑漏、辊弹刻

---

[1] 王东、陈徐：《洛阳北魏元乂墓的星象图》，《文物》1974年第12期。

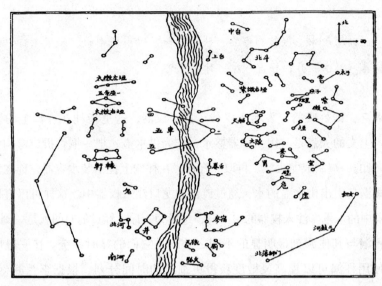

图 2-4　洛阳北魏元乂墓星象图（《文物》1974 年第 12 期，第 57 页）

漏、宫漏、儿漏、孟漏、莲花漏等；从用途上分，有田漏、马上漏刻、行漏
舆等。漏刻在我国历史悠久，一般认为它起源于公元前三四千年的父系氏族
公社时期。如史籍记载，"昔黄帝创观漏水，制器取则，以分昼夜"。几千年
中，漏刻得到高度的发展，其式样层出不穷，精确度不断提高。至迟在西汉
中期，我国漏刻的计时精确度就高于 14 世纪欧洲的机械钟。东汉以后，我
国漏刻的日误差大都在一分钟以内。而欧洲直到 1715 年，美国人格雷厄姆
（G.Graham）把直进式擒纵机构应用到机械钟上，机械钟的精确度才开始赶
上和超过了中国漏刻[1]。

秤漏是一种特殊类型的漏刻，它是用中国秤称量流入受水壶中水的重量
的变化来计量时间的。一般认为它是 450 年左右由北魏道士李兰发明的。

李兰，史不见传。从零散的史料推测，可能出于炼丹计时的需要，李兰
根据中国秤的原理制成秤漏，并著《漏刻经》一书，惜已佚失。梁代沈约
《袖中记》和唐代徐坚《初学记》中记有李兰漏刻法[2]：

① 华同旭：《中国漏刻》，安徽科技出版社 1991 年版，第 65—57 页。
② ［唐］徐坚：《初学记》卷二十五。

以器贮水，以铜为渴乌，状如钩曲，以引器中水，于银龙口中吐入权器。漏水一升，秤重一斤，时经一刻。

渴乌，即虹吸管，发明于汉代。器，权器，这里指挂在秤钩上的装水容器。上文的大意是，用一容器盛水，作为供水壶。把一铜管折成弯钩（渴乌），管的一端制成龙头状。再取一杆秤，在秤钩上挂一装水容器，称之为权器。用渴乌引出供水壶的水，通过镀银的龙口注入权器中。这样可以直接称出权器中的水重。注入权器的水一升，重量为一斤，经过的时间就是一刻。

秤漏与其他漏刻最明显的不同之处就是它们的显时系统。在一般情况下，使用秤漏可以提高灵敏度获得更细致的时间分划。根据李兰漏刻法，"漏水一升，秤重一斤，时经一刻"。一斤水对应一刻，古刻即 14.4 分或 864 秒，那么一两水就对应 54 秒（古代一斤等于 16 两），这在秤杆上较容易读出。若进行估读，至少可以达到 27 秒（即 5 钱）。这样，计时的精确度就随着秤的精度的提高而提高，秤杆上的斤、两可以很方便地换算成时刻，或者秤杆上直接刻的就是时刻。

国内外不少学者对李兰秤漏作过研究[①]。英国科学史家李约瑟可能是最早研究中国秤漏的西方学者[②]，他绘出了李兰秤漏结构示意图，见图 2-5。

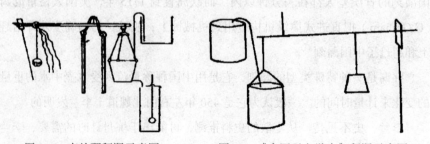

图 2-5 李约瑟秤漏示意图　　图 2-6 《中国天文学史》秤漏示意图

中国天文学整理研究小组绘出了李兰秤漏结构示意图（见图 2-6），并断

---

① 李海、崔玉芳：《李兰漏刻——中国古代计时器的重大发明》，《雁北师范学院学报》2002 年第 2 期。
② （英）李约瑟：《中国科学技术史》（第 4 卷），科学出版社 1975 年版，第 343 页。

言计时精度可提高 100 倍[1]。郭盛炽的工作与中国天文学整理研究小组大致相同[2]。戴念祖先生赞同李约瑟的意见。[3]

荷兰学者史四维（W. A. Sleeswyk）指出了李约瑟示意图的一些不当之处，但因缺乏相关文献支撑，主观猜测较多，图 2-7 是他复原秤漏的水柜示意图[4]。

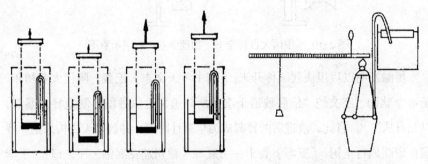

图 2-7　史四维复制的秤漏水柜示意图　　　　图 2-8　华同旭秤漏示意图

华同旭根据文献史料解释了秤漏的结构及稳流原理，并通过模拟复制实验，得到了较为满意的结果，图 2-8 是其秤漏结构示意图[5]。

图 2-9 为钱先友秤漏示意图[6]。图 2-10 为《中国大百科全书·物理学卷》秤漏示意图。

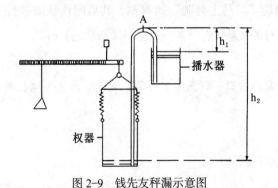

图 2-9　钱先友秤漏示意图

① 中国天文学史整理研究小组：《中国天文学史》，科学出版社 1981 年版，第 207 页。
② 郭盛炽：《中国古代的计时科学》，科学出版社 1988 年版，第 110—114 页。
③ 戴念祖：《中国力学史》，河北教育出版社 1988 年版，第 414—418 页。
④ 华同旭：《中国漏刻》，安徽科技出版社 1991 年版，第 65—57 页。
⑤ 华同旭：《秤漏的结构及其稳流原理》，《自然科学史研究》2004 年第 1 期。
⑥ 钱先友：《李兰秤漏的一种可能结构及其平均流速稳定原理》，《自然科学史研究》2007 年第 1 期。

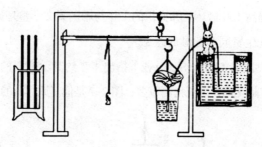

图 2-10 《中国大百科全书·物理学卷》秤漏示意图

秤漏发明以后很快就流传开来。《隋书·天文志》记载，隋代大业初年，炀帝令耿询、宇文恺"依后魏道士李兰所修道家上法秤漏，制造秤水漏器，以充行从"[①]。自此，改进后的秤漏成为皇家计时器，并被司天机构采用。秤漏在唐朝风行全国。《玉海》卷十一引夏竦《颍州莲花漏铭·序》曰："于李兰始变古法，权器程水，以准时刻。唐之诸道，率循此制。"《小学绀珠》也说，"古代刻漏之法有二：曰浮漏，曰秤漏。"秤漏自隋唐至北宋，一直是主要的天文计时仪器。隋唐两代，中外交往更加频繁。秤漏可能也被介绍到国外。据荷兰学者史四维的研究，中世纪伊斯兰国家也曾使用秤漏计时，很可能是从中国传过去的[②]。

李兰还制造了"马上奔驰"的漏刻。其后隋代耿询进行了仿制，称为"马上漏刻"。有关文献仅有三条。唐徐坚《初学记》曰[③]：

> 李兰漏刻法曰：以玉壶、玉管、流珠、马上奔驰行漏。流珠者，水银之别名。

《隋书·耿询传》曰[④]：

> 询作马上漏刻，世称其妙。

① ［唐］李淳风：《隋书》卷十九。
② 华同旭：《中国漏刻》，安徽科技出版社 1991 年版，第 65—57 页。
③ ［唐］徐坚：《初学记》卷二十五。
④ ［唐］魏徵、令狐德棻：《隋书》卷七十八。

《隋书·天文志》曰[①]:

> 大业初，耿询作古欹器，以漏水注之。献于炀帝，帝善之。因令与宇文恺，依后魏道士李兰所修道家上法秤漏，制秤水漏器，又作马上漏刻，以从行辨时刻。

根据这些资料，国内外有关学者对马上漏刻进行了研究。由于文献资料的记述十分简略，使人们对其原理、结构、使用方法等缺乏最起码的了解，因此产生了多种不同的推测。

李约瑟认为[②]，马上漏刻是一种停表式漏刻，其工作原理与普通秤漏相同。贮水壶、导管和受水壶全部用防腐蚀的材料（玉）制成，这样就可以使用水银。这种漏刻很适合于短时间间隔的计量，例如天文学家研究日、月食或赛跑计时之用，它有一个专名，叫作"马上奔驰"。由于李约瑟所设想的停表式漏刻，测量精度不可能很高，它在记录日、月食现象发生时间长短方面并不优越；至于用于赛跑计时，中国古代尚无记录，故李约瑟的设想很难被人接受。薄树人提出两种推测[③]:

其一，马上漏刻也使用秤漏技术。其结构如图 2-11（左），一块木板上面固定着几个支架。最上端的支架托着一把玉壶，作为供水（银）壶，中部支架提着秤纽，下部支架是为顶上平升出一块金属板的鸡竿框（保护装置）。秤杆尾部立起一根顶上嵌有一粒金属圆珠的小杆。整个秤尾部套在鸡竿框之间。平常秤锤压得秤杆尾部在下，秤首保持上翘的位置，当上玉壶中水银流入下玉壶时，秤首逐渐下沉，到一定程度时秤杆尾上翘，圆珠打到鸡竿框上的金属板，发出清脆的响声。此时掌漏骑手尽可能快地用一只空玉壶替出秤首挂着的盛满了水银的壶，再将此壶中的水银又倒入上水银壶。这样整个水

---

① ［唐］李淳风:《隋书》卷十九。
② （英）李约瑟:《中国科学技术史》(第 4 卷)，科学出版社 1975 年版，第 343 页。
③ 薄树人:《关于马上漏刻的第四、第五种推测》,《自然科学史研究》1995 年第 2 期。

银漏壶组就可以保持动作不息。这种结构遇到异常情况，如骤然勒马、跨跃障碍、大风等，木板上的全组漏刻就会强烈不稳，故这种推测的合理性不大。

其二，还是在前述那块木板上，保留玉壶及支架。取消整个秤漏及支架，而是将往下的玉管接上固定在板上的曲折形竹管或铜管，见图2-11（右），管的下端出口处接着另一具玉壶。用另一个支架托着这具玉壶。水银从上壶往下流动。一旦察觉水银泻完，骑手立刻便把一具空玉壶放在下壶的地位，而把装满了水银的下壶提上来，将水银倒入上壶，倒完插箭为记。玉壶的大小、玉管的路径长短、倾斜程度，都可以设计调试到最合适的程度。薄树人认为，这种推测最为可能。

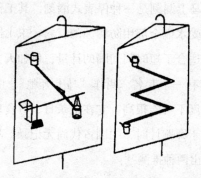

图2-11　薄树人"马上漏刻"示意图

李强[①]和郭盛炽[②]对马上漏刻的结构也作了推测。所有的推测尚无实验证实，但研究者均认为：一般的漏刻，其器具本身是处于静止状态的。而马上漏刻则是人们处于运动状态（如骑马、乘车等）情况下使用的一种计时工具。

---

① 李强：《上漏刻考》，《自然科学史研究》1990年第4期。
② 郭盛炽：《马上漏刻辨》，《自然科学史研究》1995年第2期。

第三章 数 学

　　早在远古时代，由于劳动和生产的需要，先民们就逐渐形成了数和形的概念。在文字产生之前，采用"结绳"计数，并创造了能够作出圆、方、平直等形状的规、矩、准、绳的工具和方法。殷商时期，已开始用文字计数，并且采用十进位。至迟在春秋战国时期，已经使用算筹来计数和进行加减乘除整数四则运算。是时，乘法表《九九歌》已经广泛流行。秦汉以来，社会生产力发展很快，随着天文、历法、水利、建筑工程、机械制造等科技的发展，数学也相应得到了长足的发展。成书于西汉前期的天文历算著作《周髀算经》，已经有了相当复杂的分数四则运算、开平方法及勾股定理的应用，说明当时的数学已达到了较高的水平。成书至迟在东汉前期的《九章算术》，系统地总结了战国、秦汉时期的数学成就，标志着我国古代数学形成了完整的体系。三国时期，刘徽为《九章算术》做注，该书遂流传于世。刘徽尚撰《重差》，原为《九章算术注》的第十卷，后来《重差》更名为《海岛算经》，单独刊行。

　　唐立算学，李淳风等奉敕编注《算经十书》，用于国子监算学馆中规定的课本及明算科进士的考试内容。是时，《算经十书》包括：《周髀算经》《九章算术》《海岛算经》《孙子算经》《夏侯阳算经》《张丘建算经》《辍术》《五曹算经》《五经算术》和《辑古算经》。这些著作全面反映了中国古代先秦至唐初的数学水平[1]。宋神宗元丰七年（1084）重刻《算经十书》时，《缀术》失传。元丰九年，《夏侯阳算经》原书失传。是时，所刻的《夏侯阳算经》，乃是唐中叶的一部算书，留传至今。南宋宁宗嘉定五年（1212），鲍瀚之翻刻

---

[1]　中外数学简史编写组：《中国数学简史》，山东教育出版社 1986 年版，第 71—78 页。

《算经十书》时，在杭州七宝山宁寿观找到的一部《数术记遗》，替代了《缀术》。现存的《算经十书》中，《周髀算经》《九章算术》《海岛算经》为南北朝之前的著作。《辑古算经》《夏侯阳算经》为唐代著作。《孙子算经》《张丘建算经》《五曹算经》《五经算术》和《数术记遗》等五部著作为北朝数学家所撰，或与北朝数学家有关。

第一节　北朝的数学活动及甄鸾的数学工作

北齐学者颜之推（530—591）在《颜氏家训·杂艺篇》中指出 [1]：

> 算术亦是六艺要事。自古儒士论天道。定律历者，皆学通之。然可以兼明，不可以专业。江南此学殊少，唯范阳祖暅精之，位至南康太守。河北多晓此术。

上文意指，南北朝时期，江南地区只有祖暅精通算术，但北朝的人大多通晓这门学问，即"河北多晓此术"。这与北朝活跃的数学教育和兴盛的历算活动有关。

一、北朝的数学教育

我国古代，数学教育的方式主要有两种：师承家传和官方的学校教育。算学博士是在官学中专司数学教育教学的学官，此职官首设于隋代，但不能断定数学教育列入官学始于隋代。北魏官学教育发达 [2]，国家先后设置太学、皇宗学、国子学、中书学、四门小学；地方实行郡国学制，每郡亦设置太学、国子学、四门小学，因此设置太学博士、皇宗学博士、国子学博士、中书学博士、四门博士为学官。这一学官制度遂为北齐、北周沿用。北朝期间，虽然未设算学博士，但在官学中一定存在算学教育。《通典·后周官品》

---

① ［北齐］颜之推：《颜氏家训》卷七。
② 李海：《大同府文庙沿革》，《文物世界》2011 年第 2 期。

记载^①，后周设六官，"万八千八十四人府史、学生、算生、书生、医生……等人也"。算生者，算学生也。显然，北周时就在官学中大规模地进行着算学教育。

当然，家传师承的民间算学教育方式是当时算学教育的主流。北朝期间，民间天算家可以自由地研习天文、历算。这样，北朝的数学水平不断提升，同时出现了不少民间历算家。另外，世家大族传承家学时，都注意到天文、历算在其中的重要地位。这样，必然推动着数学教育的兴盛。

前已提及的北魏殷绍是我国历史上第一个留下姓名的算生博士，他虽然没有在官学中主持过算学教育和教学，但他的算学和天学有很高的造诣。其师成公兴教授殷绍学习《九章算术》，亦完全是一种民间数学教育活动。

在北朝的历史上，还有一些精于算术的传奇人物，如綦母怀文，生活在东魏、北齐之际，以造"宿铁刀"而称著于世。《北史·艺术》记载了怀文的这样一个故事^②：

> （怀文）昔在晋阳为监馆，馆中有一蠕蠕客，同馆胡沙门指语怀文：此人别有异算术。仍指庭中一枣树云：令其布算子，即知实数。乃试之，并辨若干纯赤，若干赤白相半。于是剥数之，唯少一子。算者曰：必不少，但更撼之。果落一实。

这一传说有夸张之处，但蠕蠕客和綦母怀文掌握了一定的数学知识当是不容置疑的。綦母怀文是匈奴人，随身携带算子，随时进行计算，反映了北朝数学活动的普及程度。

二、兴盛的历算活动

北朝期间，众多的历算家编撰历法十多部，主要有：北凉赵𢾺撰《元始历》（412），北魏崔浩撰《五寅元历》（440，未用）、北魏公孙崇撰《景明历》

---

① ［唐］杜佑：《典通》卷三十九。
② ［唐］李延寿：《北史》卷八十九。

（500，未用）、北魏崔光等撰《神龟历》（518，未用）、北魏—北齐李业兴撰《正光历》（521）、《兴和历》（540）、《九宫历》（547，未用），北魏—北齐虞邝撰《大同历》（544，未用），北齐宋景业撰《天保历》（550），北齐张孟宾撰《孟宾历》（576，未用），北齐刘孝孙撰《武平历》（576，未用），北齐董峻、郑元伟撰《甲寅元历》（576，未用）、北齐信都芳撰《灵宪历》（未成）、北周甄鸾撰《天和历》（566），北周马显撰《大象历》（579）。其中，《神龟历》乃是李业兴、张洪、张龙祥、卢道虔、卫洪显、胡荣、统道融、樊仲遵、张僧预等九家进历，由崔光将九家之法综成一历。统道融乃是雍州沙门。可见，当时有佛教学者也参与了国家的编历。编历的频率之高，参与的历家之多，空前绝后。历家多精通算学，例如李业兴"尤长算历"、信都芳"后亦注重差、勾股"。凡此种种，均说明北朝期间历算活动的兴盛。

另外，广泛的数学活动，致使北朝数学论著颇丰。除收录在《算经十书》中的数学著作外，还有几种著录于史籍中的北朝算书[1]：北魏高允撰《算术》三卷，北周刘祐撰《九章杂算文》二卷，北周刘焯撰《稽极》十卷，北周刘炫撰《算术》一卷，北凉赵𣣧撰《算经》一卷。总之，北朝不仅有《张丘建算经》《五曹算经》等数学巨著流传于世，而且精通历算者人数众多，整个数学活动繁荣兴盛。

三、甄鸾的数学工作

甄鸾，字叔遵，中山毋极（今河北无极县）人，生卒年不详。《夏侯阳算经》"言觯法不同"，谓梁大同元年（535）甄鸾校之[2]。《隋书·律历志》引《甄鸾算术》云[3]："玉升一升，得官斗一升三合四勺"。玉升于北周保定五年（565）颁行。据此，甄鸾最初可能在南朝，后入北朝，主要活动在北朝西魏、北周之际。

北周武帝宇文邕（561至578年在位）时，甄鸾曾任司隶校尉（亦说

---

[1] 严敦杰：《南北朝算学书志》，《图书季刊》1940年第2期。
[2] 钱宝琮校点：《算经十书》（下册），中华书局1963年版，第562页。
[3] ［唐］李淳风：《隋书》卷十七。

司隶大夫）、汉中郡守、太山太守、无极男、无极伯等官职。甄鸾博达经史，尤精历算，著有《五经算术》《五曹算经》和《数术记遗》，并为《周髀算经》《夏侯阳算经》《张丘建算经》等多种数学名著作注。清刻《数术记遗》曰："算家诸书，皆书其衔。"《旧唐书·律历志》对其评价甚高："上合于春秋，下犹于记注。"甄鸾因其对历数的重要贡献，受到后人好评，清阮元在《畴人传》中说[①]："鸾为学精思，富于论撰，诚数学之大家矣！"

甄鸾所撰、注和重述的数学著作，不少文献加以著录，但互有详略、差异，引列如表3-1。

表 3-1　甄鸾撰、注、重述的数学著作

书名及卷数	著述方式	资料来源	备　　注
《九章算经》九卷	撰	《旧唐书》	—
《九章算经》二十九卷	撰	《隋书》《通志》	《隋书》《通志》："徐岳、甄鸾等撰。"
《九章算术》二卷	重述	《隋书》《通志》	《隋书》《通志》："徐岳撰。"
《孙子算经》	注	《一切经音义》	—
《孙子算经》三卷	撰注	《旧唐书》	《旧唐书》："甄氏撰注。"
《孙子算经》三卷	撰	《新唐书》《通志》	《新唐书》《通志》："李淳风注。"
《五曹算经》五卷	撰	《旧唐书》	—
《五曹算经》五卷	撰	《旧唐书》	—
《五曹算经》五卷	撰	《日本国见在书目》	
《五曹算经》五卷	撰	《新唐书》《通志》	《新唐书》《通志》："甄鸾《五曹算经》。"
《五曹算经》二卷	撰	《宋史》	《宋史》："甄鸾、李淳风注。"
《五曹算经》一卷	撰	《宋史》	《宋史》："甄鸾、李淳风注。"
《五曹算经》一卷	注	《崇文总目》	—
《张丘算经》一卷	撰	《旧唐书》《新唐书》	—
《张丘算经》三卷	注	《直斋书录解题》	—
《张丘算经》三卷	注	《通考》	《通考》："李淳风等注，刘孝孙细草。"

①　［清］阮元：《畴人传》，商务印书馆1955年版。

书名及卷数	著述方式	资料来源	备 注
《甄鸾算术》	撰	《隋书》	《隋书》："甄鸾算术云，玉升一升，得官斗一升三合四勺；周朝市尺，得玉尺九分二厘。"
《数术记遗》一卷	撰	《旧唐书》钱宝琮《中国数学史》①	《旧唐书》："《数术记遗》一卷，徐岳撰，甄鸾注。"
《周髀》一卷 《周髀》一卷 《周髀算经》二卷	注 重述 重述	《旧唐书》 《隋书》《通志》 《崇文总目》《玉海》 《通考》《中兴馆目》	— 《通考》："《周髀算经》二卷，甄鸾重述，赵君卿注，李淳风等注释。"
《五经算事》	撰	《北史》	信都芳曾抄录
《五经算术》一卷 《五经算术》二卷 《甄氏释五经算术》	撰 注 撰	《通志》 《玉海》 《读书分年日程》	— 《玉海》引《书目》："李淳风注释。" 《读书分年日程》，(元)程瑞礼撰。
《夏侯阳算经》三卷	注	《旧唐书》《新唐书》	—
《大衍算术法》一卷	注	《宋史》	《宋史》："《大衍算术法》一卷，徐岳撰。"
《三等数》一卷	注	《日本国见在书目》《旧唐书》	《三等数》，董泉撰。
《海岛算经》一卷	撰	《玉海》	《玉海》："《海岛算经》一卷，李淳风等注。"

　　此前，刘徽注《九章》、赵爽注《周髀》，皆布衣学者的个人兴趣。像甄鸾这样大规模且系统地注释经籍，必有其深刻的社会背景。北周明帝（557—560）即位后，曾召集文学士80余人于麟趾殿，刊校经史，"又捃采众书，自羲、农以来，迄于魏末，叙为《世谱》，凡五百卷云"②。是时，甄鸾

---

① 钱宝琮：《中国数学史》，科学出版社1964年版，第92—93页。
② ［唐］令狐德棻：《周书》卷四。

曾任司隶校尉，这样大型的学术活动为他撰注算书提供了难得的机遇。甄鸾的工作为唐代李淳风等人注释"十部算经"奠定了基础[①]。

第二节 《孙子算经》

《孙子算经》列为"算经十书"之一，流传广泛，成为中国古代重要的数学典籍（图3-1）。

图3-1 1890年刻《孙子算经》内封与《孙子算经》卷端

一、《孙子算经》的成书年代

《隋书·经籍志》著录："《孙子算经》二卷"，但不记作者姓名及写作年代。对此，自清代起就有种种不同的说法[②]。

（一）先秦成书说。清代，一些学者或因书名冠以"孙子"，就认为《孙子算经》产生于春秋时代，为军事家孙武所作。如朱彝尊在《曝书亭集》卷五十五《孙子算经》跋中云[③]：

《孙子算经》三卷，汉志不著于录，而隋唐《经籍志》有之。首言

---

① 纪志刚：《南北朝隋唐数学》，河北科学技术出版社2000年版，第1—30页。
② 同上，第45—49页。
③ ［清］朱彝尊：《曝书亭集》卷五十五。

度量所起，合乎兵法。地生度、度生量，量生数之文。次言乘除之法，设为之数，十三篇中所云廓地、分利、委积、运输、贵买、兵役、分数比之九章：方田、粟米、差分、商功、均输、盈不足之目，往往相符，而要在得算多，多算胜，以是此编非伪托也。

然而，深入考察书中有关历史资料，皆与孙武所处时代相去甚远。

（二）汉、魏成书说。清戴震（1724—1777）据《孙子算经》卷下第33题"今有长安、洛阳相去九百里"；卷下第4题"今有佛书二十九章，章六十三字"，断定《孙子算经》成书于汉明帝（58—75）以后[①]。因为长安是汉初才有的地名，而佛书开始传入中国是汉明帝以后的事。

《孙子算经》卷下第5题："今有棋局，方十九道。问用棋几何？答曰：三百六十一。"据此，阮元在《畴人传》中说："韦曜《博奕论》枯棋三百注引邯郸淳《艺经》，谓棋局十七道，而孙子乃云棋局十九道，则其人当更在汉以后。"当代学者梁宗巨（1924—1995）认为，此说比较可信。且进一步指出，《夏侯阳算经·序》里说："《五曹》《孙子》述作滋多，甄鸾、刘徽为之详释。"刘徽是3世纪人，所以《孙子》成书不会迟于3世纪，大概可以确定在公元67年至270年之间[②]。

（三）西晋成书说。钱宝琮（1892—1974）、严敦杰（1917—1988）等学者主张《孙子算经》成书于西晋。1929年，钱宝琮在论文《孙子算经考》中指出："书中其他含有时代性之问题，无可证明为先秦作品者，本书非孙武子原著显而易见。余以张丘建为北魏时人。《孙子算经》原本在张丘建之前，或为晋人所作。《孙子兵法》十三篇，或疑为后人伪作，迄今尚无定论。但相传十三篇有曹操（155—220）注，在三国时当甚风行。晋代畴人撰算书，伪托孙子之名以传世，容或有之。其序言文辞骈丽，颇似六朝人手笔。"[③]1961年，钱宝琮在校点《算经十书·孙子算经提要》中，则改定《孙子算经》成

---

① ［清］戴震：《四库全书提要·孙子算经提要》。
② 梁宗巨：《世界数学史简编》，辽宁人民出版社1981年版，第371页。
③ 钱宝琮：《孙子算经考》，载《钱宝琮科学史论文选集》，科学出版社1993年版，第15—22页。

书于公元 400 年前后，但未给出具体的理由。

严敦杰《孙子算经研究》一文，在阮元、钱宝琮论证的基础上，对算经内具有成书年代意义的内容作了详细地分析，从而论证了《孙子算经》成书于西晋。其立论的依据有三点。

其一，由棋局演变推断。他指出"邯郸淳事具见《三国志·王粲（177—217）传》注，淳尝官魏给事中"，以断《孙子》成书时代更后于魏；又据钱大昕（1728—1804）"尝见宋李逸民《忘忧清乐集》（棋谱也），首载孙策赐吕范，晋武帝赐王武子两局皆十九道。疑后人假托"，推测魏晋棋局有 17、19 道交互为用之时。

其二，由西晋户调法推断。晋武帝平吴（280）之后，所制户调之法中有"丁男之户，岁输绢三匹，绵三斤"，《孙子》卷下 9 问中"户输绵二斤八两"，与之相近，而东晋户调绵仅八两，北朝户调制无户输绵一条。

其三，由文献记载推断。李淳风注《九章·商功》28 问："晋武库中，有汉时王莽所作铜斛，其篆书字题云'律嘉量斛'，方一尺而圜其外，庞旁九厘五毫，幂一百六十二寸，容十斗，及斛底云：律嘉量斗，合龠皆有文字，升居斛旁，合龠在斛隔耳上，后有赞文，与今《律历志》同，亦魏晋所常用"。《孙子》卷中 10、11、12 三问正以"斛法一尺六寸二分"入算。

此外，严敦杰还对算经中"佛书计字""九家输租"等详作考证，以说明是书成于西晋。

（四）南北朝成书说：1982 年，高振儒在《关于孙子算经编纂年代的考证》一文中提出，《孙子算经》成书于南北朝。高振儒的主要论据是围棋在晋以前只有 17 道，289 路。到了南北朝才改为 19 道 361 路，从而断定成书上限为公元 420 年[①]。

综上所述，先秦成书说，确不成立；汉魏之说失之笼统，且刘徽是否注释过《孙子算经》史无凭证；西晋和南北朝之说均有其立论的依据。需要特别注意的是，尽管围棋在两晋时有从 17 道变为 19 道交叉使用的过渡时期，

---

① 高振儒：《关于孙子算经编纂年代的考证》，《山西大学学报》（哲学社会科学版）1982 年第 4 期（增刊）。

但书中言 19 而不取 17，说明 19 道围棋已基本取代了 17 道，其时当为晋末。因此，在无进一步的证据之前，定《孙子算经》成书于晋末与南北朝之初是较为合理的。

《隋书》著录："《孙子算经》二卷"；《一切经音义》著录："《孙子算经》，甄鸾注"；《旧唐书》著录："《孙子算经》三卷，甄氏撰注"；《新唐书》及《通志》均著录："《孙子算经》三卷，甄鸾撰，李淳风注"。这些文献结合以上对《孙子算经》成书年代的分析，我们尚不能确定《孙子算经》的最初作者是谁。但可以肯定北周甄鸾对《孙子算经》作过整理和注释，使之成为李淳风《算经十书》之一，而广为流传。这也是北朝数学家对中国古代数学作出的贡献。

二、《孙子算经》内容概述

传本《孙子算经》[①]由序言和上、中、下三卷组成。序言富有哲理性，其开篇曰：

> 夫算者，天地之经纬，群生之元首，五常之本末，阴阳之父母，星辰之建号，三光之表里，五行之准平，四时之始终，万物之祖宗，六艺之纲纪。

这里，抽象出一个非常重要概念——"算"，是数、算筹、算术、算理等涉及数学问题的概括。"算者……万物之祖宗"，显然，这是中国古代的"算本体论"，而且延伸到日月星辰，扩展到社会的各个层面。这种观点，与古希腊毕达哥拉斯（Pythagoras，约前 572—前 497）学派的"数本说"具有相似之处。关于毕达哥拉斯学派"数本说"的实质，亚里士多德在《形而上学》一书中作了明确的说明[②]："他们认为，研究数的原则是一切事物的原则，因此，数按其本性来说是第一性的。在他们看来，在数中要比火、土、水中更能看到一切存在和变化之物共同的东西，更能看出那种数是'正义

---

① ［唐］李淳风注释：《孙子算经》，载《四库全书》，上海古籍出版社 1987 年版，第 39—160 页。

② 叶秀山：《前苏格拉底哲学研究》，人民出版社 1982 年版，第 60 页。

的’，那种数是精神、心灵，那种数是‘合时的’等等。同时，他们在数的和谐中，看到逻辑规律（特性），因为他们认为，一切别的事物的本性都是由数造成的，因为数是一切本体中是第一位的。”另外，毕达哥拉斯学派认为，数是事物的本原，即本体，并不是说数像原子那样组成物体，而是从量的方面把握事物的本质，认识到事物的多样性，可以归结到量的统一性，因而“数”是事物量的统一性的抽象原则，事物本身就是数。“算本体论”如同毕达哥拉斯学派的“数本说”，是从量的方面把握事物的本质，认识事物的多样性。中国古代的元气论认为，万物乃至天体、宇宙是由元气组成的，即所谓“道生一（元气），一生二（阴气、阳气），二生三，三生万物”。而事物的多样性（万物）则由“算”来把握，不同的物体，其“算”是不同的，在“算”中要比元气更能看到一切存在和变化之物：天地、群生、五常、阴阳、星辰、三光、五行、四时、万物、六艺，而且，在“算”中把握变化之物的逻辑规律或特性。

序言中，接着论述了“算”的具体应用：“稽群伦之聚散，考二气之降升，推寒暑之迭运，步远近之殊同；观天道精微之兆基，察地理纵横之长短；采神祇之所在，极成败之符验；穷道德之理，究性命之情。”简言之，人们的各种实践活动，都离不开“算”。当然，“序言”并未把“算”拘泥在纯应用性之中，而是从更高的角度，去揭示其发展的必然规律：“夫算者……历亿载而不朽，施八极而无疆”。这就是说，“算”将随人类社会的进步而发展，随人类认识的提高而更加广泛地应用。对人们能否认识和掌握“算”，序言更有真知灼见：

> 心开者幼冲而即悟，意闭者皓首而难精。夫欲学之者必务量而揆己，志在所专，如是则焉有不成者哉。

随着人类社会的发展，数学在各种文化中的地位、作用和主导性日益重要，这种重要性远非《孙子算经》序言所能完全揭示，但先哲们的思想，却体现了千百年来人类执着的追求和共同理想。

对于上、中、下三卷的内容，这里仅作一简单介绍。卷上详述度量衡制度、大数之法、筹算记数、筹算乘除法则与"九九算表"；卷中28问，举例说明筹算分数算法、筹算开平方法，以及简单的面积、体积计算问题；卷下36问，是市易、营建、仓窖、兽禽、赋役、测望、军旅等应用的计算问题。卷中、卷下总计64问，涉及乘除运算、比率算法、面积算法、体积算法、开方算法、相似勾股形、衰分、盈不足术、"方程"术等计算方法，基本涵盖了《九章算术》所廓定的古算范畴。其中，有些问题直接取自《九章算术》，例如：《孙子算经》卷中的1、2、3、4问，5、6、7、8问，27问分别取自于《九章算术》中的方田1、7、10、15题，粟米1、2、3、4题，衰分4题。

三、《孙子算经》对中国古代数学的贡献

《孙子算经》虽属普及数学教育的启蒙读物，但有些内容却在中国古代数学发展史上具有重要地位。

（一）提出度量衡最小单位

《汉书·律历志》刘歆条奏云："度者、分、寸、尺、丈、引也……量者，龠、合、升、斗、斛也……权者，铢、两、斤、钧、石也。"这些都是度量衡较大的单位。而《孙子算经》卷上不仅给出了度量衡单位系统的进位制，而且给出了度量衡最小单位的计量标准：

> 度之所起，起于忽。欲知其忽，蚕吐丝为忽。十忽为一丝，十丝为一毫，十毫为一厘，十厘为一分，十分为一寸，十寸为一尺，十尺为一丈，十丈为一引，五十引为一端，四十尺为一匹。六尺为一步，二百四十步为一亩，三百步为一里。

> 秤之所起，起于黍。十黍为一累，十累为一铢；二十四铢为一两；十六两为一斤；三十斤为一钧；四钧为一石。

> 量之所起，起于粟。六粟为一圭；十圭为一撮；十撮为一抄；十抄为一勺；十勺为一合；十合为一升；十升为一斗；十斗为一斛。

上述文献提出了度量衡的最小单位分别是忽、黍、粟，而且给出其进位制度。其中黍、圭、絫等在《孙子算经》之前就已有之，如东汉许慎《说文解字》曰"絫，十黍之重也"；《后汉书律·历志上》曰"度长短者不失毫厘，量多少者不失圭撮，权轻重者不失黍絫"。而长度计量的最小单位"忽"，则是在《孙子算经》中第一次提出。传本《孙子算经》记为"十忽为一丝"，而《隋书》论审度引《孙子算经》曰："十忽为一秒。"可能是宋代把秒改为丝。在当时像"忽"这样的小量无实用意义，但它的提出，标志着数量概念走向抽象化，具有重要科学史意义。

（二）算筹的记数方法

算筹，又称算策，是中国古代珠算盘出现之前，一种主要的十进制计算工具。算筹起源于商代的占卜。古代筹、策、算三字都带竹头，表示多用竹制成。策为束字加竹头，表示手握一束竖立的算策，作为占卜之用；筹可能代表周易八卦横向排列时用的阴、阳爻。算筹横竖二式，可能来源于此。[①]《老子·道德径》曰："善算者不用筹策。"说明至迟在战国时期，我国已普遍使用算筹了。

周朝的算筹一般用木枝制成，汉代多用竹制作，有时亦用骨、象牙、玉石、铁等材料制作。算筹长一般在12厘米左右，直径为2至6毫米。最初的算筹的截面是圆形的，后来变成三角形、四方形。《汉书·律历志》曰[②]：

> 数者，一、十、百、千、万也，所以算数事物，顺性命之理也……
> 其算法用竹。直径一分，长六寸；二百七十一枚而成六觚，为一握。

《隋书·律历志》曰[③]：

> 其算法用竹。广二分，长三寸。正策三廉（三角形），积二百一

① （日）三上义夫：《中国算学之特色》，载《万有文库》，商务印书馆1933年版，第44—45页。
② ［东汉］班固：《汉书》卷二十一。
③ ［唐］李淳风：《隋书》卷十七。

十六枚成六觚，乾之策也。负策四廉（四方形），积一百四十四枚，成
方，坤之策也。

由前可知，汉代 1 尺＝23.10 厘米，隋开皇官尺 1 尺＝29.49 厘米。据
此，西汉的算筹一般是直径为 0.23 厘米、长约 13.86 厘米的圆柱形竹棍。把
二百七十一枚算筹捆成六角形的捆，为一"握"。隋朝算筹有两种：正策和负
策，或称乾策和坤策，以区别正负之数。正策长 8.85 厘米，截面为正三角形，
其边长约为 0.59 厘米。负策长 8.85 厘米，截面为四方形，其边长为 0.59 厘
米。这表明从汉到隋，算筹从圆而方，由长变短，以便运用。刘徽注《九章
算术》曰："正算赤，负算黑，否则以邪（斜）正为异。"又《梦溪笔谈》卷八
称："算法用赤筹、黑筹，以别正负之数。"可见，早在三国之前，中算家便已
用算筹颜色的赤、黑或形状的邪、正（三棱体和四棱体）来区分正、负数了。

自先秦以来，有关算筹的文献很多，但记载算筹记数方法，以及明确使
用十进位值制的文献则始于《孙子算经》。其文曰：

凡算之法，先识其位，一纵十横，百立千僵，千十相望，百万
相当。

《夏侯阳算经》对此补充了四句：

满六以上，五在上方，六不积算，五不单张。

明确了"以一当五"的规定：既不允许并排用 6 根筹记 6，也不允许单
独使用 1 根筹表示 5。这样，纵、横两式筹码为：

（1）纵式（表示个位、百位、万位等）

1	2	3	4	5	6	7	8	9
丨	丨丨	丨丨丨	丨丨丨丨	丨丨丨丨丨	丅	丅丅	丅丅丅	丅丅丅丅

（2）横式（表示十位、千位等）

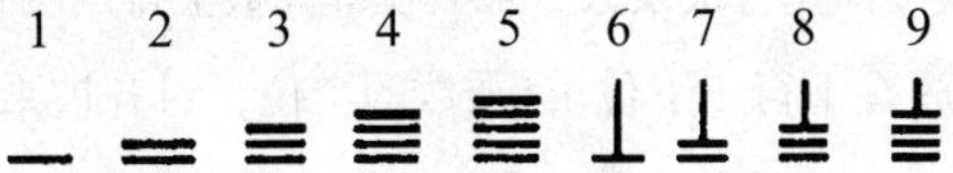

例如，71824 可表示为：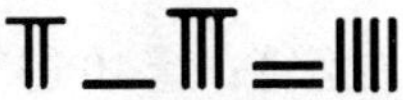

遇到某位缺数，则不置算筹，形成空位，即以空位表示 0。这样，交替地使用纵、横两式筹码，便可记出一切自然数。

（三）筹算的计算方法

使用算筹进行计算，称为筹算。算筹一般布置在地面或桌子上面进行运算。清代数学家劳乃宣说："盖古者席地而坐，布算于地，后世施于几案。"①日本古算书中有带方格子的算筹板图，见图 3–2。

图 3–2 带方格子的算筹板图

如何用算筹进行加减乘除运算，一般算经阙而不论。《孙子算经》卷上则对筹算乘法、除法有详细阐述，为考察古代筹算的计算方法提供了珍贵的文献资料。《孙子算经》关于筹算乘法的记载如下：

凡乘之法，重置其位。上下相观，上位有十步至十，有百步至百，有千步至千。以上命下，所得之数列中位。言十即过，不满自如。上位乘讫者，先去之。下位乘讫者，则俱退之。六不积，五不只。上下相乘，至尽而已。

① 王青建：《〈古算筹考释〉研究》，《自然科学史研究》1998 年第 2 期。

据这一文献，筹算乘法可分以下几步：

第一步步算定位：先将被乘数、乘数在筹算板上排成两行，被乘数放在上行（上位），乘数放在下行（下位），乘数的个位，对齐被乘数的最高位（"上位有十步至十……"）。上下行之间，留空 1 行（中位），作中间积存放处。

第二步运算规则：从左至右运算；逢 10 进 1（"言十即过，不满自如"）。

第三步运算步骤：从上位的最高位数起，依次去乘下位，初积入中位，随乘随并。

除了上述一般性法则之外，《孙子算经》还给出了一个具体的算例：

九九八十一自相乘，得几何？

答曰：六千五百六十一。

术曰：重置其位，以上八呼下八，八八六十四，即下六千四百于中位。以上八呼下一，一八如八，即于中位下八十。退下位一等，收上位八十。以上一呼下八，一八如八，即于中位下八十。以上一呼下一，一一如一，即于中位下一上下位俱收，中位即得六千五百六十一。

现按术文所述，作一解答（原用算筹所表示的数，改用阿拉伯数字代

演算步骤	图　示
步算定位： 81 × 81 下位 81 的个位数 1 和 上位 81 的 8 对齐。 中位空，以放置积。	上位　　　81 中位 下位　　　81

演算步骤	图　示
运算 1： 先算 80 × 81 = 6480， 此中间积放在中行。 此时上位的 "8" 已完 成运算，从筹板除去。	上位　　　 1 中位　　6480 下位　　　81

演算步骤	图　示
运算 2： 再算 1 × 81 = 81，此 中间积放在中行。此 时上位的 "1" 已完成 运算，从筹板除去。	上位 中位　6480 + 81 下位　　　　81

演算步骤	图　示
运算 3： 将中间积相加 6480 + 81 = 6561。 去掉下位 81，运算 完毕。	上位 中位　　6561 下位

图 3-3　81 × 81 演算步骤图

替），见图 3-3。

《孙子算经》中关于筹算除法的记载如下：

> 凡除之法，与乘正异。乘得在中央，除得在上方。假令六为法，百为实，以六除百，当进之二等，令在正百下，以六除一，则法多而实少，不可除，故当退就十位。以法除实，言一六而折百为四十，故可除。若实多法少，自当百之，不当复退。故或步法十者置于十位，百者置于百位。上位有空绝者，法退二位。余法皆如乘时。实有余者，以法命之，以法为母，实余为子。

"凡除之法，与乘正异"，即除法是乘法的逆运算。筹算除法，首先亦要"步算定位"，用算筹把商、实（被除数）、法（除数）依次分别排成上、中、下三行。正如《孙子算经》所云："乘得在中央，除得在上方"。术文中以 $100 \div 6$ 为例，说明筹算除法的运算规则，这里作一简要疏释，见图 3-4。

演算步骤	图　示		演算步骤	图　示	
步算定位： $100 \div 6$。 上位空，以放置商。 中位放置实 100。 下位放置法 6。	上位 中位 下位	100 6	运算 1： "在正百下，以六除一，则法多而实少，不可除，故当退就十位"	上位 中位 下位	100 6
演算步骤	图　示		演算步骤	图　示	
运算 2： "以法除实，言一六而折百为四十，故可除" 商 1 置上位。	上位 1 中位 40 下位 6		运算 3： $40 \div 6$，得 6 余 4。"实余" 4 置中位。商 6 置上位，最后得商 16 余 4。	上位 16 中位 4 下位 6	
演算步骤	图　示		演算步骤	图　示	
运算 4： "实有余者，以法命之，以法为母，实余为子"。 商为 $16 + 4/6$。	上位 $16 + 4/6$ 中位 4 下位 6		运算 5： 上位商为 $16 + 2/3$，去掉中位"实余" 4，去掉下位法 6。	上位 $16 + 2/3$ 中位 下位	

图 3-4　$100 \div 6$ 演算步骤图

概而言之，筹算的乘法、除法实质上也包括了筹算的加、减法。进行筹算的乘、除法运算时，其首要之点是"步算定位"。乘法时，"上位有十步至十，有百步至百，有千步至千"。然后，以一位数乘多位数；除法时，"步法十者置于十位，百者置于百位"。若法大实小，则退就下位，"余法皆如乘时"。同时，要熟悉"九九算表"，这是进行筹算乘、除法的基础。中国古算文献所载完整的"九九算表"，最早就见于《孙子算经》。

另外，术文中的"法"与"实"，是中国古代数学中的两个重要概念。在除法中，"实"是被除数，"法"是除数。然而，"法"与"实"的意义远非如此，开方算法中的被开方数，"方程"算法中的未知数系数皆称为"实"。"法"的含义则理解为"用法律固定的单位量度"。中算中常有"实如法而一"，即是"以法量实"，除法的意义正是由此引申而来。

（四）开方术的改进

中国古代的开方运算起源于长度的测算、或化积为方（包括已知正方形的面积求边长、已知立方体的体积求棱长），或化圆为方（包括已知圆面积求圆的直径、已知球的体积求球的直径），或勾股弦的互求等问题。这些问题的文字记载最早见于《九章算术》"少广""勾股"两章。《九章算术》少广章中的"开方术"特指开平方运算，其第12题的术文介绍了"开方术"：

> 置积为实。借一算步之，超一等。议所得，以一乘所借一算为法，而以除。除已，倍法为定法。其复除，折法而下。复置借算步之如初，以复议一乘之，所得副，以加定法，以除。以所得副从定法。复除下折如前。若开之不尽者为不可开，当以面命之……

术文对"开方术"的介绍言简意赅，有语焉不详之处。刘徽在其注文中利用几何图形对这一方法给出了一个直观的解释，而《孙子算经》则在计算方法上作了新的改进。《孙子算经》的开方术，见之于卷中19、20两问，现

以第 19 问为例:

> 今有积,二十三万四千五百六十七步。问:为方几何?
>
> 答曰:四百八十四步九百六十八分步之三百一十一。
>
> 术曰:置积二十三万四千五百六十七步为实,次借一算为下法,步之超一位至百而止。上商置四百于实之上,副置四万于实之下。下法之上,名为方法。命上商四百除实,除讫,倍方法,方法一退,下法再退。复置上商八十,以次前商,副置八百于方法之下。下法之上,名为廉法。方、廉各命上商八十,以除实,除讫,倍廉法上从方法。方法一退,下法再退。复置上商四,以次前,副置四于方法之下,下法之上,名曰隅法。方、廉、隅各命上商四,以除实。除讫,倍隅法从方法,上商得四百八十四,下法得九百六十八,不尽三百一十一,是为方四百八十四步九百六十八分步之三百一十一。

与《九章》的开方算法比较,《孙子算经》的开方算法更为缜密细致,连贯流畅。这一点得益于《孙子算经》在以下两点所作的创新[1]:

1. 改"复置借算步之如初",以"退位定位"求次商

《九章》的开方技术在"命上商除实"之后,都要将借算退回到初始位置,重新步位("复置借算步之如初"),以求次商。而《孙子算经》则改进为"方法一退,下法再退"的"退位定位"法,使得算法衔接有序。

2. 增记廉法、隅法,完善术语命名

《九章》开方术中"商""实""法""借算"四列,《孙子算经》则改"法"为"方法",改"借算"为"下法",并增加"廉法""隅法",使得算法术语统一、规范。

《孙子算经》的开方算法,后为《夏侯阳算经》《张丘建算经》《五曹

---

① 许鑫铜:《孙子算经首创开方法中的超位退位定位法》,《华东师范大学学报》(自然科学版)1987年第1期。

算经》《详解九章算法纂类》（杨辉）所沿用。宋元数学中著名的"增乘开方法"，也采用了《孙子算经》的"超位退位定位"方法。可以说，正是《孙子算经》对开方术所作的改进，为"增乘开方法"奠定了坚实的基础。

（五）"物不知数"与中国剩余定理

《孙子算经》卷下第26问即著名的"物不知数"问题，又称"孙子问题"。其问为：

> 今有物，不知其数。三三数之剩二，五五数之剩三，七七数之剩二。问物几何？
>
> 答曰："二十三"。
>
> 术曰："三三数之剩二，置一百四十；五五数剩三，置六十三；七七数之剩二，置三十。并之，得二百三十三。以二百一十减之，即得。凡三三数之剩一，则置七十；五五数之剩一，则置二十一；七七数之剩一，则置十五。一百六以上，以一百五减之，即得。"

"物不知数"问题等价于解下列的一次同余式组：$N \equiv 2 \pmod 3 \equiv 3 \pmod 5 \equiv 2 \pmod 7$。答案是无穷多，其中最小正整数解是23。

术文的前半段，给出本题的解：$N = 70 \times 2 + 21 \times 3 + 15 \times 2 - 105 \times 2 = 23$；而术文的后半段，给出一次同余式组的一般解法：三三数之，取数70，与余数相乘；五五数之，取数21，与余数相乘；七七数之，取数15，与余数相乘。将诸乘积相加，若其和大于105，就减去105若干次，即得最小答案。列成现代算式就是：

$$N = 70 \times R_1 + 21 \times R_2 + 15 \times R_3 - 105 \times P$$

式中，R_1、R_2、R_3、分别是用3、5、7去除的余数，P为整数。

"物不知数"是后来驰名于世界的"大衍求一术"的起源，也是中国古代卓越的数学成就之一。英国著名学者李约瑟称它是"关于不定分析（一次同余式组）计算问题的一个最早的例子"[①]。

首载于《孙子算经》中的"物不知数"问题，与中国古代制定历法有密切关系。自汉代起，中国古历法就重视"上元积年"的推算。一部历法，需要规定一个起算时间。中国古代历算家把这个起点叫做"历元"或"上元"，并且把从历元到编历元所累积的时间叫做"上元积年"。推算上元积年要满足许多初始条件和利用庞杂的天文数据，这是相当复杂的。一般以各种天文周期（如回归年、朔望月等）和相应的差数来推算上元积年，则构成一个求解一次同余式组的问题。"物不知数"只不过是这类问题的简单反映。因此，引起了千余年来中算家对同余问题的兴趣，形成了中国古代不定分析研究的重要领域，而且算法名称很多，如鬼谷算、隔墙算、秦王暗点兵、翦管术、总分、物不知总、韩信点兵等。

求解"物不知数"的关键在于 70、21、15 和 105 这 4 个数。为了便于记忆和流传，古人将其编成各种歌诀。如明代程大位（1533—1606）《算法统宗》卷五载《孙子歌》曰：

> 三人同行七十稀，五树梅花二一枝，七子团圆正半月，除百零五便得知。

此歌在民间广为流传，并传到日本，影响甚大。《孙子算经》中没有说明 70、21、15 和 105 这 4 个数的来历。直到 1247 年，南宋秦九韶（1202—1261）写成《数书九章》才解决了这一问题，其方法称为"大衍求一术"。

1801 年，德国著名数学家高斯（K.F.Gauss，1777—1855）出版《算术探究》，对同余式组解法得出与秦九韶相同的结果。1852 年，英国来华传教士伟烈亚力（Alexander Wylie，1815—1887）在《中国科学札记》中，首次向西方介绍了"物不知数"问题和秦九韶的有关工作。1874 年，德国学者马蒂

---

① （英）李约瑟：《中国科学技术史·数学》（第 3 卷），科学出版社 1978 年版，第 72 页。

生（L.Marttthiessen）在《数学与自然科学教育杂志》上发表文章，指出秦九韶解法和高斯解法基本一致，从而使中国古代数学中这一杰出的创造受到世界相关学者的瞩目。之后，西方数学论著中称这种一次同余式组的解法为中国剩余定理（Chinese Remainder Theorem）[1]。

第三节 《张丘建算经》

《张丘建算经》（图3-5），《算经十书》之一，其后为孔子讳，改作《张邱建算经》。

图3-5　1890年刻《张邱建算经》内封、序

一、《张丘建算经》的成书年代及作者、注释者

关于《张丘建算经》的成书年代，数学史界多以钱宝琮的观点为是，即其撰写年代在466至484年之间，依据是《魏书·食货志》的有关记载及《张丘建算经》卷中第13题的内容。《魏书·食货志》记载，北魏献文帝即位（466）后，"因民贫富为租输三等九品之制"，即颁行九品混通制的户调法[2]：

---

[1] 沈康身：《中算导论》，上海教育出版社1986年版，第284—287页。

[2] ［北齐］魏收：《魏书》卷一一〇。

118

先是天下以九品混通，户调帛二匹，絮二斤，粟二十石，又入帛一匹二丈，委之州库以供调外之费。至是（太和八），户增帛三匹，粟二石九斗，以为官司之禄。

太和九年（485），孝文帝"下诏均给天下民田"，即实行均田制。其后，废弃九品混通制的户调法。《张丘建算经》卷中第 13 题反映了北魏太和八年实施的九品混通制户调法的情况。该题曰：

今有率户出绢三匹，依贫富欲以九等出之，令户各差二丈。今有上上三十九户，上中二十四户……下下一十三户。问九等户，各应出绢几何？

据此，钱宝琮先生得出结论："我们断定《张丘建算经》的编写年代是在公元 466 年到 485 年之间。阮元《畴人传》列张丘建于晋代是缺少依据的。"[①]也有学者对钱宝琮先生的观点提出了异议。因为史料表明，"九品混通"的户调制并非始于北魏献文帝，而是沿袭晋代"九品相通"之制而来，在北魏初期就已实行。《魏书·世祖纪》记载[②]，太延元年（435）十二月诏："若有发调，县宰集乡邑三老计定货，衰多益寡，九品混通，不得从富督贫，避强侵弱。"由此，《张丘建算经》的"九等户出绢"一题只能表明该书撰成于466 年之前。通过对书中具有时代特征的算题内容考证，冯立昇认为，《张丘建算经》成书于 431 年至 450 年之间，即该书是北魏早期的作品。[③]不过，无论哪种观点均认可《张丘建算经》是北魏时期的著作。

张丘建是著名数学家，但正史无传，生平事迹皆不可考。关于张丘建的

① 钱宝琮校点：《算经十书》，中华书局 1963 年版，第 325 页。
② ［北齐］魏收：《魏书》卷四。
③ 冯立昇：《张丘建算经的成书年代》，载李迪编：《数学史研究文集》（第 1 集），内蒙古大学出版社1991 年版，第 46—49 页。

籍贯，史籍中可以查到两条线索：其一，自序最后题款"清河张丘建"；其二，北宋大观三年（1109）祀封他为"信成男"①。北魏时，有两个清河郡：一为司州清河，汉高祖时就已置郡，郡址在今山东省临清县东北，其地与今日河北省境内的清河县隔运河相望；另一个为齐州清河，亦称东清河，郡址在今山东省淄博市西南。北宋末年的算学祀典，有案可稽的人物都按其郡望受封。例如张衡被封为"西鄂（今河南南召）伯"，祖冲之被封为"范阳子"。而信成正是汉代时清河郡的属县，地点与上述司州清河相近。因此可以确定张丘建是山东人士②。

传本《张丘建算经》各卷第一页上均题有以下三行：

汉中郡守、前司隶臣曾鸾注经

唐朝议大夫、行太史令、上轻车都尉臣李淳风等奉敕注释

唐算学博士刘孝孙细草

以此推知，《张丘建算经》的主要注释人是甄鸾、刘孝孙和李淳风。甄鸾的生平和事迹在本章第一节中已作过介绍，但传本《张丘建算经》中，没有留下甄鸾的注释。

刘孝孙（？—594），广平（今河北省永年县）人，著名历算家。其事迹见《隋书·律历志》和《隋书·天文志》。早年，刘孝孙追随并接受了张子信的学说。对此，《隋书·律历志》曰③："又有广平人刘孝孙、张孟宾二人，同知历事，孟宾受业于张子信，并弃旧事，更制新法"。刘孝孙初仕北齐，576年编撰《武平历》，未被采用。577年北齐灭亡，刘孝孙入北周。581年隋灭北周，刘孝孙仕隋，但长期受到压抑，"留直太史，累年不调，寓居观台"。590年前后，刘孝孙参与了当时的历法改革之争，情绪激昂，曾抱书扶棺上朝，面陈隋文帝杨坚。虽然隋文帝没有听从他对历法改革的意见，但刘

---

①③ ［元］脱脱、阿鲁图：《宋史》卷一百五。

② 刘钝：《提出百鸡问题的张丘建》，载许义夫编：《山东古代科学家》，山东教育出版社1992年版，第200—208页。

120

孝孙却从此受到隋文帝的重视。刘孝孙精于历算，仕隋后，曾任算学博士，写出了《张丘建算经细草》。唐代，另有刘孝孙（？—632），荆州（今湖北江陵）人。此人是一文人，非算学博士。故传本所题"唐算学博士"应是"隋算学博士"的误文。

刘孝孙的细草表现出一些南北朝时期通行的算法。如《九章算术》开立方术，文简意赅。刘徽虽详加注释，但仍"言不尽意"。《孙子算经》不载开立术方术。《张丘建算经》开立方术的刘孝孙细草，是魏晋之后的开立方算法，比《九章算术》开立方术有了重要的改进，显得更加清晰明确。从而为考察古代算法的历史演变，留下一份珍贵的史料。

李淳风（602—670），唐代岐州雍（今陕西凤翔）人，《旧唐书·李淳风传》称其"幼俊爽，尤明天文、历算、阴阳之学"[①]，是中国历史上重要的天文学家、历算家、阴阳家、仪器制造家。李淳风在数学方面的主要贡献，是和梁述、王真儒等受诏编定和注释"十部算经"，以作为国子监算学馆的教材。对此，《旧唐书·李淳风传》曰[②]：

> 先是，太史监侯王思辩表称《五曹》《孙子》十部算经，理多踳驳。淳风复与国子监算学博士梁述、太学助教王真儒等受诏注《五曹》《孙子》十部算经。书成，高宗令国学行用。

作为"十部算经"之一，凡《张丘建算经》解题术文有过于简略之处，李淳风等依据《九章算术》为之补立术文。传本《张丘建算经》中共有九处注释标有"臣淳风谨按"字样。

二、《张丘建算经》对《九章算术》的继承和发展

传本《张丘建算经》[③]由序言、上中下三卷组成，卷中之尾，卷下之首

---

①② ［后晋］刘昫：《旧唐书》卷七十九。
③ ［北魏］张丘建：《张丘建算经》，载：《四库全书》统编第797册，上海古籍出版社1987年版，第299—301页。

残缺。全书采用《九章算术》编排体例，现存 92 问。《张丘建算经》继承了《九章算术》的遗产，并且提供了很多推陈出新的创见。对此，钱宝琮在《张丘建算经提要》一文中归纳为五方面：最大公约数与最小公倍数的应用、等差级数问题、盈不足问题的算术方法、开带从平方法（求二次方程的正根）及"百鸡问题"。

纪志刚认为 [①]，除以上五方面外，《张丘建算经》在分数约分的改进、开立方算法的程序化、勾股测量方法的设计等方面也重要意义。纪志刚经过对比研究后指出，《张丘建算经》广泛吸收了《九章算术》的数学成果。书中许多问题或是直接来源于《九章算术》或是在《九章算术》的问题上加以新的变化，见表 3-2。

表 3-2 《张丘建算经》与《九章算术》相应问题对照表

《张丘建算经》		《九章算术》	
卷上 13 问	葭生池中	勾股 6 问	葭生池中
卷上 18 问	十人分金	均输 19 问	有竹九节
卷上 24 问	卖绢染绢	盈不足 15 问	以漆易油
卷上 25 问	生丝练丝	均输 10 问	络丝练丝
卷上 29 问	金银称重	盈不足 18 问	金银称重
卷上 30 问	添粟春米	盈不足 9 问	添粟春米
卷中 2 问	有人盗马	均输 14 问	兔走犬追
卷中 3 问	马行转迟	衰分 4 问	女子善织
卷中 4 问	良马驽马	均输 16 问	客去忘衣
卷中 5 问	疾行迟行	均输 12 问	善行不善行
卷中 15 问	三女刺文	均输 26 问	五渠注水
卷中 16 问	麦输太仓	均输 9 问	程传委输
卷中 17 问	持钱之洛	盈不足 20 问	持钱之蜀
卷中 18 问	清酒醨酒	盈不足 13 问	醇酒行酒
卷下 3 问	倚木于垣	勾股 8 问	倚木于垣
卷下 14 问	三人持钱	方程 10 问	甲乙持钱
卷下 16 问	行道雇钱	均输 7 问	取佣负盐
卷下 22 问	雀燕称重	盈不足 16 问	玉石并重

---

① 纪志刚：《南北朝隋唐数学》，河北科学技术出版社 2000 年版，第 86—88 页。

当然，《张丘建算经》并未因循《九章算术》陈法，而是在解题方法上，更加注重算法设计的简洁与合理性。如取自《九章算术》"盈不足"章的第6题，仅卷下"雀燕称重"一问，以盈不足算法的固定模式求解，其余5问则代之以更为直接的算术分析方法。同时，指明"以盈不足为之，亦得"。"这种重视算术问题的具体分析，因而提高了解题的技术，这在数学发展过程中是进步的。"[①]

另外，《张丘建算经》也从《孙子算经》与《夏侯阳算经》中汲取了一些有趣的素材。如其《序言》所云："夏侯阳之'方仓'，孙子之'荡杯'，此等之术皆未得其妙，故更造新术，推尽其理，附之于此。"今之传本《夏侯阳算经》已非原本，故其"方仓"之术不可详考。查《张丘建算经》卷下第37题，即是《孙子算经》卷下第16题——"荡杯"问题：

> 今有妇人于河上荡杯，津吏问曰："杯何以多？"妇人答曰："家有客。"津吏曰："客几何？"妇人曰："二人共饭，三人共羹，四人共肉，凡用杯六十五，不知客几何？"
>
> 答曰："六十人。"

《孙子算经》术文曰：

> 术曰："置六十五杯，以十二乘之得七百八十，以十三除之即得。"

《张丘建算经》术文曰：

> 术曰："列置共杯人数于右方，又置共杯数于左方，以人数互乘杯数，并以为法。令人数相乘，以乘杯数为实。实如法得一。"

"荡杯"是我国古代数学中较早的通分题目之一。用现代数学来解此题：

---

① 钱宝琮：《中国数学史》，科学出版社1964年版，第92—93页。

设共有 A 个客人，则得

$$\frac{A}{2}+\frac{A}{3}+\frac{A}{4}=65,\ A\left(\frac{1}{2}+\frac{1}{3}+\frac{1}{4}\right)=65,\ A=65\div\frac{13}{12}=60\ (人)$$

解题的关键在于求出 1/2 + 1/3 + 1/4 = 13/12，这里涉及三个分数的通分问题。《孙子算经》术文没有指出，杯数 65 乘以 12 再被 13 除的原因，即没有给出通分的一般方法，"此等之术皆未得其妙"。《张丘建算经·序》曰："夫学算者不患乘除之为难，而患通分之为难。"《张丘建算经》在"荡杯"问题中，主要指导用算筹进行分数通分运算，"更造新术，推尽其理"。显然《张丘建算经》术文更清楚地说明了算法的道理。

三、《张丘建算经》对中国古代数学的贡献

钱宝琮、纪志刚全面概括了《张丘建算经》对《九章算术》等前人成果的继承和发展，其中几项成就在中国古代数学发展中有较大的影响，这里再作一较详细的叙述。

（一）求分数的最小公倍数

在古代数学文献中，《九章算术》"方田"章中最早给出约分的方法：

> 可半者半之，不可半者，副置分母、子之数，以少减多，更相减损，求其等也。以等数约之。

术文把最大公约数称为"等数"，并给出"更相减损，求其等也"的计算方法。

对于最小公倍数，仅《九章算术》"少广"章求单位分数之和中附带出现，《孙子算经》卷下"三女归宁"问表露出求三数最小公倍数的端倪。而《张丘建算经》卷上第 10、11 两题，则把最小公倍数概念延展到分数领域。《张丘建算经》卷上第 10 题曰：

> 今有封山周栈三百二十五里，甲、乙、丙三人同绕周栈行。甲日行

一百五十里，乙日行一百二十里，丙日行九十里。问周行几何日会？

答曰：十日、六分之五日。

术曰：置甲、乙、丙行里数，求等数为法。以周栈里数为实。实如法而得一。

用现代数学概念来分析：甲、乙、丙绕道一周所需时间分别是：325/150，325/120，325/90。故三人相会所需时间就是这三个分数的最小公倍数。按照术文，这个最小公倍数的分母（法）是甲、乙、丙速度的最大公约数（等数），分子（实）是栈道长。

以符号 { } 表示求最小公倍数，以（ ）表示求最大公约数（等数），则

$$\left\{\frac{325}{150},\frac{325}{120},\frac{325}{90}\right\}=\frac{325}{(150,120,90)}=\frac{325}{30}=10\frac{5}{6}$$

一般地，若 a, b, c, d, e, f 都是正整数，则

$$\left\{\frac{b}{a},\frac{d}{c},\frac{f}{e}\right\}=\frac{\{b,d,f\}}{(a,c,e)}$$

此即《张丘建算经》给出的最大公约数与最小公倍数之间的关系式，亦称作"张丘建法则"[1]。由本题可见，《张丘建算经》在最大公约数与最小公倍数方面超过了《九章算术》的水平，同时也显示出中国古代数学中最小公倍数的概念不仅限于整数，其求法也与整数的求法有所区别。

（二）等差数列问题

等差级数列的记载最早见于《周髀算经》，但问题和算法均很简单，仅限于公差逐项累加。《九章算术》中共有八道题涉及等差数列，但无统一的解法。均输章第 19 题给出了推算公差的公式，其余问题或以"今有术"求解，或以"盈不足"推算。直到刘徽注《九章算术》，方进一步阐明等差数列的概念与算法，但不够全面。在《张丘建算经》中，虽然只有七道题涉及等差数列的问题，但其解法较《九章》完善、系统。如《张丘建算经》卷上 23 题曰：

---

① 沈康身：《数书九章大衍类算题中的数论命题》，《杭州大学学报》（自然科学版）1986 年第 4 期。

今有女子不善织，日减功迟。初日织五尺，末日织一尺。今三十日织讫，问织几何？答曰：二匹一丈。

术曰：并初、末日织尺数半之余，以乘织讫日数，即得。

这是一个递减等差级数问题。记 a_1 为首项，d 为公差，n 为项数，a_n 为第 n 项，S_n 为前 n 项之和，依照术文的意思列出公式

$$S_n = \frac{n}{2}\left(a_1 + a_n\right)$$

将数字代入上式得

$$S_n = \frac{30}{2}\left(5+1\right) = 90 \text{（尺）} = 9 \text{（丈）} = 2 \text{匹} 1 \text{丈}$$

卷上 22 题讨论了一个递增等差级数问题：

今有女善织，日益功疾，初日织五尺，今一月织九匹三丈，问日益几何？

题中要求的是级数的公差，术文中给出的公式（原文用文字给出）是：

$$d = \frac{\dfrac{2S_n}{n} - 2a_1}{n-1}$$

这类纺织问题，张丘建应用了如下术语：级数的首项 a_1 称为"初日织数"；末项 a_n 称为"末日织数"；项数 n 称为"织讫日数"；和 S_n 称为"织数"；公差 d 称为"日益"或"日减"等，这些公式是中国最早的算术级数公式。

此外，《张丘建算经》卷上 18 题、32 题，卷中 1 题，卷下 24 题、36 题、都属于等差数列问题，其术文给出了多种不同算法公式，可分别求解 S_n，d，a_1，a_n 及 n。这些问题和解法说明，至迟在 5 世纪，中国数学已经具备了系统的等差级数理论，为后来高阶等差级数研究的发展奠定了基础[1]。

---

① 李兆华：《张丘建算经中的等差数列问题》,《内蒙古师范学院学报》(自然科学版) 1982 年第 1 期。

（三）开立方算法的改进

开立方术最早见于《九章算术》"少广"章第 19 至 22 问，例如第 19 问，术文如下：

> 今有积一百八十六万八百六十七尺。问为立方几何？
>
> 开立方术曰：置积为实。借一算，步之，超二等。议所得，以再乘所借一算为法，而除之。除已，三之为定法。复除，折而下。以三乘所得数，置中行。复借一算，置下行。步之，中超一，下超二等。复置议，以一乘中，再乘下，皆副以加定法。以定法除。除已，倍下，并中，从定法。复除，折下如前。开之不尽者，亦为不可开。

《九章算术》开立方术，文简意赅。刘徽虽详加注释，仍感其"言不尽意，解此要当以棋，乃得明耳。"《孙子算经》不载开立方术。而《张丘建算经》开立方术的刘孝孙细草，是魏晋之后的开立方算法，比《九章算术》开立方术有了重要的改进。现以该书中卷下第 30 问为例，说明魏晋之后的开立方算法：

> 今有立方九十六尺，欲立为圆，为径几何？
>
> 答曰：一百一十六尺、四万三百六十九分尺之一万一千九百六十八。
>
> 术曰：立方再自乘，又以十六乘之，九而一。所得，开立方除之，得丸径。

由《九章算经》所给的公式，本题应计算

$$D = \sqrt[3]{\frac{16}{9}V} = \sqrt[3]{1572864}$$

为了便于比较，下面摘录开立方术的刘孝孙《细草》。

草曰：……借一算子于下，常超二位，步至百而止。商置一百置一百万于下法之上，名曰方法，以方法命上商一百，除实一百万。方法三因之，得三百万。

又置一百万于方法之下，名曰廉法，三因之。方法一退，廉法再退，下法三退。

又置一十于上商一百之下，又置一千于下法之上，名曰隅法。以方、廉、隅三法皆命上商一十，除实毕，又倍廉法，三因隅法，皆从方法。

又置一〔万〕（百）一〔千〕（十）于方法之下，三因之，名曰廉法。方法一退，廉法再退，〔下〕（隅）法三退。

又置六于上商之下。又置六于下法之上，名曰隅法。乃自乘得三十六。又以六乘廉法，得一千九百八十。以方、廉、隅三法，皆命上商六除之。除实毕，倍廉法，皆从方法，得一百一十六尺、四万三百六十九分尺之一万一千九百六十八。

从上述刘孝孙细草中，可以看到南北朝之后的开立方算法比《九章算术》有了重要的改进，主要体现在以下两点：

1. 定位明确

《九章算术》开立方之法是以借算定位，采用"超二等"之类用语，过于简略，可以有不同的解释，容易产生歧义。例如：白尚恕认为"超"应作退位解[①]；李继闵认为是"下行借算左移两位"[②]。而刘孝孙细草中明确说明，"借算"定商"常超二位"，除实后，"方法一退，廉法再退，下法三退"。定位明确，算法程序规范。

2. 简化算法

命商除实后，确定"方、廉、隅"各项系数的算法有了进一步的简化。

在中国数学发展史上，《九章算术》的开方术是开立方方法的历史源头，

① 白尚恕：《九章算术注释》，科学出版社 1983 年版，第 116 页。
② 李继闵：《东方数学典籍〈九章算术〉及其刘徽注研究》，陕西人民教育出版社 1990 年第 101 期。

11 世纪贾宪的"增乘开方法",是中国代数学的伟大成就,而刘孝孙对开立方算法的改进则是二者之间的一个重要过渡。

(四)"百鸡问题"与不定方程组

《张丘建算经》卷下第 38 题曰:

> 今有鸡翁一,直钱五;鸡母一,直钱三;鸡雏三,直钱一。凡百钱,买鸡百只。问鸡翁、母、雏各几何?
>
> 答曰:鸡翁四,直钱三十;鸡母十八,直钱五十四;鸡雏七十八,直钱二十六。
>
> 又答:鸡翁八,直钱四十;鸡母十一,直钱三十三;鸡雏八十一,直钱二十七。
>
> 又答:鸡翁十二,直钱六十;鸡母四,直钱十二;鸡雏八十四,直钱二十八。
>
> 术曰:鸡翁每增四,鸡母每减七,鸡雏每益三,即得。

这便是世界上有名的"百鸡问题",一问多答,是过去任何书中都没有的,百鸡题首开先例。不少论著对此进行过讨论,而且用现代数学方法求解这一问题:

设公鸡为 x 只,母鸡 y 只,小鸡 z 只,则有

$$\begin{cases} x+y+z=100 \\ 5x+3y+z/3=100 \end{cases}$$

解得

$$\begin{cases} y=25-\dfrac{7}{4}x \\ z=75+\dfrac{3}{4}x \end{cases}$$

这是一个不定方程组,为了得到正整数解,令 $x=4t$,则

$y=25-4t$,$z=75+3t$,

当 $t = 1$，2，3 时，即得到题中所说的 3 组解：

$$\begin{cases} x = 4 \\ y = 18 \\ z = 78 \end{cases} \quad \begin{cases} x = 8 \\ y = 11 \\ z = 81 \end{cases} \quad \begin{cases} x = 12 \\ y = 4 \\ z = 84 \end{cases}$$

不少研究者认为，《张丘建算经》中的"百鸡问题"是世界上首次提出的三元一次不定方程组及其一种解法，这种说法值得商榷。当然，《张丘建算经》给出的 3 组答案是正确的。但其术文只有"鸡翁每增四，鸡母每减七，鸡雏每益三"15 个字，缺少甄鸾、李淳风的注释，亦无刘孝孙的细草，很难使后人体会问题的正规解法。

不定方程问题最早见于《九章算术》"方程"章的"五家共井"题，但术文简略且隐含限制条件，没有一般解法。北周甄鸾《数术记遗》"计数"也收录了百鸡问题，但其数据与《张丘建算经》有所不同。该题应有两组答案，但也仅给出一组，并说明这类问题"不同算筹，宜以心计"，即采取试算的办法来解决。南宋杨辉《续古摘奇算法》（1275）卷下"三率分身"条下引述了《辩古根源》（已失传）的"百鸡问题"，该题应有四组答案，书中仅列出一种，也是不完全的。

宋元丰七年（1084），秘书省刻印《算经十书》时，为解答"百鸡问题"，"将算学教授并谢察微拟立术草创新添入"。谢察微，史书无传，约为五代末至北宋初人，著有《谢察微算经》三卷[①]。谢察微的术草虽然向前迈进了一步，但仍与正确解法失之交臂。直到 19 世纪，清代数学家才把这种类型的问题与求一术（一次同余组解法）联系起来，获得了比较完善的解法。

公元 3 世纪古希腊数学家丢番图，虽在时间上晚于《九章算术》，但他对不定方程问题进行了深入研究，取得了非常出色的成果。15 世纪中亚数学家的"百禽问题"，与《张丘建算经》的"百鸡问题"非常类似，有可能受到中国数学的影响。

---

① 李迪、冯立升：《谢察微算经试探》，载李迪编：《数学史研究文集》（第 3 集），内蒙古大学出版社 1992 年版，第 58—65 页。

第四节　《五曹算经》和《五经算术》

《五曹算经》[①]和《五经算术》[②]为北周甄鸾撰，唐李淳风注释，二书皆入《算经十书》（图 3-6）。

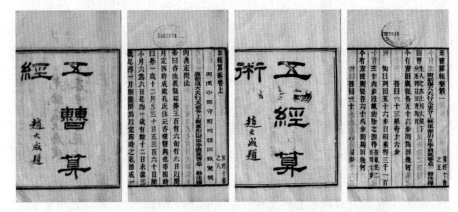

图 3-6　1890 年刻《五曹算经》及其卷端；《五经算术》及其卷端

一、《五曹算经》

《五曹算经》是一部为地方行政官员编写的应用算术书。唐代史料中多有"《五曹》《孙子》等十部算经"一类说法，表明此书是"算经十书"中较受唐代官方重视的一部算书。作为唐宋官方数学教育的教材，《五曹算经》代有刊刻传抄，受到历朝数学家的重视。与十部算经中其他算书相比，《五曹算经》编排和卷名更显著地表明它服务于相应的社会经济制度。因此书所载算题"解题方法都很浅近，数字计算不须要分数的概念"[③]，被视为"稍为有些落后"[④]，研究者往往认为其研究价值不高，而忽略其实用性的一面。其实，《五曹算经》的出现与当时的社会需求有关。

①② ［北周］甄鸾：《五曹算经》，载《四库全书》统编第 797 册，上海古籍出版社 1987 年版，第 179—192 页。

③　钱宝琮：《中国数学史》，科学出版社 1964 年版，第 99—100 页。

④　（英）李约瑟：《中国科学技术史·数学》（第 3 卷），科学出版社 1978 年版，第 74 页。

（一）《五曹算经》的撰写背景

北魏太和九年（485），孝文帝颁布法令实行均田制，这项制度一直延续到唐中叶。均田制的实施，使土地面积的计算工作更加频繁。最初可能只需把大块土地划分成小块授予农民，太和九年令则规定民户所受田地"不得隔越他畔"，即每户所受田地应连成一片。但由于这些田地带有桑田、露田等不同性质，往往又被细分为若干段。经过农民还田和官府再授田，或经过多次后代分割继承前代所分桑田等过程，这些小块土地可能会变得越来越细碎，而每块土地的面积都要被丈量出来，因此不仅开始时计算量大，而且频繁计算会长期存在。还有，由于土地被划分为细碎小块及地貌等原因，容易出现各种形状不规则的田地。为应付均田制带来的划分、丈量田地面积的繁重计算量，需要编辑相应的"速算手册"，提供形状足够多的田地的计算法，以便地方官吏遇到某种形状的田地，就能马上依术计算。此外，南北朝时期，战争频繁，一系列与军事活动有关的，如征兵征粮、守城防务、物资集散、军需分配等计算问题必然出现。而从事这些工作的多是基层官吏及下级军官，也需要相应的"速算手册"，遇到问题对号入座，查找相应的算术进行计算。

从《五曹算经》的内容设置和计算方法来看，它完全能满足以上需要。其中虽然一些算法精度不高，但简单便捷、易于掌握，基本能满足当时频繁计算的需要。

（二）《五曹算经》内容概述

《五曹算经》全书五卷，分田曹、兵曹、集曹、仓曹、金曹，共计67题。

1. 第一卷田曹

"生人之本，上用天道，下分地利，故田曹为首。"田曹共19题，主要是田亩面积的计算问题，涉及方田、直田、圭田、腰鼓田、鼓田、弧田、蛇田、墙田、箫田、丘田、箕田、四不等田、覆月田、圆田、牛角形田、环田等16种形状的田地，对其面积的近似计算大体可分为4类。

（1）由半对角线求正方形田的面积。田曹第11题，由正方形田的中心到一个顶点的距离（对角线之半）求其面积。其方法为：先求对角线，再据边长与对角线之比为 5:7 的近似比率，用比例方法求出正方形的边长，然后自乘。对于这类问题，精确的算法是利用勾股定理，由对角线用开方法求出边长，再由边长自乘，得到面积。但这种精确算法需要开方，比较复杂。

（2）四不等田的面积。土地方位通常用"四至"来描述，如果土地面积较大，对丈量精确度又要求不高，一些形状与矩形相去不太远的田地，就能将其近似地作为矩形来处理，这样方田的计算方法通常就能够满足需求。但现实中肯定还存在大量与矩形相差很远的田地，即四不等田（图 3-7）。采用的算法是"两组对边平均值的乘积"：

$$S_{\text{四不等田}} = \frac{a+c}{2} \times \frac{b+d}{2}$$

（3）曲边形田地的面积。精确计算曲边形土地的面积，对于地方官吏来说，不仅有些高深，而且麻烦费事。故《五曹算经》将牛角田（图 3-8）、覆月田（图 3-9）中的曲边，都按直边对待，而将这两种图形，都近似化为三角形来计算面积。

$$S_{\text{牛角田}} = 从 \times \frac{口广}{2}, \quad S_{\text{覆月田}} = 从 \times \frac{径}{2}$$

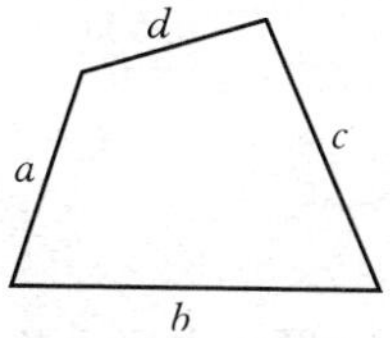

图 3-7 四不等田图 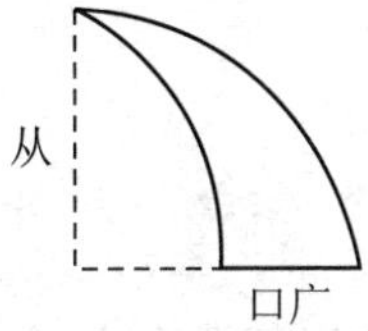　　图 3-8 牛角田 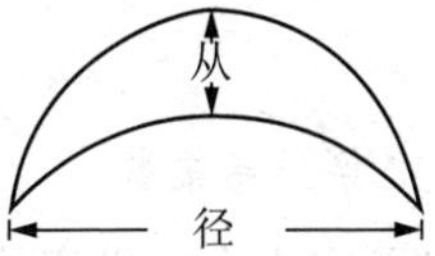　　图 3-9 覆月田

（4）六边梯形的面积。六边梯形田地的面积，本可通过分为两个梯形，分别计算其面积，然后求和来解决。但《五曹算经》却采用了另一条思路：如腰鼓田（图 3-10）、蛇田（图 3-11），先算出三广的平均值，再乘以从：

$$S_{\text{腰鼓田}} = 从 \times \frac{上广 + 中广 + 下广}{3}, \quad S_{\text{蛇田}} = 从 \times \frac{上广 + 中广 + 下广}{3}$$

图 3-10　腰鼓田　　　　　　　　图 3-11　蛇田

上述近似算法的误差较大，南宋杨辉《田亩比类乘除捷法》中虽已修正，但其影响到明清两代的一些算术书中还没有纠正过来。究其原因，这些算法虽然降低了计算精度，却简化了运算步骤，便于大量基层官吏掌握和使用。

2. 第二卷兵曹

"既有田畴，必资人功，故以兵曹次之。"兵曹共 12 题，主要是关于征兵、军粮、布阵等方面的简单四则运算题。例如：

今有丁 8958 人，凡 3 丁出 1 兵、问出兵几何？

今有城周 48 里，欲令防贼，每 3 步置一兵，问用兵几何？

今有 10000 人，大将 10 人，稗将 20 人，队将 100 人，散兵 9870 人，给绢有差，大将人给 3 丈，稗将人给 2 丈，队将人给 1.5 丈，散兵人给 9 尺，问计几何？

3. 第三卷集曹

"既有人众，必资饮食，故以集曹次之。"集曹共 14 题，主要是关于物资储备、交换贸易方面的问题。例如：

今有豆 849 斛，凡豆 9 斗易麻 7 斗，问得麻几何？

今有席 1 领，坐客 23 人，有客 533600 人，问席几何？

4. 第四卷仓曹

"众既令集，必务储蓄，故以仓曹次之。"仓曹共 12 题，主要是关于物资的征收、运输和粮仓容积计算方面的问题。例如：

今有仓从一丈三尺，宽六尺，高一丈。中有从牵二枚，方五寸，从一丈三尺。又横牵三枚，方四寸，从六尺。又柱一枚，周三尺，高一丈，问受粟几何？

答曰：四百七十一斛奇一百寸。

依术文计算（计算过程中，取 1 斛 = 1620 立方寸，$\pi = 3$）结果如下：

仓库总容积 $130 \times 60 \times 100 = 780000$（立方寸），

从牵（纵梁）体积 $2 \times 5^2 \times 130 = 2 \times 3250 = 6500$（立方寸），

横牵（横梁）体积 $3 \times 4^2 \times 60 = 3 \times 960 = 2800$（立方寸），

圆柱体积 $30^2/12 \times 100 = 7500$（立方寸），

仓库有效（受粟）容积 $(780000 - 6500 - 2800 - 7500)/1620 = 471$ 斛 100 立方寸。

计算结果显示，连仓库中的梁、柱所占容积都作了扣除。可见，算法还是很细微周密的。另外，仓曹中还完整地论述了堆集问题（"委粟于地"）的 4 种计算方法，即

$$V_{平地聚粟} = \frac{1}{36} \times 下周^2 \times 高,$$

$$V_{内角聚粟} = \frac{1}{9} \times 下周^2 \times 高,$$

$$V_{半壁聚粟} = \frac{1}{18} \times 下周^2 \times 高,$$

$$V_{外角聚粟} = \frac{1}{27} \times 下周^2 \times 高。$$

从而验证了计算堆集方法的民间歌谣：

光堆法三十六，倚壁须分十八停，内角聚会时如九一，外角三九甚分明。

5. 第五卷金曹

"仓廪货币，交质变易，故以金曹次之。"金曹共 12 题，主要是关于财务货币、物品买卖方面的问题。例如：

> 今有钱 238 贯 573 文足，欲为 92 陌，问得几何？
> 今有贵丝一两值钱 56 文，贱丝一两值钱 42 文，有钱 132 贯 810 文，问得几何？

综观《五曹算经》全书，田曹为"生人之本"，兵曹以"戍兵屯田"，再论及物资集散、仓储输运、交质变易。可谓环环相扣，体系严密。这一思想颇与《孙子兵法》所论"地生度，度生量，量生数，数生称，称生胜"相合，加之书中多处涉及依丁征兵、守城防务、军需分配等数学问题，故被认为"是我国军事数学方面最早的比较系统的一些记载，这些合乎逻辑的军事数学知识，在四、五世纪之前的世界古代数学资料中也是少见的"[1]。从而，"在世界军事数学史上也应有其重要地位"[2]。

二、《五经算术》

"五经"，即儒家的五部经典。汉班固《白虎通·五经》曰："五经何谓？谓《易》《尚书》《诗》《礼》《春秋》也。"北周武帝在思想上崇尚儒家，重用儒者，儒家经典大行其道。甄鸾搜集了《周易》《诗经》《尚书》《周礼》《仪礼》《礼记》《论语》《左传》《汉书》等儒家经典与古注中涉及有关数学、律历之处，给以详尽的解释或解答，撰成《五经算术》。

传本《五经算术》分为上下两卷，由《永乐大典》辑出。书中的题，皆出自儒家经典或古注，现举例介绍。

---

① 李俨、杜石然：《中国数学简史（上册）》，中华书局 1963 年版。

② 冯礼贵：《甄鸾及其五曹算经》，载吴文俊编：《中国数学史论文集（二）》，山东教育出版社 1986 年版。

例 1：《论语》"千乘之国" 法（开平方术）

子曰："道千乘之国……" 注云："司马法：六尺为步，步百为亩，亩百为夫，夫三为屋，屋三为井，井十为通，通十为成，成出革车一乘。然则千乘之诗赋，其地千成也。" 据此，甄鸾编撰一题：

> 今有千乘之国，其地千成，计积九十亿步。问为方几何？
>
> 答曰：三百一十六里六十八步一十八万九千七百三十七分步之六万二千五百七十六。
>
> 术曰：置积步为实，开方除之即得。

甄鸾以开方法计算了 "千乘之国" 的边长，其开方步骤与《孙子算经》相合。用现代数学知识表述如下：

$$\sqrt{9000000000} = \sqrt{94868^2 + 62576} = 94868\frac{62576}{2\times94868+1} = 316里68\frac{62576}{189737}步$$

在《五经算术》中，甄鸾还用圆柱求积之法解释了《礼记》"投壶"；用等比数列方法计算《仪礼》丧服的形制等。

例 2：求十九年七闰法（历日推算）

《尚书·尧典》曰："期有三百有六旬有六日，以闰月定四时成岁。" 甄鸾以古四分历法作出解释：

> 置一年闰十日，以十九年乘之得一百九十日。又以八百二十七分，以十九年乘之得一万五千七百一十三。以日法九百四十除之，得十六日，余六百七十三。以十六加上日，得二百六日。以二十九除之，得七月，余三日。以法九百四十乘之，得二千八百二十。以前分六百七十三加之，得三千四百九十三。以四百九十九命七月分之，适尽。是谓十九年得七闰月，月各二十九日九百四十分日之四百九十九。

甄鸾先以一回归年为$365\frac{1}{4}$日，一朔望月$29\frac{499}{940}$日，求出"一岁之闰"为：

$$365\frac{1}{4} - 12 \times 29\frac{499}{940} = 10\frac{827}{940}$$

由此得出"十九年七闰"：

$$19 \times 10\frac{827}{940} \div 29\frac{499}{940} = 7$$

《春秋·鲁僖公》中有"五年春王正月辛亥朔，日南至"。日南至，即冬至。古代以含冬至之月为"春王正月"。对此句甄鸾给出如下解释：

以积月 11985 乘周天分 27759，得 333332691615 为朔积分，以日法 940 除之，得 353927 为积日，不尽 235 为小余；以 60 除积日，取其不尽 247 为大余，大余定日名，"命以甲子算外"，即正月辛亥朔。

对经书中其他的历日记录，甄鸾均以四分历法推算。

例 3：《礼记·月令》黄钟律管法（用"三分损益法"计算十二律）

原文和甄鸾解释文字太多，故不抄录，仅解释其意思。

律，指律调名，或相应的律管。中国古代最早有十二律，据《淮南子·天文训》记载，十二律的名称按音高顺序排列可分为[①]：

黄钟、大吕、太簇、夹钟、姑洗、仲吕、蕤宾、林钟、夷则、南吕、无射、应钟

与今天的音名比较，它们相当于：

C，$^{\#}$C，D，$^{\#}$D，E，F，$^{\#}$F，G，$^{\#}$G，A，$^{\#}$A，B。

按此排列，位于单数者称为"六律"或"阳律"，位于双数者称为"六吕"，或"阴吕""六同""六间"。《汉书·律历志》云[②]："律有十二，阳六为律，阴六为吕。"由此可见，"律吕"就是六律和六吕的合称。

---

① ［汉］刘安：《淮南子》卷三。
② ［东汉］班固：《汉书》卷二十一。

所谓"三分损益法"，就是以三分法来确定各律相对音高或音程关系的数学方法。《史记·律书》记载了这种方法。

> 生黄钟术曰：以下生者，倍其实，三其法：以上生者，四其实，三其法。

"倍其实，三其法"，即 2/3；"四其实，三其法"，即 4/3。原文的意思是："下生者"乘以 2/3，实则将原律管（或弦）长分为三份，去其一份，即（1 − 1/3）= 2/3，这称为"损"；"上生者"乘以 4/3，实则将原律管（或弦）长分为三份后，加上一份，即（1 + 1/3）= 4/3，这称为"益"。所以，"下生"后的律管（或弦）长比原律管（或弦）短，音增高五度；"上生"后的弦长比原律管（或弦）长，音降低为下方四度。下方四度是上方五度的转位。这样，"上下"交替地推算各律音高或各律管（或弦）长的数值，又称为"上下相生"法。古希腊著名学者毕达哥拉斯（Pythagoras，公元前 570 至公元前 496）所创"五度相生法"，该法只有一个生律因子，即 2/3。其计算方法与三分损益法完全相同。

对于十二律的相生顺序，最早的记载见《吕氏春秋·音律》[1]：

> 黄钟生林钟，林钟生太簇，太簇生南吕，南吕生姑洗，姑洗生应钟，应钟生蕤宾，蕤宾生大吕，大吕生夷则，夷则生夹钟，夹钟生无射，无射生仲吕。三分所生，益之一分以上生；三分所生，去其一分以下生。黄钟，大吕，太簇，夹钟，姑洗，仲吕，蕤宾为上；林钟，夷则，南吕，无射，应钟为下。

《淮南子·天文训》也记述了十二律相生，其相生顺序同《吕氏春秋·音律》，见图 3-12。

----

① ［秦］吕不韦：《吕氏春秋》卷六。

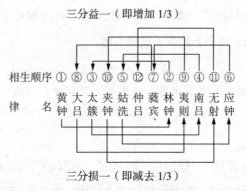

图 3-12 《淮南子·天文训》十二律相生顺序图

甄鸾按照《淮南子·天文训》的方法，取黄钟宫音律管长 9 寸、律数 81 （"黄钟之律，九寸而宫音调。因而九九八十一，故黄钟之数立焉……"），用"三分损益法"计算了十二律的律管之长。计算过程中取了整数而略去小数，结果如下：

黄钟律管　　管长 9 寸，

黄钟下生林钟　管长 $= 9 \times \left(1 - \dfrac{1}{3}\right) = 6$ 寸，

林钟上生太簇　管长 $= 6 \times \left(1 + \dfrac{1}{3}\right) = 8$ 寸，

太簇下生南吕　管长 $= 8 \times \left(1 - \dfrac{1}{3}\right) = 5\dfrac{1}{3}$ 寸，

南吕上生姑洗　管长 $= 5 \times \left(1 + \dfrac{1}{3}\right) = 7\dfrac{1}{9}$ 寸，

姑洗下生应钟　管长 $= 7 \times \left(1 - \dfrac{1}{3}\right) = 4\dfrac{20}{27}$ 寸，

应钟上生蕤宾　管长 $= 4 \times \left(1 + \dfrac{1}{3}\right) = 6\dfrac{26}{81}$ 寸，

蕤宾上生大吕　管长 $= 6 \times \left(1 + \dfrac{1}{3}\right) = 8\dfrac{140}{243}$ 寸，

大吕下生夷则　管长 $= 8 \times \left(1 - \dfrac{1}{3}\right) = 5\dfrac{451}{729}$ 寸，

夷则上生夹钟　管长 $= 5 \times \left(1 + \dfrac{1}{3}\right) = 7\dfrac{1075}{2187}$ 寸，

夹钟下生无射　管长 $= 7 \times \left(1 - \dfrac{1}{3}\right) = 4\dfrac{6524}{6561}$ 寸，

无射上生中吕　管长 $= 4 \times \left(1 + \dfrac{1}{3}\right) = 6\dfrac{12900}{19683}$ 寸。

甄鸾以同样的方法还计算了京房的六十律。

综观《五经算术》，就数学的内容而论价值有限，但对研究经学的人会有一定的帮助。另外，从数学和文化交互影响的历史观点看，《五经算术》是一部重要的文献。

第五节　《数术记遗》

《数术记遗》本不在《算经十书》之列。传本《数术记遗》[①] 卷首书题："汉徐岳撰，北周汉中郡守、前司隶、臣甄鸾注。"但《隋书·经籍志》记载徐岳的著作中却没有《数术记遗》一书。《旧唐书·经籍志》始录："《数术记遗》一卷，徐岳撰、甄鸾注。"《新唐书·艺文志》则记为："《数术记遗》一卷，甄鸾注。"是书还见于北宋《崇文总目》，但在南宋前期失传。南宋宁宗嘉定五年（1212），鲍澣之翻刻《算经十书》时，在杭州七宝山宁寿观中发现此书。之后刊刻"十部算经"时，用其替代已失传的《缀术》，遂流传至今。图 3-13 为 1890 年刻《算经十书》中的《数述记遗》。

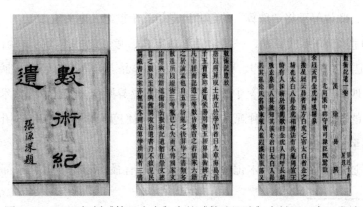

图 3-13　1890 年刻《算经十书》中的《数述记遗》内封面、序、卷端

---

① ［汉］徐岳著，［北周］甄鸾注：《数术记遗》，载《四库全书》统编第 797 册，上海古籍出版社 1987 年版，第 161—172 页。

一、《数术记遗》作者辨析

徐岳，字公河，魏东莱郡（今山东掖县）人，生于汉末。清阮元《畴人传》记载，汉灵帝（168—188）时，徐岳精通术数，曾受历学于会稽东都尉刘洪。《晋书·律历志》称，魏黄初中（约222），徐岳曾与太史丞韩翊论难日月食五事。又授刘洪"乾象法"于吴中书令阚泽。清代中期，《四库全书总目提要》首先否定《数术记遗》为徐岳所作。主要理由是：《隋书·经籍志》具列记载徐岳及甄鸾所撰《九章算经》《七曜历算》等书，而独无此书名，至《新唐书·艺文志》始著于录。因此认定是好事者因托为之，而嫁于徐岳。支持这一见解的主要有清代学者周中孚。其人号郑堂，著《郑堂读书记》，被誉为《四库全书总目提要》的续书。该书认为，《数术记遗》一书中，"未识之刹那之赊促，安知麻姑之桑田；不辨微积之为量，讵晓百亿于大千"。麻姑的故事出于晋代葛洪的《神仙传》，这不可能为汉末魏初人徐岳所知①。钱宝琮也持此观点，并进一步指出："书中叙述各种计数法时，术非常简略，如果没有甄鸾的注释，实在不能了解作者的原意。因此，我们认为，《数术记遗》是甄鸾的依托伪造而自己注解的书。"②怀疑《数术记遗》并非出自徐岳之手，可能是后人伪托。由于"珠算"一词先出现在《数术记遗》中，此说等于将"珠算"的起源后退了几个世纪，事关重大。

20世纪80年代以来，一些学者重新审视、考证此书作者的真伪，提出《数术记遗》并非伪托之作，而肯定是徐岳的作品。如周全忠经过文献考证，否定《四库全书总目提要》中的伪托说③；冯立昇则全面论证了《数术记遗》是徐岳的著作④。如果这种观点正确，那么，我们就可以得出结论：中国珠算的起源至迟在汉末。

不过迄今为止，《数术记遗》的作者尚未有最后定论。但大家都认为，

---

① ［清］周中孚：《郑堂读书记》卷四十五。
② 钱宝琮：《中国数学史》，科学出版社1964年版，第92—93页。
③ 周全中：《汉徐岳〈数术记遗〉"九宫算"辨真》，《齐鲁珠坛》1997年第4期。
④ 冯立升：《数术记遗及甄鸾注研究》，《内蒙古师范大学学报》（自然科学版）1989年（科学史增刊），第58—65页。

原文过于简略，深奥难懂，如果没有甄鸾的注释很难理解原文，何况甄鸾的注释占了书中绝大篇幅，从这一点上说，《数术记遗》对中国古代数学发展的贡献当在北朝。

二、《数术记遗》内容概述

《数术记遗》正文简略，但内容较为丰富，包括了大数进位法、14 种计算方法及甄鸾的注释。

（一）大数记法

我国先秦时期，就有大数出现，如《诗·魏风·伐檀》中："不稼不穑，胡取禾三百亿兮？"但后来的注释者有不同的解释。毛传："万万曰亿。"郑玄："十万曰亿，三百亿，千乘之数。"毛传的解释，说明公元前 200 年前，我国已用 10 的幂次来解释大数。以后就出现了大数的完整表示规则。如《太平御览》卷七百五十载有《风俗通义》中表示大数的下数进位规则。《孙子算经》卷上载有完整的中数进位规则等。《数术记遗》则是把上数、中数、下数三种进位规则收录在一起，这在文献资料中尚属首次。大数的陈述是走向抽象数字的起码步骤，具有重要科学史意义。关于大数的名称及进位规则，《数术记遗》曰：

> 黄帝为法，数有十等，及其用也，乃有三焉。十等者亿、兆、京、陔、秭、壤、沟、涧、正、载；三等者，谓上、中、下也。其下数者十十变之，若言十万曰亿，十亿曰兆，十兆曰京也；中数者万万变之，若言万万曰亿，万万亿曰兆，万万兆曰京也；上数者，数穷则变，若言万万曰亿，亿亿曰兆，兆兆曰京也。从亿至载终于大衍。

将上述分为"十等"的大数，依上数、中数、下数计数规则，按 10 的幂次列表，见表 3-3。

表 3-3 大数记法表

计数类别	万	亿	兆	京	陔	秭	壤	沟	涧	正	载
上数	10^4	10^8	10^{16}	10^{32}	10^{64}	10^{128}	10^{256}	10^{512}	10^{1024}	10^{2048}	10^{4096}
中数	10^4	10^8	10^{16}	10^{24}	10^{32}	10^{40}	10^{48}	10^{56}	10^{64}	10^{72}	10^{80}
下数	10^4	10^5	10^6	10^7	10^8	10^9	10^{10}	10^{11}	10^{12}	10^{13}	10^{14}

表 3-3 中的三种记数法以万为起点，遵循不同的进位规律：下数记法为十进制（10^{4+n}），中数记法为万万进制（10^{8n}），上数则按自乘进位（10^{2n+2}）。对三种进位方法的适用性，《数术记遗》认为："下数浅短，记事则不尽。上数宏廓，世不可用。故传其业，惟以中数耳"。实践也是如此，中国古代数学典籍无一例外地采用"中数"记法。

（二）14 种计算方法

《数术记遗》记载，徐岳的老师刘洪向一位神秘的人物天目先生请教为算之法。书中假天目先生之口，给出了 14 种算法及其八字揭语，见表 3-4。

表 3-4 《数术记遗》中的算法及其揭语表

算法名称	八字揭语	算法名称	八字揭语
1. 积 算	— —	8. 运筹算	小往大来 运于指掌
2. 太一算	太一之行 来去九道	9. 了知算	首唯秉五 腹背两兼
3. 两仪算	天气下通 地禀四时	10. 成数算	春夏生养 秋冬收成
4. 三才算	天地同和 随物变通	11. 把头算	以身当五 目视四方
5. 五行算	以生兼生 生变无穷	12. 龟算	春夏秋成 遇冬则停
6. 八卦算	针刺八方 位阙从天	13. 珠 算	控带四时 经纬三才
7. 九宫算	五行参数 犹如循环	14. 计 数	既舍数术 宜用心计

这 14 种算法中，第一种"积算"，即筹算。最后一种"计算"，即心算。其余 12 种算法，都要配合特定的算具才能进行。其中，太一算、两仪算、三才算和珠算，要用到带珠的算具，涉及珠算的起源，最为人们关注。不少中外学者对这 14 种算法已作了卓有成效的研究，这里综合叙述其中几例。

例1：九宫算。揭语为

九宫算：五行参数，犹如循环。

甄鸾注曰：

九宫者，即二四为肩，六八为足，左三右七，戴九履一，五居中央。
五行参数者，设位之法依五行，已注于上是也。

九宫，原是东汉以前研究《周易》的纬家理论，他们将乾、坎、艮、震、巽、离、坤、兑八卦之宫，外加中央之宫合称九宫。后来，纬家又将某些特定数字引入九宫，使之具有幻方的性质，并和传说中的"洛书"联系起来。甄鸾注文给出的九宫的数字配置：

上行两边为2和4，下行两边为6和8，中间一行左边为3，右边为7，中间一列上边为9，下边为1，正中为5。把九宫的每行、每列和对角线上的三个数分别相加，均得15，如图3-14所示。20世纪60年代以来兴起的组合数学，是伴随着计算机科学而迅速发展的现代数学分支。幻方是组合理论的重要内容，它是满足于某些特定的约束条件的一种配置。幻方有不同种类，广义幻方是其中之一，它是由一个非负整数组成的 $n \times n$ 阶矩阵。其所有行之和与列之和都等于一个事先约定的数 x。注文所描述的九宫，就是一个 $x = 15$ 的 3×3 的幻方，即三阶幻方。对此，英国著名学者李约瑟说："幻方在中国出现的年代至少可以说，比希腊要早两个世纪。"[1]

4	9	2
3	5	7
8	1	6

图3-14 九宫图

---

[1] （英）李约瑟：《中国科学技术史·数学》（第3卷），科学出版社1978年版，第134页。

把九宫图刻在算板上，"依部位定数，用算珠放在那一格，就表那一数"①。九宫算和其他算法有所不同，甄鸾指出："此等诸法（其他算法），随须更位，惟有九宫，守一不移。位行色，并应无穷。"即其他算法，数位确定数字变动，而九宫算的各数字不动，"守一不移"，数位则由五行而定，各有变化。那么数位怎样由"五行之色"确定呢？甄鸾注曰：

> 一位第一用玄珠，十位第二用赤珠，万位第五用黄珠。十万位用赤线系黄珠，百万位用青线系黄珠，千万位用白线系黄珠。万万曰亿，以黄线系黄珠。自余诸位唯兼之，故曰并应无穷也。

即用玄珠表示个位，用赤珠表示十位，用赤线系黄珠表示十万位等等，详见表3-5。

表3-5　用色珠及字母表示数位表

数位	色珠表示	字母表示	数位	色珠表示	字母表示
个	黑珠	A	十万	黄珠系赤线	E_B
十	赤珠	B	百万	黄珠系青线	E_C
百	青珠	C	千万	黄珠系白线	E_D
千	白珠	D	亿	黄珠系黄线	E_E
万	黄珠	E	十亿	黄珠系黄线、赤线 *	E_{EB}

把表3-5内的"数位"珠，放置于"九宫"格内即表示一个数。例如，4357表为图3-15。若数字有重复，每格可放两珠、三珠，例如，4337表为图3-16。若某位数字为零，则不置珠例如，2307表为图3-17。数位在亿以上，可用系两种颜色线的珠表示，如 E_{EC} 表示百亿，E_{ED} 表示千亿。注中结尾曰："自余诸位唯兼之。"兼之，指系两种颜色线。这样表示下去，"犹如

---

① 李培业：《〈数术记遗〉中的算器研究（一）》，《新理财》2002年第4期。

循环"，"并应无穷"也^①。

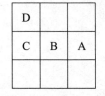 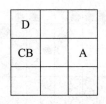 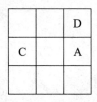

图 3-15　表示 4357　　图 3-16　表示 4337　　图 3-17　表示 2307

例 2：珠算。揭语为：

珠算：控带四时　经纬三才。

甄鸾注曰：

刻板为三分，其上下二分以停游珠，中间一分以定位。位各五珠，上一珠与下四珠色别。其上别色之珠当五，其下四珠，珠各当一。至下四珠所领，故云控带四时；其珠游于三方之中，故云经纬三才也。

注文的大体意思是：把木板刻为三部分，上下两部分是停游珠用的，中间一部分是作定位用的。每位各有五颗珠，上面一颗珠与下面四颗珠用颜色来区别。上面一珠当五，下面四颗，每珠当一。

现代的珠算，是指用算盘进行加、减、乘、除及开方等的运算方法。可见，《数术记遗》中的"珠算"与当今的珠算在概念上是不同的。《数术记遗》中的珠算是指一种算器，它是什么样子？与当今的算盘有何关系？国内外不少学者作过较深入的研究，但"珠算"的揭语玄机难参，研究者对甄鸾的注文也有不同的理解，故提出了不同的复原图。其中，许莼舫的复原图可能符合原意^②，见图 3-18。也有的研究者建议，《数术记遗》中的"珠算"，可称

①　李培业：《〈数术记遗〉中的算器研究（二）》，《新理财》2002 年第 5 期。

②　许莼舫：《中国算术故事》，中国青年出版社 1965 年版。

为"珠算板"[①]。

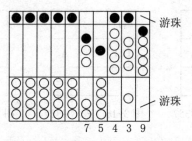

图 3-18 许莼舫复原的"珠算"图

最后需要指出的是，算盘是中国古代算筹之后主要的计算工具，现代的算盘每一档（位）有七珠，上珠一个当五，下珠一个当一。实际上梁上、梁下各减一珠，同样可以计算，这样就和本文中所描写的相仿。这样，"珠算"很可能是后世算盘的起源之一，正如李约瑟所说："不管怎样"，《数术记遗》是提到"珠算"的最早著作[②]。

---

① 华印椿：《中国珠算史稿》，中国财政经济出版社 1987 年，第 16 页。

② （英）李约瑟：《中国科学技术史·数学》（第 3 卷），科学出版社 1978 年版，第 167 页。

第四章 农 学

我国古代农业发生很早，浙江余姚河姆渡和陕西西安半坡遗址考古证明，六七千年前，古代先民们已经在长江流域肥沃的土地上开田种植水稻，在黄河流域种植粟等农作物。三千多年前的商代甲骨文中，已经有稻、禾、稷、粟、麦、来（大麦）等农作物名称，还有畴、疆、甽、井、圃等有关农业生产、土地整治的文字，说明那时我国的农业已达到相当高的水平。

春秋战国时期，铁器广泛使用，牛耕逐渐推广，我国农业生产进入了一个新的发展阶段。秦汉时期，种植业得到迅速发展，农业生产由原始粗耕进入了精耕细作阶段。东汉末至三国、两晋、南北朝时期，黄河流域长期战乱，北方农业遭到严重破坏。但也有相对和平的地域和时段，农业生产均呈现复苏的景象。北朝时期，还出现了农业科技巨著《齐民要术》。该书记载了我国古代农业生产中精耕细作的内容，总结了汉代以后 400 多年的农业生产经验。本章拟以《齐民要术》为依据，叙述北朝农业、林业和畜牧业技术的发展。

第一节 北朝之前的农学

本节简要叙述北朝之前的农业管理、汉代两种先进的耕作技术及农学著作。

一、北朝之前的农业管理

我国古代以农业立国，历来重视农业生产的管理。西周之前，就设有农正、农师，其职责是"教民稼穑"。相传，帝尧举弃为农师，帝舜封弃于邰，号曰"后稷"。稷就是农官，"田官之长"。后稷遂成为农正、农师的尊称。甲骨卜辞中所载的"小众人臣"，则是商代管理农业的官吏。据《周礼·地官》记载，西周春秋时期，管理农业的最高机构是地官府，掌管版籍、人民、田地、赋税之事。其主官称大司徒卿，副职佐官是小司徒中大夫。地官府下属直接管理农业的职官有乡师、草人、稻人等。乡师掌管所治之乡的人口、教化及考核官吏的政绩；草人掌管改良土壤、审视土地、种植；稻人掌管在泽地种稻。各诸侯国亦有相应的机构和职官。

秦朝时期，建立了中央集权的统一官制，设置奉常、郎中令、卫尉、太仆、廷尉、典客、宗正、治粟内史、少府等九卿，总管国家中央行政事务。其中，治粟内史主管农业。《汉书·百官公卿表上》曰[①]："治粟内史，秦官，掌谷货，有两丞。"

西汉时期，管理农业的机构体系庞大而复杂。西汉初沿袭秦制，亦设治粟内史。汉景帝后元元年（前143），治粟内史更名为大农令，掌谷货，即管理农业。同时，增设与大农令平行的机构"大内"，掌财货，即管理财政。汉武帝太初元年（前104），为了加强对国家财政的集中统一管理，将大农令更名为大司农，统领谷货和财货，即大司农同时掌管国家的农业和财政。大司农的副职佐官是大司农丞，又称大司农中丞，"管诸会计事"及"主钱谷顾庸"，即大司农丞当为钱粮的会计，兼管财政。汉武帝元封元年（前110），又设大农部丞，"人部一州，劝农桑"，兼管郡国均输盐铁。大司农属官设置太仓、均输、平准、都内、籍田五令丞。令是主官，丞是佐官。又设斡官、铁市两长丞。长是主官，丞是佐官。其中，太仓令总管国家收贮米粟，负责供应官吏口粮，并掌管量制；均输令总管均输事务，统领各郡国的均输官；平准令总管收集、调拨物资，平抑市场物价；都内令，由大内改名而来，且降为大司农的属官。都内令主管藏钱及各地的贡献方物，故都内是国家钱货的积贮之所；籍田令负责安排皇帝亲耕，并掌管籍田的收获以供祭祀；斡官令原属少府，汉武帝将之划归大司农，掌管铸钱及盐铁酒专卖事宜；铁市

---

① ［汉］班固：《汉书》卷十九。

长，是铁器交易之所铁市的管理者。因为当时盐铁专卖，铁器的生产与销售均由官方控制，故设铁市。为解决军粮的供应，汉武帝又设搜粟都尉、治粟都尉。搜粟都尉主要负责推广军屯区的农业技术；治粟都尉主管军事费用的筹措，但不常设。大司农还在地方郡国设置派出机构，处理具体事务。先后设置了仓长、农监长、都水长、均输监、田官、农都尉等。其中，仓长掌收藏官府米粟，或将米粟送达中央；农监长负责监督官田耕作及地方的农业生产；都水长主管河渠的修治，平水灌溉，收取渔税；均输监负责监督均输事宜；田官掌管公田的出租及收取租赁之税；农都尉掌屯田殖谷，并管理屯田区的民政。

东汉时期，大司农下的属官仅有太仓、平准、导官三令丞，太仓、平准执掌依旧，导官令掌春御米。其余或被省减，或改隶于郡国。是时，大司农放弃对农业的直接经营，农业生产主要由地方郡县管理。这样，减少了管理成本，增加了管理效率。为了搞好农业生产，东汉的郡县中增设田曹掾史、劝农掾史等职官，专门管理农业。他们协助郡守、县令制订劝课农桑的地方性政策与措施，督促加强农业生产，同时管理由大司农原来掌管的公田。

三国时期，曹魏设度支中郎将，掌诸军屯田，也是田官的一种，亦隶于大司农。魏文帝时设度支尚书寺，掌管全国财赋的统计与支调，大司农掌管的财政之权始归度支。此时大司农演变为专掌国家仓廪或劝课农桑之官。具体管理农业生产之事，主要由地方郡县实施。两晋农业管理，基本沿袭这一做法。

二、汉代的两种先进耕作技术

汉代是我国农业生产发展史上的一个重要时期，"代田法"和"区田法"出现，耕作技术大大提高。

（一）代田法

代田法，是一种对大面积土地的利用并使之增产的耕作方法，为汉武帝时的搜粟都尉赵过所推广。《汉书·食货志》曰[1]：

---

[1] ［汉］班固：《汉书》卷二十四。

赵过为搜粟都尉。过能为代田，一亩三甽。岁代处，故曰代田，古法也。

后稷始甽田：以二耜为耦，广尺深尺曰甽，长终亩。一亩三甽，一夫三百甽，而播种于甽中。苗生叶以上，稍耨陇草；因隤其土，以附苗根……言苗稍壮，每耨辄附根，比盛暑，陇尽而根深，能风与旱，故儳儳而盛也。

甽，沟、垄。代，易。隤，向下。儳儳，茂盛的样子。上文的大意是：在一亩田上开三条沟作三条垄。沟深一尺、宽一尺，将作物种子播种在沟里。及至幼苗长到三个叶子以上时，进行中耕锄草。并将垄上的土逐次锄下，培壅苗根。天热时，垄上之土已削平，作物根长得很深，因而生长茂盛，也能耐风、旱。第二年再以垄处作沟，沟处作垄，互换轮作，称为"代田"，见图4-1。可见，代田法是一种休养地力的方法，其重要的作用还在于保持土壤水分，使作物得以增产。也有说代田法是古法，后稷时就开始采用，不可信。

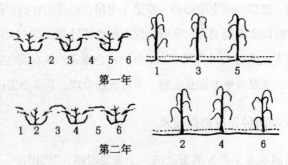

图4-1 代田法示意图

（二）区田法

区田法，是一种在小面积土地上夺取高产的耕作方法。该法既可用于肥沃的平地，也可用于贫瘠的山地。据《齐民要术·种谷》篇引《氾胜之书》记载，区田法的田间布置，有宽幅点播和方形点播两种。现以方形点播区为例作简要说明。

首先，整好土地，深挖作区。这种作区相当于"代田法"中甽，只是方形而已。方区的大小、深度、区与区之间的距离，因栽培的作物不同、土地的肥瘠程度不同而异。一般地说，在"上农夫"（肥沃的土地）作区，长宽和区深都是汉制 6 寸，区间距离 9 寸。"中农夫"（中等土地）作区和"下农夫"（贫瘠的土地）作区，区的大小和区间距离，都有所扩大。在深挖作区时，增施上好肥料（"美粪"），以调和土壤，创造作物根系生长的良好条件。然后，就在每个方区里，点播作物种籽 20 粒，这些种子事先都经过"溲种法"处理。当然，对于不同作物播种的深、浅、疏、密也有不同的要求。另外，区种法还要加强田间管理，注重中耕、除草、灌溉、保墒等环节。

《氾胜之书》记载，实行区田法的地区，"上农夫"区种粟，可亩收"百石"；"中农夫"区种粟，可亩收"五十一石"；"下农夫"区种粟，可亩收"二十八石"。汉代百石折今 28.875 石，今每石折 67.5 千克，以此推算，今每亩"上农夫"田可产粟 1949 千克，难以置信。显然，有夸大之处。尽管如此，区田法的出现，毕竟是农业生产进步的表现。标志着汉代农耕技术从土地利用、土壤改良、施肥保墒，到种子处理、田间管理和灌溉等方面，都有着较为丰富的经验和系统的知识。

上述两种耕作技术在《齐民要术》中多次提及，说明对北朝的农业生产仍有重大影响。

三、北朝之前的农书

现存先秦的农学著作只有《吕氏春秋》一书中的《上农》《任地》《辩土》《审时》四篇。《上农》篇专讲重农理论和政策，体现了"以农为本"的思想。后三篇总结了先秦的农业生产经验，反映了战国时期的农业生产技术水平。

《汉书·艺文志》"农家类"收录了 9 种汉代流传着的农书。其中 4 种"作者不知何世"，2 种（《神农》《野老》）确定为"六国"时人所作，但以上 6 种农书均佚失。3 种确定为西汉时的农书：《董安国》12 篇、《蔡葵》1 篇、《氾胜之书》18 篇。《董安国》《蔡葵》二书早已佚失。《氾胜之书》因《齐民要术》等几部书的引用，保存了一些零星片断，清代曾有 3 种辑佚本。当今则有 1956 年出版的《氾胜之书今释》和 1957 年出版的《氾胜之书辑释》。氾胜之，山东曹县人，汉成帝时（前 33—前 7 年在位）为议郎。刘向《别录》说他曾"教田三辅，好田者师之，徙为御史"。《氾胜之书》现残存只有 3000 多字，总结了西汉时期我国北方地区，特别是关中地区的耕作制度；叙述了黍、麦、水稻、小豆、大豆等十几种农作物的选种、播种、栽培、收获和储藏的各种方法。

《后汉书》没有"艺文志"，因此东汉 200 余年中，出现过多少农书，至今没有可供考证的历史记录。目前能确知的有《四民月令》，作者崔寔。此书已佚失，现存的只是辑佚书。

崔寔（103—169），冀州安平人（今河北安平县），其家庭是当时"望族"。他曾在洛阳多年经营着一份庄田，利用所积累的农事经验，加以整理，写成《四民月令》，传授给和他相似的其他经营地主。严格地说，《四民月令》主要是为士大夫们的地主经济服务的，是他们的经营手册。有关魏晋时期的"正史"中，均无"经籍志"或"艺文志"部分，故此时的农书无考。

第二节　北朝农业管理

西晋末年，发生"八王之乱"及"永嘉之乱"，匈奴、鲜卑、羯、氐、羌等游牧民族趁机大举内侵，中原北方出现了十六国纷争的动荡局面。是时，除个别割据政权控制的地域外，北方农业均遭受到致命的伤害。《魏书·食货志》云[①]："晋末，天下大乱，生民道尽，或死于干戈，或毙于饥馑，其幸而存者盖十五焉。"十六国后期，拓跋鲜卑崛起于代北。386 年，拓跋珪在盛乐（今内蒙古和林尔格县）始建北魏。天兴元年（398），迁都平城。439 年，北魏太武帝拓跋焘平凉州，以武力统一了黄河流域，从而结束了 100 多年来北方分裂割据的局面，进入了南北朝对峙时期。南北双方大致是以淮河—汉水为界，南北战争大多在这一线进行，黄河流域较少波及，处于相对

---

① ［北齐］魏收：《魏书》卷一一〇。

和平的时期。这种相对和平的环境，促进了北朝农业生产的恢复与发展。

北朝各政权非常重视农业生产。北魏立国之初，就"离散诸部""息群课农"，由游牧经济向农耕经济转变。道武帝登国九年（394），"使东平公元仪屯田于河北五原至桐阳塞外"[①]。河北，指黄河之北的河套地区。桐阳塞，位于今内蒙古自治区固阳县境内。即道武帝命东平公元仪在河套地区屯田。迁都平城后，更加重视农业发展。天兴元年（398）正月[②]，北魏攻破后燕首都中山城（今河北定县）后，就曾经"徙山东六州民吏及徒何（指慕容鲜卑）、高丽、杂夷三十六万，百工伎巧十万余口，以充京师"。这些人被称为"新民"，"诏给内徙新民耕牛，计口授田"。即由国家分配给他们土地和耕牛，成为屯田户。他们大都来自农业发达地区，把先进的农业技术带到平城，促进了农业的发展。道武帝还命尚书崔玄伯等"宣赞时令，敬授民时"。同时，加强农业生产的组织与管理工作，于首都平城"制定京邑，东至代郡，西及善无，南极阴馆，北尽参合，为畿内之田。其外四方四维，置八部帅以监之。劝课农耕，量校收入，以为殿最"[③]。八部帅，即八部大夫，与鲜卑族的部落酋长制度关系密切。道武帝迁都平城之后，离散部落，分土而居，新设八部大夫以管理国人所居的畿内，亦称为八国或"八座"。其制始于东汉，以尚书令、仆射及六曹尚书合称"八座"，魏晋南朝因之。北魏前期似有沿袭八座制度之意，故设置八部大夫。其职责是"劝课农耕，量校收入"。同时，也有同"尚书八座"的身份，参议国政。经过这一番努力，北魏的农业基础已初步建立，"自后比岁大熟，匹中八十余斛"[④]。但是，由于战争频繁，"虽频有年，犹未足以久赡矣"，其农业基础还是薄弱的。

太武帝拓跋焘时期（424—452），北魏农业有了较大的发展。是时，设置大司农，亦称大司农卿，官秩正三品。佐官为大司农少卿。属官有：大司农丞、太仓令、太仓少卿、司竹都尉、司盐都尉等，负责管理农业、收贮米粟、竹业、盐业等方面的事宜。又设都水台，以都水使者为主官，负责水利、河渠方面的工作。太平真君年间（440—451），下令修农职之教，使

①② ［北齐］魏收：《魏书》卷二。
③④ 同上，卷一一〇。

"垦田大为增辟"。"此后数年之中，军国用足矣"①。这时，北魏已建立了坚实的农业基础，使几经破坏的北方农业又得以恢复和发展。太和九年（486），孝文帝颁布均田令，进行土地改革，北朝出现了农、林并举的发展经济模式，充分调动了农民参与农业、林业生产的积极性。孝文帝还非常注重屯田，当时屯田分为民屯、军屯。《魏书·食货志》记载②："（太和中）又别立农官，取州郡户十分之一以为屯民。"即有十分之一的自耕农列为民屯。《魏书·食货志》又载③，孝文帝获取徐州、扬州后，继续向南攻占时，苦于长途运输粮食，"乃令番戍之兵，营起屯田，又收内郡兵资与民和籴，积为边备"。营起屯田，即军屯。北魏军屯规模极大，逐渐由北向南扩展，到了北魏后期，军屯遍及其全境。由于一系列重农政策的施行，使北方的农业生产推到了自汉魏以来的又一个新的高度，呈现欣欣向荣的气象。"自此，公私丰赡，虽时有水旱，不为灾也。"④

孝武帝永熙三年（534），北魏分裂成东魏、西魏，相继又为北齐、北周取代。是时，连年战争，各地农业遭到不同程度的破坏。但是，东魏、西魏、北齐、北周亦相当重视农业，基本沿袭了北魏的农业管理法规，如实施均田、租调、榷盐诸法等。在农业管理机构及职官的设置上，东魏、北齐及西魏初均沿袭北魏。

西魏恭帝三年（556），依《周礼》改革官制，设天、地、春、夏、秋、冬六官府，六官府中的地官府负责土地、户籍、赋役等事务。其主官是大司徒卿，副职佐官是小司徒上大夫。地官府中与农业有关的主要属官有：民部中大夫，正五命，掌户籍人口；载师中大夫，正五命，掌农牧业生产、均田赋役、移民、赈济等事务；司仓下大夫，正四命，掌粮仓；司市下大夫，正四命，掌市场管理；虞部下大夫，正四命，掌山泽、草木、苑囿、薪炭、供顿等事务。此外，尚有直接实施均田、租调、榷盐诸法的职官，如司均上士、司均中士、司赋上士、司赋中士、司役上士、司役中士、司役下士等。上士，官秩正三命；中士，官秩正二命；下士，官秩正一命。都城之外，则

① ［北齐］魏收：《魏书》卷四。
②③④ 同上，卷一一〇。

按距离都城远近分片划区，而设立的专司地方行政事务的乡伯、遂伯、稍伯、县伯、畿伯等中大夫。这样，就形成一个自上而下的强有力的农业管理系统，有助于各项农业法令的贯彻和实施。实际上，这一管理制度在北周时才开始施行。同时，北周的均田制也有一些创新。其主要内容有：已婚丁男授田一百二十亩，未婚丁男授田一百亩；租调量为：已婚者每年纳租绢十匹、绵八两，未婚者纳半数；凡民 18 岁至 64 岁皆纳赋，每年所征视年成而定：丰年全赋，中年半赋，下年为十分之一；百姓服役年龄为 18 岁至 59 岁，每年服役时间视年成而定：丰年一月，中年二十天，下年十天；凡征发徭役，家出一人，不得超过；等等。此外，对各种情况下的免赋、免役，也作了具体规定。由于一系列的改革措施的实施及均田制的颁行，西魏、北周的经济发展得比较快。农业方面，除了关中地区较快地得到了恢复以外，随着益州、荆州及关东地区的产粮区相继并入北周版图，寺院经济的铲除，农业劳动人口、耕地面积猛增，致使农业基础更为雄厚。《周书·尉迟纲传》记载①，天和二年（567），周武帝认为，尉迟纲"政绩可称，赐帛千段，谷六千斛"。奖赏如此之多，说明当时丰衣足食，多有余粮。

第三节　贾思勰与《齐民要术》

北朝各政权普遍重视农业生产，取得了不俗的成就。在总结北方农业生产经验的基础上，产生了杰出的农学家贾思勰及其巨著《齐民要术》。

一、贾思勰其人②

贾思勰，史载阙如。《齐民要术》题署："后魏高阳太守贾思勰撰。"（图4-2）据此可知，他曾任北魏青州高阳郡（山东临淄一带）太守。从《齐民要术》中的有关内容可知，贾思勰为益都（今山东寿光县一带）人，出生在一个世代务农的书香门第，祖上亦重视农业生产技术的学习和研究，这对贾

① ［唐］令孤德棻：《周书》卷二十。
② 游修龄：《〈齐民要术〉及其作者贾思勰》，人民出版社 1976 年版。

思勰的一生有很大影响。贾思勰成年后，步入仕途，并因此到过山东、河北、河南等地。每到一地，他都认真考察和研究当地的农业生产技术，虚心向有丰富经验的老农请教，获得了不少农业生产方面的知识。贾思勰中年以后，回到自己的家乡，开始经营农、牧业，亲自参加农业生产劳动和放牧活动，掌握了多种农业生产技术。大约在北魏永熙二年（533）到东魏武定二年（544）期间①，他将自己积累的许多古书上的农业技术资料、询问老农获得的丰富经验、结合自己的亲身实践，加以分析、整理、总结，写成《齐民要术》。该书引用古书达多150余种，对战国时期诸子中的农家许相到北魏时期有价值的史书，都作了许多摘录，其中不少书今已失传。正因为《齐民要术》的摘引，才使后世研究者有可能窥见这些失传而又极有价值的史籍。在这一点上，贾思勰对我国古籍保存亦功不可没。

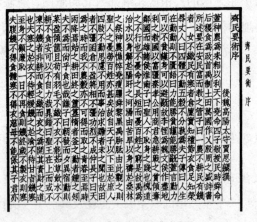

图 4-2 《齐民要术》题署

二、《齐民要术》内容概述②③

《齐民要术》产生于北魏末东魏初，是一部综合性农书。书名中的"齐民"，是指平民百姓。《齐民要术·序》引录《史记》曰："齐民无盖藏"。如

---

① 石声汉：《齐民要术今释》，中华书局 2013 年版。
② 缪启愉：《齐民要术校释》，农业出版社 1998 年版。
③ 杨九龙：《〈齐民要术〉农学体系结构研究》，《西北农林科技大学学报》（社会科学版）2007 年第 3 期。

淳注曰："齐，无贵贱，故谓之齐民者，若今言平民也。""要术"，指重要的谋生方法。《齐民要术》由序言、卷首杂说和正文三大部分组成，约 11.5 万字。书中不仅记载了黄河流域中下游地区的农业生产，也记载了部分南方的农业生产，还涉及林业、畜牧业等经济领域。

《齐民要术》序言，总结了历史上的重农思想，引证历史经验，希望北魏统治者注重农业发展，课督农桑，作好"安民"工作；讲述了《齐民要术》的写作过程"采捃经传，爰及歌谣，询之老成，验之行事"；介绍了《齐民要术》的写作范围"起自耕农，终于醯醢，资生之业，靡不毕书"。《齐民要术》序言是全书的总纲，体现了作者的农学思想。

卷首杂说，为后人所加。《四库全书提要》指出，"第三十篇是杂说，而卷端又列杂说……疑后人所窜入"。有的学者从语言学的角度否定其为贾思勰原作[①]。有学者则直接判断其为唐代作品[②]。卷首杂说叙述了耕地、种黍、种菜及合理安排种植等事宜，其写法与《齐民要术》其他内容的风格基本一致，长久以来已与全书融为一体。

正文部分共 10 卷 92 篇，简述如下。

卷一总论耕田、收种 2 篇，种谷 1 篇。主要讲述耕田、收种及当时北方抗旱保墒的土壤耕作技术。其中叙述谷物的篇幅占所有粮食作物篇幅近半，讲述也最详细深刻，说明粟在我国北方旱作农业区中是首要粮食作物，所载粟类品种达 106 个，对粟的栽培方法也作了详细地介绍。

卷二包括谷类、豆、麻、麦、稻、瓜、瓠、芋等 13 篇。主要论述了 13 种粮食作物的生产技术，包括土地耕作，时宜地宜要求，选育良种技术，播种技术，作物培育中的轮作、绿肥、保育、防虫技术及作物收获、贮藏等方面的技术。其中叙述大豆和小豆、大麦和小麦、水稻、黍稷的字数分别约占整个粮食作物叙述字数的 11.6%、11.3%、10.9%、6.5%，说明以上作物在北方农业生产中占有重要地位。

卷三为种葵、蔓菁等蔬菜作物 12 篇，苜蓿、杂说各 1 篇。主要记述了

---

① 阙绪良：《〈齐民要术〉卷前〈杂说〉非贾氏所作新证》，《安徽广播电视大学学报》2003 年第 4 期。
② 曾雄生：《中国农学史》，福建人民出版社 2008 年版，第 367—373 页。

22 种蔬菜的栽培技术。北朝时期，蔬菜栽培技术有较大发展，土地利用率提高，对因土种植，以及诸田园管理技术都有了进一步的认识。蔬菜的栽培是种植业中有机组成部分，是粮食作物的重要补充，安排在卷二之后，体现了作者对于种植业内部结构的理性认识。

卷四为园篱、栽树两篇，果树 12 篇。主要论述果树的选育技术。先总述园篱和栽树，之后分述枣、桃、安石榴等 11 种果树的品种及选育技术，并总结了果树的有性繁殖、无性繁殖及果树管理方面的经验和技术，特别是梨的嫁接技术已达了到相当高的水平。

卷五有竹、木及染料作物十篇，伐木一篇。主要讲述林木的栽培技术。所涉树木主要有桑、柘、榆、白杨等 13 种。在林地的选择、耕作和整理，树木的繁殖和移栽，苗木的管理等方面都积累了相当丰富的经验。

卷六为畜牧兽医卷，有家畜、家禽和养鱼六篇。该卷占全书篇幅 11% 左右，汇总了北魏以前有关家畜饲养及医疗的知识，吸收了鲜卑族拓跋氏的牧业经验。内容上分别叙述了牛、马、驴、骡、羊、猪、鸡、鹅、鸭等九种畜禽的选种育种、饲养管理、相畜术、兽医术以及酥酪加工技术、羊毛制毡技术。最后一篇为养鱼技术。

卷一至卷六，每卷分别自成一个相对独立的单元，构成全书的主要部分。其中，每卷中的每一篇结构相似，基本由三个层次组成：首先是解题，引用前人文献，再加作者按语，内容包括该篇作物（或动物）名称的解释、辨析正名、历史记载、引种来源、生物形态和性状等；其次是本文，介绍各种作物、禽畜的生产技术，是全篇的核心、全书的精华；最后是引文，引录前人著述，作为本文的补充说明，或充实相关内容，解题、正文、引文相互结合，使每篇论述形成一个严整的体系。

卷七为货殖、涂瓮各一篇，酿酒四篇。卷八为农产品的贮藏与加工 12 篇。卷九为农产品的贮藏与加工十篇，另有煮胶、制笔墨各一篇。该三卷又组成一个相对独立的单元，主要讲农产品的贮藏与加工，其篇幅约占全书的30% 左右。在介绍农产品加工方面，涉及种类繁多、内容丰富、技术全面，酿造技术系统全面，造酒技术更趋成熟。

卷十为"五谷、果蔬、菜茹非中国物产者"一篇。基本上是作者搜罗历史上和当时的有关经史子集文献，引用了280多条资料，引载了100多种有实用价值的热带、亚热带栽培植物和60多种野生植物。范围广泛，综揽农、林、牧、副、渔各个方面。

三、《齐民要术》在中外农学史上的地位 [①]

《齐民要术》是我国第一部完整保存至今的大型综合性农书，也是世界农学史上最早的专著之一，在中国和世界农学史上占有重要的地位。

《齐民要术》是我国第一部囊括了广义农业的各个方面、农业生产技术的各个环节及古今农业资料的大型综合性农书。《齐民要术》之前，我国已经出现了若干综合性农书，但都不可与《齐民要术》相比。《吕氏春秋·任地》等3篇和《氾胜之书》实际上只限于种植业的范围，《四民月令》虽然涉及农林牧副各个方面，但只讲农业生产的安排，基本上不讲生产技术，更缺少理论上的说明。至于专业性农书亦多阙略。而《齐民要术》涉及范围之广，前所未有。它所记述的生产技术范围，以种植业为主，兼及蚕桑、林业、畜牧、养鱼、农副产品储藏加工等各个方面，凡是人们在生产和生活上所需要的项目，差不多都囊括在内，并全面记述了每种生产技术的各个环节。另外，《齐民要术》广泛收集了有关历史资料，记载详尽系统。隋朝以前的农书，只有《齐民要术》基本上完整地保存至今，弥足珍贵。《齐民要术》全面反映了中国隋前以精耕细作为特征的农业技术，并达到一个新的水平。《齐民要术》的出现，标志着我国北方旱地农业精耕细作的技术体系已经完全成熟。

在世界农学发展史上，欧洲古罗马时期曾有过几种农书，例如：公元前2世纪，卡图（Macus Porcius Cato，公元前243—前149）的《农业志》（De Agriculture），公元前1世纪，发禄（Macus Teronfius Varro，公元前116—前27）的《论农业》（Rerom Rusticarum），1世纪，科路美拉（Luclus Junius

---

① 本节参考缪启瑜：《〈齐民要术〉导读》，巴蜀书社1988年版；石声汉：《齐民要术今释》，北京科学出版社1958年版；梁家勉：《中国农业科学技术史稿》，农业出版社1989年版。

Moderaus Columella，生卒年不详）的《农业论》(De Re Rustica）等。这些农书内容比较简略，以讲述经营管理为主，反映了奴隶制的生产关系。到了中世纪，在一个很长的时期内，欧洲的农书几乎绝迹。中国汉代农书无论数量和质量都超过同时期的古罗马农书。《齐民要术》更是填补了世界农业史中这一时期农书的空白。与农书稀缺相联系，欧洲中世纪的农业也是停滞和落后的。当时广泛实行"二圃制"和"三圃制"，耕作粗放，种植制度机械呆板，肥料极度缺乏，土地利用率和单位面积产量都很低。这和《齐民要术》所反映的农业和农学相比，实有天壤之别。《齐民要术》所反映的农业和农学，在当时的世界上无疑处于领先地位。

第四节　北朝农耕技术

《齐民要术》卷一到卷三比较系统地记载了当时的农耕技术，具有较高的科学性，对今天仍有重要的参考价值。

一、农具的创新

北朝时期，农业生产工具较前代有了不少改进，不但原有农具在形制、材质上发生了许多变化，还创制了一些新的农具[①]。

东汉刘熙《释名》卷七《释用器第二十一》记载，汉代较为重要的农具大约只有十余种，即犁、耙、锄、镈、耨、耩、锹（锸）、镰、铚、枷、锯等。而贾思勰《齐民要术》中记载的农具就有 20 多种，其中除原有农具之外，新增的有锋、耧、铁齿𨫼榱、陆轴、木斫、窍瓠、鲁斫、批契、手拌斫、劳（耢）、铁齿耙、蔚犁、杋、挞等。

锋，一种中耕农具。有学者认为[②]，锋应是尖刃的、不用畜力牵引，主要用于中耕的镢类或铲类多用途的手工农具。缪启愉校释[③]：锋是一种由畜

---

① 李海、吕仕儒：《北魏旱地农业技术研究》，《山西大同大学学报》(自然科学版）2014 年第 4 期。
② 周昕：《"锋"考》，《中国科技史料》2003 年第 1 期。
③ 缪启愉：《齐民要术校释》，农业出版社 1998 年版。

力牵引的中耕农具。类似无壁犁，起土不覆而留在原处，在禾苗稍高时使用。锋还可以用于浅耕灭茬、保墒。《齐民要术·耕田》云[①]："凡秋收之后，牛力弱，未及即秋耕者，谷、黍、穄、粱、秫茇之下，即移羸速锋之，地恒润泽而不坚硬。"茇，作物收割后留在地里的根茬。移羸，羸是瘦弱，指牛，承上文"牛力弱"而言，省去"牛"字。移是转移、移用。为了在作物收割后能从速浅耕灭茬，并避免重役疲牛，就兼顾二者，弱牛不耕地而用于锋地。显然，这里的"锋"是由畜力牵引。不过，这两种解释都认为，锋是一种中耕农具。

耧，古代播种用的农具，由牲畜牵引，后面由人把扶，可同时完成开沟和下种两项工作。这种农具是现代播种机的前身。北魏时，在汉代三脚耧的基础上，创造出了两脚耧和独脚耧。《齐民要术·耕田》云[②]："两脚耧种垅，概，亦不如一脚耧得中也。"

铁齿镂楱，是由畜力牵引的一种耙。汉代已有竹木耙和铁齿耙，但均属人力耙范畴。铁齿镂楱则是畜力耙最早的明确记载。此前两个世纪以上的嘉峪关魏晋壁画中，即有畜力拉耙的形象，此耙是长条形的钉齿耙，有两牛牵引的，也有一牛牵引的。而《齐民要术》中所提到的"铁齿镂楱"，据《王祯农书》说，是人字耙。铁齿镂楱用于整地，《齐民要术·耕田》云[③]："耕荒毕，以铁齿镂楱再遍耙之。"这样，可以使翻起的土垡变得细碎疏松，并可以去掉草木根茬。

陆轴，即碌碡。俗名石磙。《齐民要术·水稻》曰[④]："三月种者为上时，四月上旬为中时，中旬为下时。先放水，十日后，曳陆轴十遍。"

木斫，又称櫌，一种敲打土块、平田的农具，形似木榔头。《齐民要术·水稻》曰[⑤]："块既散液，持木斫平之。"明徐光启《农政全书·农器》曰[⑥]："今田家所制无齿耙，首如木椎，柄长四尺，可以平田畴击块壤，又谓木斫，即此櫌也。"

---

① ② ③ ［北魏］贾思勰：《齐民要术》卷一。
④ ⑤ 同上，卷二。
⑥ ［明］徐光启：《农政全书》卷二十一。

窍瓠，播种农具。石声汉注 ①："窍瓠，用乾胡卢作成的下种用的器具。"《齐民要术·种葱》曰 ②："两耧重耩，窍瓠下之，以批契继腰曳之。"就是指用耧开沟后，用窍瓠播种。这种工具盛上种子后便系于腰间拉着走，将种子播于沟内。

鲁斫，一种锄名。缪启愉校释 ③："鲁斫，即钁。"《齐民要术·种苜蓿》曰 ④："每至正月，烧去枯叶……更以鲁斫㓙其科土，则滋茂矣。"

批契，"批契"一词，在我国古文献中仅现于《齐民要术》两处：一是《种葱第二十一》篇载之；二是《种苜蓿第二十九》篇曰："旱种者，重楼耩地，使垅深阔，窍瓠下子，批契曳之。"缪启愉校释 ⑤："其形制、装置及操作方法均未详……照《要术》叙述播种程序说，应是一种复种工具。"

手拌斫，一种手用的小型铲土农具，专门用于蔬菜园艺。《齐民要术·种葵》曰 ⑥："其剪处，寻以手拌斫㓙地令起，水浇，粪覆之。"

劳，即耢，又称耱，是安有牵引装置的长方形木板或用藤条、荆条之类编扎而成的一种传统农具，可以说是无齿耙，多用畜力牵引。《齐民要术·耕田》曰 ⑦："漫掷黍穄，劳亦再遍"，"春耕寻手劳，古曰㭬，今曰劳"。从现有的文物画像来看，有两牛单辕耢，也有一牛双辕耢。耢用于耕耙之后，可进一步使地平土细，同时也具有掩土保墒的作用。耢和耙一样，有时为了加大效果，使用时人立其上，以提高功效。是否站人，要视情况而定。如湿地种麻或胡麻，就无需站人，因为"劳上加人，则土厚不生"。

铁齿耙，指用大铁钉做齿的耙，用于击碎较大的土块，以平整土地。缪启愉校释 ⑧："铁齿耙，指手用铁钉耙，不是指牲口拉的。"《齐民要术·种葵》曰 ⑨："深掘，以熟粪对半和土覆其上，令厚一寸，铁齿杷（耙）耧之，令熟，足踏使坚平。"

蔚犁，宜于山涧之间耕田的一种犁。犁是中国古代的主要耕具，从河

---

① 石声汉：《齐民要术今释》，中华书局 2013 年版。
②④⑥⑨ ［北魏］贾思勰：《齐民要术》卷三。
③⑤⑧ 缪启愉：《齐民要术校释》，农业出版社 1998 年版。
⑦ ［北魏］贾思勰：《齐民要术》卷一。

南渑池出土的铁犁情况来看 ①，南北朝之前，已有三种类型的犁：一是全铁铧；二是"Ｖ"字铁铧；三是双柄犁，犁头作"Ｖ"字形，可安装铁犁铧。从嘉峪关等地的发现的魏晋壁画中可以看出，当时耕地有二牛抬扛式，也有单牛拉犁式。这些犁均为长犁辕。北魏时，出现了蔚犁。《齐民要术·耕田》云②："今济州已西，犹用长辕犁、两脚楼。长辕犁平地尚可，于山涧之间，则不任用，且回转至难，费力。未若齐州蔚犁之柔便也。"长辕犁只宜于平地，在山涧之间则不如蔚犁方便。蔚犁的具体形制今已难考，其始创当为北魏。蔚犁应是结构合理、重量较轻、使用起来较为方便的短辕犁。这种犁既能翻土作垄、调节深浅，又能灵活掌握犁条的宽窄粗细，并可在山涧、河旁、高阜、谷地使用。由这段记载尚可看到，由于铁犁不止一种，人们便可依据不同的地理条件，因地制宜，采用不同的犁进行耕作。考古证明，这一时期的铁制农具大部分系铸造所成，后再经脱碳退火或石墨化退火处理，《魏书·食货志》云③："铸铁为农器兵刃，所在有之"，大体上反映了当时实情。是时，锻制铁农具亦开始流行。1957 年，四川昭化宝轮镇南北朝崖墓出土铁锄两件，其形制与宋元时代的无大差异④；1965 年，辽宁北票北燕冯素弗墓出土过扁铲两件，皆系锻制而成⑤。这种形制和材质的变化，显然是个进步。

杴，一种木制的无齿耙子，原耙齿部分换装木板，俗称刮耙，多用于摊晒粮食或坚果。《齐民要术·种枣》载晒枣法曰⑥："置枣于箔上，以杴聚而复散之。"

挞，一种播后覆种的镇压农具。用于耧种之后，覆种平沟，使表层土壤塌实，以利提墒全苗。《齐民要术·种谷》云⑦："凡春种欲深，宜曳重挞。"

---

① 渑池县文化馆、河南博物馆：《渑池县发现的古代窖藏铁器》，《文物》1976 年第 8 期。

②⑦ ［北魏］贾思勰：《齐民要术》卷一。

③ ［北齐］魏收：《魏书》卷四。

④ 沈仲常：《四川昭化宝轮镇南北朝时期的崖墓》，《考古学报》1959 年第 2 期。

⑤ 黎瑶渤：《辽宁北票县西官营子北燕冯素弗墓》，《文物》1973 年第 3 期。

⑥ ［北魏］贾思勰：《齐民要术》卷四。

二、耕地技术的提高

我国古代旱地耕作中的"耕—耙—耱"技术体系至迟形成于魏晋时期。1972 年至 1973 年，嘉峪关戈壁滩上发掘清理了 8 座魏晋墓葬，其中有 6 座为壁画墓，部分画面上清晰地显示了"耕—耙—耱"的劳作形象，说明当时已经使用了此技术。北魏时，随着农具的创新，这一技术进一步提高。《齐民要术·耕田》曰[①]："耕荒毕，以铁齿镂榱再遍耙之，漫掷黍、穄，劳亦再遍。"这里明确指出了"耕—耙—耱"技术体系的基本内容，即耕一遍，耙两遍，耱两遍。从《齐民要术》的其他记载看，当时不但积累了相当丰富的耕地经验，而且有了一定的理性认识。明确地提出耕地的具体原则，以及耕地的时间、深浅及注意事项。

关于耕地的具体原则，《齐民要术·耕田》曰[②]：

> 凡耕高下田，不问春秋，必须燥湿得所为佳。若水旱不调，宁燥不湿，燥耕虽块，一经得雨，地则粉解；湿耕坚垎，数年不佳。谚曰"湿耕泽锄，不如归去"，言无益而有损。湿耕者，白背速镂榱之，亦无伤，否则大恶也。

这里是说，耕地的时机是土壤湿度适宜，此时表层土壤易于散碎，不会形成硬土块。如果水旱不调，则宁可趁土壤干时耕，也不要在湿时耕。因为干时耕，虽然土壤形成硬块，但降雨后土块就会粉解；而湿耕，则土壤被犁壁挤压形成的硬垎块，很难散碎，数年不碎。如果湿耕，必须在表层土壤干时（即土皮发白时），急速耙地，否则，就是"大恶"了。这里既指出了一般原则，又对特殊情况作了具体说明，是一段十分难得的资料。

关于耕地的时间，春夏秋三季均可耕地。春耕和夏耕主要是为当年种麦、种稻做准备。秋耕多为次年春播作准备，还可以改良土壤，意义重大，

---

①② ［北魏］贾思勰：《齐民要术》卷一。

向来受到重视。一般说来，不宜冬耕。至于耕地的具体时间，则依地而定。例如：种麦，"凡麦田，常以五月耕，六月再耕，七月勿耕，谨摩平以待种时"①。种旱稻，"凡种下田，不问秋夏，候尽，地白背时速耕，耙劳频翻令熟，过燥则坚，过雨则泥，所以宜速耕"②。

关于耕地的深浅，应依季节和耕地情况不同而异。如"凡秋耕欲深，春夏欲浅"③。秋耕深，将新土翻上，经一冬的风化，土壤可渐变熟，且有利于积雪和提高土温。春耕因迫近播种，夏耕一般为赶种下一季作物，皆宜浅耕，否则，将新土翻上，来不及风化，有碍作物生长，即"初耕欲深，转地欲浅"，等等。

耕地的注意事项是一些实践经验的总结，如"犁欲廉，劳欲再"④，即犁的行距需窄，耙的次数需多，这样才能将表土打碎，使之变熟。又如"春既多风，若不寻劳，地必虚燥；秋田湿实，湿劳令地硬"⑤。即是说，春季风大，天气干燥，耕后要立即耙、耢。否则，由于土块间空隙大，土壤容易跑墒。秋季一般多雨，土壤较湿。湿时耙、耢，土壤一干，会形成不易散碎的团块，而且湿土粘在耙或耢上，会影响耙、耢的质量和效率。所以要等土皮发白时再耙耢。这些认识是相当深刻的。

三、良种的选育和播种技术的进步

北朝时期，选种、播种技术有了明显的进步。

（一）选种

《诗经·大雅·生民》曰："诞降嘉种。"意即诞生了优良的种子。《诗经·小雅·大田》曰："大田多稼，既种既戒。"意即大田土肥宜多种，既备农具又选种。说明我国在先秦时期，就有了选种的观念和经验。《氾胜之书》记载，汉代已采用了先进的穗选法选种了。北朝前期，已形成了从选种、留种到建立种子田育种的一整套管理制度，并培育出了一批耐旱、耐水、免

①③④⑤ ［北魏］贾思勰：《齐民要术》卷一。
② 同上，卷二。

虫，以及矮秆、早熟、高产、味美的优良品种。《齐民要术·收种》云①：

> 粟、黍、穄、粱、秫，常岁岁别收，选好穗纯色者，劐刈高悬之。至春治取，别种，以拟明年种子。楼耩掩种，一斗可种一亩。量家田所须种子多少而种之。其别种种子，常须加锄，锄多则无秕也。先治而别埋，先治，场净不杂；窖埋，又胜器盛。还以所治蘘草蔽窖。不尔必有为杂之患。将种前二十许日，开，出水洮，浮秕去则无莠。即晒令燥，种之。

这段引文大体谈了三层意思：一是谷类作物须得年年选种，将纯色好穗选出，勿与大田生产之作物混杂；二是对种子田须精耕细作，种前水选，去除杂物，种后加强管理，保证秧苗茁壮成长；三是良种宜单收单藏，须以自身的秸秆来塞住窖口，免得与别种相混。这种做法已近似近代的"种子田"和良种繁育，是品种选育的有效途径之一。它把选种、留种、建立"种子田"、进行良种繁育、精细管理、单种单收、防杂保纯结合在一起，形成一整套措施，奠定了我国传统的选种和良种繁育技术基础。在这种先进的选种思想指导下，当时已培养出了许多农作物新品种，特别是谷类作物的品种大大增加。如西晋郭义恭《广志》记述的粟有11种，而《齐民要术》记载的粟增至86种，依作物的性状分为四大类：一是朱谷、高居黄等14种，早熟，耐旱，免虫；二是今堕车、下马看等24种，穗都有芒，耐风，免雀暴；三是宝珠黄、俗得白等38种，中熟，大谷；四是竹叶青等10种，晚熟，耐水，但惧怕虫灾。《齐民要术·种谷》还对此作了评价②："凡谷，成熟有早晚，苗秆有高下，收实有多少，质性有强弱，米味有美恶，粒实有息耗。"这些评价和分类标准虽然十分简单，但与现代科学原理基本相符。

北朝时期，在选育良种方面还有两点值得注意：其一，已认识到早熟、矮秆作物的优势。《齐民要术·种谷》云③："早熟者，苗短而收多；晚熟者，

①②③ ［北魏］贾思勰：《齐民要术》卷一。

苗长而收少。"这是十分卓越的见解。其二，已认识到品种与地域的关系，即对生物遗传性、变异性有了初步认识。《齐民要术·种蒜》云①："并州（今山西省太原市）无大蒜，朝歌（今河南省淇县）取种，一岁之后，还成百子蒜矣。其瓣粗细，正与条中子同。芜菁根，其大如碗口，虽种他州子，一年亦变。大蒜瓣变小，芜菁根变大，二事相反……并州豌豆，度井陉（今河北省井陉县）已东，山东谷子入壶关、上党（今山西省长治市），苗而无实。"条中子，指蒜薹上所生的气生鳞茎，亦称"算珠"。百子蒜，大瓣种变为小瓣种，蒜瓣变得特别细小且多。从朝歌引种的大蒜，在并州种植，一年后，变成条中子一样的百子蒜；选用其他州的芜菁种子在当地种植，一年后，芜菁也变得大如碗口；并州的豌豆种植在井陉以东，太行山以东的谷子引入壶关、上党，皆有苗而无籽。这显然是一种生物变异。有了这种认识，可以确定某些作物只宜于在某地生长和留种，对选育良种大有益处。

（二）播种

北朝时期，对农作物的播种方式、播种时间、播种量、播种深浅及播后镇压等事宜已有了广泛的实践和较深刻的认识。

《齐民要术》中记述的播种方式有撒播、条播和点播三种，根据不同作物、不同土壤和不同生产目的可灵活掌握。其中，撒播称为"漫掷""漫散"，或简称为"掷"。撒播又有两种方式：一是耕后撒播，如种大豆，"若泽多者，先深耕讫，逆垡掷豆，然后劳之"②。二是撒播后用犁耕田覆土。如"种荏者，用麦底，一亩用子三升，先漫散讫，犁细浅𰀀，而劳之"③。条播，即用耧车播种。称为"耧下""耧种"或"耧耩"。如种小豆，"熟耕，耧下为良。泽多者，耧耩，漫掷，而劳之，如种麻法"④。条播适宜于旱地，由于可把种子直接播到湿土层，播种与覆土同时完成，有防旱作用。点播称为"稬种"，多用于不曾耕翻的土地或因缺乏牛力来不及耕的土地上，实为"免耕播种"。点播分为耧耩点播和逐犁点播。前者是在用耧开沟之后，再进行点

---

① ［北魏］贾思勰：《齐民要术》卷三。
②③④ 同上，卷二。

播。如种旱稻，"楼耩掩种之"①。后者则是用犁将土壤整理后，再进行点播。如种大、小麦，"先畦，逐犁掩种者佳"②。

播种时间非常重要。孟子曰："不违农时，谷不可胜食也。"不违农时最关键的要抓住"耕"和"种"两个环节。如夏至后种的麻，"非唯浅短，皮亦轻薄。此亦趋时不可失也"③。即产量和质量都会受到严重影响。《齐民要术》中把粟、黍、稷、大豆、小豆、大麦、小麦、水稻、旱稻、麻、麻子、胡麻、瓜等作物的播种期由月具体到旬，并有了上时、中时、下时之分。上时是播种最适宜的时间，中时次之，下时最次。如种谷，"二月上旬及麻、菩杨生种者为上时，三月上旬及清明节、桃始花为中时，四月上旬及枣叶生、桑花落为下时"④。是时，人们不仅区分了播种的上时、中时和下时，而且能根据物候、土壤肥力及墒情来确定具体作物的播种期。如夏播黍、稷，"大率以椹赤为候"⑤。所谓"椹厘厘，种黍时"，厘厘，即形容桑椹红得发紫的样子，把桑椹发红当作黍下种的信号。

播种量与作物种类、土壤肥力、生产目的、播种期等因素有关。例如粟主要依靠主茎成穗，故在肥田里要增加播种量，相反则要减少播种量。因此种粟时，"良地一亩，用子五升，薄地三升"⑥。大麻主要利用麻皮，分枝太多反而不好，因此种麻时，"良田一亩，用子三升，薄田二升"⑦。作物播种期不同，其用种量也不同。一般情况是"晚田加种也"，"稍晚，稍加种子"，也就是说，早播用种少，迟播用种量要增加。如种大豆，"二月中旬为上时，一亩用子八升。三月上旬为中时，用子一斗。四月上旬为下时。用子一斗二升"⑧。

播种深浅主要由播种时间和土壤墒情而定。如种谷，"春种欲深"，"夏种欲浅"。又如种大豆，墒情好，可以浅种，不好则深种。春种大豆"必须楼下"，即用楼车播种。这样，才能种得深，"种欲深，故豆性强，苗深则及泽"⑨。

播后镇压，是与播种相关的技术之一。其目的是使种、土相亲，帮助种

---

①②③⑤⑦⑧⑨　［北魏］贾思勰：《齐民要术》卷二。
④⑥　同上，卷一。

170

子吸收土壤中的水分，使之快速发芽出土。镇压的农具一般是劳和挞。播种后使用牲畜拉的劳，其实已经包含了镇压和摩平的功能。挞主要用于某些旱作物的春播，如种谷子，"凡春种欲深，宜曳重挞"①。因为"春气冷，生迟，不曳挞则根虚，虽生辄死"②。挞的作用是压紧浮土，使种、土相亲，以利提墒保苗。有时可以足代挞，作用相同。"凡种，欲牛迟缓行，种人令促步足蹑垄底，牛迟则子匀，足蹑则苗茂。足迹相接者，亦不烦挞也。"③另外，挞的使用，要视墒情、雨情、气温、种子大小等灵活掌握。夏季高温多雨，或春季雨多土湿的年份，均不能用挞。种子细小，如黍稷等，亦不用挞。

四、农作制度的多样化

北朝时期，作物制度从实践到理论都有所提高，并不断优化，形成了农作物的轮作、复种、间作、混作等多样化的农作制度。

（一）轮作、复种

原始农业是在同一块土地上连续耕种，直到不适宜耕种时就抛荒。商代农业可能还处于这一阶段④。《诗经·周颂·臣工》篇曰："如何新畲。"《诗经·小雅·采芑》曰："薄言采芑，于彼新田，于此菑亩。"开垦第一年的土地叫菑，第二年的叫新田，第三年的叫畲。这反映了西周时仍然保持这种耕作制度。《周礼》言"一易之田，再易之田"，则是比较进步的定期休闲制了。战国时期，一家耕种的标准是百亩，结合这一时期很重视施肥，则可推定战国时期已是长期耕种而不休闲了，但可轮作。《吕氏春秋·任地》曰"今兹美禾，来兹美麦"，这是粟和麦轮作。汉代，粟和麦轮作、粟和大豆轮作已很普遍了。但都没有明确讲到轮作的好处。北朝时期，农作物有几十种之多，粮食作物有谷、黍、稷、粱、秫、大豆、小豆、大麦、小麦、瞿麦、水稻、旱稻等。此外，还有纤维作物、饲料作物、染料作物、油料作物等。作物种类的繁多，为进一步发展轮作、复种制提供了有利条件。

①②③〔北魏〕贾思勰：《齐民要术》卷一。
④ 万国鼎：《〈齐民要术〉所记农业技术及其在中国农业技术史上的地位》，《南京农学院学报》1956年第1期。

北朝时期，人们在生产实践中已经认识到，只有蔓菁、葵等少数作物可以重茬，而稻、谷、麻等多数作物皆不宜重茬，必须轮作。《齐民要术》记载了多种作物的轮作方式，并指出什么作物应该和什么作物轮作较好。同时还肯定了许多作物的前后茬关系，把适合某些作物的茬口分为上、中、下三等，说明它们在轮作中的地位。例如：种植谷子的最好前茬是绿豆、大豆、小豆，其次是麻、黍和胡麻，再次是芜菁；种植黍、稷最好是新开荒地，其次是前茬为大豆地，再次是谷子地；谷子和麦都是大豆、小豆的好前茬，小豆是麻的好前茬等。这就确立了豆、谷轮作的格局。是时，虽然不懂其中道理，但广泛用于种植实践。这与现代科学原理完全相符。因豆类作物根部有根瘤菌，可固定空气中的游离氮。1 亩大豆大约可从空气中吸收 3.5 千克左右的氮素，相当于 15 千克硫酸铵。故大豆之后栽麦，一般都可增产。

我国古代的作物轮作制出现较早，但把它当作恢复地力、增加生产的重要措施进行研究，却始于《齐民要术》。是时，复种多熟在黄河流域和长江流域都有了发展。如种植"小豆，大率用麦底。然恐小晚，有地者，常须兼留去岁谷下以拟之"[①]。这说明一年种两熟的作物。《齐民要术》引《广志》云[②]："南方……有盖下白稻，正月种，五月获；获讫，其茎根复生，九月熟。"此即当今的再生稻。《水经注·温水》条还记载了两熟稻[③]："名白田，种白谷，七月火作，十月登熟；名赤田，种赤谷，十二月作，四月登熟，所谓两熟之稻也。"同书《耒水》条还谈到了湘江支流耒水，流经的便县（今湖南永兴县），界内有温泉水，在郴县西北，"左右有田数十亩，资之以溉。常以十二月下种，明年三月谷熟。度此冷水，不能生苗，温水所溉，年可三登"[④]。据此可知，当时已利用地热来发展多熟种植了。可见，我国至迟在北朝时就用提高复种指数的方法来提高农业生产了。

（二）间作、混作

我国古代的作物间作、混作约始于公元前 1 世纪。北魏时期，人们

---

① ② ［北魏］贾思勰：《齐民要术》卷二。
③ ［北魏］郦道元：《水经注》卷三十六。
④ 同上，卷三十九。

对如何选择好间作、混作，积累了丰富的经验。对如何充分利用地力和阳光，如何发展其互利因素，避免不利因素，都有了进一步的认识。《齐民要术》中记述了多种间作、混作方式。例如："葱中亦种胡荽，寻手供食，乃至孟冬为菹，亦无妨"①。"桑苗下常锄掘，种绿豆、小豆"②。"羊一千口者，三四月中，种大豆一顷，杂谷并草留之，不须锄治。八、九月中，刈作青茭（青色干草）"③。这是用混作的方法，生产养羊的饲料。是时，人们已经认识到有的作物间不能混作。如"慎勿于大豆地中，杂种麻子。扇地两损，而收并薄"④。

五、田间管理技术的完善

北朝时期，田间管理积累了相当丰富的经验，管理方法不断完善，认识上亦有所提高，主要表现在以下几方面。

（一）中耕

《诗经·周颂·良耜》曰："其镈斯赵，以薅荼蓼。荼蓼朽止，黍稷茂止。"镈，一种犁。赵，《传》："刺也"，破。蓼，水草。荼，杂草。意即：犁头破土，薅除杂草，杂草腐朽，庄稼茂盛。说明西周时，已重视中耕除草。北朝时期，人们在继承前人经验的基础上，对中耕的认识有了进一步提高，认为中耕不但有除草保墒的作用，还能熟化土壤，提高作物的产量和质量。中耕的这些作用是通过"多锄"来实现的。锄的时机不同，作用也不同。《齐民要术·种谷》曰⑤："春锄起地，夏为除草。"起地，就是松土，切断土壤毛细管，提高土壤保墒性能。同篇又曰："锄者非指除草，乃地熟而实多，糠薄，米息。锄得十遍，便得'八米'也。"八米，指从谷子的出米率达到80%，这是很高的出米率了。

《齐民要术》一书中总结了旱地中耕的技术要领：一是"锄早锄小"。"凡五谷，唯小锄为良。小锄者，非直省功，谷亦倍胜。大锄者，草根繁茂，用

---

① ［北魏］贾思勰:《齐民要术》卷三。
② 同上，卷五。
③ 同上，卷六。
④ 同上，卷二。
⑤ 同上，卷一。

功多而收益少。"① 小锄，指苗还很小的时候就锄。如种谷，"苗生如马耳，则镞锄。谚曰：'欲得谷，马耳镞'"②。马耳，是指谷苗初长出时如马耳的形状。镞锄，一种锄法。即谷苗初长出时，用锄角间苗，俗称为"薅谷苗"。二是"锄不厌数"。中耕锄地要反复多次地进行。如种谷，"苗出垄则深锄，锄不厌数，周而复始，勿以无草而暂停"③。这说明锄的作用"非指除草"。《齐民要术》中指出，谷、粱、秫等要锄五至十遍，小麦六遍，黍、穄四遍。三是中耕与间苗、补苗相结合。如种谷④，间苗时要求"良田率一尺留一科"。对于苗稀少或缺苗处，则要补苗，"稀豁之处，锄而补之"，这是提高作物产量的重要措施之一。四是要根据具体情况，采用不同的农具和锄法。作物不同则锄法不同，例如：瓜的锄法，"皆起禾芺，令直竖。其瓜蔓本底，皆令土下四厢高，微雨时，得停水"⑤。一般作物都应该多锄，但也并非所有作物都如此。如大豆，"锋耩各一，锄不过再"⑥；小豆，"锋而不耩，锄不过再"⑦。作物生长期不同或气候条件不同，锄法也不同。如苗刚出土且地表面板结时，可用耙、劳；苗长高以后，则用锋、耩。又如"春苗既浅，阴未覆地，湿锄则地坚。夏苗阴厚，地不见日，故虽湿亦无害矣"⑧。所以，"春锄不用触湿。六月以后，虽湿亦无嫌"⑨。

北朝时期，水稻和旱稻的种植在北方已很普遍。种水稻要除草二次，第一次用刀割，第二次用手拔，相当于旱地中耕。是时，发明了一种水稻烤田法。《齐民要术·水稻》篇云⑩："水稻第二次薅讫，决去水，曝根令坚，量时水旱而溉之。"即水稻第二次除薅草后，稻田放水，让太阳晒水稻根部。这是我国古代关于水稻烤田技术的最早记载。"曝根令坚"，即通过烤田，土壤环境改善后，促使根系向纵深发展，使稻株茎秆坚强，有利防止倒伏。

(二) 施肥

我国何时开始施用肥料，无明确文献记载，可能始于春秋时代⑪。战国时

①②③④⑧⑨　[北魏] 贾思勰：《齐民要术》卷一。
⑤⑥⑦⑩　同上，卷二。
⑪　万国鼎：《〈齐民要术〉所记农业技术及其在中国农业技术史上的地位》，《南京农学院学报》1956 年第 1 期。

代，肥料已很受重视。在《齐民要术》中，虽然没有讲大田作物的施肥，也没有讲深耕和中耕的基肥追肥，只讲述了蔬菜作物和大麻的施肥，但还是引用而保存了《氾胜之书》的施肥方法，并收集记载了更多的肥料种类，如人粪、畜粪、厩肥、堆肥、蚕矢、巢蛹汁、兽骨、草木灰、旧墙土等。同时，对肥料有了新的认识。

首先，重视绿肥的功效。中国利用绿肥相当早，但汉代以前只是耕翻自然生长的杂草作肥。晋初郭义恭《广志》曰："苕草，色青黄，紫华，十二月稻下种之，蔓延殷盛，可以美田。"美田，即改良土壤，增进肥力之意。这是苕草和稻轮作，并以苕草为绿肥，这是我国古代绿肥轮作的最早记载。北魏时期，中国北方已广泛利用绿肥栽培以培养地力。《齐民要术》中记叙了谷、瓜、葵、葱等多种作物与绿肥轮作的制度，并提出了多种轮作方案。如《齐民要术·耕田》指出[①]，以豆科植物作绿肥较好，五月、六月撒播，七月、八月耕翻，以作次年春谷田，"则亩收十石，其美与蚕矢、熟粪相同"。同书《种葵》篇指出，五月、六月中密植绿豆，七月、八月耕翻，"则良美与粪不殊，又省功力"[②]。可见，当时已经认识到绿肥对改良土壤，提高肥力和作物产量具有十分重要的意义。绿肥轮作的出现，说明北朝农业技术已发展到了相当高的水平。其次，强调要用熟肥。《齐民要术·种麻》曰[③]："地薄者粪之。粪宜熟。无熟粪者，用小豆底亦得。"《齐民要术·种瓜》曰[④]："凡生粪粪地无势；多于熟粪，令地小荒矣。"

（三）防治病虫害

农业病虫害不仅影响作物的产量，也影响作物的品质。北朝时期，对于农业病虫害的防治技术有了新的进展，主要体现在以下几方面。

其一，选育抗病虫的优良品种。《齐民要术·种谷》谈到了86种谷子，其中，朱谷、高居黄等14种谷子，"早熟，耐旱，免虫"[⑤]。即这些谷子除具

① 周昕：《"锋"考》，《中国科技史料》2003 年第 1 期。
② ［北魏］贾思勰：《齐民要术》卷三。
③④ 同上，卷二。
⑤ 同上，卷一。

有早熟、耐旱的特点外，还具有免虫能力，这是我国古代免虫作物品种的最早记载。

其二，利用除草、焚烧、冬冻防治虫害。"荒秽则虫生，所以须净"。杂草夺走了土壤中的水分、肥料，遮盖了作物茎叶，使田间通风透光条件不良，导致病虫害的传播。因此，除草是预防病虫害的有效手段之一。《齐民要术·大小麦》曰[1]："倒刈，薄布，顺风放火。火既着，即以扫帚扑灭，仍打之。如此者，经夏虫不生。"这是通过焚灭麦秸秆中的虫卵，减少明年虫害发生的机率。冬天"蔺雪"，可使"立春保泽"，还可"冻虫死，来年宜稼"，即通过冬冻防治虫害。

其三，用药物防治病虫害。如瓜笼是一种由病毒或虫害引起的瓜叶枯萎病，其防治方法为[2]："凡种法，先以水净淘瓜子，以盐和之，盐和则不笼死"；"治瓜笼法，旦起露未解，以杖举瓜蔓，散灰于根下，后一两日，复以土培其根，则迥无虫矣"。以盐水浸种，或散灰于根下，均具有防治"瓜笼"病害的作用，即把盐和灰当作治瓜笼的药物。又如《氾胜之书》中已提到的蒿、艾，在北朝时继续充当防止虫害的药物。如麦子"蒿、艾筐盛之，良。以蒿、艾蔽窖埋之，亦佳"[3]。

其四，食物诱杀法。如《齐民要术·种瓜》云[4]："瓜田有蚁者，以牛羊骨带髓者，置瓜科左右，待蚁附，将弃之，弃二三，则无蚁。"这是利用害虫的食性，诱集而歼之。

此外，尚有合理轮作栽培法、贮藏防治法、溲种法等防治病虫害的途径，不再一一赘述。

（四）收割

《齐民要术·种谷》引杨泉《物理论》曰[5]："稼，农之本。穑，农之末。本轻而末重，前缓而后急。稼欲熟，收欲速，此良农之务也。"即强调收割要急速进行。这对于谷子、小麦等禾谷类作物来说尤其重要，因为这些作物黄熟很快，不及时收割，或遇风雨，易受损失。北朝时期，人们总结了要

---

①②③④ ［北魏］贾思勰：《齐民要术》卷二。
⑤ 同上，卷一。

急速收割禾谷类作物的原因。《齐民要术·种谷》记载 [1]，谷子"熟，速刈。干，速积。刈早则镰伤，刈晚则穗折。遇风则收减，湿积则藁烂，积晚则损耗，连雨则生耳（即发芽）"。

《齐民要术》还根据不同作物的成熟特点，提出了适期收割的时间。如小豆"叶落尽，则刈之" [2]。水稻"霜降获之。早刈米青而不坚，晚刈零落而损收" [3]。粱、秫"收刈欲晚，性不零落，早刈损实" [4]。黍、稷"刈稷欲早，黍欲晚，稷晚多零落，黍早米不成。谚曰：'稷青喉，黍折头。'" [5] 稷青喉，喉指稷穗基部与茎秆连接部分，在这一部分尚保持绿色时，就可割稷，即所谓"刈稷欲早"，适当早收。黍折头，指黍穗弯曲下垂时，就可割黍，即所谓"刈黍欲晚"，适当晚收。但黍的颖壳较松，容易落粒，通常到穗子最下部的分枝已逐渐失去绿色，中部籽粒达到蜡熟时，亦应抓紧收割。这些在生产实践中总结出来的经验，对指导作物收割大有益处。

六、蔬菜的栽培

栽培蔬菜是农业生产的重要组成部分。在原始农业发生之后，和其他粮食作物一样，蔬菜也开始逐步为先民们栽培。但在专门的农用地，即园圃内对蔬菜进行专业的种植至迟始于西周。《周礼》中记有"场人"一职，"掌国之场圃"，即场人是专门管理园圃的职官。这一时期人工栽培的蔬菜种类较少，从《诗经》《夏小正》等文献记载来看，当时人工栽培的蔬菜只有韭、芸、瓜、瓠四种，人们在很大程度上还是依靠采集野菜为食，蔬菜栽培技术尚处于萌芽阶段。汉代，随着"丝绸之路"的开辟，从西域引入黄瓜、蚕豆、豌豆、大蒜、芜菁、苜蓿等蔬菜，丰富了蔬菜的品种。同时，部分蔬菜品种的栽培技术也有所创新与发展，如出现了某些蔬菜的植株调整技术、移栽技术、催芽技术，以及套种栽培技术的雏形和少数为官府服务的温室栽培技术等。但是，这一时期尚未形成全面的蔬菜栽培技术体系。魏晋南北朝时期，蔬菜栽培技术得到了大力发展和积极推广。首先，蔬菜栽培品种不断增

---

① ［北魏］贾思勰：《齐民要术》卷一。
②③④⑤ 同上，卷二。

加。从《氾胜之书》《四月民令》及相关考古发掘看，汉代的蔬菜大约有20余种。据《齐民要术》记载，北魏时蔬菜达30多种。其中较为重要的有：叶菜类的葵（冬寒菜）、菘（白菜）、蜀芥、芸（油菜），苜蓿；瓜类的冬瓜，胡瓜；块根块茎类的芋、芜菁、芦菔（萝卜）；调味的葱、蒜、韭、兰香、姜、胡荽（香菜）；此外，还有茄子、藕等。其次，蔬菜栽培技术日趋成熟，《齐民要术》中记载的30多种蔬菜具体栽培方法，是在继承汉代以来蔬菜栽培技术的基础上，形成了一整套蔬菜栽培科学技术体系。囊括了蔬菜栽培的择地、作畦、选种、播种、管理、加工等环节。

（一）择地、作畦

北朝时期，人们已清楚地认识到，栽培蔬菜首先要选择土地。这不仅需要对所选土地的土壤特性有充分的认识，还要知道不同蔬菜对土壤的适应性有差异。对此，《齐民要术》作了具体的阐述。如种葵，"地不厌良，故墟弥善，薄即粪之，不宜妄种"①。即需要用肥沃的熟地种葵。种"蒜，宜良软地。白软地，蒜甜美而科大；黑软次之；刚强之地，辛辣而瘦小也"②。即种蒜不仅讲究选择"良软地"，而且在不同土质中种植，同一品种蒜的品质也会产生差异。种苜蓿"地宜良熟"③，种"胡荽宜黑软青沙良地"④，种"姜宜白沙地"⑤，等等。选择好种菜的地后，就要整地。菜地要多耕、熟耕，以及耕、耙、耢相结合。《齐民要术·种葵》曰⑥："冬种葵法，九月收菜后即耕，至十月半令得三遍，每耕即耢，以铁齿耙耧去陈根，使地极熟"。可见耕作之细。有时还要作些特殊的保墒处理，如种葵，"正月地释，驱羊踏破地皮。不踏即枯涸，皮破即膏润"⑦。这是利用羊群踩踏，及时切断土壤毛细管，起到有效的保墒作用。

菜地整理好，然后作菜畦，一般实行小畦种植。这是我国很早就采用的蔬菜种植技术。《史记·货殖列传》有"千畦姜韭"的记载，《汉书·食货志》也载有"菜茹有畦"。作畦技术主要是解决均匀浇灌及节水保墒等问题。北朝时期，继承和发展了这项技术。《齐民要术·种葵》曰⑧："葵，春必畦种，

①②③④⑤⑥⑦⑧ ［北魏］贾思勰：《齐民要术》卷三。

水浇。春多风旱，非畦不得。且畦者省地而菜多，一畦供一口。畦长二步，广一步，大则水难均。"另外，对于韭菜类蔬菜，其分蘖的新鳞茎长在老的鳞茎上，俗称跳根，此类蔬菜在作畦时还要求"畦欲极深"①。

择地、作畦体现了因地、因菜制宜的原则。在当时的技术条件下，这对蔬菜生产有重要影响。

（二）选种、播种

北朝时期，主要通过直接播种或移植由播种育成的菜苗来种植蔬菜。无论哪种方式，一般都要经过选种、催芽、播种等步骤。

选种是种植蔬菜的重要环节。不同种类的蔬菜，其选种方式也有所不同。如通过加热浸种的方法来检验韭菜种子质量。《齐民要术·种韭》曰②："若上市买韭子，宜试之：以铜铛盛水，于火上微煮韭子，须臾芽生者好。"这是通过煮种验种，速测韭菜种子发芽率的方法，这项技术是中国传统科技独一无二的发明。有的蔬菜种子还要经过特殊处理，如低温处理。我国在西汉或稍早就有了低温处理麦种的经验，北朝时期，又推广到了多种蔬菜的种植上。如选瓜种③，冬天把数枚瓜子放于热牛粪中，利用其温热和湿度使种子萌动，冷却后瓜子便冻在其中，置于阴处，经一冬自然低温处理，春日解冻播下后，长得格外茂盛，且成熟较早，"亦胜凡瓜远矣"。

有的蔬菜种子发芽较难，在播种前需要催芽，其目的是促进蔬菜种子尽快发芽，赶上种植时令。当时，催芽最常用方法是浸种催芽，"凡种菜，子难生者，皆水沃令芽生，无不即生矣"④。有的种子皮厚，则需用特殊方法催芽。如种莲子，由于莲子皮厚，就用"磨壳法"催芽。《齐民要术·养鱼》记载⑤："收莲子坚黑者，于瓦上磨莲子头，令皮薄……皮薄易生，少时即出。其不磨者，皮既坚厚，仓卒不能生也。"

是时，蔬菜播种和谷物播种类似，基本有撒播、条播和点播三种方式。《齐民要术》中对不同种类蔬菜的具体播种方式、时间及注意事项都作了详尽的说明，这里仅述当时一些蔬菜特殊播种技术，其巧妙令人叹服。《齐民

①②③④〔北魏〕贾思勰：《齐民要术》卷三。
⑤ 同上，卷六。

要术·种葱》曰[1]："炒谷拌和之。葱子性涩，不以谷和，下不均调。不炒谷，则草秽生。"即使用炒过的谷子与葱子拌和播种，此法至今仍在使用。这种方法对因种子粒度太小，播种时稀稠不易控制的蔬菜十分有效。对于一些顶土力较弱，影响幼苗出土的作物，则采用助苗出土的办法。如甜瓜，《齐民要术·种瓜》曰[2]："纳瓜子四枚，大豆三个，于堆旁向阳中。瓜生数叶，掐去豆。"原因是"瓜性弱，苗不能独生，故须大豆为之起土"。因此，完成任务之后，就应该将豆苗去掉，因为"瓜生不去豆，则豆反扇瓜，不得滋茂"。去掉的办法最好是掐，而不能拔，掐断豆苗可以利用断口上流出的液汁（即伤流液）为附近的瓜苗提供水分和营养，即"但豆断汁出，更成良润"。故要"勿拔之，拔之，则土虚燥也"。

北朝时期，已掌握了部分蔬菜的无性繁殖技术，即由母体蔬菜的一部分直接产生子代的种植方式。《齐民要术·养鱼》记载种藕法[3]："春初掘藕根节，头着鱼池泥中种之，当年即有莲花。"这是利用地下根茎进行的无性繁殖。部分叶菜类还可以用扦插的方式进行无性繁殖。如《种兰香》篇载有"掐心著泥中，亦活"[4]。

另外，为了提高的土地的利用率，当时蔬菜的种植多采用复种、间种或套种。因为一部分蔬菜生长期较短，一年之内种、收次数较多，如葵，"一岁之中，凡得三辈"[5]；韭菜"一岁之中，不过五剪"[6]。可见，其复种程度较高。《种葱》篇云[7]："葱中亦种胡荽，寻手供食，乃至孟冬为菹，亦无妨。"这是蔬菜间作之例。套种很可能还在大田作物中进行。《齐民要术》卷首《杂说》篇谈到了城郊五亩地的一个经营实例。其中，种植了葱、瓜、萝卜、葵、莴苣、蔓菁、芹、白豆、小豆、茄子等十种作物，二、四、六、七、八月都有种植，可知经营之复杂。显然，不同的蔬菜间使用了间种和套种。

（三）蔬菜生长管理

在蔬菜生长过程中，需要中耕、除草、施肥、浇水，这些操作对各类

---

① ④ ⑤ ⑥ ⑦ ［北魏］贾思勰：《齐民要术》卷三。
② 同上，卷二。
③ 同上，卷一。

蔬菜而言，大同小异。这里仅述两例根据蔬菜的特点，而采取的特殊管理方法。其一，种甜瓜。甜瓜有在侧蔓上结果的特殊遗传习性，当时瓜农在生产中就采用了高留前茬、多发侧蔓多结瓜的特殊种瓜法。《种瓜》篇云 [①]："瓜引蔓，皆沿茬（前茬）上，茬多则瓜多，茬少则瓜少。茬多则蔓广，蔓广则歧多，歧多则饶子。"并进一步论述了多发侧蔓的原因，"其瓜会是歧头而生；无歧而花者，皆是浪花，终无瓜矣"。甜瓜只在侧蔓上结果，所以要留高茬，保证发侧蔓，多结瓜。当今在甜瓜栽培中采用搭架种瓜，其原理是相同的。其二，种葱。葱在中耕的时，需要按一定的方法剪掉边叶。对此，《种葱》篇云 [②]："七月纳种，至四月始锄。锄遍乃剪。剪与地平。高留则无叶，深剪则伤根。剪欲旦起，避热时。良地三剪，薄地再剪，八月止。不剪则不茂，剪过则根跳。若八月不止，则葱无袍而损白。"这些蔬菜生产管理方法也体现了北朝蔬菜生产管理水平的提高。

关于蔬菜的加工，将在第九章中详述。

概言之，我国古代蔬菜栽培虽然起源很早，但把它当成一门科学，从播种到收获，对每种蔬菜皆逐一地进行研究，始见于《齐民要术》。

第五节 北朝林业技术

《齐民要术》一书中，第四卷和第五卷占全书篇幅的 1/4 左右，比较系统地记载了北魏时期的林业技术。

一、北朝林业的发展及管理

在甲骨卜辞中已经出现了"小丘臣"的记载，这是商代管理山林的官吏称谓。《周礼·地官》记载，西周春秋时期，林业管理的最高机构是地官府，其主官称大司徒卿，副职佐官是小司徒中大夫。地官府下属直接管理林业的职官有山虞、林衡等。其中，山虞掌管有关山林的政令，林衡掌管巡视平地

---

①② ［北魏］贾思勰：《齐民要术》卷三。

和山脚的林木，执行有关林业的禁令。秦汉魏晋时期，均设置管理林业的机构和职官，并颁布了各种林业管理和保护的法规。

北朝期间，林业发达，树木分布广泛，有森林区、农耕区、居住区和园林。其中，森林主要分布在太行山、吕梁山、秦岭、陇山、阴山等山脉及其附近地区，面积广大、质地优良，是北朝时期林木最主要的组成部分。山林的所有权为国家掌控。农耕区的树木主要是均田中的桑田，以及桑田之外山涧、河谷、"下田"等地栽植的树木。北魏均田令中规定：不分胡汉，男子年十五以上受露田四十亩、桑田二十亩，妇女二十亩。露田，亦称正田，北魏均田令中所受土地的名称。不栽树者，谓之露田。露田属国家所有，不得买卖，身死或年满七十者归还官府。北齐时，露田更名为口分田。桑田则永为个人所有，不须归官府。桑田在一定条件下可以买卖。桑田须种桑五十株、枣五株、榆三株。北齐时，桑田更名为永业田。桑田制度的实行，推动了农耕区树木栽植。是时，居住区内也不乏树木的栽植，主要分布在庭院内外、道路两侧。另外，当时的皇家林园、私家林园、寺院林园也栽植相当数量的树木。以上这些都是北朝林业不可或缺的组成部分。

北朝各代政权都非常重视林业的管理。首先，设置管理林业的机构和职官。北魏前期，设置专门管理林业的机构——虞曹，其主官为尚书。孝文帝太和年间改革官制，对尚书诸曹也进行了调整，设吏部、殿中、七兵、仪曹、都官、度支六尚书，分辖三十六曹。仪曹尚书辖仪曹、祠部、左主客、右主客、虞曹、屯田、起部等七曹郎。至此，虞曹尚书变为虞曹郎中，归仪曹尚书管辖。东魏、北齐时期，中央机构管理林业的职官仍为虞曹郎中，官秩正六品。下设虞曹掌固、虞曹主事，官秩正八品。西魏初期，沿袭北魏官制。西魏恭帝三年（556），依《周礼》，进行了官制改革，实际上在北周时才开始施行。管理林业的机构改虞曹为虞部，属地官府管辖。虞部主官为虞部下大夫，正四命；副职佐官为小虞部等上士，正三命。职责是掌山泽、草木、苑囿、薪炭、供顿等事务。属官有：山虞中士、下士，掌山林之政令；泽虞中士、下士，掌国泽之政令；林衡中士、下士，掌巡林麓之禁令；川衡中士、下士，掌巡川泽之禁令；掌炭中士、下士，掌灰物炭物之政令；掌囿中士、下士，掌管国家园林；等等。北朝期间，地方机构未设专管林业的职官。但是，劝课农桑是各级州郡的主要职责，而栽植经济林木又是劝课农桑的重要内容。因此，州郡的各级官员，如刺史、太守、长史等也就成为地方兼职管理林业的职官。这样，就形成一个自上而下的强有力的林业管理系统，有助于各项林业法令的贯彻和实施。其次，多次颁布关于林业方面的诏令。主要在三方面："弛禁山泽"诏令；森林保护，包括：严禁伐木、山林防火、节约用材、禁捕野生动物等诏令；植树造林，包括：均田、劝课农桑、栽植路旁树木、庆功林木等诏令。这些诏令的颁布，促进了林业的发展。

二、林木栽种的方式

林木的栽种（繁殖）分为有性繁殖和无性繁殖。有性繁殖，是指通过直接播种种子或移植由种子育成的实生苗而培育后代林木的方式；无性繁殖，是指由母体林木的一部分直接产生子代林木的方式。林木栽种采用何种方式，依其习性而定。据《齐民要术》记载，北朝时期这些繁殖方法均已采用。

（一）有性繁殖

北朝期间，人们已经知道不少林木可以直接播种造林，也知道有些果树必须直接播种。如"栗，种而不栽。栽者虽生，寻死矣"[1]。即采用有性繁殖的方式。有性繁殖的缺点之一是繁殖速度较慢，因而一般生长周期较短的果树，往往选择有性繁殖。如"桃性早实，三岁便结子，故不求栽也"[2]。即桃采用有性繁殖。

直接播种的有性繁殖过程，一般需要选种、催芽、播种等步骤。选种是林木繁殖的重要环节。选种时必须坚持"好"与"熟"两个原则。好，指优良品种，它继承上代的遗传基因，能够确保子代的质量。如枣种，需选"好味者，留栽之"[3]。熟，指采种的时机，既不可"采青"，亦不可"采晚"，适

---

① ② ③ ［北魏］贾思勰：《齐民要术》卷四。

时采收的"熟种"是提高繁殖成活率的基本保障。《齐民要术·种槐柳楸梓梧柞》曰[1]:"槐子熟时,多收。擘取。数曝勿令虫生","梓角熟时,摘取曝干,打取子","柞子熟时,多收,以水淘汰令净,曝干"。

为了促进树种的发芽率,有的树种需要催芽。在催芽过程中,水分、温度和空气三个条件必不可少。如槐树种子催芽:"以水浸之,如浸麻子法也。六七日,当芽生。好雨种麻时,和麻子撒之。"[2]这一催芽方法与今日的树木种子催芽法大体上相同。对于坚果类与核果类果种,一般自脱离母体需要经过后熟,胚芽才能成熟,也才易发芽,因此需要对这类种子进行人工处理。如栗种,"栗初熟,出壳,即于屋里,埋著湿土中……至春二月,悉芽生,出而种之"[3]。通过将种子置于湿土中,满足了种子对低温和湿度的要求,从而顺利完成后熟,同时软化了硬壳,也促进了种子的发芽。

林木播种的基本方式有撒播、条播和点播,采用哪种方式,因地因树而异。有的树种直接播在按"适地适树"原则选择的造林地上,播种前需要"细致整地"。北朝时期,人们已经对不同的树种采用了不同的整地方法。例如:种榆树,要先耕地作垄;种楮,要耕地和耧耩;种箕柳,要趁地干无水时,熟耕数遍等。细致整地有利于蓄水保墒,提高土温,促进土壤微生物活动和土壤中养料的分解,还能消灭杂草和病虫害,有利于幼树的成活和生长。多数树种播在苗圃里,培育成健壮的苗木后,再移栽到造林地。在苗圃播种前要耕地、治畦(即作苗床)、作垄。治畦也是为了蓄水,有的树种喜湿,则畦种。《齐民要术·种椒》记载[4]:椒"四月初,畦种之。治畦下水,如种葵法。方三寸一子,筛土覆之,令厚寸许;复筛熟粪,以盖土上。旱辄浇之,常令润泽。"治畦下水,即作苗床后浇底水,然后播种。椒播后覆土,再覆一层腐熟的粪,覆盖种子。这样,既有水分,又有肥料,而且表土不会板结,有利于幼苗出土和生长。

对于果树而言,播种则分为净子播种与合肉播种。净子播种就是种子播种,如枣、栗。合肉播种就是连同果实一起播种,如桃种,需"熟时合肉全

---

① ② [北魏]贾思勰:《齐民要术》卷五。
③ ④ 同上,卷四。

埋粪地中"①。至于播种的具体方法和一般树木相同。

（二）无性繁殖

无性繁殖是树木最普遍的繁殖方式。北朝期间，已有扦插、压条、分株、嫁接等方式。

扦插法，又称插条法、埋条法。其方法是，斫取树木的根、茎、枝等，将其插入土、沙或水中，使之生根，并发展成为独立的新植株。如青杨宜插条繁殖，"从五月初，尽七月末，每天雨时，即触雨折取春生少枝、长一尺以上者，插著垅中，二尺一根。数日即生"②。箕柳（即杞柳），宜埋条法繁殖。"刈取箕柳，三寸栽之，漫散，即劳。劳讫，引水停之。"

《齐民要术·种桑柘》篇中记载了压条法："正月、二月中，以钩戈压下枝，令着地，条叶生高数寸，仍以燥土壅之，土湿则烂。明年正月中，截取而种之。"压条法能保持母本特性，有的果树在扦插不易成活的情况下，可以采用压条方法。

分株法，又称分根法、泄根法。对于根系发达的树种，或不易结籽、不易成熟的树种，当时常用分株法进行育苗。其法是：在大树下掘坑，掘伤离地面较近的侧根，使其发生不定芽的枝条，作为插条，用来移植。《齐民要术·柰林檎》记载③：柰（苹果）、林檎（即花红，又称沙果）若直接播种，则果实味劣，故用压条法繁殖。也可用分株法："于树旁数尺许掘坑，泄其根头，则生栽矣"。即等到掘坑中裸露树根的根端生出芽来，便可以繁殖。

嫁接法多用于果树的繁殖。用嫁接法繁殖果树苗，既能保持接穗品种的优良性状，又能利用砧木的有利特性。我国古代的嫁接技术在汉代就达到了较高水平，北朝时又有了进一步提高。并由同属果木（梨和棠、杜）相接，发展到了不同科的果木（梨和桑、枣、石榴）相接。嫁接的目的已由单纯提高产量发展到了提早结实和改善产品质量上。《齐民要术·插梨》中称嫁接

①③［北魏］贾思勰：《齐民要术》卷四。
② 同上，卷五。

为"插"，并详细地介绍了梨树的嫁接技术 ①。嫁接的时间：最好时期是在梨叶开始萌动之时，最迟不能超过梨树开花；砧木的选择：用棠梨作砧，梨结得大果品好，杜梨次之，桑树砧最差；接穗的选择：从优良梨树的阳面取长五六寸的枝条为接穗，若取背阴的枝条，结果就少；嫁接的方法：杜树如手臂大时，就可以嫁接。大的杜树砧可插五枝接穗，小的可插二三枝。具体接法是 ②：

先作麻纫，缠十许匝，以锯截杜，令去地五六寸。不缠恐插时皮披。留杜高者，梨枝叶茂，遇大风则披。其高留杜者，梨树早成，然宜高作蒿篱盛杜，以土筑之，令没。风时，以笼盛梨，则免披耳，斜攕竹为签，刺皮木之际，令深一寸许。折其美梨枝阳中者，阴中枝，则实少。长五六寸，亦斜攕之，令过心，大小长短与签等。以刀微劚梨枝，斜攕之际剥去黑皮，勿令伤青皮，青皮伤即死。拔出竹签，即插梨，令至劚处。木边向木，皮还近皮。插讫，以绵幂杜头，封熟泥于上，以土培覆，令梨枝仅得出头，以土壅四畔，当梨上沃水。水尽，以土覆之，勿令坚涸，百不失一。梨枝甚脆，培土时宜慎之，勿使掌拨，掌拨则折。

这里叙述的嫁接方法，即当今的"插接"，乃是世界上最早、最完整文献记载。它解决了几乎当今嫁接成活的主要因子。从嫁接的时间和部位、砧木和接穗的选择、嫁接要领及嫁接后的管理等方面都交代得十分清楚。尤其令人惊奇的是，指出了嫁接成活中最关键的砧木与接穗形成层密接问题，"木还向木，皮还近皮"。并特别指出，不能伤及形成层——青皮，否则就嫁接无效而死亡。

（三）树木的移栽

北朝时期，栽种树木多是先在苗圃培育成健壮的苗木，然后再移栽到需

①② ［北魏］贾思勰：《齐民要术》卷四。

要栽种的地区。据《齐民要术》记载，当时已掌握了树木移栽的一些注意事项。

其一，要选择恰当的定植地区，做到"适地适树"。例如枣树耐旱、耐瘠，所以"其阜劳之地，不任耕稼者，历落种枣，则任矣。枣性炒故"[①]。即土堆旁的小坡上，不能耕种庄稼的地，可以零星种枣树。而楮树对土壤生态条件的要求较高，则选"宜涧谷间种之，地欲极良"[②]，即需将其移栽到较为肥沃的"涧谷"。

其二，准确把握移栽时机。《齐民要术》将移栽时机分为上、中、下三时，"凡栽树，正月为上时，二月为中时，三月为下时"[③]，因此，正月植槐、梓；二月植榆、楮；正月、二月插白杨、插柳条、植竹等等。同时，又对各种树木的移栽时间分别加以具体说明。例如：枣"候枣叶始生而移之"[④]；桃"至春既生，移栽实地"[⑤]等。树木移栽时间大多集中在冬末春初之际，此时，黄河中下游地区的树木尚处于休眠之中，生理代谢活动很弱，因而对环境的变化并不敏感，这样就大大提高了苗木移栽的成功率。

其三，注意苗木适宜的定植密度。《齐民要术》中概括了当时"依树而异"的做法。例如播榆"五寸一荚"；插白杨"二尺一株"；栽楸、梓"方两步一树"；种枣"三步一树，行欲相当"等。因为定植密度过低，浪费土地；定植密度过高，苗木受到遮光、同化量降低，造成发育不良现象。因此，合理密植是确保树木移栽成功的重要条件。

其四，确定正确的移栽方法。《齐民要术·栽树》曰[⑥]：

凡栽一切树木，欲记其阴阳，不令转易。阴阳易位则难生。小小栽者不烦记也。大树髡之。不髡，风摇则死，小则不髡。先为深坑，内树讫，以水沃之，著土令如薄泥，东西南北摇之良久，摇则泥入根间，无不活者；不摇，根虚多死。其小树，则不须尔。然后下土坚筑。近上三寸不筑，取其柔润也。时时溉灌，常令润泽。每浇水尽，即以燥土覆

---

① ③ ④ ⑤ ⑥ ［北魏］贾思勰：《齐民要术》卷四。
② 同上，卷五。

之，覆则保泽，不覆则干涸。埋之欲深，勿令挠动。凡栽树讫，皆不用手捉，及六畜觚突。

这一文献对移栽树木的方法作了详尽地阐述。其要点是：一是"记其阴阳"。即苗木在移栽前后，其向阳面与背阴面保持不变，有利于苗木的成活。二是"大树髡之"。髡，剪除树枝叶。对于将要实施移栽的苗木，需要剪除其部分枝叶。这样做既可减少水分的蒸腾，降低树木的呼吸作用，有利于维持树木自身水分和营养的平衡，又可预防新移栽的大树遭受狂风的袭击，从而动摇根基。三是"泥入根间"。就是使树的根系密触土壤，能很快吸收到水分以促进成活。四是"常令润泽"。就是保墒，确保苗木定植地保持润泽，为树木生长提供足够水分。另外，移植后切忌触动等，都是很有科学道理的。

三、林木生长管理

北朝时期，人们已经悉知，苗木的生长需要诸多细致的抚育管理工作。

（一）林地的除草、灌溉

杂草要与树苗争夺土壤中的水分、肥料，因此造林地要即时除草。例如种柘，"草生拔却，勿令荒没"[①]；种柞，地要"薅治，常令净洁"[②]。另外，杂草使树苗间通风透光条件不良，导致病虫害的传播。因此，除草也是林木预防病虫害的有效手段。"荒秽则虫生，所以须净。"[③] 有些树种的造林地要灌溉，如植柳地要"足水以浇之"[④]。但要注意，树木有喜水与畏水之别，如种青桐，"生后数浇令润泽。此木宜湿故也"[⑤]。种竹则"不用水浇，浇则淹死"[⑥]。

（二）树木的剥治

剥治，就是对树木修剪枝条、去蘖、去蔓，它是树体通风透光，生长旺盛的一项技术措施。早在汉代人们已经认识到，剥树的时间以在树液开

---

① ［北魏］贾思勰：《齐民要术》卷六。
②④⑤⑥ 同上，卷五。
③ 同上，卷四。

始流动前为宜。《齐民要术》记载了不少树木的剥治时间。如"剥桑,十二月为上时,正月次之,二月为下"①。剥治也要注意方法,"剥者,宜留二寸",即剪枝后仍然留下二寸长的枝根。如不留枝根,树皮伤口过大,则易受病虫害侵袭,冷天也容易引起冻伤。《齐民要术》中称之为"剥必留距"。

(三)果树的抚育

北朝时期,果树的抚育主要有嫁树、疏花、纵伤、平茬等技术。嫁树、疏花重在增产,纵伤、平茬重在果树延寿。

嫁树,就是敲打树干。这是促使果树开花结果,提高坐果率的一项技术。如嫁枣,"正月一日日出时,反斧斑驳椎之,名曰嫁枣。不椎,则花而无实"②。嫁树的目的在于控制果树营养成分的分配。敲打树干可使果树的韧皮部受到一定程度的损伤,从而阻止上部营养物质向根部输送,将更多的营养分配到结果枝,促进开花结果,提高坐果率。

疏花,即人为除去过多的花。《齐民要术·种枣》曰③:"候大蚕入簇,以杖击其枝间,振去狂花。不打,花繁,不实不成。"这是目前所见我国关于人工疏花的最早记载。枣花过多,养分供不应求,不仅影响果实的正常发育,还会削弱树势,使其易受冻害和病虫害的侵袭,因此人为除去过多的花,对确保坐果、增大果形有一定的作用。

纵伤,就是纵向切剖树木。《齐民要术·种桃》记载④,桃树的韧皮部太紧,对树干内部的输导组织产生束缚作用,使桃树"七八年便老,老则子细。十年则死"。通过纵向切剖,将树皮的横向组织割断,减少韧皮层对树干径向生长的束缚力,以增强树木机体吸收能力,有利于延长桃树的寿命。此即是当今"纵伤"技术的缘起。

平茬,就是从树干根际将其截断,为当时桃树延寿的常见手段之一。"候其子细,便附土斫去,蘖上生者,复为少桃"⑤。桃树分阶段生长发育,且这种阶段上下不可逆转,虽然树上衰老,但根茎还是幼龄。因此,从树干根际

---

① [北魏]贾思勰:《齐民要术》卷五。
②③④⑤ 同上,卷四。

将其截断，使之发出萌蘖，便又成为幼龄期的桃树，这样就使桃树的生命得到延续，减缓了桃树的衰老速度。

（四）果树自然灾害的预防

寒冻、病虫害是最常见的自然灾害，会给果树生长带来许多不利影响。《齐民要术》中记载了当时人们预防寒冻、病虫害的有效措施。

预防寒冻的主要方法有熏烟法、裹草法、埋地法等。果树开花时对低温极为敏感，最怕春季晚霜为害。"凡五果（指枣、桃、李、杏、栗），花盛时遭霜，则无子。"① 对此，常采用熏烟法②："常预于园中，往往贮恶草生粪，天雨新晴，北风寒切，是夜必霜，此时放火作煴，少得烟气，则免于霜矣。"霜冻前夜天气晴朗无云，地面辐射将热量传递给高层大气，而大气逆辐射较弱，因此传给地面的热量不够，从而导致地面温度大幅降低。此时，于园中放火，使其放出大量烟雾，可以吸收地面长波辐射，并向地而辐射热量，进而减少地面热量的净支出量。此外，燃烧还可以局部加热近地面空气，有提高果园气温的作用，能起到防霜的良好效果。北方冬天严寒，果树越冬需要防冻，常采用裹草法③。如栗苗，"三年内，每到十月，常须草裹，至二月乃解，不裹则冻死"。这是由于初生 1—3 年的栗苗，枝条嫩弱，树皮的韧皮部还未木栓化，因而无力经受冬季严寒，需要用草包裹进行保温，以确保安全越冬。有时也采用埋地法④，如葡萄，"性不耐寒，不埋即死"。埋法是："十月中，去根一步许，掘作坑，收卷葡萄悉埋之。近枝茎薄安黍穰弥佳。无穰，直安土亦得。不宜湿，湿而水冻。二月中还出，舒而上架。"详细说明了葡萄埋藏越冬的方法和注意事项，这一方法至今仍被采用。

预防病虫害除上文所述方法外，当时还有火燎法。《齐民要术·种枣》曰："凡五果及桑，正月一日鸡鸣时，把火遍照其下，则无虫灾。"此即当今火光诱杀法之肇始，以火光刺激害虫的视觉神经，利用其强烈的趋光性，达到良好的诱杀效果。

<hr>

①②③④ ［北魏］贾思勰：《齐民要术》卷四。

（五）树木的采伐

树木的采伐要注意树龄、伐木时间和伐木方法。《齐民要术·伐木》中主张树木达到"合用"的树龄即可采伐[①]。即现在所说的树木达到"工艺成熟龄"。例如白杨树，作蚕槁（蚕箔阁架上的横木），三年采伐；作屋椽，五年采伐；作栋梁，十年采伐。竹类，一年就能作器物，即可采伐，不满一年的竹"软长成也"。至于伐木时间，同篇引录了《礼记》《孟子》《淮南子》《四民月令》等古籍关于秋、冬伐木的记述。一般地说，秋、冬是宜于伐木的季节。这时树液已停止流动，树内已积累较多养分，因此所伐木材较坚韧，对病虫的抵抗力也较强，而且树木种子已成熟，枝干已充分木质化而萌芽力较强。此时伐木，有利于天然下种更新和萌芽更新。而伐木的具体时间则依树木的特性而定[②]："凡伐木，四月、七月，则不虫而坚韧。榆荚下，桑椹落，亦其时也。然则凡木有子实者，候其子实将熟，皆其时也。"为了快速恢复林地，当时还出现了周而复始的"轮伐法"。如白杨，每年种30亩，连种三年，共90亩。然后每年伐30亩。三年一轮回，"周而复始，永世无穷"。这一方法，至今沿用。

四、林木副产品的利用

北朝期间，为获取最大林业经济效益，除木材、果品等产品外，人们对林木的副产品叶、花、芽、皮、枝、根等均有利用。

根据不同的特点，树叶可分为食用、养殖和染料三种。例如花椒叶用作调料："其叶及青摘取，可以为菹，干而末之，亦足充事。"[③]菹，酸菜、腌菜，通常以盐渍之。这里指盐渍椒叶，阴干以后研磨成粉末，作为调料。这是花椒叶用作调料的最早记录。柘叶用于养蚕："柘叶饲蚕，丝好，作琴瑟等弦，清鸣响彻，胜于凡丝远矣。"[④]这条资料表明，早在1500年前人们就利用柘叶养蚕，并取其丝以为上等琴弦。棠叶用为染料："八月初，天晴时，

① ② ［北魏］贾思勰：《齐民要术》卷五。
③ 同上，卷四。
④ 同上，卷六。

摘叶薄布，晒令干，可以染绛。"①绛，即红色，我国古代很早就利用许多树叶作为染料，在此可窥一斑。

树枝主要用于薪柴、生产工具、生活器具等方面。例如柳树枝可作薪柴。《齐民要术·种槐柳楸梓梧柞》记载②，种柳树，除了椽材外，"百树得柴一载"，一载可以有33束，大约是一辆小车的载重。同篇《陶朱公术》曰："种柳千树则足柴。十年之后，髡一树，得一载，岁髡二百树，五年一周。"柘枝用于制作生产工具、生活器具。《齐民要术·种桑柘》篇记载③："欲作鞍桥者，生枝长三尺许，以绳系（柘）旁枝，木橛钉著地中，令曲如桥。十年之后，便是浑成柘桥。"这种作马鞍的方法可称为"曲枝法"。同篇还记载，柘枝还被用作马鞭、弓、锥、刀把等生产工具。另外，如楸树、白梧桐等树枝适用于制造乐器。柞树、梧桐、楸树、梓树、柳树、槐树等适用于制家具。

树皮常作薪柴或建筑材料，有的则用于造纸。《齐民要术·种榖楮》引《说文》曰④："榖者，楮也"。又云："其皮可以为纸者也。"利用楮树皮作为造纸原料，为东汉蔡伦发明，但当时尚没有普及推广。魏晋以降，随着树皮造纸技术改良与推广，种楮之家大增，到北魏时期，政府更加重视林业生产，树农大获其利。

树芽有的可当食品，如竹笋。它是着生于竹鞭破土而出的芽，因其富含营养，香美可人，自古成为中国百姓的一道野菜佳肴。北朝时期，人们用竹笋为原料，做出多种食品。例如《齐民要术·种竹》曰⑤："二月，食淡竹笋，四月、五月，食苦竹笋。蒸、煮、炰、酢，任人所好。"同篇还引《诗义疏》《食经》有关内容，讲述了竹笋的不同吃法。

树花有的亦可食，在《齐民要术》中唯见榆类。《齐民要术·种榆白杨》曰⑥："梜榆、荚叶叶苦；凡榆，荚叶甘。甘者，春时将煮卖。"可知当时有些贫困的树农在春季自己吃味苦的梜榆花，而把味甜的凡榆花煮熟卖掉，以维持生计。

---

①②④⑤⑥　[北魏]贾思勰：《齐民要术》卷五。
③　同上，卷六。

概言之，北朝时对树木的副产品的利用，涉及食用、养殖、染料、薪柴、生产工具、生活器具、造纸等诸多领域，体现了物尽其用思想。《齐民要术》中还采用了大量实证性的计算方法，小到一个锥把，大到一架木车，论证了林副产品的利用价值，充满了商品意识，从一个侧面反映了当时林副产品交换市场之发达。

第六节　北朝畜牧业技术

《齐民要术》第六卷专讲畜牧，内容涉及马、羊、牛、猪、鸡等家畜家禽的选种繁育、饲养管理、疾病防治、畜产品加工等诸多方面的技术，反映了北朝畜牧、兽医技术的水平，对后世的畜牧业影响很大。

一、北朝畜牧业的发展及管理

北魏立国之初，在不断的对外战争中掠夺了大量牲畜。例如天兴二年（399）二月，道武帝破高车，获马 35 余万匹、牛羊 160 余万头 [1]。这些牲畜除用于北魏王朝兴建牧场外，还大量地赐予功臣、贵族和官吏，刺激和促进了王朝和私人畜牧业的发展。北魏前期，畜牧经济占有重要地位。为了更好地管理，将此事移交尚书省管理，设置驾部掌管全国的畜牧业 [2]。驾部设有驾部尚书令、驾部给事中、驾部郎中、驾部校尉等职，机构齐全，位高权重。驾部的设置，与北魏前期具有浓厚的游牧经济色彩有直接关系。孝文帝太和改制，畜牧业始归太仆寺管理。太仆寺主官为太仆卿，九卿之一，秩正三品。属官有太仆少卿、太仆丞、典御都尉、奉乘郎、翼驭郎、太仆给事中、都牧少卿、牧官中郎将、典牧都尉、典牧令等。既管畜牧业，又管牧地、牧民。由于国家的重视，北魏的畜牧业生产相当繁荣，在我国畜牧业史占有显著的地位。是时，北魏王朝建立了极为重要的四大国营牧场 [3]：

---

① ［北齐］魏收：《魏书》卷一一〇。
② 同上，卷一一三。
③ 朱大渭、张泽咸：《中国封建社会经济史》，齐鲁书社 1996 年版，第 56—59 页。

代郡牧场。399年，道武帝在平城附近地区始建鹿苑（皇室和大臣狩猎之地）。明元帝泰常六年（421），又进行了扩建，"发京师六千人筑苑，起自旧苑，东包白登，周回三十余里"[①]，遂改作代郡牧场。该牧场有马35万余匹，牛羊160多万头。

漠南牧场。429年，太武帝始建漠南牧场。《魏书·高车传》曰[②]："后世祖征蠕蠕，破之而还。至漠南，闻高车东部在巳尼陂，人畜甚众，去官军千余里，将遣左仆射安原等讨之……至于巳尼陂，高车诸部望军而降者数十万落，获马牛羊亦百万余，皆徙置漠南千里之地。"《魏书·世祖纪》曰[③]："列置新民于漠南，东至濡源，西暨五原、阴山，竟三千里。"意即太武帝所建的漠南牧场，东起濡源，西至阴山，东西三千里。漠南牧场有马牛羊600余万头，由被列为"新民"的高车降者管理。漠南牧场于433年撤销。

河西牧场。439年，太武帝拓跋焘在鄂尔多斯以南地区大兴官牧，建立了规模最为庞大的河西牧场。《魏书·食货志》记载[④]："世祖之平统万，定秦陇，以河西水草善，乃以为牧地。畜产滋息，马至二百余万匹，橐驼将半之，牛羊则无数。"河西牧场大约在529年撤销。

河阳牧场。494年，孝文帝迁都洛阳以后，为满足京师洛阳军事警备的需要，命宇文福主持兴建河阳牧场，将国营畜牧经济推进到中原腹心地带。河阳牧场以汲郡为中心，东至东郡的石济，西至河内郡，南距黄河十里。《魏书·宇文福传》记载[⑤]："时仍迁洛，敕（宇文）福检行牧马之所。福规石济以西、河内以东，距黄河南北千里为牧地。事寻施行，今之马场是也。"河阳牧场有马10多万匹，每年还从代郡、河西牧场迁入大量的马牛羊等牲畜。该牧场一直存在到北魏灭亡。

从每个牧场牲畜惊人的数量可以看出北魏的畜牧业规模之大。唐代最大的国家牧场的牲畜总数，也仅为河西牧场的三分之一。可见，北魏的畜牧生

---

① ［北齐］魏收：《魏书》卷三。
② 同上，卷一〇三。
③ 同上，卷二。
④ ［东汉］班固：《汉书》卷二十四。
⑤ ［北齐］魏收：《魏书》卷四四。

产规模及水平，繁荣程度，不但超越了之前历代，就连后来以马政最为著名的唐代也难与之相比。

北魏的私营畜牧业也相当繁荣。如尔朱羽健在道武帝时受封北秀容川（今山西朔州市）方圆从事游牧。其产业不断发展，到孝文帝时期，竟达到"牛羊驼马，色别为群，谷量而已"的程度[①]。又如越豆眷，在道武帝时"以功割善无（今山西省右玉县）之西腊汙山地方百里以处之"[②]，其游牧范围也不小。明元帝泰常六年（421），制定了征收牲畜税的政策。规定："调民二十户，输戎马一匹、大牛一头"，"六部民羊满百口，输戎马一匹"[③]。以马作为征收对象，以羊的数量作为征税标准，如果没有发达的私营畜牧业是不可能的。孝文帝太和改制后，私营畜牧业继续发展。如孝明帝（515 至 528年在位）时，恒州刺史元深"私家有马千匹者，必取百匹，以此为恒"[④]。又如《齐民要术》中提到养羊生产，私人养羊的数量往往以"千口"计。这些事例表明，当时私营畜牧业在北魏的畜牧业中占有重要的地位。

北齐也很重视畜牧业的发展。从管理机构看，北齐沿袭北魏，在太仆下亦设驾部，"驾部掌车舆、牛马厩牧等事"，下设司州别驾从事史、三等上州别驾从事史、三等中州别驾从事史、三等下州别驾从事史、厩牧令等职官。门下省尚设内厩局，有马医二人。从畜牧业发展规模看，北齐沿袭北魏代郡牧场，建立恒州的代郡牧场等。但总体而言，北齐的畜牧业不及北魏发达。

西魏初，畜牧业管理机构沿袭北魏。西魏废帝三年（554），夏官府的主官为大司马卿，副职为小司马上大夫。夏官府下属设置的驾部，主马政、放牧、公车之政。其职官有[⑤]：驾部中大夫，小驾部下大夫；左厩上士、左厩中士；右厩上士、右厩中士；典牝上士、典牝中士；典牡上士、典牡中士；典驼中士、典驼下士；典羊中士、典羊下士；右厩闲长下士。这种官制实际上在北周时才开始施行。从职官的种类即可看出北周对畜牧业的重视。史籍中尚未见到北周建立大型牧场的信息，却多有北周帝王以牲畜赏赐臣下的记载。例如宇文弼"从周武帝平齐，以功拜上仪同，封武威县公，邑千五百户，赐物千五百段、奴婢百五十口、马牛羊千余头"[①]。崔弘度"从周武帝灭齐，进位上开府、邺县公，赐物三千五段，粟麦三千石、奴婢百口、杂畜千计"[②]。这些事实说明，北周时期畜牧业的发展也具有相当规模，所以才能为帝王们提供大量的牲畜以赏赐臣下。

北朝畜牧业生产的繁荣，促进了兽医技术的发展。《齐民要术》第六卷中，用了很大篇幅讲述了家畜家禽的疾病防治技术。北周则设置兽医上士、兽医中士、兽医下士等职官，足见其对兽医技术的重视。

二、养马

马在战争、交通、仪礼及耕垦曳引等方面的作用重大，很早就被称为"六畜"之首。我国古代各政权因战备需要，多大量养马，并设官管理。民间也养马以供耕驾。至北魏时期，养马业臻于极盛，畜牧业生产中，养马占据首位。当时人们在养马的实践中，特别注意相马、役养及马病的防治等三个环节。

（一）相马

我国相马术发明较早，春秋时伯乐、九方皋等相马名家辈出，并著有《相马经》。汉武帝时依大宛马铸"金马"为良马式立于长安。东汉马援著《铜马相法》，并铸立铜马模式于洛阳宫前。北朝时期，更发展到理性认识阶段，人们已初步了解到马的外部形态与内部器官的有机联系，认为外部形态是内部器官及其功能的一种反映，从而对马的外部形态提出了一整套明确而具体的要求。这与现代外形学不谋而合，且有许多独到之处。《齐民要术·养牛马驴骡》中详细记载了相马法，分两步进行。首先，剔除劣马，"凡相马之法，先除三羸、五驽，乃相其余"[③]。三羸，指大头小颈、弱脊大

---

① ［唐］魏徵、令狐德棻：《隋书》卷五十六。
② 同上，卷七十四。
③ ［北魏］贾思勰：《齐民要术》卷六。

腹、小颈大蹄的马。五驽，指大头缓耳、长颈不折、短上长下、大髂短胁、浅髋薄髀的马。其次，进行个别鉴定。既要看到一匹马的整体，又要注意重点部位。"相马从头始"，重点部位有眼、耳、鼻、唇、齿、颈、肩、脊背、腋下、腹、尾、足、蹄等，头及各重点部位都有具体相马术标准。

是时，马多用于战争，相马的目的就在于找出耐力大、能奔跑的"千里马"。《齐民要术·养牛马驴骡》中，把马一日之内所能行走的里数，与其身上某些部位的特征联系起来，以判断千里马。例如[①]：

马生堕地无毛，行千里；溺举一脚，行五百里。

马，龙颅突目，平脊大腹，髀重有肉：此三事备者，亦千里马也；上唇欲急而方，口中欲得红而有光，此马千里；

牙欲去齿一寸，则四百里；牙剑锋，则千里；

从后数其胁肋，得十者良。凡马，十一者，二百里。十二者，千里；

腹下阴前，两旁生逆毛人腹带者，行千里；

目中缕贯瞳子者，五百里。下上彻者，千里；目上白中有横筋，五百里。上下彻者，千里；

马耳欲得相近而前，坚小而厚，一寸，三百里。三寸，千里；耳欲得小而促，状如斩竹筒。耳方者，千里；如斩筒，七百里；如鸡距者，五百里。

同篇中还详细地介绍了"相马五藏法"及马"不利人"部位的鉴别方法。缪启愉先生认为[②]，《要术》所载相马内容，颇为繁琐、零乱重复既多，也间有出入，与他篇大不相同"，"怀疑其中大部分是后人插进去的"，并不能较为深刻系统地反映出当时畜牧业的技术水平。此乃一家之言，读者可自己作出判断。

---

① ［北魏］贾思勰：《齐民要术》卷六。
② 缪启愉：《齐民要术校释》，农业出版社 1998 年版。

（二）役养

相马之后，便可役养。在役养过程中，要避免"五劳"，注意饮食，"食有三刍，饮有三时"①。五劳，即筋劳、骨劳、皮劳、气劳、血劳。这是马过分使役，以及不合理的饲养所产生的过劳现象，《齐民要术·养牛马驴骡》中分别给出了应对的办法。三刍，即根据三种不同情况，给马喂精、粗不同的饲料。"一曰恶刍、一曰中刍、一曰善刍。谓饥时与恶刍，饱时与善刍，引之令食，食常饱，则无不肥"②。同时，粗饲料要加工细锉，筛去泥土，这样就不会呛着马。三时，指马饮水的三个不同的时间，"一曰朝饮，少之；二曰昼饮，则胸厌水；三曰暮，极饮之"③。胸厌水，缪启愉认为可能为"酌厌水"之误，意思是适当地给足④。

同篇还提到，马"夏汗、冬寒，皆当节饮……每饮食，令行骤则消水，小骤数百步亦佳"。意思是说饮食之后要做适当的运动。还要"十日一放，令其陆梁舒展，令马硬实也"。即让马在无羁绊的情况下自由行走，休闲舒展，也有利马的强健。另外，还介绍了"饲父马（即公马）令不斗法"和"饲征马（即战马或远行的马）令硬实法"，都是行之有效的方法。

（三）马病的防治

《周礼》最早记载了兽医，还有专疗马病的"巫马"，以及为良马保健的"趣马"等官职。《齐民要术·养牛马驴骡》中记载了大量防治马病的药方，涉及的马病有：马落驹（流产）、疫气（传染病）、喉痹（指咽喉部肿胀或麻痹）、黑汗（热射病，即重度中暑）、中热、汗凌、疥、中水、中谷、脚生附骨、被刺、疮、瘑蹄、大小便不通、马卒腹胀、眠卧欲死等十几种马病，用的药方则多达30余种。例如⑤"治马病疫气方：取獭屎，煮灌之。獭肉及肝弥良，不能得肉、肝，乃用屎耳"；"治马患喉痹欲死方：缠刀子露锋刃一寸，刺咽喉，令溃破即愈。不治，必死也"。"治马卒腹胀、眠卧欲死方：用冷水五升，盐二升，研盐令消，以灌口中，必愈"；等等。这些治疗马病的方法都是以前文献中没有的。

---

①②③⑤ ［北魏］贾思勰：《齐民要术》卷六。
④ 缪启愉：《齐民要术校释》，农业出版社1998年版。

三、养牛、驴、骡

（一）养牛

中国古代向来重视养牛，夏商时代设置牧官，周代设置"牛人"，都是管理养牛和其他畜牧生产的地方官。牛在古代的主要用途是供役用。最先，牛充当畜力运输的主力。牛车是最古老的重要陆地交通工具，有人认为尧、舜以前已发明牛车。随着农业生产中牛耕的发展，牛的利用发生了决定性的变化。牛耕始于何时，尚无定论。但在甲骨文和金文中，"犁"字皆从"牛"字，说明先秦时，牛耕已较为普遍。我国古代早期养牛的方式是放牧。甲骨文中的"牧"字即表示以手执鞭驱牛，《说文解字》把它解释为养牛人。随着牛用途的发展，放牧为主的养牛方式逐渐向舍饲（圈养）过渡，或二者结合。经过秦汉魏晋时期的实践，养牛技术到北朝时已趋于完善。

养牛也需相牛，以便存优淘劣。中国古代很早就有关于相牛术的记载。传说春秋时代齐桓公谋士宁戚著《相牛经》，但原作已失传，在《齐民要术·养牛马驴骡》中记载了其中的一些内容。相牛时，主要关注的是牛的寿命长短、行走速度、身体状况、力量大小、饲养难易、牵使难易等方面。

北朝时期，人们已经悉知养牛要点。如《齐民要术·养牛马驴骡》曰[①]："服牛乘马，量其力能；寒温饮饲，适其天性。如不肥充蕃息者，未之有也。"意思是，牛可挽犁，马供乘骑，但必须估量着它们的能力去使用；随着天气冷暖的不同，饲喂饮水，亦应适合它们的习性。如能照这样去做，还不能使它们肉满膘肥、繁育仔畜，那是绝不会有的。同篇还引用谚语说"赢牛劣马寒食下"，意即瘦牛赖马，过不了寒食节。其原因是，冬季缺乏饲料，使家畜瘦弱无力，入春后必死无疑。因此，养牛务必"充饱调适"。只有在舍饲养牛的条件下，才能做到"寒温饮饲，适其天性"，"充饱调适"。同篇还提到造牛衣、修牛舍，采用垫草，以利越冬等。可见，当时更重视舍饲养牛。

---

① ［北魏］贾思勰：《齐民要术》卷六。

是时，非常重视牛病的防治。《齐民要术·养牛马驴骡》中记载了当时防治牛病的七病十方①。七病是：疫气（传染病）、腹胀欲死、疥、肚反（反胃，呕吐）及嗽、中热、虱、病。其中，治牛疫气有三方，治牛腹胀欲死有二方，治其余五病各有一方。如"治牛疫气方：取人参一两，细切，水煮，取汁五六升，灌口中，验。又方：腊月兔头烧作灰，和水五六升灌之，亦良。又方：朱砂三指撮，油脂二合，清酒六合，暖，灌，即差"。又如"治牛疥方：煮乌豆汁，热洗五度，即差耳"；"治牛虱方：以胡麻油涂之，即愈。猪脂亦和。凡六畜虱，脂涂悉愈"；等等。七病十方基本涵盖了常见的牛病及其治疗方法。

（二）养驴、骡

《齐民要术·养牛马驴骡》曰②："驴，大都类马，不复别起条端。"意思是养驴和养马类似，不再重复论述。而马、驴杂交生骡却大有文章可做。

《史记·匈奴列传》等书记载，先秦时代，北方游牧民族便利用马驴杂交，产生杂种后代骡，并开始输入内地。秦汉以降，随着内地与西北边疆少数民族地区联系的日益加强，原产于西北地区的驴、骡大量引进到中原地区，大大地提高了内地人们对驴马杂种优势的认识，也促进了内地驴骡业的发展。

马和驴的杂交最初是在自然状态下进行的，杂交所生为骡。《齐民要术·养牛马驴骡》对于驴马的杂交有如下的叙述③：

> 骡，驴覆马生骡，则准常。以马覆驴，所生骡者，形容壮大，弥复胜马。然必选七八岁草驴（母驴），骨目（指骨盆）正大者，母长则受驹，父大则子壮。草骡（母骡）不产，产无不死。养草骡，常须防勿令杂群也。

这里指出了三点：一是马和驴杂交所产后代的杂交优势；二是要重视亲

---

①②③ ［北魏］贾思勰：《齐民要术》卷六。

本的选择，因为其直接影响到所产生的杂交后代的质量；三是指出了远缘杂交后代不育的事实，因此要防止母骡与其他畜群的混杂。这些总结不论在农学史上，还是在生物学史上，都具有重要的意义。

四、养羊

考古资料表明，在新石器时代晚期我国对羊的饲养已较为普遍。先秦时期，养羊业有了较大的发展，如殷墟甲骨文卜辞中已有"羊"字。在《诗经》中说到羊的就有 13 篇。其中著名的《诗经·小雅》"无羊"篇是一首周宣王的考牧诗，诗中生动地描绘了放牧群羊吃草、饮水、休息、走动的情景。同时对提高羊群的质量也有了新的认识。秦汉时期，养羊业兴盛。是时，还出现了一些养羊能手。如汉代河南人卜式，独自入山放牧 10 余年，养羊 1000 余头，并撰写了《养羊法》，这是我国早期的养羊专业文献，惜已佚失。魏晋南北朝时期，战争频繁，畜牧业损失很大。但是，随着北方游牧民族的多次南迁，也将大量的北方优良羊种带到黄河中下游地区，使其地养羊业得到了较快地发展。特别是北魏时期，国家强大，政局稳定，又设有专管畜牧业的机构和职官，致使北魏畜牧业兴盛繁荣。如《齐民要术·养羊》中提到养羊生产，羊的数量往往以"千口"计。"羊一千口者"，"用二万钱为羊本，必岁收千口"。想必当时在黄河中下游地区，单个家庭饲养千口羊的规模也不罕见。值得一提的是，《齐民要术》的作者贾思勰本人就曾养了 200 只羊，足见当时对养羊的重视。

（一）羊种的选择

养羊，首先要注意羊种的选择。《齐民要术·养羊》曰[①]："常留腊月、正月生羔为种者，上；十一月、二月生者，次之。"因为不是这几个月出生的羊羔"毛必焦卷，骨髓细小"。这跟季节和气候有关。确切地说，跟母羊怀胎期间的膘情、羊羔喂奶及饲草生长情况有关。八、九、十三个月里出生的羊羔，母羊虽赶上秋膘最肥的时候，但到了冬末，母乳已经枯竭，春草还

---

① ［北魏］贾思勰：《齐民要术》卷六。

未长出，因此不好。三、四两个月里出生的羊羔，此时春草虽然茂美，但羔小，还不能吃草，只能吃母乳，所以也不好。五、六、七三个月里出生的羊羔，天热，母乳也热，两热相仍，最不好。十一月至次年二月出生的羊羔，由于母羊怀孕后秋草正茂，羊羔生下后，虽青草没有了，但由于母羊膘好，可以给羊羔提供充足的母乳。待小羊断奶时，青草已长出，营养不断档，所以这个时期出生的羊羔最好。但冬月出生的羊羔也有一些不利之处，容易受到冻害，因此，"寒月生者，须燃火于其边。夜不燃火，必致冻死"。或者将羊羔放在坑中，"坑中暖，不若风寒，地热使眠，如常饱者也"。可见，当时人们已很了解生活环境对繁育优良羊种的作用。产羔以冬末早春为最合适的季节，这一原则至今仍在生产中应用。

为了掌握产羔期，除必须控制配种期以外，也要控制配偶比例，当时认为，"大率十口二牝"，即每十只羊中，有两只公羊和八只母羊较为合适。如公羊太少，母羊则难以怀孕，公羊太多，羊群则不安宁。母羊不怀孕，就会消瘦，过冬时容易死亡。

对于不宜作种而要投放市场的羊，或准备留作食用的羊，一般都要先进行阉割，《养羊》篇中称之为"剩"，即做去势术，使羊失去繁殖能力。羊的去势法十分简单，"剩法：（羊）生十余日，布裹齿脉碎之"。齿脉，即精索（脉），用布包裹精脉，以锤碎之，使其性机能消失而加速育肥。此法在华北农村沿用至今。去势对于改良牲畜品种，加速育肥，改进肉质和提高出肉率，都具有十分重要的意义。

（二）养羊的方式

《齐民要术·养羊》中记载了当时两种主要的养羊方式：放牧和圈养 [1]。

放牧，必须选择好牧羊人。牧羊人不能是急性子或小孩，必须是上了一定年纪的"大老子"，而且是"心性宛顺者"，因为他们才能做到"起居以时，调其宜适"。若是急性人或小孩，他们控制不了羊群，羊就"必有打伤之灾"，或受"狼犬之害"；或因懒惰不赶着羊群走动，羊也长不肥壮；或该

---

[1] ［北魏］贾思勰：《齐民要术》卷六。

休息而不休息，羔羊也有可能累死。

同时，要掌握好放牧的时间和方法。放牧时间要寒暖有别。一般"春夏早放，秋天晚出"，因为"春夏气暖，所以宜早；秋冬霜露，所以宜晚"。羊食霜露草，则易生病。适宜的时间是："春夏早起，与鸡俱兴；秋冬宴起，必待日光。"更须注意："夏日盛暑，须得阴凉；若日中不避热，则尘汗相渐秋冬之间，必致癣疥。七月以后，霜露气降，必须日出霜露晞解，然后放之；不尔则逢毒气，令羊口疮、腹胀也。""既至冬寒，多饶风霜，或春初雨落，青草未生时，则须饲，不宜出放。"放牧方法要注意"缓驱行，勿停息"。因为"息则不食，食不饱则瘦"，但也不宜赶快，急则跑青，羊也吃不饱，而且使尘土飞扬，又容易互相撞伤额头，发生事故。所以牧羊要慢走慢游，以使其增加采食量。

圈养，首先要建好羊圈。羊圈"必须与人居相连，开窗向圈"。要"架北墙为厂"，厂即棚舍，没有隔墙，保温性能较差，适合羊处。有隔墙便是屋，但并不适合作羊圈，因为"为屋即伤热，热则生疥癣；且屋处惯暖，冬月入田，尤不耐寒"。"圈中作台开窦，无令停水，二日一除，勿使粪秽。秽则污毛，停水则挟蹄，眠湿则腹胀也。"为了保证羊毛洁净，同时防止虎狼入侵，"圈内须并墙竖柴栅令周匝"，因为"不竖柴者，羊揩墙壁，土咸相得，毛皆成毡。又竖栅头出墙者，虎狼不敢踰也"。

同时，要准备好充足的饲料。冬寒直到春初"青草未生"以前，全靠人工饲养。如果饲料不足，越冬时会导致羊群饿死，"非直不滋息，或能灭群断种矣"。饲料当时称为"茭（青色干草）"。茭主要靠种大豆或收刈杂草来解决，"羊一千口者，三四月中，种大豆一顷杂谷，并草留之，不须锄治，八九月中，刈作青茭。若不种豆、谷者，初草实成时，收刈杂草，薄铺使干，勿令郁浥（潮湿不干）"①。为了防止羊群践踏茭草，浪费饲料，《齐民要术·养羊》中提出了作栅积茭之法："于高燥之处，竖桑、棘木作两圆栅，各五六步许。积茭着栅中，高一丈亦无嫌。任羊绕栅抽食，竟日通夜，口常

---

① ［北魏］贾思勰：《齐民要术》卷六。

不住，终冬过春，无不肥充。若不作栅，假有千车茭，掷与十口羊，亦不得饱。群羊践蹋而已，不得一茎入口"①。

另外，《齐民要术》引《家政法》记载，隔一定的时间要给羊喂盐。现代研究证明，经常给羊喂盐，可增加其适口性，满足其摄入氯化钠的需要，对促进其消化及体液流通等生理机能有重要作用。这种 2000 年前已有的经验，至今如此。

（三）羊病的防治

北朝时期，很重视羊病的防治。是时，已经认识到通过隔离以防止疾病的传染。如《齐民要术·养羊》曰②："羊有疥者，间别之。不别，相染污，或能合群致死。"当时还提出"当栏前作渎（水沟），深二尺，广四尺，往还皆跳遇者，无病；不能过者，入渎中行过，便别之"。即用"跳渎选羊法"，来检验羊的健康状况，以区别有无病羊。

《齐民要术·养羊》中还给出了治羊疥、羊脓鼻、眼不净、口颊生疮、羊挟蹄（蹄肿病）等六七种方药。如"羊脓鼻、眼不净者，皆以中水治方：以汤和盐，用杓研之极咸，涂之为佳。更待冷，接取清，以小角受一鸡子者，灌两鼻各一角，非直水差，永自去虫。五日后，必饮。以眼鼻净为候，不差，更灌，一如前法"③。又如"治羊挟蹄方：取羝羊脂，和盐煎使熟，烧铁令微赤，著脂烙之。著干地，勿令水泥入。七日自然差耳"④。

《齐民要术·养羊》所总结的北魏养羊技术，在我国养羊史上具有非常大的价值和影响。"要了解古代养羊的实际方法，应以《齐民要术》的记载为最有价值。"⑤

五、养猪

《齐民要术》中养猪单独成篇，足见当时对养猪的重视。从《齐民要术·养猪》所记的内容来看，养猪的目的主要在于提供肉食，而肉食的品质又取决于"肥"，如何使猪快速育肥，是养猪的中心内容。当时人们已经悉

①②③④ ［北魏］贾思勰：《齐民要术》卷六。
⑤ 谢成侠：《中国养牛羊史（附养鹿简史）》，农业出版社 1985 年版，第 156 页。

知，要使猪快速育肥，需要注意选种、饲养和阉割等三个环节。

（一）选种

选好优良的母猪品种，是养猪的基础。《齐民要术·养猪》曰[1]："母猪取短喙、无柔毛者良。喙长则牙多，一厢三牙以上则不烦畜，为难肥故。有柔毛者，焰治难净也"。野生状态下的猪，喙部较长，牙也锋利。经过家养驯化之后，喙部变短。因此，"短喙、无柔毛"是当时选母猪品种的一个重要标准。

（二）饲养

要使猪快速育肥，必须依猪的发育阶段和季节，采用不同的饲养方法[2]。对于初生的仔猪，"宜煮谷饲之"。为了保证仔猪在育肥过程中有足够的饲料，可采用"埋车轮为食场"，将小猪与母猪隔开。然后，将粟、豆散在小猪可以自由出入的区域，既保证小猪在得到母乳的同时，还能够得到粟、豆等辅助精饲料。是时，黄河中下游一般采用放牧和圈养相结合的方法养猪。"春夏草生，随时放牧。糟糠之属，当日别与"，即春夏天然饲料较少，猪放牧后，仍须补充一定量的糟糠一类精饲料。而秋天则要尽量利用天然饲料，"八九十，放而不饲。所有糟糠，则畜待穷冬春初。猪性甚便水生之草，杷耧水藻等令近岸，猪则食之，皆肥"[3]。

（三）阉割

要使猪快速育肥，小猪必须阉割去势。《齐民要术·养猪》指出[4]，产下的猪子，"三日便掐尾，六十日后犍"。因为"三日掐尾，则不畏风。凡犍猪死者，皆风所致耳"。犍，即阉割去势。掐尾，即是掐去尾尖，目的是减少尾子与伤口的摩擦，以减少破伤风致命的概率，可知当时去势技术已达相当高的水平。猪去势的优点在于，"犍者，骨细肉多；不犍者，骨粗肉少"。

六、禽类养殖

《齐民要术》中养鸡、养鹅鸭都单独成篇，从所载内容来看，当时养鸡

---

① ② ③ ④ ［北魏］贾思勰：《齐民要术》卷六。

鹅鸭的目的主要是为了产蛋和肉食。为此，要注意选择良种、作好笼舍和精心饲喂等三个环节。

（一）选择良种

鸡、鹅、鸭要多产蛋，首先要注意选种。因此，产蛋多的鸡种获得青睐，《齐民要术·养鸡》曰[①]："鸡种，取桑落时生者良，形小，浅毛，脚细短者是也。守窠，少声，善育雏子。"而"鹅、鸭，并一岁再伏者为种。一伏者得子少；三伏者，冬寒，雏亦多死也"[②]。再伏，指第二次孵化。这次孵化在三四月，天气转暖，青草初生，而且白昼放养时间长，苗鹅、苗鸭长得好，发育快，最适宜于留作种用。第一次孵化，蛋都是在冷天下的，天愈冷，受精率愈低，因而孵化率也不高。第三次孵化则在冷天，当然成活率低。

（二）作好笼舍

作为肉食的鸡、鹅、鸭和养猪一样也要求肥嫩，"供厨者，子鹅百日以外，子鸭六七十日，佳。过此肉硬"[③]。同时，要防止鸟、鸱、狐狸等动物，以及风雨寒热的危害，需要作好笼舍。《齐民要术·养鸡》曰[④]："鸡栖，宜据地为笼，笼内着栈，虽鸣声不朗，而安稳易肥，又免狐狸之患。"还可以"别筑墙匡，开小门，作小厂（笼舍），令鸡避雨日"。或"荆藩为栖，去地一尺，数扫去屎。凿墙为窠，亦去地一尺，唯冬天着草"。荆藩为栖，指在小厂下沿墙边编荆条作矮篱状，离地一尺高，使鸡栖息其上。由于"凿墙为窠，亦去地一尺"，故正好在"荆栖"的上面挖墙窠。可谓结构巧妙。对于鹅、鸭，则"欲于厂屋之下作窠。以防猪、犬、狐狸惊恐之害，多着细草于窠中，令暖。先刻白木为卵形，窠别着一枚，以诳之"。"雏既出，别作笼笼之。"[⑤]

（三）精心饲喂

鸡、鹅、鸭要快速育肥、多产蛋，必须精心饲喂。雏鸡要"饲以燥饭"，成鸡则"常多收秕、稗、胡豆之类以养之，亦作小槽以贮水……其供食者，

---

① ② ③ ④ ⑤　[北魏] 贾思勰：《齐民要术》卷六。

又别作墙匡，蒸小麦饲之，三七日便肥大矣"①。对于鸡而言，还有一项特殊的措施，这便是剪羽。"雌雄皆斩去六翮，无令得飞出"。而雏鹅、雏鸭则要用湿料，"先以粳米为粥糜，一顿饱食之，名曰'填嗉'。然后以粟饭，切苦菜、芜菁英为食。以清水与之，浊则易"②。嗉，指嗉囊，俗称嗉子。雏鹅、雏鸭生长特别迅速，而消化道发育不完全，功能也不完善，填嗉有刺激和促进消化道发育的作用。"鹅，唯食五谷、稗子及草、菜，不食生虫"；"鸭，靡不食矣。水稗实成时，尤是所便，瞰此足得肥充"。

是时，为了鸡、鹅、鸭多生蛋，多用"谷产"法。所谓"谷产"，是指没有受精，不能孵出小鸡（或鸭、鹅）的蛋。《齐民要术·养鹅鸭》曰③："俗所谓'谷生'者。此卵既非阴阳合生，虽伏亦不成雏，宜以供膳，幸无麛卵之咎也"。麛卵，麛指幼鹿，卵指鸟卵，麛卵则泛指幼小的禽兽。幸无麛卵之咎，意即"谷产"蛋是没有生命的，食之，不会造成心理负担。鸡谷产蛋的具体做法是："别取雌鸡，勿令与雄取杂……唯多与谷，令竟冬肥盛，自然谷产矣。一鸡生百余卵，不雏，并食之无咎。饼、炙所须，皆宜用此。"④而鸭谷产蛋的具体做法是："纯取雌鸭，无令杂雄，足其粟豆，常令肥饱，一鸭便生百卵。"⑤

---

①②③④⑤ ［北魏］贾思勰：《齐民要术》卷六。

第五章 医 学

我国古代医学历史悠久，自成体系。先秦到秦汉时期出现的《黄帝内经》《难经》《神农本草经》《伤寒杂病论》等古典医学著作，集中反映了我国古代医学的早期成就，初步建立了医学理论与临床实践密切结合的中国传统医学体系。魏晋南北朝时期，我国医学家不仅对上述中医典籍进行了整理研究或注释阐发工作，而且在中医理论、诊断学、病因学、针灸学、本草学、方剂学以及临床各科实践等方面，取得了一系列的杰出成就，从而充实和发展了中国传统医学体系。期间，北朝各代政权对医学特别重视，不拘一格选拔人才。凡南朝归顺而来的医学之才，青睐有加，委以重任。因此，北朝时期名医云集，并在方剂学等方面作出突出贡献。随着佛教的东传，也传来一些南亚和西域的医学知识，对北朝医学的发展产生了一定影响。北朝医事制度也较前代完善，遂为隋唐沿用。

第一节 北朝医学管理及医学教育

一、北朝之前及南朝的医事制度 [①]

医事管理，主要指国家医药管理机构的设置、医官的配备以及相关政令等事宜。良好的医事管理制度对医药业的发展有着重要的促进作用。

我国古代很早就有医事管理制度。甲骨卜辞中出现的"小疾臣"，即商代管理医事的官吏。《周礼·天官》记载，西周春秋时期，已设有医疗卫生

---

① 崔赢午：《魏晋南北朝时期太医制度简述》，《长春教育学院学报》2009 年第 1 期。

管理机构，隶属天官府，其主官称医师，职责是掌管医政、组织医疗活动及对医官进行考核。医师下属的医官分为食医、疾医、疡医、兽医。其中，食医掌管周王的饮食，类似于营养医生；疾医相当于内科医生；疡医相当于外科医生；兽医，即现在的兽医。

秦朝时期，建立了中央集权的统一官制，设置奉常、郎中令、卫尉、太仆、廷尉、典客、宗正、治粟内史、少府等九卿，总管国家中央行政事务。其中，奉常为九卿之首。奉常府下设太医令，主管医药事宜。《通典》记载[1]，"秦有太医令、丞，主医药"。太医令的属官有侍医，专服务于王室或皇族，发展成为后来的御医。在地方上，官医除为各级官吏医病外，还有检疫地方麻风病的任务。

西汉时期，沿袭秦制设九卿，更名为太常、光禄勋、太仆、廷尉、大行、大鸿胪、宗正、大司农、少府。是时，医药管理分属太常和少府两个系统，且均设太医令、丞。属于太常者，太医令管理太医和药府。太医既负责为百官治病，又掌管郡县的医疗之事；在药府中，有药长主持药物方剂，有药藏府储存药物。这些职责发展为后来的太医署（太医院）。属于少府者，专为宫廷疗疾，太医令下有太医监、侍医、为后妃诊治疾病的女医（也称女侍医、乳医），以及掌御用药的尚方和本草待诏。其职责发展为后来隶属于内务府的御药房。诸王国医制基本仿照中央而略有不同，如设医工长，对太医负责，但此职不见于中央医制。

东汉时期，撤销属于太常的医药管理机构，仅在少府设太医令，职掌医政。下设药丞、方丞各一人。药丞，主药剂、负责药政事宜；方丞，主治疗、职司方剂配制。此外，又增设了为宫廷服务的尚药监、中宫药长、尝药太官，皆由宦者充任。尚药监，其职责主要是对供奉御药的整个过程实行监督；中宫药长，负责中宫妃嫔医药事宜；尝药太官，皇帝医病服药前，负责尝药。是时，医药管理有了明确分工。

三国时期，曹魏因袭汉制，在少府设有太医令、丞，职掌医政。是时，

---

① ［唐］杜佑：《典通》卷三十六。

药事系统中的医官有尚药监、药长寺人监和灵芝园监等。《通典》记载①，魏官置九品。尚药监、药长寺人监、灵芝园监为第七品，其爵位相当于关外侯。药长寺人监的职责与东汉时的药丞相同，药丞由士人担任，而药长寺人监则由宦官担任。为区别仕宦之分，故以此名之。灵芝园监是掌管宫廷御用草药种植园的宦官。

西晋时期，沿袭曹魏之制，设有太医令、尚药监和药长寺人监。尚药监仍掌管宫廷用药，但太医令由少府属官转为宗正的属官。如《晋书·职官志》记载②："宗正，又统太医令史。"是时，依九品中正制原则，为太医制定了品阶，授予印绶。《通典·晋品官》记载③："西晋太医令为七品官，为铜印墨绶"，"第七品：尚药监、药长寺人监，关外侯爵"。未见灵芝园监记载，但新增设殿中太医、太医校尉、太医司马等医职。其中，殿中太医专门在宫殿中侍奉皇帝，只有接受皇帝委派时，其才会外出给重臣诊病。可见，其地位很高，乃是皇帝的近侍。校尉、司马皆为军职，因此太医校尉、太医司马应是高级军医。

东晋初期，沿袭西晋之制。后随着三省六部制的萌芽，太医又隶属门下省。《晋书·职官志》记载④："及渡江，哀帝省并太常，太医以给门下省。"太医从两汉少府属官到西晋宗正属官，再到东晋隶属门下省，开始了其从三公九卿到三省六部的转化。

南朝医事制度基本沿袭东晋。刘宋时期，置太医署，隶属门下省。太医署设太医令、丞。此外，还有太医、侍御师（御医）、行病师、医工、医药权衡等医官。南齐承袭宋制。萧梁时医药管理有了进一步的分工，增设中药藏局。陈代医事制度，史书中缺乏记载。

医学著作是医学发展的结晶。北朝之前的重要医籍《黄帝内经》《难经》《神农本草经》⑤《伤寒杂病论》⑥集中反映了我国从先秦到秦汉时期的杰出医学

---

①③ ［唐］杜佑：《典通》卷三十六。
②④ ［唐］房玄龄：《晋书》卷二十四。
⑤ 自然科学史研究所：《中国古代科技成就》，中国青年出版社1978年版，第426—448页。
⑥ 张润生、陈士俊、程慧芳：《中国古代科技名人传》，中国青年出版社1981年版，第58—68页。

成就;《脉经》①《针灸甲乙经》②《肘后备急方》③标志着魏晋时期我国传统医学在诊断学、病因学、针灸学、方剂学及临床实践等方面取得了长足进步;南朝的《本草经集注》④则是对南北朝以前的药物学进行了全面系统的总结。此外,还有一些医著也具有重要价值。例如:南朝刘宋时医家雷敩的《雷公炮炙论》,是我国最早的药物炮制技术专著,原著已佚,其内容经后世有关医著所引录而得以保存。南朝萧齐时医家龚庆宣的《刘涓子鬼遗方》,是重要的外科学著作。由龚氏序言可知,该书原作者是刘涓子,为晋末刘宋初人,曾随同宋武帝北征,夜射"黄父鬼"而得其所遗医方书,故名《刘涓子鬼遗方》。经龚庆宣整理为 10 卷,流传于世,现传本仅 5 卷。

二、北朝的医事管理

（一）对医学的重视

十六国北朝时期,战争频仍,社会动荡不止,却出现了一个有利于医学发展的社会背景。其主要原因如下:一是战争在给人民带来灾难的同时,也为医药学提出了新的需要。由于战争、饥荒、瘟疫的接踵而至,造成了超乎太平年代的受伤、患病的人员,出现了许多不同于前代的病症状况。面对人民群众的迫切需要,解决新的社会条件下的医疗难题、总结所积累的大量新的医学经验,便成为医家、学者所面临的迫切问题。它成为动力,刺激着医学的向前发展。二是在玄学思想影响下,当时士人盛行吃寒石散,并以"行散"为时髦,如果不懂医学知识,便有发病亡命的危险。例如北魏道武帝拓跋珪在御医阴羌指导下,服用寒石散,没有出现什么问题。后阴羌去世,道武帝胡乱服用寒石散,导致中毒,神经错乱。⑤服食寒石散之风,既引起许多新的疾病的产生,也推动了药物学及炼丹术的迅速发展。三是门阀士族为了保持家业的隆盛,特别提倡孝道,而具备一定的医学知识是行孝道的必备

① ［晋］王叔和:《脉经》(影印元广勤书堂本),人民卫生出版社 1956 年版。
② 山东中医学院:《针灸甲乙经校释》,人民卫生出版社 1979 年版。
③ ［晋］葛洪:《肘后备急方》,商务印书馆 1955 年版。
④ ［唐］李延寿:《南史》卷七十六。
⑤ ［北齐］魏收:《魏书》卷二。

条件。如《北史》记载，名医许智藏的祖父许道幼，常以母疾，遂览医方，因而究极，时号名医。诚诸子曰："为人子者，尝膳视药，不知方术，岂谓孝乎。"[1]这段话足以表达了当时门阀士族的共同心态。至于那些为远离动乱而避地山林的士人，更需要掌握一些消灾防病的医药知识。天文学家张子信，在一处海岛隐居了30多年。当张子信从海岛归来，其家乡已为北齐占据。北齐武成帝要张子信出任药典御，这说明张子信懂医药。可见当时医药知识比较普及。四是由于战乱，当时人口流动频繁，无疑促进了南北朝之间的包括医学在内的学术交流。另外，南亚和西域来华传教的佛教徒，首先在中国北方传教，他们带来的异域医学无疑对北朝的医学发展产生重要影响。基于上述原因，北朝各政权普遍重视医学。

另外，北朝诸帝王多笃信方术，乞求长生。例如北魏道武帝喜好道教，天兴三年（400），仪曹郎董谧献《服食仙经》，说该书有炼不死药之法。道武帝于是授董谧为仙人博士，立仙坊，煮炼百药[7]。北魏太武帝听说高僧昙无谶微有方术，便欲得之，又令方士韦文秀等合炼金丹。北魏孝文帝也曾令侍御师（御医）徐謇试为延年之药。北齐文宣帝令诸术士合炼九转金丹。统治者乞求长生，自然对有名的医士、新来的仙方倍加青睐。

北朝期间，有作为的帝王也多关心民间的医药救助事宜。如北魏献文帝皇兴四年（470）诏令天下，病人由所在地方官司派遣医生到家诊视，所需药物凭医生处方给予。对此，《魏书·显祖纪》曰[2]："朕思百姓病苦，民多非命，明发不寐，疾心疾首，是以广集良医，远采名药，欲以救护兆民，可宣告天下；民有病者，所在官司遣医就家诊视，所须药物，任医量给之。"北魏孝文帝太和二十一年（497），诏令将司州、洛阳两地贫穷无靠且患疾病的老人别坊居住，备有药物，并由医师四人担任治疗。北魏宣武帝永平元年（508），诏令太常设馆[3]，使京畿内外有疾病的人都住在里面，严敕太医署派遣医师治疗，考核其治疗成绩并加以赏罚，明确规定了对医师的考核要按照

---

① ［唐］李延寿：《北史》卷九十。
② ［北齐］魏收：《魏书》卷六。
③ 同上，卷八。

其治疗情况，从而减少了随意性。

北朝时甚至出现过重医轻文的现象，北朝御医往往拜将封侯。例如北魏名医徐謇[①]，孝文帝太和二十二年（498）下诏："进鸿胪卿、金乡县开国伯，食邑五百户，赐钱一万贯。"正始元年（504），徐謇"以老为光禄大夫，加平北将军"。北魏名医王显[②]，累迁游击将军，拜廷尉少卿，仍在侍御，营进御药，出入禁内。后历任平北将军、相州刺史、太府卿、御史中尉。北魏宣武帝建东宫、立太子时，王显被委以重任，为太子詹事。宣武帝每幸东宫，王显常迎侍。出入禁中，仍奉医药。延昌二年（513），以营疗之功，封卫南伯。北魏名医崔彧，"后位冀州别驾，累迁宁远将军。"[③]北齐名医徐之才，"迁尚书令，封西阳郡王"。其弟徐之范亦是名医，位太常卿，并袭徐之才爵西阳王。北周灭北齐，徐之范入北周，授仪同大将军[④]。北周名医姚僧垣[⑤]，一生担任过22个官职，两次封伯（小畿伯、遂伯），两度封公（长寿县公、北绛郡公），官至骠骑大将军、上开府仪同大将军。北周齐王宇文宪为敦促姚僧垣之子姚最承袭父业，对姚最说："尔博学高才，何如王褒、庾信！王、庾名重两国，吾视之蔑如。接待资给，非尔家比也。尔宜深识此意，勿不存心，且天子有敕，弥须勉励。"这段话明显地重医轻文，耐人寻味。以上数例，足见北朝统治者对名医及医药发展的重视。

（二）医官的设置

医官的设置是医事管理的重要内容，北朝各政权的医官设置较前代更为完善。

1. 北魏的医官设置

北魏政权自称是三国曹魏的继承者，故其典章制度多沿袭曹魏之制，医官设置亦然。北魏时设太医署，北魏前期属尚书省。孝文帝太和改制，重新设置九卿，太常为九卿之首，太医署始归太常。设有太医令、丞等职，掌管医政兼医疗事宜。其后，在门下省设尚药局，置尚药典御二人、尚药丞二

---

①②③ ［北齐］魏收：《魏书》卷九一。

④ ［隋］李百药：《北齐书》卷三十三。

⑤ ［唐］李延寿：《北史》卷九十。

人、侍御师四人、尚药监四人，总知御药事；在中书省设中尚药局，置中尚药典御和司药丞等医药职官①。以后历代多承袭了这一制度。侍御师即御医，北魏名医徐謇曾任此医职。《魏书·程骏传》曰②："初，骏病甚，孝文、文明太后遣使者更问其疾，敕侍御师徐謇诊视，赐以汤药。"司药丞则由皇帝的宠臣担任，经常侍奉帝王，其品阶不高，但深得皇帝信任。如《魏书·恩幸传》记载③：季贤"位至殿中将军、司药丞，仍主厩闲。"

另外，北魏时新增设的医官还有仙人博士、太医博士和太医助教。太祖道武帝天兴三年（400），置仙人博士官，"煮炼百药"。故仙人博士应是负责制作药物职官。不过，仙人博士一职仅在北魏设置，还可能与道教炼丹有关。《魏书·官氏志》记载④："太医博士，右从第六品下；太医助教，右从第八品中。"这是我国古代医官制度中，设置太医博士、太医助教之肇始，为医学教育奠定了必要的基础。

北魏或更早的十六国期间，就可能专设随军的外科军医。是时，战争频繁，军队远行征伐，风餐露宿，容易发生各种疾病，其杀伤力往往超过战争本身。因此，帝王及将帅出征多派遣太医，或有侍医跟随。例如《晋书·刘曜传》记载⑤，329年，前赵国君刘曜与石勒交战，伤十余，通中者三，被俘，"幽曜于河南丞廨，使金疮医李永疗之。曜疮甚，勒载以马舆，使李永与同车而归襄国"。《魏书·世宗纪》记载⑥，北魏延昌元年（512），"肆州（今山西代县一带）地震陷裂，死伤甚多"，宣武帝下诏曰："亡者不可复追，主病之徒，宜加疗救，可遣太医、折伤医，并给所须之药，就治之。"以上金疮医和折伤医，都应是当时随军的外科军医。

2. 东魏、北齐的医官设置

东魏、北齐的医官制度基本沿袭北魏。据《六典通考》记载⑦，北齐时

---

① ［唐］杜佑：《通典》卷三十八。
② ［北齐］魏收：《魏书》卷六〇。
③ 同上，卷九三。
④ 同上，卷一一三。
⑤ ［唐］房玄龄：《晋书》卷九十三。
⑥ ［北齐］魏收：《魏书》卷八。
⑦ ［清］阎镇珩：《六典通考》，上海古籍出版社1995年版。

太常置太医署，设太医令、丞各二人。太医署分设主药、医师、药园师、医博士、医博士助教、按摩博士各二人。太子门下坊设有药藏局，置药藏监二人、药藏丞二人，侍医四人。门下省置尚药局，设尚药典御二人，尚药丞二人，侍御师四人，尚药监四人，总御药之事。中书省置中尚药局，设中尚药典御二人，中尚药丞二人，总知中宫医药之事。另外，尚书省、门下省和中书省内均设有医师。又据《通典·职官》记载①，北齐时尚药典御正五品，中尚药典御从五品，侍御师正六品，太子侍医正七品，尚药丞、中尚药丞从七品，太子药藏监、药藏丞正八品，太医正九品，尚书省、门下省、中书省医师从九品。是时，诸皇子王国各置典医丞二人，是王国的最高医官，管理王国医药事宜。由以上职官设置可知，北齐对医药管理已有更明确的分工。

3. 西魏、北周的医官设置

西魏初期，医官设置沿袭北魏。北周时期，设有七类医官②，属于天官府者有六类：

太医，掌医政兼医疗的主官，主要为皇室服务。职官有：太医下大夫。

小医，掌医政兼医疗的主官，主要为百官服务。职官有：小医下大夫、上士。

疡医，掌外科医生的管理、培训兼医疗。职官有：疡医上士、中士、下士。

医正、掌医学教育教学。职官有：医正中士、下士。

主药，掌药材的加工、制剂。职官有：主药下士。

食医，专司皇宫饮食滋味、温凉及分量调配。职官有：食医下士。

属于夏官府的医官有一类——兽医。职官有：兽医上士、中士、下士。

综上所述，北朝时期，中央医官机构较前更为细密，特别是北周，不仅已细分为太医、兽医等七类，各类又再分阶，形成了自上而下的等级系统。这对医绩的考核管理和促进业务水平的提高，促进医学的发展，都有积极的意义。

---

① ［唐］杜佑：《通典》卷三十八。
② 同上，卷三十九。

三、北朝医学教育

我国古代，医学教育的方式主要有两种：师承家传和学校教育[①]。北朝时期，医学教育比较兴盛，但仍以师承家传为主。为满足社会需要，也开始了学校式的医学教育。

（一）师承家传

北朝时期，有的医家始于拜师（多拜沙门医家）学艺，如北魏名医李修之父李亮，年轻时跟随沙门僧坦学习医术；北魏名医崔彧，年轻时在青州向隐逸高僧学习《素问》及针灸等。而成名的医家往往只将医术传授给自己的子孙后代，从而产生了不少有名的医学世家。例如：

周澹父子。周澹，北魏名医。其子周驹，医术相传，成为医学世家。

东海徐氏医药世家。从徐熙开始，世代相传，历经八世。徐熙精于医。徐熙有子徐秋夫，徐秋夫有二子：徐道度、徐叔响。徐道度长子徐文伯、次子徐謇（徐成伯）。徐叔响子徐嗣伯。徐文伯子徐雄。徐雄长子徐之才、次子徐之范。徐之范子徐敏恭。他们均精于医术，出入南朝刘宋、萧齐及北魏、北齐，为王室和士庶诊治，屡获奇效。

李修家族。李修与其父李亮、其兄李元孙、其子李天授皆为北魏名医。

王显父子。王显与其父王安道皆为北魏名医。

崔彧家族。崔彧及其子崔景哲，崔景哲弟崔景凤、子崔冏皆为北魏、北齐时的名医。

姚僧垣家族。姚僧垣是"远闻服，至于诸番外域"的北周名医。其父姚菩提、其子姚最皆医术高妙，亦为著名医家。

许奭父子。许奭及其子许澄，俱以医术名重于北周及隋代。

褚该父子。褚该，北周名医。其子褚则，亦传其家业。等等。

医学世家现象的出现绝非偶然，有以下几个方面的原因：首先，与当时的医学发展水平密切相关，当时之医家崇尚直接的诊疗经验总结，在理论

---

① 王能河：《魏晋南北朝时期的医学教育》，《云南中医学院学报》2006 年第 1 期。

上并不作深入探讨，却注重在名师指导下亲身体验、亲自实践。这样后生晚辈学习医术，就必定要走拜师学艺之路，这为世医传承的方法提供了客观条件。其次，当时纸张价格高昂，是宫廷贵族的专用品，这对于医学著作的传播也较为不利，故学习医术还是要靠言传身教。再次，当时的世医现象为医家提供了步入仕途的门径。是时，还没有科举制度，官吏均是通过九品中正制选拔而来，这种选举很注重门第，形成了上品无寒门，下品无世族的局面。所以当时家族兴盛，在很大程度上取决于家庭人物的显赫地位和影响力。医学世家也是如此，子承父业最为普遍，甚或朝廷会命名医之后代承其家学，所以在这种环境下自然而然地发展成庞大的世医体系，同时使家族的利益得以保持和发展。

（二）学校教育

师徒传授和家世相传的医学教育方式，都是个别传授方式，造就医学人才的数量和技师远不能适应实际需要。随着医药学的发展与进步，南北朝时期开始出现由政府举办的医学教育机构。《唐六典·太常寺》医博士条注云 ①："南朝宋代元嘉二十年（443），太医令秦承祖奏置医学，以广教授。"由此可知，我国政府设置医学教育机构始于南朝刘宋时期。但由于时局动乱，这个医学教育机构在元嘉三十年（453）文帝逝世后遣散，仅存 10 年。北朝则不同，学校医学教育长期坚持。目前，尚未发现北朝期间兴办医学专科学校的记载，但北朝各政权有重视教育的传统 ②。《魏书·儒林传·序》曰 ③：

　　太祖初定中原，虽日不暇给，始建都邑，便以经术为先，立太学，置五经博士，生员千有余人。天兴二年春，增国子、太学生员至三千……太宗世，改国子为中书学，立教授博士。世祖始光三年春，别起太学于城东……显祖天安初，诏立乡学。郡置博士二人、助教二人、学生六十人。后诏大郡立博士二人、助教四人、学生一百人；次郡立博

---

① ［唐］李林甫：《唐六典》卷十四。
② 李海：《大同府文庙沿革》，《文物世界》2011 年第 2 期。
③ ［北齐］魏收：《魏书》卷八四。

士二人、助教二人、学生八十人；中郡立博士二人、助教二人、学生六十人；下郡立博士一人、助教一人、学生四十人。太和中，改中书学为国子学，建明堂辟雍，尊三老五更，又开皇子之学。及迁都洛邑，诏立国子、太学、四门小学。

据此可知，北魏尊孔崇儒，重视教育，官学发达。天兴元年（398），太祖道武帝始都平城，即兴立太学。399年，又兴建了国子学，与太学并立，"增国子、太学生员至三千"。太宗明元帝出于政治考虑，改国子学为中书学。世祖太武帝在平城之东"别起太学"，即在城东另建太学。天安初（466），显祖献文帝"诏立乡学"，即建立地方官学，实施郡国学制，并按郡的大小规定了博士、学生人数。北魏地方学制的公布和实施，在中国古代尚属首次，正如《魏书·高允传》所言："郡国立学，自此始也。"[①]孝文帝太和年间，把中书学又改为国子学。同时，又专为皇室子弟开办了皇宗学。迁都洛阳后，孝文帝下诏，在洛阳设置国子学与太学，同时，又创立了四门小学。

北魏期间，除了官学之外，私学也很发达。《北史·景穆十二王上》曰[②]："景穆时，阳平王之孙乃置学馆于私第，集群众子弟，昼夜讲读，并给衣食，与诸子同。"由此可知，当时的私学已出现在王族当中。孝文帝迁都洛阳后，这种氛围更加浓厚，"时天下承平，学业大盛。故燕齐赵魏之间，横经著录，不可胜数。大者千余人，小者犹数百。"[③]私学兴盛可见一斑。

是时，官学或私学虽然都以教授经学为主，但要辅之以算学、医学等。上文谈到北魏太和年间，孝文帝诏令设置"太医博士""太医助教"，这是从事医学教育的官职。因此，在太和年间可能已形成在官学中进行医学教育的制度。至于在私学中学习医学更是显而易见。例如北魏名医李修之父李亮和名医王显之父王安道，年轻时一道从师学习医术。北魏名医崔彧少年时，曾

① ［北齐］魏收：《魏书》卷四八。
② ［唐］李延寿：《北史》卷十七。
③ ［北齐］魏收：《魏书》卷八四。

经去青州，向隐逸高僧学习《素问》及《针灸甲乙经》等医书，遂善医术。为了强化医学教育，北魏永平三年（510），宣武帝下诏[①]：

> 可敕太常于闲敞之外，别立一馆，使京畿内外疾病之徒，咸令居处。严敕医署，分师疗治，考其能否，而行赏罚。虽龄数有期，修短分定，然三疾不同，或赖针石，庶秦扁之言，理验今日。

太常乃是当时兼管教育的最高行政管理机构，命他"于闲敞之处，别立一馆"，当然主要是行教育之职。设立医馆的作用有二：其一，对病人要"严敕医署，分师疗治"；其二，对在学医生，"虽龄数有期，修短分定，然三疾不同，或赖针石，庶秦扁之言，理验今日"。显然，这个医馆相当于一座现代的实习医院，这对开展医学学校教育具有重要意义。

北魏官学中进行医学教育的制度，为北朝各政权沿袭。北齐设置医博士、医博士助教，北周设置医正上士、医正中士、医正下士等，都是进行学校医学教育的职官。《通典·后周官品》记载[②]，后周的官员及官学学生总共"万八千八十四人，府史、学生、算生、书生、医生……等人也"。医生者，医学生也。显然，北周时大规模地进行着医学学校教育。另外，前文提到的官颁医书，可作为医学生的教材，亦是强化医学学校教育的有力措施。

总之，北朝的医学教育有力地促进了北朝医药学的发展，也成为隋唐医学教育兴盛的先导。这一制度当时曾传入朝鲜，也促进了朝鲜医药学的发展。

第二节　北朝医学代表人物及其成就

由于北朝各政权的重视，北朝期间，名医众多。唐李延寿在《北史》卷九十《艺术下》中，评论北朝名医时说："周澹、李修、徐謇、謇兄孙之才、

---

① ［北齐］魏收：《魏书》卷八。
② ［唐］杜佑：《通典》卷三十九。

王显、马嗣明、姚僧垣、褚该、许智藏方药特妙，各一时之美也。而僧垣诊候精审，名冠一代，其所全济，固亦多焉。"我们以此为线索，介绍北朝名医[①]。

一、周澹

周澹[②]（？—419），北魏名医，京兆鄠（今陕西户县）人。《魏书·周澹传》称其"多才方艺，尤善医药"。北魏元明帝中风头眩，为周澹治愈，由此受宠，位至太医令，赐爵成德侯。元明帝神瑞二年（415），京师平城发生饥荒，朝议将迁都于邺（今河北临漳县西）。周澹与博士祭酒崔浩进言，表示反对，正合元明帝的心意，高兴地说："唯此二人，与朕意同也。"于是下诏，赐周澹、崔浩美女各1人、御衣1袭、绢50匹、绵50斤。元明帝泰常四年（419）卒，赠谥曰恭。

周澹之子周驹，深得父传，袭太医令。孝文帝延兴（471—476）年间，位至散令。

二、李修

李修[③]，字思祖，阳平馆陶（今河北馆陶县）人，北魏名医。李修之父李亮，少学医术，未能精究。北魏太武帝时，赴南朝（宋），"就沙门僧垣研习众方，略尽其术，针灸授药，莫不有效"。李亮为人仁厚，在徐州、兖州一带行医时，多所救恤，四方疾苦，不远千里，竟往从之。出行途中，每遇病人，李亮必停车，为病人诊治或施舍药物。遇有病人去世，亲自扶棺吊唁。李亮后为北魏御医，累迁府参军，督护本郡。李修之兄李元孙，自幼和李修随父李亮学医，得父真传，但医术不及李修。成年后，在平城行医，以功赐爵义平子，拜奉朝请（能定时见到皇帝的一种待遇）。

孝文帝太和年间（477—500），李修成为御医，历位中散令，以功赐爵下蔡子，迁给事中。是时，孝文帝、文明太后每当患病或身体不适时，多由

① 李海：《北魏医学成就初探》，《山西大同大学学报》（自然科学版）2016年第6期。
②③ ［北齐］魏收：《魏书》卷九一。

李修诊疗，治多有效。为此，经常得到赏赐，车服第宅，号为鲜丽。太和年间，李修"集诸学士及工书者百余人，在东宫撰诸《药方》百余卷，皆行于世"①。《隋书·经籍志》记载②："《药方》五十七卷，后魏李思祖撰"，应是一回事。惜该书佚失，内容无考。

李修医术高明。当时功勋卓著的咸阳公高允已经百岁，看样子身体还比较健康。一日，孝文帝和文明太后令李修为高允诊视。诊视后，李修奏曰："允脉竭气微，大命无远。"没几天，高允果然亡故。孝文帝迁都洛阳后，李修被封为前军将军，领太医令。几年后，李修亡故，赠威远将军、青州刺史。

李修之子李天授，深得父传，袭父职，为皇家御医，位汶阳令。但医术不及其父。

三、徐謇

徐謇③④，字成伯，丹阳（今安徽当涂县）人，祖籍山东莒县，出生于有名的"东海徐氏医药世家"，北魏名医。徐謇原居南朝，与兄徐文伯等都精于医药。

北魏显祖献文帝时，徐謇在青州行医，被北魏军队俘获，具表将他送至京师平城。献文帝要验证他的医术，就把一些病人放在帐幕里，让徐謇隔着幕帐切脉，他都能准确判断病情，而且知道病人的气色。于是深受献文帝的宠遇，任为中散大夫，不久升为内侍长。徐謇合和药剂，治疗疾病的效果比李修更为精妙。献文帝和文明太后也经常来找他看病。徐謇性情古怪，其情绪不好时，即使是王公患病，也不出手诊治。因此，不及李修那样受到重用。

高祖孝文帝即位，深知徐謇的才能，在迁都洛阳之后，孝义帝及其宠幸的冯昭仪有身体稍有不适，都让徐謇诊断处治。并对他渐加爱宠，由中散大

---

① ③ ［北齐］魏收：《魏书》卷九一。
② ［唐］魏征、令狐德棻、长孙无忌：《隋书》卷三十四。
④ ［唐］李延寿：《北史》卷九十。

夫升授右军将军、侍御师。徐謇想要替高祖炼金丹，尽延年益寿之法，就居住在嵩高，采集各种炼丹的原料，历经一年而一无所成，只得作罢。

太和二十二年（498），孝文帝到悬瓠（今河南汝南），病情加剧，就派驿马急召徐謇，令他从水路赶赴高祖所在地，一天一夜赶了数百里。到达以后，诊断观察，处方治病，果然疗效显著。高祖身体略有好转，内外都称颂庆幸。九月，高祖车驾从豫州出发，临时住宿在汝水之滨。孝文帝特为徐謇设宴，召集百官，让徐謇坐上席，命左右宣扬徐謇的医治之功。下诏表彰徐謇，并进其为鸿胪卿、金乡县开国伯，食邑五百户，赐钱一万贯。又下诏说：“国库还不够充实，须用杂物来代替，计有绢二千匹、杂物一百匹，其中四十匹由宫廷仓库拿出；谷二千斛；奴婢十人；马十匹，其中一匹赤色骏马；牛十头。”所赏赐的杂物、奴婢、牛马都经过宫廷送达。咸阳王元禧等诸亲王也各另有赏赍，都同样达到千匹。徐謇跟随孝文帝到邺城，高祖的病还是时常发作，徐謇日夜守候在他身边。第二年，随从孝文帝到达马圈，高祖的病情日益加重，抑郁不欢，常常对徐謇加以责备，甚至还要鞭打他，幸而获免。孝文帝驾崩，徐謇跟随孝文帝的棺材回到洛阳。

徐謇经常用药饵吞服道教符咒，年近 80 岁，而鬓发不白，精力也没怎么衰退。正始元年（504），以高龄升任光禄大夫，加封平北将军，不久去世。延昌初（513），追赠安东将军、齐州刺史，定谥号为靖。

徐謇之子徐践，字景升，小名灵宝，袭父爵，亦为皇家御医。历官兖州平东府长史、右中郎将、建兴太守。

四、王显

王显 [1]（？—515），字世荣，阳平乐平（今山东莘县）人，北魏名医。王显自称祖籍山东郯城，是汉朝王朗的后代。其祖父于北魏太武帝延和（432—435）年间，南迁居于鲁郊，又迁至彭城（今江苏徐州）。王显的伯父王安上，在南朝宋文帝刘义隆时为馆陶县令。太武帝南征，王安上弃县归降北魏，与

---

① ［北齐］魏收：《魏书》卷九一。

父母一道迁居于平城，赐爵阳都子，升任广宁太守。王显之父王安道，年轻时与李修之父李亮一道从师，共同学习医术，但功底仍赶不上李亮。

王显年轻时曾任本州刺史从事，他不但精通医术，而且才思敏捷，遇事果断。早先文昭太后怀世宗（宣武帝）时，梦日化龙追逐绕身，醒后惊悸，遂成心疾。文明太后（冯太后）敕召徐謇和王显共同为文昭太后诊脉。徐謇云："是微风入脏，宜进汤加针。"王显曰："案三部脉，非有心疾，将是怀孕生男之象。"其结果印证了王显所说是正确的，文昭太后确实是怀孕了，而且生下来了后来的世宗宣武帝。不久，朝廷召用王显，补任侍御师、尚书仪曹郎，他人称其办事干练。

世宗从小就患有小病，很长时间都未能痊愈，王显替他治疗之后，有明显效果，因此深得世宗信任。于是，累迁游击将军，拜廷尉少卿，仍在侍御，营进御药，出入禁内。后历任平北将军、相州刺史、太府卿、御史中尉。是时，世宗诏令王显撰写《药方》35 卷，班布天下，以疗诸疾。世宗立东宫太子时，王显被委以重任，为太子詹事。宣武帝每到东宫，王显经常迎侍。虽出入于宫禁之中，仍旧给皇帝进奉医药。延昌二年（513）秋天，王显因医疗救治疾病有功，被封为卫南伯。

延昌四年（515）正月，世宗夜崩，肃宗孝明帝连夜即位，接受玺印封册。在礼仪上须要有人兼任太尉和吏部之职，仓促之间就让王显兼任吏部而执行禅受皇位之事。王显蒙受世宗恩遇重用，又为执法之官，倚仗权势、显示威严，为当时群臣所嫉恨。肃宗即位后，朝中大臣借口王显给世宗治病有误，把他逮捕，肃宗下令削除了他的爵位官职。王显被捕时大叫冤枉，值勤武官用刀环重击其腋下，使其重伤吐血，送到右卫府（今山西右玉县）后一夜而亡。

五、崔彧

崔彧[①]，字文若，清河东武城（今山东武城县）人，北魏名医。崔彧之父

---

① ［北齐］魏收：《魏书》卷九一。

崔勋之，字宁国，曾任南齐大司马外兵郎，赠通直郎。崔彧与其兄崔相如均自南朝入北魏。崔相如以才学知名，但英年早逝。

崔彧少年时，曾经去青州向隐逸高僧学习《素问》及《针灸甲乙经》等医书，遂善医术。中山王英子略曾经患病，王显等人不能治，后崔彧用针灸疗之，抽针即愈，从此名声大振，任冀州别驾，累迁宁远将军。崔彧性情仁恕，每见贫苦人患病，好与治之。同时，还广教门徒，令多救疗。其弟子清河人赵约、勃海人郝文法等人，亦以医术知名于世。

崔彧之子崔景哲，性情豪爽直率，亦以医术知名。官为太中大夫、司徒长史。崔景哲之弟崔景凤，位尚药典御。崔景哲之子崔冏仕魏，为司空参军。入齐，于北齐天保初年（550）为尚药典御。

六、徐之才

徐之才 [1][2]（492—572），字士茂，丹阳（今安徽当涂县）人，祖籍山东莒县，出生于"东海徐氏医药世家"，北魏、北齐名医。徐之才的祖父徐文伯（徐謇之兄）、父亲徐雄皆以医术见称于江南一带。《隋书·经籍志》记载，徐文伯撰《疗妇人瘕》一卷、《药方》二卷。徐子才自幼聪慧，被誉为"神童"。成年后，在南朝梁豫章王萧综门下，任豫章王国左常侍和镇北将军府主簿。

北魏孝昌元年（525），萧综投降北魏。北魏孝明帝"诏征之才，孝昌二年，至洛（阳），敕居南馆，礼遇甚优"，徐之才由此进入北朝。由于徐之才"药石多效，又窥涉经史，发言辩捷"，因此，"朝贤竞相要引，为之延誉"。北魏孝武帝时（532—534），徐之才被封为昌安县侯。北齐孝昭帝皇建二年（561），徐之才任西兖州刺史。是时，武明皇太后患病，徐之才疗之，应手便愈。为此，孝昭帝赐彩帛千段、锦四百匹。徐之才博识多闻，医术高明。因此，他虽然在外为官，还是经常被皇帝召回，为皇家诊治。如为武成帝治疗精神失常，"针药所加，应时必效"。北齐后主武平元年（570），徐之才任

---

① ［隋］李百药：《北齐书》卷三十三。
② ［唐］李延寿：《北史》卷九十。

尚书令，封西阳郡王，故有徐王之称。

徐之才 80 岁时去世，赠司徒公、录尚书事，谥曰文明。《隋书·经籍志》记载，徐之才家族著有《徐氏家传秘方》二卷、《徐王八世家传效验方》十卷、《徐王方》五卷、《小儿方》三卷，并详加修订《药对》等书。

七、徐之范

徐之范（507—585），字孝规，徐子才之弟，北齐名医。据 1976 年出土的《徐之范墓志铭》记载[①]，徐之范 23 岁时，任"南康嗣王府参军事"。南康嗣王指萧会理，为梁武帝之孙。后入梁武陵王萧纪府，萧纪是梁武帝的小儿子。梁武帝大同三年（537），萧纪任安西将军、益州刺史。徐之范"改录事参军，于是随府入蜀"。南梁爆发"侯景之乱"，萧纪并未赴援，却于 552 年在益州称帝。次年七月，萧纪兵败被杀，而益州为西魏所占。萧纪败死后，树倒猢狲散。在北齐尚书令、西阳王徐之才的引荐下，徐之范于北齐文宣帝天保九年（558）入北齐，任宁朔将军、尚药典御、食北平县干。

北齐武成帝大宁二年（562）春，武明太后患病。徐之范为尚药典御，敕令诊候。武成帝河清二年（563），转散骑侍郎、尚药典御。武成帝天统二年（566），任辅国将军、谏议大夫。三年，迁通直散骑常侍，食干同前。四年，转翊军将军、太中大夫。五年，任散骑常侍、假仪同三司。

北齐后主武平元年（570），徐之范迁仪同三司、征西将军。二年，开府仪同三司。三年，徐之才去世，徐之范任太常卿，袭徐之才之爵西阳王。入周，徐之范授仪同大将军。入隋，于开皇四年（585）卒于晋阳县宅，享年78 岁。

八、马嗣明

马嗣明[②]，河内野王（今河南沁阳）人，北齐名医。马嗣明青少年时，精心研读《经方》《针灸甲乙经》《素问》《明堂针灸图》《本草》等各类医学书

---

① 赵有臣：《〈徐之范墓志铭〉之出土带来对"徐王"的新见识》，《医古文知识》1993 年第 2 期。
② ［隋］李百药：《北齐书》卷四十九。

籍，因此医术高明。为人诊脉治病，能判断此人一年后的生死吉凶。中书监邢邵的独生儿子大宝，特别聪慧。十七八岁时患伤寒，马嗣明给他看病，出来后就告诉骠骑大将军、开封王杨愔说："邢公子伤寒病可不治自愈，但他的脉象却显出不到一年就会死去。发觉稍微晚了一些，不能再救治。"几天以后，杨愔、邢邵两人一起于内殿陪宴，北齐文宣帝说："邢子才的儿子已长大成人了，人善不恶，我想让他管理附近一郡。"杨愔以其年少为由未允。宴会完毕，杨愔向文帝上奏说："马嗣明曾称大宝脉象险恶，一年内可能死去，如果他去出守州郡，很难求到医药。"于是此事作罢。果然，不到一年大宝就死了。

杨愔格外器重马嗣明，原因是杨愔曾患背部肿疾，马嗣明用练石为他涂搽，治愈其病。练石是马嗣明自创的药物，其制作方法：用鹅蛋一样大的粗黄色石头，用猛火烧让它变红，放入纯醋中，自然就有石粉末落在醋里。多次烧烤，石头烧尽，取出石头粉曝晒干，捣细过筛，和上醋涂在肿痛处，没有不治愈的。

北齐后主武平年间（570—576），马嗣明官任通直散骑常侍。他采用的针灸穴位，常常与《明堂针灸图》不同。曾有一人家，两名奴仆均患病，全身发青，渐渐虚弱，不能进食。看了许多医生，皆不识此病。马嗣明施用灸法，在两脚脚背上各灸21针（"三七壮"），就治好了该病。武平年末，他随从皇上去晋阳，到达辽阳山，看见多处贴榜，说有一户人家女儿生病，如有人能治愈，赏钱10万。很多有名的医生都揭榜去那户人家，询问疾病状况，然而都不下手治疗。唯有马嗣明为她诊治。询问她的发病原由，患者说曾用手拿一根麦穗，就看见一条长约二尺形似蛇的红色东西进入她的手指中，于是受惊倒地。当时就感觉手臂既疼且肿，一个多月后，渐渐延及半身，肢体关节皆肿起来，疼痛难以忍受，呻吟声日夜不断。马嗣明就给她开了处方，让人骑马去城里买药，并告诉服药方法，前后服用汤药10剂、散药1剂。第二年，马嗣明随从皇上返回，看到此女孩已恢复如前了。马嗣明医术精妙，但夸耀自大，除徐之才、崔叔鸾外，别的同行医生都被他轻视。隋开皇年间（581—600），马嗣明卒于太子药藏监。

九、姚僧垣

姚僧垣 [1][2]（498—583），字法卫，吴兴武康（今浙江湖州市）人，吴太常姚信的八世孙，北周名医。姚僧垣之父亲姚菩提，任南朝梁高平令，因多年疾病缠身，"乃留心医药"，即研习医药成其业余爱好。梁武帝萧衍亦有此爱好，于是常找姚菩提"谈论方术，言多会意"。

姚僧垣自幼好学，博览文史，年二十四即传家业。梁武帝召其入宫，讨论医学问题，姚僧垣对答如流，梁武帝非常惊奇。中大通六年（534），姚僧垣开始做官。大同九年（543），任领殿中医师，十一年，转领太医正，加文德主帅、直合将军。是时，武陵王萧纪所生葛修华患病，各种医卜之术都治之无效，梁武帝就让姚僧垣去诊病。姚回来后，具体全面地叙述了葛修华症状，并记录了病情变化的情况。梁武帝叹道："僧垣用心如此仔细严谨，用这样的态度诊治疾病，什么病治不了呢！"梁武帝生病发烧，打算服用大黄。姚僧垣说："大黄乃是快药，然至尊年高，不以轻用。"但梁武帝不听，还是服用了大黄，结果病情加重。

550年，梁简文帝嗣位，姚僧垣回到建业城，以本官兼中书舍人。552年，梁元帝萧绎平定了侯景之乱，召姚僧垣赴荆州，改授晋安王府咨议。是时，梁元帝患心腹疾病，姚以大黄下宿食治之。元帝赐钱十万。554年，西魏大军攻占荆州，姚僧垣被俘，始入北朝。几经周折，姚僧垣为北周燕国公于谨所召。于谨年事已高，"疹疾婴沉"，对姚"大相礼接"。

北周昭帝武成元年（559），姚僧垣任小畿伯下大夫。是年，医好了金州刺史伊娄穆和大将军、襄乐公贺兰隆的疑难疾病。武帝天和元年（566），姚僧垣加授车骑大将军、仪同三司。是年，大将军、乐平公窦集突然感染风寒，精神错乱，对任何事情无所知觉。大将军、永世公叱伏列长期患痢疾，但仍能入朝觐见。似乎永世公的病轻一些。但姚僧垣认为，"患病有轻重，生辰有克杀。乐平公的病看似重，但能治好；永世公的病看似轻，则不免一

---

① ［唐］李延寿：《北史》卷九十。
② 崔为、王姝琛：《姚僧垣与〈集验方〉》，《长春中医药大学学报》2006 年第 3 期。

死"。并判断永世公最多再活四个月，果如其言。建德四年，周武帝亲自统帅军队东伐北齐，到河阴时患病：不能说话；眼睑垂下盖住眼睛，不能上视；一脚抽缩，不能行走。姚僧垣认为，五脏均病，不可同时治疗。带兵打仗最要紧的事，莫过于语言，于是开方用药，武帝得以开口说话；然后又治眼睛，眼疾消除；最后治脚，脚也痊愈。等到到了华州，武帝已恢复健康。

579 年，周宣帝即位。当初宣帝还是太子时，长苦于心痛，命僧垣予以治疗，很快痊愈。为此，宣帝非常高兴，即位后就封姚僧垣为长寿县公，封地一千户。周静帝大象二年（580），姚僧垣任太医下大夫、上开府仪同大将军。隋开皇初年（581），姚僧垣入隋，晋爵为北绛郡公。三年，姚僧垣去世，时年 85 岁。赠本官，加荆、湖二州刺史。

姚僧垣医术高妙，为当世所推。前后效验，不可胜记，声誉既盛，远闻边服。至于诸蕃外域，咸请托之。"僧垣乃搜采奇异，参校征效者，为《集验方》十二卷，又撰《行记》三卷，行于世。"《隋书·经籍志》著录："《姚氏集验方》十卷，别载《姚大夫集验方》十二卷。"历史上没有另一个"姚大夫"。《姚大夫集验方》就是《姚氏集验方》。至于十卷与十二卷之异，表明可能在唐李淳风、李延寿等修《隋书·经籍志》时，已有两种传抄本。

姚僧垣次子姚最，字士会，亦以医术知名于世。为太子门大夫、蜀王府司马、袭爵北绛郡公。姚最博通经史，尤好著述，撰《梁后略》十卷，行于世。《隋书·经籍志》著录："《本草音义》三卷，姚最撰。"

十、褚该

褚该[①]，字孝通，河南阳翟（今河南禹州市）人，北周名医。褚该最初仕梁，后入北周。先后授平东将军、左银青光禄大夫、骠骑将军、右光禄大夫等官职。北周昭帝武成元年（559），任医正上士。史载，褚该"自许奭死后，该稍为时人所重"。许奭，史不见传，但从《北史·许智藏传》中可得到一些信息。名医许智藏的"宗人许澄，亦以医术显。澄父奭，仕梁，为

---

① ［唐］李延寿：《北史》卷九十。

中军长史，随柳仲礼入长安（北周），与姚僧垣齐名，拜上仪同三司。澄有学识，传父业，尤尽其妙。历位尚药典御、谏议大夫，封贺川县伯。父子俱以艺术名重于周隋二代，史失其事，故附云"[1]。由此可知，许奭、许澄父子俱为北周名医，许奭与姚僧垣齐名。《隋书·经籍志》还著录[2]："《备急单要方》三卷，许澄撰。"这就不难理解"许奭死后"，褚该"稍为时人所重"了。但"宾客迎候，亚于姚僧垣"。可见，褚该的医术，不及许奭和姚僧垣。

北周武帝天和元年（566），褚该迁县伯下大夫。天和五年，进授车骑大将军、仪同三司。褚该性情宽和，从不夸耀自己。但是，如果有人请他看病，都尽其医术，为病人诊治。时人称其为长者。后因病去世。

褚该的儿子褚士则，亦传其家业，成为良医。

除上述名医外，北朝尚有许多医家。例如《北齐书》卷二十二《李元忠传》记载，李元忠因母亲年老多病，于是"专心医药，研习积年，遂善于方技。性仁恕，见有疾者，不问贵贱，皆为救疗"。《北齐书》卷三十九《崔季舒传》记载，崔季舒特别喜好医术，曾为武成帝疗病，"备尽心力"。北齐天保年（550—559）间，"更锐意研精，遂为名手，多所全济。虽位望转高，未曾懈怠，纵贫贱口养，亦为之疗"。

第三节　南亚医学在北朝的传播

十六国北朝时期，佛教在中国迅速传播。南亚和西域的高僧在中土传播佛教的同时，也带来了南亚的医学知识，并对我国的医药学产生了影响。这些影响大体表现在三个方面：一是来华僧人传来了南亚的医药学知识；二是大量佛经的翻译，以文字形式将南亚的医药学知识介绍了进来；三是我国出现了一批懂得医药学知识并能为人用药治病的僧人。这些，对于我国医药学发展都有一定的推动作用。

---

[1] ［唐］李延寿：《北史》卷九十。
[2] ［唐］魏征、令狐德棻、长孙无忌：《隋书》卷三十四。

一、佛教东传

十六国时期，佛教经河西走廊向内地迅速传播。其主要原因有两方面：其一，各割据政权急需给自己的统治找到一种精神支柱，而佛教的教义正符合这种要求；其二，佛教宣传"众生皆苦""轮回报应"，可以使下层百姓放弃反抗斗争。因此，佛教大受当时统治者的欢迎，并极力提倡之。

后赵（319—350）石勒、石虎尊崇来自天竺的释佛图澄。《魏书·释老志》曰[①]："石勒时，天竺沙门佛图澄……后为石勒所宗信，军国规谟颇访之，所言多验。"致使追游佛图澄受业的弟子"常有数百"，"前后门徒，几且一万，兴立佛寺八百九十三所"[②]。前秦（351—394）苻坚尤其崇佛，为了得到佛学大师，不惜发动战争。379年，苻坚为得到高僧道安带兵攻下襄阳，"宗以师礼"[③]。382年，苻坚又派大将吕光西征龟兹，设法把鸠摩罗什请到长安。并对吕光说[④]："朕闻西国有鸠摩罗什，深解相法，善闲阴阳，为后学之宗。朕甚思之。贤哲者国之大宝，若克龟兹，即驰驿送什。"苻坚视佛教徒为"国之大宝"，足见其对佛教的崇敬和重视。401年，后秦姚兴为了从吕光处得到鸠摩罗什，亦动干戈并获得成功。姚兴拜鸠摩罗什为国师，"奉之如神"。并带领群臣、沙门听其讲佛，为之营造塔寺，让其翻译经论，"公卿以下皆奉佛，由是州郡化之，事佛者十室而九"[⑤]。北凉（401—439）沮渠蒙逊"亦好佛法"[⑥]，甚至为其子取名叫"菩提"。沮渠蒙逊供奉天竺高僧昙无谶[⑦]，"每以国事咨之"[⑧]，称其为"圣人"。

北朝期间，尊佛崇佛更甚。《魏书·释老志》记载[⑨]，北魏道武帝天兴元年（398）下诏，在京城为佛教徒修整寺舍，使之"有所居止"。同年，"始作五级佛图、耆阇崛山及须弥山殿，加以缋饰。别构讲堂、禅堂及沙门座莫不严具焉"。依《弘赞法华传》卷一《图像》解释，耆阇崛山即灵鹫山，相

①③⑥⑧⑨ ［北齐］魏收：《魏书》卷一一四。
② ［梁］慧皎：《高僧传》卷九。
④⑦ ［梁］慧皎：《高僧传》卷二。
⑤ ［宋］司马光：《资治通鉴》卷一百十四。

传释迦牟尼在此说法多年。须弥山，梵语，义译为妙高、妙光、安明、积善。缋饰，绘画装饰。439 年，北魏灭北凉，大量臣民被押解平城。其中，僧众有 3000 余人。这些僧人的到来，使"沙门佛事皆向东，象教弥增矣"①，大大地推动力北魏的佛教活动。其后，又开凿了云冈石窟、龙门石窟，把佛事活动推向高峰。北魏这种崇敬佛法现象，一直延续到北朝的其他政权。

由于十六国及北朝诸政权的重视，佛教得到广泛的传播。一些印度和西域来的高僧，如佛图澄、鸠摩罗什、昙无谶等，怀着虔诚的宗教热情，不远千山万水，越过浩瀚大漠，到达河西，传播佛教。由于河西的特殊地理环境，也由于河西诸割据政权的支持，西来的佛教在这里得以扎根生长，开始了它的中土化进程，按中原固有的方式翻译佛经、宣传佛教。据汤用彤先生考证②，前凉（301—376）张氏政权就致力于佛经的翻译。升平十七年（373），前凉张天锡邀请西域支施仑、帛延等人来凉州，同本地沙门一起翻译《首楞严》《须赖》《金光首》《如幻三味经》等四部佛经。

二、医僧的活动

从印度和西域来华的众多高僧中，有不少人学习过古印度的"五明"：声明、因明、医方明、工巧明、内明。其中，医方明就是医学方面的技术和知识。随着佛教的东传，他们把这些医学技术和知识经河西走廊，传播到中原地区，并为患者治病疗疾。据史籍记载，东汉末年高僧安清（字世高）到达中国洛阳，这大概是最先来华的医僧。安清是安息国王子，皈依佛门，精通诸经及南亚医术。《高僧传》称其"外国典籍及七曜、五行、医方、异术，乃至鸟兽之声，无不综达"③。安清不仅宣译众经，而且经常给人疗疾，以助弘扬佛法，故其名声远播后世。十六国北朝时期，来华的医僧更多。例如：

佛图澄，西域高僧，十六国初到洛阳。其医术非常神妙。"时有痼疾，世

---

① ［北齐］魏收：《魏书》卷一一四。
② 汤用彤：《汉魏两晋南北朝佛教史》（增订本），北京大学出版社 2011 年版。
③ ［梁］慧皎：《高僧传》卷一。

莫能治者，澄为医疗，应时疗损，阴施默益者，不可胜记。"① 据传，后赵石虎的儿子石斌暴病而亡，二日后，石虎召佛图澄，"澄乃取杨枝咒之，须臾能起，有顷平复"。

竺佛调，祖籍不详，或为天竺人。竺佛调为佛图澄的弟子，精于医术，"住常山寺积年，业尚纯朴，不表饰言，时咸以此高之。常山有奉法者兄弟二人。居去寺百里。兄妇疾笃。载至寺侧，以近医药"②。

求那跋摩，天竺高僧。《高僧传》称其"善医"③。求那跋摩曾在阇婆国（今爪哇）两度为当地的国王医治脚伤，后于北凉期间来华。

求那跋陀罗，原属天竺婆罗门种姓，后成为高僧。《高僧传》称其"幼学五明诸论，博通医方咒术"④。求那跋陀罗于北凉期间来华。

耆域⑤，天竺高僧。《高僧传》称其能起死复生。北朝时期，耆域从天竺来到洛阳后又还归西域。耆域在华期间行医治病。是时，衡阳太守滕永文得病，"经年不差，两脚挛屈不能起行"，耆域"取净水一杯，杨柳一枝，便以杨柳拂水，举手向永文而咒，如此者三。因以两手搦永文两膝，令起，即起行步如故"。又有一病者将死，耆域把他救活。天竺有一神医，名叫耆婆，耆域有可能是耆婆的异译。

鸠摩罗什，以译经称著。鸠摩罗什的母亲字耆婆。耆婆本是天竺神医之名，鸠摩罗什之母以此为字，亦应精于医道，并对鸠摩罗什产生影响。据《高僧传》记载，鸠摩罗什临终时自言："少觉四大不愈。"⑥ 古印度用"四大"理论说明各种病理，将在下文作解释。鸠摩罗什临终时自言"四大不愈"，即觉得自己病得很重了。显然，鸠摩罗什精于天竺医理。

来华的医僧中，也有人学习和运用汉医的知识和技术。如佛陀耶舍，天竺高僧。青年时，"从其舅学五明诸论，世间法术，多所练习"⑦。来华后，常行医用药。曾用药水加咒为其弟子洗足，使弟子能"疾行"。后秦姚兴令佛陀耶舍"诵羌籍药方可五万言，终二日，乃执文覆之，不误一字"。羌籍药方，可能是后秦本有的药方，后秦为羌人政权，故称"羌籍"。耶舍既能

---

① ③ ④ ⑥ ⑦ ［梁］慧皎：《高僧传》卷二。
② ⑤ 同上，卷九。

"过目不忘"，必然"羌籍药方"与天竺医理多有相通之处。

十六国北朝时期，皈依佛门的汉僧中，也有不少人精于医道。例如于道邃，炖煌（今甘肃敦煌）人，凉州高僧。《高僧传》记载①，于道邃"年十六出家，事兰公为弟子。学业高明，内外该览，善方药"；单道开，炖煌（今甘肃敦煌）人，俗姓姓孟。《高僧传》记载②，单道开"少怀栖隐。诵经四十余万言……开能救眼疾。时秦公石韬就开治目。着药小痛，韬甚惮之。而终得其效"；道丰，籍贯无考，北齐高僧。《续高僧传》记载③，道丰曾经以针灸为人治病疗疾，而且"炼丹黄白、医疗占相，世之术艺，无所不解"。于道邃"善方药"，单道开精于眼疾，道丰精于针灸，说明当时我国本土医僧的医术涉及面很广。

开馆授徒，也是当时医僧活动的重要内容。如本章第一节所述，北魏名医李修之父李亮，年轻时学习医术，曾跟随"沙门僧坦研习众方，略尽其术，针灸授药，莫不有效"。北魏名医王显之父王安道与李亮同师（应是沙门僧坦）学医。北魏名医崔彧，"少尝诣青州，逢隐逸沙门，教以《素问》九卷及《甲乙》，遂善医术"。北齐名医马嗣明，"针灸孔穴，往往与《明堂》不同"。与《明堂》不同，即针灸之穴位与汉医传统的针灸穴位不同，显然，是受到异域医理的影响。北周名医姚僧垣，其父名菩提，观其父子之名，可知其与佛释有涉。以上医家；或为佛家弟子，或本身为僧徒，或特擅金针，皆与南亚医学有关。

三、传入我国的南亚医籍④⑤

古代印度的医学理论有不少内容保存在佛经之中。十六国北朝时期，随着佛经的翻译，也译有印度古代的医学专著和含有医学内容的经书。因此，古印度的一些医学理论当时也传入了我国。从现存的古籍记录看，对这些文

① ［梁］慧皎：《高僧传》卷四。
② 同上，卷九。
③ ［唐］道宣：《续高僧传》卷二十六。
④ 李清、梅晓萍：《魏晋南北朝僧医的医学成就》，《辽宁中医药大学学报》2009 年第 2 期。
⑤ 王晓卫：《北朝自然科学中的中亚因子》，《贵州大学学报》1997 年第 4 期。

献的翻译大体有四种情况。

其一，西来高僧直接将梵文本译为汉文本。如北凉时昙无谶翻译《金光明经》，后秦时鸠摩罗什翻译《大智度论》，后秦时弗若多罗（罽宾高僧）与鸠摩罗什翻译《十诵律》等。

其二，北朝本土医僧或学者直接将梵文本转译为汉文本。例如北魏太武帝拓跋焘时期，北凉沮渠京声，位安阳侯，西行求法，在于阗遇天竺法师佛驮斯那，"从受《禅秘要治病经》，因其梵本，口诵通利"，"及还河西，即译出《禅要》，转为晋文"①。

其三，西来高僧和北朝本土医僧合作将梵文本转译为汉文本。如明清之际，我国翻译西方近代科学著作，多是传教士口述，中国学者笔录。与此类似，十六国北朝时期，翻译天竺医学著作（包括佛经），大多是西来高僧提供梵文本或口述，中国高僧"传经"，即译成汉文。如前秦建元二十年（384），西域高僧昙摩难等提供《增一阿含》《曜胎经》梵文本，由竺佛念译成汉文②；后秦弘始十二年（410），罽宾高僧佛陀耶舍"译出《四分律》凡四十四卷。并《长阿含》等。凉州沙门竺佛念译为秦言。道含笔受"③。

上述三种情况翻译的含有医学内容的经书，涉及医理、医术、养生、药物、制剂等诸多方面的内容。这些书籍虽然佚失，但其中一些药方在别的书中保存了下来。如《十诵律》卷二十六《医药法》用一整卷谈饮食、卫生、用药、治病以及佛陀传教时的有关例证。其中，提到"四种药"，即"时药，时分药，七日药，尽形药"，并作了详细的说明。如解释"尽形药"时，说有"五种根药"（舍利、姜、附子、波提毗沙、菖蒲根），"五种果药"（呵梨勒、卑醯勒、阿摩勒、胡椒、荜钵罗），"五种盐"（黑盐、紫盐、赤盐、卤土盐、白盐），"五种汤"（根汤、茎汤、叶汤、花汤、果汤）等。显然，这些内容与中医药学有相通之处。

其四，翻译的医药、养生（包括以巫术驱邪）专著，但没有著录译

---

① ③ ［梁］慧皎：《高僧传》卷二。
② 同上，卷一。

者或撰人。《隋书·经籍志》记载的此类医籍有[①]：“《龙树菩萨药方》四卷；《西域诸仙所说药方》二十三卷，目一卷，本十五卷；《香山仙人药方》十卷；《西域婆罗仙人方》三卷；《西域名医所集要方》四卷，本二十卷；《婆罗门诸仙药方》二十卷；《婆罗门药方》五卷；《耆婆所述仙人命论方》二卷，目一卷，本三卷；《乾陀利治鬼方》十卷；《新录乾陀利治鬼方》四卷，本五卷，阙；《龙树菩萨和香法》二卷；《龙树菩萨养性方》一卷。”

这些书目中分别有“龙树菩萨”“婆罗门”“耆婆”等佛教菩萨的称谓，或直接以僧人作者命名，颇具时代特征。其中，《龙树菩萨和香法》亦见诸《历代三宝记》《开元释教录》等书。《历代三宝记》卷九记载[②]“《龙树菩萨和香方》一卷”，并注曰：

> 凡五十法。梁武帝世，中天竺国法师勒那摩提，或云婆提，魏言意宝。正始五年来，在洛阳殿内译。初，菩提流支助传。后以相争，因各别译。沙门僧朗觉意，侍中崔光等笔受。

正始为北魏宣武帝年号。宣武帝奉佛法，当时洛阳译经之盛，前代所无。王晓卫认为[③]，《隋书·经籍志》中既无撰人，又不著梁、陈之名的经籍，基本为北朝图书。我们以此为是，则上述医籍，可能有的与《龙树菩萨和香方》相同，亦译于宣武帝或稍后的孝明帝时。其余则应译于北齐邺都和北周长安。

受翻译佛家医著的影响，西来高僧和北朝本土医僧也撰写了不少医书。如《隋书·经籍志》记载[④]：“《单复要验方》二卷，释莫满撰。《寒食散对疗》一卷，释道洪撰。《释僧匡针灸经》三卷，《释僧深药方》三十卷。”等等。

四、南亚医学的影响

南亚医学的传入，在我国产生了一定的影响。其中，最主要的是说明病理

---

①④ ［唐］魏征、令狐德棻、长孙无忌：《隋书》卷三十四。
② ［隋］费长房：《历代三宝记》卷九。
③ 王晓卫：《北朝自然科学中的中亚因子》，《贵州大学学报》1997 年第 4 期。

的"四大"理论。四大，是指地、水、火、风。四大理论类似于我国的五行说和阴阳学说，最先都是朴素唯物主义的自然观。五行和阴阳的变化用之于医学，以解释疾病的医理。同样，四大的变化亦可解释疾病的医理。唐代道世的《法苑珠林》卷九十五《病苦篇》引《佛说医经》曰："人身本有四病（大），一地、二水、三火、四风。风增气起，火增热起，水增寒起，土增力盛本。从是四病（大）起四百四病。"又引《大智度论》曰："四百四病者，四大为身，常相侵害，一一大中，百一病起。"意即四大不调会引起404种病，一大不调即引起101种病。因此，天竺医术以"调和"地、水、火、风四大为务，若四大不调和，则疾病生。

南朝陶弘景曾对葛洪《肘后备急方》重加整理，并改其名为《补阙肘后百一方》。此书自序中说，"佛经云：人用四大成身，一大辄有一百一病。"显然，是受到天竺医理的影响。正如汤用彤先生所言[1]："四大不调、四百四病等学说，无疑地是由佛经的翻译传到中国，为陶弘景所采取的。"其实，四大不调的影响不仅表现于南朝，在北朝亦不稍让。[2]东魏张保洛、刘袭、薛光炽等造像碑云："现在眷属，四大康和，辅相魏朝，永隆不绝。"张保洛等不过一介武夫，尚知向佛乞请"四大康和"，由此，天竺"四大"在北朝人士中的影响，可知端倪。至于佛教界人士，更熟悉"四大"，常加引用。北齐慧思《诸法无净三昧法门》，数处提到"四大"，并说："观身四大，如空如影，复观外四大，地、水、火、风。"北周释静蔼《列偈题石壁》曰："此报一罢，四大凋零。"此类例子甚多，不再赘述。

概言之，从十六国北朝时期，医僧对我国医药学的发展做出了积极贡献。异域高僧在中原疗疾治病的活动，以及人们对南亚医药学的青睐程度，远超前代。南亚医学无疑已成为当时中国医药学的一个重要方面。

第四节　北朝方剂学成就

魏晋南北朝是我国传统医学发展的重要时期。是时，名医辈出，传世医

---

① 汤用彤：《汉魏两晋南北朝佛教史》（增订本），北京大学出版社 2011 年版。
② 王晓卫：《北朝自然科学中的中亚因子》，《贵州大学学报》1997 年第 4 期。

著大量涌现。就南北朝而言，北朝虽然没有出现像南朝陶弘景那样的医药大师，但在方剂学著作等方面亦颇具特色。

前已述及，北朝李修的《药方》百余卷①、王显的《药方》②三十五卷、昙鸾③的《疗百病杂丸方》三卷和《沦气治疗方》一卷、姚僧垣的《集验方》十卷、许澄的《备急单要方》三卷等，都是方剂学著作的代表。

一、徐之才对方剂学的贡献④⑤⑥

名医徐之才对药物方剂的组成原则和方法颇有研究，贡献显著。在其详加修订的《药对》等书中，总结和发挥了我国传统医学的"七方十剂"中关于"十剂"的理论和经验，对后世有重大影响。

所谓"七方"，即大、小、急、缓、奇、偶、复等七方；所谓"十剂"，即宣、通、补、泄、轻、重、滑、涩、燥、湿等十剂。这是徐之才根据方剂的具体功用，对方剂的分类，具体内容如下：

> 宣剂，宣可去壅，生姜、桔皮之属；
>
> 通剂，通可去滞，木通、防己之属；
>
> 补剂，补可去弱，人参、羊肉之属；
>
> 泄剂，泄可去闭，葶苈、大黄之属；
>
> 轻剂，轻可去实，麻黄、葛根之属；
>
> 重剂，重可去祛，磁石、铁粉之属；
>
> 滑剂，滑可去着，冬葵子、榆白皮之属；
>
> 涩剂，涩可去脱，牡蛎、龙骨之属；
>
> 燥剂，燥可去湿，桑皮、小豆之属；
>
> 湿剂，湿可去枯，白石英、紫石英之属。

①② ［北齐］魏收：《魏书》卷九一。
③ ［唐］魏征、令狐德棻、长孙无忌：《隋书》卷三十四。
④ 李经纬、林昭庚：《中国医学通史·古代卷》，人民卫生出版社 2000 年版。
⑤ 陈邦贤：《中国医学史》，团结出版社 2006 年版。
⑥ 李经纬：《中医史》，海南出版社 2009 年版。

这种统一的按方剂功用分类的方法，结合陶弘景按药物功用分类的"诸病通用药"，不仅给处方用药带来很大方便，还使中医学在临床处方的药物调遣和配伍原则的掌握上，有了一个更为科学的新规律可循，所以后世医家一直乐于采用。

另外，徐之才对妇产科学也颇有研究，特别是他提出的"徐之才逐月养胎法"，对妇产科的产期卫生、胎儿发育等都有所创见。关于胎儿在母体中的发育，马王堆帛书《胎产书》中已有所记述，但内容简单。徐之才则较为详细地描述了胚胎形态发育过程：妊娠一月始胚；二月始膏；三月始胎；四月成血脉；五月四肢成，毛发初生，胎动无常；六月成筋；七月骨、皮毛成；八月九窍成；九月六腑百节皆备；十月五脏俱备。六腑齐通，关节人身皆备，即产。

这一描述与现代的认识相近，并成为现代中医人体胚胎理论知识的主要内容。为了促进胎儿健康发育，徐之才更将人体胚胎发育的理论知识，应用于孕妇的卫生保健，提出"逐月养胎法"，对孕妇的情志、饮食、娱乐等，都随着胎儿的发育，逐月加以规定。其要点如下：

其一，注重饮食调摄。孕早期时，要"饮食情熟、酸美受御，宜食大麦，无食腥辛"。孕中期时，要"调五味，食甘美"，"其食稻谷，其羹牛羊"。

其二，注意劳逸适度。孕妇要"劳身摇肢，无使定止，动作屈伸，以运血气"。或"身欲微劳，无得静处"，"无太劳倦"，"不为力事"，"出游于野"，"朝吸天光"。

其三，讲究居住衣着。孕妇要"深居其处，厚其衣裳"，穿衣"缓带"，经常"沐浴浣衣"，"无处湿冷"，"避寒殃"。同时，告诫孕妇"居必静处，男子勿劳"。这对预防流产、早产和产后感染都有重要意义。

其四，保持良好的心态。孕妇的心理因素对胎儿的发育有一定的影响："欲子美好，数视璧玉；欲子贤良，端坐清虚，是谓外象而内感也。"因此，孕妇"应无悲哀，无思虑惊动"，"无大言，无号哭"，"当静形体，和心志"。

二、《小品方》: 一部重要的方剂学医著 ①②③

《小品方》又叫《经方小品》,《隋书·经籍志》著录④:"《小品方》十二卷陈延之撰。"由于陈延之史书无传,方志无录,除了《小品方》之外,也没有其他事迹可以探寻。因此,实难判断《小品方》成书于何地何时。有学者推断其为南朝刘宋时期的医家所撰,大约成书于454至473年之间,但证据不足。也有可能是在北魏孝文、宣武年间编撰。如前文所述,其时北魏皇家组织收集医药方剂,分别由李修、王显主持编修《药方》,或许激发民间撰修方剂学医籍的热情,《小品方》则应运而生。

《小品方》是我国隋唐以前医学史上一部极为重要的方书。唐代,《小品方》与《伤寒论》相提并论,都是当时学医者必读的教材。其内容被隋代巢元方《诸病源候论》、唐代孙思邈《急备千金要方》、唐代王焘《外台秘要方》等医学名著广泛收录。而且影响远及海外,朝鲜、日本两国均曾将此书列为医学生必修之课。清代著名医家陈修园曾经做过一个比喻,他将《小品方》与《黄帝内经》《神农本草经》《伤寒杂病论》并列,认为这四本医籍在医学上的地位如同儒家的"四书"一样重要。然而,由于《小品方》于宋代佚失,故后世无从观其全貌。

1985年,日本学者在日本《尊经阁文库图书分类目录》"医学部"中,发现了《经方小品》残卷。经研究确系陈延之《小品方》第一卷抄本。残卷中恰好包含了自序、目录等内容,据此,人们对《小品方》的结构及成书有较为清楚的了解。据陈延之在自序中所言,《小品方》共参考了18种300多卷前人著作。其中不乏出自张仲景等医学大家的经方。值得肯定的是,陈延之对于旧方的运用并不墨守成规,他反对"唯信方说,不究药性"的时弊,主张因时因地,因人因病地灵活运用。从书中组方来看,组方用药以

---

① 李经纬、林昭庚:《中国医学通史·古代卷》,人民卫生出版社2000年版。
② 陈邦贤:《中国医学史》,团结出版社2006年版。
③ 李经纬:《中医史》,海南出版社2009年版。
④ [唐]魏徵、令狐德棻、长孙无忌:《隋书》卷三十四。

简单、方便为主，收录方剂多为小方，很少有超过十味药的大方，但疗效却很灵验，而且药物的选择也体现了方便经济，以"山草中可自掘取"为原则。显然，这与《肘后备急方》一样，也是适合寻常百姓使用的"救世良方"。

《小品方》全书共12卷：第1卷有序文，总目录，用药犯禁诀等。第2到第5卷为渴利、虚劳、霍乱、食毒等内科杂病方。第6卷专论伤寒、温热病的诊治。第7卷为妇人方。第8卷为少小方。第9卷专论服石所致疾病之诊治。第10卷为外科疮病、骨折、损伤等。第11卷论述了本草药性，是在《神农本草经》基础上增补民间用药经验而成。第12卷为灸法要穴、灸治禁忌、诸病灸法等。

在全书各卷中，陈延之对第6卷特别看重，并以"秘要""最要"的字眼称之。该卷主要论述伤寒与瘟疫的病因及治疗。陈延之认为，前代医家对于伤寒、天行、温病的认识模糊，指出三者的病名、病因各不相同，并且分别确立了不同的治疗方法及药方。其中，一些药方如葳蕤汤、芍药地黄汤等都成为名方而流传后世。后世医家对此卷的创新性评价也颇高，认为其从理论上提出了伤寒、温病分治学说，创立了治疗温热病、瘟疫、天行病的一系列针对性的方剂，为后世治疗温病、瘟疫，最终建立温病理论、学说奠定了基础。

《小品方》中对杂病、急救等的一些实践经验的总结与记录都极有价值。如王焘《外台秘要方》引其卷十所记"疗入井冢闷死方"。该方认为枯井、深冢等中会有毒气，如果人贸然进入，会致人昏迷乃至死亡，因此如果人非要进入的话，应该先将鸡鸭等动物投入，观察动物的情况再进行判断。这种利用动物实验以判断井冢中有毒与否的方法，在现代的检验方法发明之前，也一直被用以探明枯井、深冢和矿井、山洞有无毒气。又如小儿误吞针入咽取不出，《小品方》提出了用吸铁石的方法，该方法在后世不断地改进，救治了许多危急患儿。

除此之外，《小品方》中的贡献还有很多。如首次明确记载了瘿病（地方性甲状腺肿大），详细描述了脚气病的症状等。又如《小品方》中主张晚婚，认为如果过早结婚、生育的话，生理上尚未完全成熟，肾气不固，容易受到伤害，甚至"无病亦夭"，在当时婚育普遍较早的情况下，应该说这是颇有见地的。值得注意的是，《小品方》中不但记载了多种安胎方药，而且还记载有去胎方，这说明当时已经有了人为使用药物流产的方法。

第六章 地 理

　　"地理"一词最早出现在《周易·系辞》中："仰以观于天文，俯以察于地理。"唐孔颖达注之曰："天有悬象而成文章，故称文也；地有山川原隰各有条理，故称理也。"我国古代常把"天文"与"地理"并论，认为天文加地理是有关自然界的全部知识。可见，我国传统地理学的发展，源远流长。[①] 早在远古时代，就出现了地理知识的萌芽，经过夏商西周时期的积累，到春秋战国时期已在地形、物候、水文、土壤地理、植物地理、地图和地理区划等方面取得了重要成就，在人与自然的关系方面也出现了不少精彩的论述。经过秦汉的积累，到东汉时班固著《汉书》，首次出现以"地理"命名的篇章曰"地理志"，这标志着我国传统地理学，即"方舆之学（或舆地之学）"开始形成。魏晋南北朝时期，战乱频仍，统治者不断转移迁徙。这种形势为地理学家提供了直接或间接的实践机会，促进了大批地理学家和地理著作的出现。据《隋书·经籍志》记载，这一时期的地理著作有 139 部，共 1432 卷。清代学者章宗源撰《隋书经籍志考证》，又从唐宋诸书中辑得《隋志》未载书名的地理著作 157 部，足见当时地理学的繁荣。在这些著作中，郦道元的《水经注》是最重要的著作之一。本章主要以《水经注》及北朝的其他地理著作为依据，叙述北朝时对自然地理知识、人文地理知识和域外地理知识的拓展。

第一节　北朝之前的地学成就

　　北朝之前，我国就有多部地理著作问世。具有重要意义的有《山海经》[②]

---

① 中国科学院自然科学史研究所地学史组：《中国古代地理学史》，科学出版社 1984 年版。
② ［西汉］刘歆：《山海经》，燕山出版社 2001 年版。

《尚书·禹贡》[1]《管子·地员》[2]《水经》[3]《汉书·地理志》《华阳国志》[4]《佛国记》[5] 等，它们代表了北朝之前的地理学发展水平。而魏晋时期裴秀的"制图六体"对中国古代地图学产生了重大影响。

一、裴秀与"制图六体"

裴秀（224—271）[6]，字季彦，河东闻喜（今山西闻喜县）人，魏晋名臣、著名地图学家。

裴秀对我国古代地图学的发展作出了重大贡献。他提出的"制图六体"，即制图的六项原则是我国古代唯一的系统制图理论。裴秀曾任司空，负责全国土地的划分和管理工作。由于职务关系，他接触到各种地理资料和地图，但发现这些地图大都没有统一的绘制原则和标准。既无比例，方位又划得不准确，甚至连有名的山脉、河流也在图上无标识，制作粗糙。于是，他决定自制一幅新图，以弥补原有地图的缺陷。裴秀详细考订了《禹贡》中的记载，从九州范围到具体的山脉、河流、湖泊、沼泽、平原、高原，都一一考察落实。同时，又结合当时的实际情况，探明历代的地理沿革，甚至连古代诸侯结盟之地与水陆交通也一一摸清。对于暂时不能确定者，则"随事注列"，不敷衍了事。最后，在门客京相璠的协助下，用时 3 年零 3 个月，制成了著名的《禹贡地域图》十八篇，成为我国乃至世界地图史上最早的历代区域沿革地图集。这些地图都是一丈见方，按"一分为十里，一寸为百里"，即 1：180 万的比例绘制而成。这是当时最完备最精详的地图。但这套地图集惜已佚失，仅《禹贡地域图·序言》被保存在《晋书·裴秀传》等史籍中。这其中有关于"制图六体"的记载曰[7]:

---

① 江灏、钱宗武译注：《今古文尚书全译》，贵州人民出版社 1990 年版。
② 黎翔凤：《管子校注》，中华书局 2009 年版。
③ 中国科学院自然科学史研究所地学史组：《中国古代地理学史》，科学出版社 1984 年版。
④ ［东晋］常璩，刘琳校注：《华阳国志》，时代出版社 2007 年版。
⑤ ［东晋］法显，郭鹏注译：《佛国记》，长春出版社 1999 年版。
⑥⑦ ［唐］房玄龄：《晋书》卷三十五。

制图之体有六焉。一曰分率，所以辨广轮之度也。二曰准望，所以正彼此之体也。三曰道里，所以定所由之数也。四曰高下，五曰方邪，六曰迂直，此三者各因地而制宜，所以校夷险之异也。

即绘制地图有六条基本原则和方法：一要选好比例尺（分率），二要确立彼此间的方位（准望），三要了解两地间的步行距离（道里），四要了解其高下，五要了解其方邪，六要了解其迂直。人的行程与高下、方邪、迂直"三者"有关，要求得两地间的水平距离，须得高取下，方（直角三角形的两正角边）取斜（直角三角形的斜边），迂（曲线）取直，以校正由地面起伏、道路迂回而引起的水平直线距离的误差。裴秀进一步指出，此"六体"虽有主次之分，但它们又相互联系、互为制约。对于地图而言，如果只有图形，而没有分率，就无法进行实地和图上距离的比较和量测；如果按比例尺绘图，不考虑准望，那么在这一处的地图精度尚可，但在其他地方就会有偏差；如果有了方位，而无道里，就不知图上各居民地之间的远近，就如山海阻隔不能相通；如果有了距离，而不测高下，就不知山的坡度大小，则径路之数必与远近之实相违，地图同样精度不高，不能使用。

"制图六体"是我国古代一项杰出的科学成就，它不仅是我国晋前地图理论的总结，还一直指导着我国古代地图学的发展。李约瑟在《中国科学技术史》一书中称裴秀为"中国科学制图学之父"。在世界古代地图学发展史上，裴秀与古希腊著名地图学家托勒密（Claudius Ptolemaeus，约90—168）是东西辉映的两颗灿烂明星。

二、南朝的重要地理著作

与北朝同时期的南朝，也出现了一些地理学著作。

陆澄（425—494），字彦深（一作彦渊），吴郡（今江苏苏州）人，著名藏书家、地理学家。据《隋书·经籍志》记载，陆澄搜集了《山海经》以来的160家地记著作，按地区编成《地理书》149卷、目录1卷，另抄撰《地理书抄》20卷。

南梁时，任昉（460—508）在陆澄《地理书》的基础上，增加84家著作，编成《地记》252卷。另抄撰《地理书抄》9卷。任昉[①]，字彦升，乐安博昌（今山东省寿光县）人。著名藏书家、文学家、地理学家。除《地记》外，任昉尚撰《杂传》247卷、文章33卷，均佚。

《隋书·经籍志》尚载，南齐都官尚书刘澄之撰《永初山川古今记》20卷、《司州山川古今记》3卷，陈顾野王抄撰众家之言作《舆地志》，可惜这些著作都已失传。

第二节　郦道元与《水经注》

北朝之前及南朝出现的地理著作，为北魏杰出地理学家郦道元撰写巨著《水经注》奠定了必要的基础。

一、郦道元其人[②][③]

郦道元（466或472—527），字善长，范阳郡涿县（今河北省涿县）人，北魏地理学家、文学家。郦道元出生于官宦世家，其曾祖郦绍曾在后燕、北魏为官，其祖父郦嵩曾为天水郡太守，其父郦范在《魏书》中有传。[④]从郦绍到郦范，在近百年的岁月中，郦氏家族已是三世绵延的官僚世家。

郦道元在父去世后袭爵永宁侯，例降为伯，为尚书主客郎中。太和十八年（494），郦道元随孝文帝北巡怀荒等六镇，到过怀荒（今河北沽源县）、柔玄（今河北张北县）、抚冥（今河北张北县）、武川（今内蒙古武川县西）四镇，沃野（今内蒙古五原西北）、怀朔（今内蒙古固阳西北）两镇未到。次年，北魏迁都洛阳。御史中尉李彪"以道元秉法清勤"，引为治书侍御史，掌纠察朝会失时、服章违错等事。不久，李彪被免，郦道元也"以属

---

① ［唐］姚思廉：《梁书》卷十四。
② ［北齐］魏收：《魏书》卷八九。
③ ［唐］李延寿：《北史》卷二十七。
④ ［北齐］魏收：《魏书》卷四二。

官坐免"。太和二十三年（499），宣武帝即位。景明年间（500—503），郦道元出任冀州镇（治信都，今河北省冀县）东府长史。是时，冀州刺史是外戚于劲，"西讨关中，亦不至州"，"道元行事三年"。冀州一带，自魏晋以来，是豪强大族土地兼并最残酷的地区。郦道元"为政严酷，吏人畏之，奸盗逃于他境"。魏收撰《魏书》，将郦道元列入"酷吏"中，可能与他打击豪强有关。景明末，郦道元调为颍川（治长社，今河南省长葛市）太守，是以长史行州事。永平年间（508—511），郦道元任鲁阳（今河南省鲁山县）太守。延昌四年（515），调任东荆州（今河南省唐河县）刺史。由于郦道元为政严厉威猛，当地人向朝廷控告他苛刻严峻，因而被免去官职。很久以后，郦道元又被任命为河南（今洛阳市）尹。正光四年（523），北魏政权"罢镇立州"，沃野、怀朔、薄骨律、武川、抚冥、柔玄、怀荒、御夷各镇全部改为州，其郡县令都以古城邑之名为准。是时，孝明帝诏令任郦道元为持节兼黄门侍郎，与都督李崇一道筹办各州郡县设置的具体事宜。确定裁减、去留人员，储备兵器，广积粮草，以充实边防军备。但当时六镇已经全部反叛，郦道元没有成行。孝昌元年（525），徐州刺史元法僧据城叛乱，南朝萧梁趁机调兵遣将，侵犯北魏南方边城。孝明帝"诏道元持节兼侍中，摄行台尚书，节度诸军"。在涡阳（今安徽省涡阳县）击败梁军。"道元追讨，多有斩获"。郦道元从南方战线回来后，升任安南将军、御史中尉。此职督司百僚，"道元素有严猛之称，权豪始颇惮之"，颇遭豪强和皇族的嫉恨。孝昌三年，汝南王元悦趁雍州刺史萧宝夤企图反叛之机，劝说朝廷派郦道元任关右大使，以达到借刀杀人的目的。郦道元在赴任关中的路上，萧宝夤果然派人将郦道元围困于阴盘驿亭（今陕西省潼关县东）。亭在冈上，没有水吃，凿井十几丈，仍不得水。最后力尽，郦道元和其弟道峻以及两个儿子一同被杀害。郦道元遇害后，赠吏部尚书、冀州刺史、安定县男。

郦道元随父在青州时，曾和友人游遍山东。做官后，又到过许多地方，足迹遍及河南、山东、山西、河北、安徽、江苏、内蒙古等北魏管辖的广大地区。他利用职务之便，每到一地除参观名胜古迹外，还用心勘察水流地势，了解沿岸地理、地貌、土壤、气候、地域变迁以及人民的生产生活等事项。"道元好学，历览奇书"，他还阅读了大量地理方面的著作，积累了丰富的地理知识。郦道元在阅读地理古籍的过程中，一方面珍惜前人成果，同时也深感存在许多不足。他在《水经注·序》中明确指出 [①]：

> 昔《大禹记》著山海，周而不备；《地理志》其所录，简而不周；《尚书》《本纪》与《职方》俱略；都赋所述，裁不宣意；《水经》虽粗缀津绪，又阙旁通；所谓各言其志，而罕能备其宣导者矣。

郦道元还认为，地理现象是不断发展变化的，远古时代的情况已经很渺茫，以后又经过历代的更迭、城邑的兴衰、河道的变迁、山川名称的变易。因此，应该在对现有地理情况考察的基础上，印证古籍。然后，把经常变化的地理面貌尽量详细而准确地记载下来。在这种思想指导下，郦道元决心为《水经》作注，"窃以多暇，空倾岁月，辄述《水经》，布广前文"。"所以撰证本《经》，附其枝要者，庶备忘误之私，求其寻省之易。" [②]

郦道元为《水经》作注的过程中，十分注重实地考察和调查研究，反对"默室求深，闭舟问远"的脱离实际的做法，他亲自考察了许多河流，"脉其支流之吐纳，诊其沿路之所缠，访渎搜渠，缉而缀之" [③]。遇到疑难问题，便向当地人请教。因此，他不仅弄清了一些河流水道的详细情况，还掌握了它们流经地区的地理概况、历史古迹和民间歌谣、谚语方言、传说故事等丰富的第一手资料。同时，郦道元查看收集了大量文献资料、精详地图、碑刻。据统计，郦道元写《水经注》引书多达 437 种，辑录汉魏金石碑刻 350 多种。经过长期艰苦的努力，郦道元终于完成了巨著《水经注》。

二、《水经注》的流传和研究

《水经注》全书 40 卷，34 万多字，超过《水经》原文 20 倍以上。所记述时间上起先秦，下至南北朝当代，约 2000 多年。《水经注》的写作体例

① ［北魏］郦道元：《水经注》，陈桥驿校证，中华书局 2007 年版。
②③ 陈桥驿、叶光庭、叶扬注：《水经注全译》，贵州人民出版社 1996 年版。

与《禹贡》和《汉书·地理志》不同，它以水道为纲，记载各水道流域的自然地理和人文地理概况，涉及水文、地形、地质、植被、动物、关隘、交通、人物、政区沿革、风俗习惯、聚落兴衰、历史事件、神话传说等内容，可谓是我国 6 世纪的一部地理百科全书。该书自问世以来，先后著录于隋、唐、宋各史志。在长期流传过程中，《水经注》渐多缺佚，到北宋景祐年间（1034—1038）已无完书。是时，朝廷编修《崇文总目》，发现已缺佚 5 卷。后人将剩下的 35 卷析为 40 卷，又迭经传抄翻刻，《水经注》遂失其真，经、注混淆日趋严重，有的章节甚至难以辨读。到明代时，已成为一部不堪卒读的残籍。明清以来，系统整理、研究《水经注》的学者渐多，并逐渐形成了一门专门的学问——郦学。由于学者研究方向的不同，形成了考据、地理、辞章三派。

明代，在众多的《水经注》研究者中，朱谋㙔（1564—1624）是非常重要的一位。朱谋㙔字明父，一字郁仪，私谥贞静先生，南昌县（今江西省南昌市）人，明宗室宁献王朱权七世孙，封镇国中尉。他自幼博览群书，好易学、天文学、地理学及文字训诂之学，是晚明时期著名的文学家、藏书家、金石学家。朱谋㙔最先为《水经注》作注，撰《水经注笺》40 卷，万历四十三年（1615）刊印。该书笺注考订、征引文献相对粗略，对经、注混淆仅有个别订正，但不擅改旧籍，在当时尚属罕见。朱谋㙔《水经注笺》对后来郦学的发展影响很大。

《水经注笺》刊印不久，两位著名文人钟惺（1574—1624）和谭元春（1586—1637）以《水经注笺》为底本，在描写佳处进行评点，刊行了一种评点本，开创了辞章学派之先河。由于《水经注》文字生动，语言优美，长期以来为人们所喜爱，这也是其能流传不朽的重要原因之一。辞章学派就是从文学价值的角度论析《水经注》，这无疑是郦学中的一个重要学派。从明末到民国初期，这一学派发展缓慢。20 世纪 30 年代以来，从文学价值的角度研究《水经注》的学者逐渐增多，研究者主要从文学地位、写景成就、文学渊源等方面对《水经注》作了探讨。其中，写景成就一直是研究的重点和核心，《水经注》中精彩的写景片段已被选入教科书中。

清代，考据学大盛。乾隆年间出现的郦学考据学派，是郦学研究的一个高峰。考据学派认为，郦学是一门值得研究的大学问，但必须通过审慎细致的考据，才能得出一种令人满意的校本。这一学派的代表人物有全祖望、赵一清和戴震。全祖望（1705—1755），字绍衣，号谢山，浙江鄞县（今浙江省宁波市）人。乾隆元年（1736）进士，选翰林院庶吉士，次年辞官，专事著述。全祖望发现，《水经注》原本系双行夹写，注中有注，经、注混淆。为此，全祖望从乾隆十四年到十七年（1749—1752），七校《水经注》，以辨析经、注。其考证详实，语多精确。但是，全祖望身后文稿散佚。后经他人整理，直到光绪十四年（1888），才由薛福成付刻印出全氏七校本《水经注》。赵一清（1709—1764），字诚夫，号东潜，浙江仁和（今杭州城区东）人。赵一清家学渊源，博览群书，青年时就学于全祖望。赵一清对《水经注》传本的考订，不仅辨析经、注，还补正阙佚。《水经注》在流传中，丛残阙佚，十分严重。如《唐六典》工部注称，桑钦《水经》记载天下水道有137条，而当时传本所列水道为116条，少21条。《水经注》原为40卷。宋《崇文总目》载35卷，称已佚5卷。赵一清认为，此21水，即在所佚中。于是，他杂采唐宋诸书，证以本注，得滢、洺等18水。又钩稽本经，知漯水、漯余水，清、浊漳水，大、小辽水，原分为二。这样，就增多21水，与《唐六典》注相一致。赵一清撰《水经注释》40卷、《水经笺刊误》12卷。其考据订补，颇极精核，独树一帜。戴震（1724—1777），字慎修，号东原，休宁隆阜（今安徽省黄山市）人，乾嘉考据学久负盛名的"皖派宗师"。戴震科举之路不顺，曾六次会试未中。乾隆三十八年（1773），因学术成就显著，乾隆帝特招其入四库全书馆，任《四库全书》纂修官，赐同进士出身，授翰林院庶吉士。戴震用赵一清校本《水经注释》《永乐大典》本和其他善本，辨析讹误，订正伪谬，成就空前。他校勘的武英殿聚珍本（殿本）《水经注》，与旧本相比，总计补缺漏字2128个，删妄增字1448个，正臆改字3715个。光绪年间，湖南长沙著名学者王先谦（1842—1917），编撰刊出《合校水经注》，该书集乾嘉以来《水经注》研究之大成，繁简得当，是最便于读者使用的读本，刊行以来风行学界。经过考据学派全祖望、赵一清、戴震三大郦学家的精心校勘,《水经注》除缺佚的 5 卷无法恢复外,其余各卷不仅混淆的经文与注文全部分清,而且错漏子句大部分也得到补正,使《水经注》又成了一部可读之书。

清末民初,由杨守敬及其弟子熊会贞创建的地理学派,使郦学研究又出现一个高峰。杨守敬(1839—1915),谱名开科,榜名恺,更名守敬,湖北省宜都市陆城镇人。他一生勤奋治学,博闻强记,长于考证,著名于世,是一位集舆地、金石、书法、泉币、藏书及碑版目录学之大成于一身的学者。熊会贞(1859—1936),又名崮芝,湖北省枝江市安福寺镇人,著名历史地理学家。他们认为考据学派诸家校订的《水经注》仍存在不少问题。杨守敬在《水经注疏要删·自序》中说:"自全、赵、戴订《水经注》之后,群情翕然,谓无遗蕴。虽有相袭之争,却无雌黄之议。余寻绎有年,颇觉三家皆有得失,非唯脉水之功未至,即考古之力亦疏。"于是,二人以王先谦《水经注合校本》为底本,认真校勘、考证和疏解,发愤撰写《水经注疏》。其编撰体例、大小纲领皆由杨守敬拟定。光绪三十一年(1905),刻成《水经注图》40 卷,计 8 册。这使得《注疏》文图互相印证,方便阅读和使用,成就超越前人。因《水经注疏》工程浩大,一时难于成书,于是先刻《水经注疏要删》行世,后又刊出该书的《补遗》和《续补》两部简本。王先谦见到《要删》,就来信表示愿出资刻印全书。但当时《注疏》并未成书,只是写在八部原书上的眉批初稿。此后,师生二人致力于《水经注疏》初稿的校勘、修订。杨守敬晚年多次对熊会贞说:"此书不刊行,死不瞑目。"1915 年,杨守敬去世,但《水经注疏》仍未刊出。杨守敬去世后,熊会贞继承师志,二十二年如一日,继续修改、复校《水经注疏》书稿,并把《水经注合校本》作底本改为朱谋㙔的《水经注笺》作底本。共经过六七次参校、六次抄写。1936 年,熊会贞去世,《水经注疏》虽有定稿,也未能刊出。经过不少周折,直到 1957 年,《水经注疏》才由中国科学出版社影印出版(北京版)。全书共 21 册、40 卷,200 余万字。1971 年,台湾中华书局影印出版《杨熊合撰〈水经注疏〉》40 卷。可见,《水经注疏》是郦学史上的一座丰碑,它以历史地理为纲,集研究郦学及地理各家之长于一书。全书以朱谋㙔《水经注笺》为正文，将郦学所引之书，皆注出典。所叙之水，皆详其迁流。正误纠谬，旁征博列，考证精详，疏之有据，疏图互证。同时，也吸收了一定的现代地理学知识。《水经注疏》的出现，使我国沿革地理学达到高峰。

20 世纪 30 年代以来，郦学又有了新的发展。围绕《水经注》，国内外相关学者发表了多部新版本及研究论著，涉及地理学、地图学、文学、历史学、金石学、方言学、军事学等众多学科，还包括对郦道元生平、《水经注》价值、《水经注》版本、"赵（一清）、戴（震）相袭"公案、历代郦学家治郦过程等问题的探讨。

我国当代最负盛名的《水经注》研究者是陈桥驿（1923—2015）。陈桥驿原名陈庆均，浙江绍兴人，著名历史地理学家、当代郦学泰斗、浙江大学终身教授。陈桥驿早年即对《水经注》产生了浓厚的兴趣；从事学术活动之后，最初从地理学角度加以深研，系统整理了《水经注》中的各类地理学资料；进而对文献流传的过程进行探究，厘清诸多郦学史上的疑案；再进一步从思想、文化角度，对郦道元其人、其书以及在文化史、地理学史上的重大意义等做了精辟的阐释，并提出了"地理大交流"的观点。在此过程中，还整理出版了多种《水经注》的点校、注释的新版本。这些学术成就，集中体现在他的 4 部《水经注研究》论文集，以及《郦道元评传》《水经注论丛》《水经注校释》（以戴震武英殿本为底本）、《水经注校证》（以四部丛刊本为底本）、《水经注全译（上、下册）》（合作、题解本）、《水经注疏（上、中、下册）》（段熙仲点校，陈桥驿复校，以 1957 年科学出版社出版的《水经注疏》影印本为底本）等论著或《水经注》新版本中。正是陈桥驿以及当代众多郦学研究者的深钻精研，又将郦学研究推向一个新的高峰。当今，郦道元及其《水经注》已是家喻户晓。

第三节　北朝其他重要地理学家

据《隋书·经籍志》《旧唐书·经籍志》《新唐书·艺文志》《太平御览》等典籍记载，北朝时期，除郦道元及其巨著《水经注》外，还有一些地理学家和地理著作。

一、阚骃与《十三州志》

阚骃（生卒年不详），字玄阴，敦煌（今甘肃省敦煌市）人，北魏著名地理学家、经学家。史称阚骃"博通经传，聪敏过人，三史群言，经目则诵，时人谓之宿读"①。

阚骃初仕北凉，深得北凉君主沮渠蒙逊（401 至 433 年在位）重视。沮渠蒙逊任命阚骃为秘书考课郎中，并配给阚骃文吏 30 人，让阚骃典校经籍，修订诸子书籍 3000 多卷。北魏太延五年（439），太武帝拓跋焘派兵攻陷北凉都城姑臧（今甘肃省武威市），北凉灭亡，阚骃遂入仕北魏。是时，北魏骠骑大将军、乐平王拓跋丕镇守凉州，引荐阚骃担任从事中郎。太平真君五年（444）二月，拓跋丕去世。之后，阚骃到北魏都城平城。阚骃家境贫困，却生性能吃，一顿饭常常要吃 3 升米。因此，常受饥寒之苦，后来悲惨去世，亦无后代为其收葬。

阚骃曾为三国时王朗所著《易传》一书作注，学子们借助此书学通经书。阚骃最主要著作是《十三州志》，共十卷。《禹贡》将全国则划分为冀、兖、青、徐、扬、荆、豫、梁、雍九州。自汉武帝开始，逐渐将全国的行政区划分为十三州。东汉末年的十三州分别是司隶州、冀州、兖州、青州、徐州、扬州、荆州、豫州、幽州、益州、并州、凉州、交州。《十三州志》就是以这十三州为纲，系统介绍了各地的郡县沿革、河道发源及流向、社会风俗等地理现象。可见，《十三州志》是一部全国性的地理总志，对了解西晋十六国时期西北地区的地理情况，具有重要的参考价值，是后人研究当时河西历史、地理不可多得的珍贵史料。

阚骃撰写《十三州志》时，割据政权林立，全国处于战乱状态。阚骃以汉代全国所有的州作为地理志内容，反映了作者将中华民族看作一个不可分割的整体，反映了全国各族人民求统一的愿望。《十三州志》问世以后，得

---

① ［北齐］魏收：《魏书》卷五二。

到学者们的高度评价，影响远及今天。郦道元《水经注》引用《十三州志》材料多达百余条。唐代颜师古注《汉书》时，引用材料非常严格，而在注释《汉书·地理志》时，多次引用《十三州志》的内容，并将其作为最基本、最权威的材料。唐代史学评论家刘知幾在《史通·杂述》中对于阚骃《十三州志》的评价非常高[①]："地理书者，若朱赣所采，浃于九州；阚骃所书，殚于四国。斯则言皆雅正，事无偏党者矣。"评价恰如其分。

阚骃《十三州志》佚失于宋元之际。清代乾嘉时期，随着整理传统文献的热潮，淹没数百年之久的《十三州志》始被辑集成书，重现于世。之后，不断有学者对其加以关注，或全面搜辑，或补拾遗阙，仅《中国丛书综录》所载《十三州志》辑本就有四种。其中，流传最广、影响最大者是张澍辑本。张澍（1776—1847），清代著名文献学家，字百瀹，号介候，凉州府武威县（今甘肃省武威市）人，嘉庆四年（1799）进士，选翰林院庶吉士。张澍从《水经注》《史记索隐》《汉书注》《后汉书注》《北堂书钞》《太平御览》等大量著作中，辑录出《十三州志》佚文 299 条。每条佚文之后，都加注按语说明出处，并有考证、注解。佚文依内容分类分区排列，职官一类排在最先，其后按地域排列，分别为西域、河陇、关中、河南、河北、辽东、江淮、荆楚、岭南，并编成一书，收入《二酉堂丛书》。张澍辑本刊于道光元年（1821），随《二酉堂丛书》广为流传。当今，学者王晶波以二酉堂本《十三州志》为底本，参考前人成果，对张澍辑本进行了全面整理，考校原文，订正出处，纠正谬误，补拾遗阙。所整理《十三州志》与张澍所辑的其他五种历史地理著作汇集一册，名《二酉堂丛书史地六种》。1992 年，该书由甘肃人民出版社出版。

二、魏收与《魏书·地形志》

魏收（507—572），字伯起，小字佛助，钜鹿下曲阳（今河北晋州）人，北朝著名史学家、文学家。史称其"少颇疏放，不拘行检，及折节读书，郁

---

① ［唐］刘知幾：《史通》，辽宁教育出版社 1997 年版，第 83 页。

为伟器。学博今古，才极从横，体物之旨，尤为富赡，足以入相如之室，游尼父之门"①，"虽七步之才，无以过此"②。魏收历仕北魏、东魏、北齐三朝，与济阴的温子升、河间的邢子才并称"北地三才子"。

孝庄帝永安元年（528），魏收初仕北魏，任太学博士。永安三年，升任北主客郎中之职，掌藩国朝聘之事。节闵帝普泰元年（531），选拔近侍，诏试魏收撰《封禅书》。魏收才思敏捷，下笔成章，将近千言而所改无几。于是，被授散骑侍郎，继而改任典起居注，并修国史，兼中书侍郎。武平三年（572）去世，追赠司空、尚书左仆射，谥号"文贞"。

魏收有文集70卷，已佚。今存《魏特进集》辑本。天保二年（551），文宣帝高洋诏命魏收撰写魏史。魏收等人参考了大量的文献，例如邓渊的《代都略记》，崔浩的编年体魏史，李彪的纪、表、志、传魏书体例，邢峦、崔鸿、王遵业等人陆续撰成的孝文帝至孝明帝的《起居注》，温子升撰的《魏永安记》，元晖业撰的《辨宗室录》，以及当时残存的大族谱牒、家传，还有南朝史书。他们"辨定名称，随条甄举，又搜采亡遗，缀续后事"。天保五年（554），"备一代史籍，表而上闻之"，撰成《魏书》，上交朝廷。《魏书》含帝纪十二、列传九十二、志十。有的帝纪、列传、志较长，分为上、下，或上、中、下，可折为卷。这样，《魏书》共130卷。

《魏书·地形志》是十志之一，在《魏书》卷一百六，分为上、中、下三部分，记载了东魏、西魏的州郡沿革情况，以及一些地貌类型、墓、冢、陵、碑等资料。《志》上收录31州，《志》中收录49州，《志》下收录34州，合计收录114州。《志》上、中是东魏范围的州郡，《志》下是西魏范围的州郡。《魏书·地形志》编写体例是州郡名称下，先写沿革，然后写州郡户、口数，再写辖区。如《志》上"肆州"条③：

肆州。治九原。天赐二年（405）为镇，真君七年（446）置州。领

---

① ［唐］李延寿：《北史》卷五十六。
② ［唐］李百药：《北齐书》卷三十七。
③ ［北齐］魏收：《魏书》卷一〇六。

郡三、县十一；户四万五百八十，口十八万一千六百三十三。

永安郡。后汉建安中（196—220）置新兴郡，永安中（528—530）改。领县五，户二千二千七百四十八，口一十万四千一百八十五。

定襄：前汉属定襄，后汉属云中，晋属新兴。真君七年并云中、九原、晋昌属焉。永安中属。有赵武灵王祠、介君神、五石神、关门山、圣人祠、皇天神、定襄城、抚城；阳曲：二汉、晋属太原，永安中属。有罗阴城、阳曲泽；平寇：真君七年并三堆、朔方、定阳属焉。永安中属。有鸡头山神祠、三会河；蒲子：始光三年（426）置，真君七年并平河属焉。永安中属。有索山祠；驴夷：二汉属太原，曰虑虒，晋罢，太和十年（487）复改。永安中属。有思阳城、驴夷城、仓城、代王神祠。

秀容郡。永兴二年（410）置。真君七年，并肆卢、敷城二郡属焉。领县四，户一万一千五百六，口四万七千二十四。

秀容：永兴二年置。有秀容城、原平城、肆卢城、石鼓山神、女郎神、金山神、护君神、风神；石城：永兴二年置。有大颓石神；肆卢：治新会城。真君七年并三会属焉。有清天神、大罗山、台城、大邗城；敷城：始光初（424）置郡，真君七年改治敷城。有石谷山、亚角神、车轮泉神。

雁门郡。秦置，光武建武十五年（40）罢，二十七年复。天兴中（398—404）属司州，太和十八年（495）属。领县二，户六千三百二十八，口三万四百三十四。

原平：前汉属太原，后汉、晋属。有阴馆城、楼烦城、广武城、龙渊神、亚泽神；广武：前汉属太原，后汉、晋属。有东西二平原。

《魏书·地形志上》序言曰 [①]："今录武定之世以为《志》焉。州郡创改，随而注之，不知则阙"；"其沦陷诸州户，据永熙官籍，无者不录焉"。由此

---

① ［北齐］魏收：《魏书》卷一〇六。

可知，《志》上、中收录的东魏州户为武定年间（543—550）的官方文书，《志》下收录的西魏，即"沦陷诸州户"，当为永熙年间（532—534）的官方文书。因此，《魏书·地形志》中东魏、西魏行政区的划分、州户记录，在年代上是不一致的。

另外，北魏末年，战乱频繁，文献资料丢失严重。"孝昌之际（525），乱离尤甚。恒代而北，尽为丘墟；崤潼已西，烟火断绝；齐方全赵，死如乱麻。于是，生民耗减，且将大半。永安末年（530），胡贼入洛，官司文簿，散弃者多，往时编户，全无追访"①，致使《志》中各政区户口、或沿革记载不全。例如《志》上收录的州中，前边的司州等21州有户口数，州按户口数多少排序；后边的恒州等10州无户口数，排序无规律。注曰②："前自恒州已下十州，永安以后，禁旅所出，户口之数，并不得知。"《志》中收录的49州，前26州有户口数，州按户口数多少排序；后23州为武定末年新附州郡，无户口数，排序无规律。注曰③："自阳州已下二十三州并缘边新附，地居险远，故郡县户口有时而阙。"《志》下收录的34州中，前29州郡名称下有沿革，凉州、东梁州和北华州有户数、无口数，其余各州均无有户口数。南襄州等后5州则无沿革、无户口数，州排序无规律。《志》下的记载有些混乱，如有两个秦州，但二者的方位和辖郡完全不同。又如东梁州和河州的辖郡中都有金城郡。可见，对西魏的记载有缺失，可能与作者不熟悉西魏有关。

总体来说，《魏书·地形志》写作略简，存有瑕疵。但其保存下来的最原始的史料，价值很高，能反映当时的实际情况，是当今研究北魏、东魏、西魏政区的主要史料依据。

三、杨衒之与《洛阳伽蓝记》

杨衒之（又作杨炫之。其姓亦有阳、羊之说，学界尚有争议），生卒年不详，北魏北平（今河北省满城或遵化县）人，东魏著名文学家、地理学

---

① ② ③ ［北齐］魏收：《魏书》卷一〇六。

家，著有《洛阳伽蓝记》。杨衒之在《魏书》《北齐书》和《北史》等正史中无传，有关学者依据《隋书·经籍志》等历代书目著录及《洛阳伽蓝记》①②等史籍中零散的记载推断③④：北魏孝庄帝永安中（528—530），杨衒之任奉朝请。奉朝请多为年轻官员起家的官职，年龄一般在二十多岁。据此推测，其生年约在 505 年左右。永熙三年（534），北魏分裂为东魏、西魏。东魏迁都邺城，杨衒之入东魏。从孝静帝天平元年至元象元年（534—538），杨衒之任期城郡守；从元象元年至武定五年（538—547），任抚军府司马。唐释道宣《广弘明集》等文献中记载，杨衒之"元魏末为秘书监"。对此，学界尚有争议，有的学者认为⑤，杨衒之在东魏武定六年（548）曾任秘书监；有的学者认为⑥，杨衒之于"元魏末为秘书监"的可能性很小。另外，在目前所见到的文献中，未见杨衒之活动于北齐的信息，说明他未仕北齐，或在北齐初就去世了。

流传的《洛阳伽蓝记》各版本中，书首均题"魏抚军府司马杨衒之撰"。而且在《洛阳伽蓝记》中，两次明确提到武定五年（547）："至武定五年，岁在丁卯，余因行役，重览洛阳"⑦；"武定五年，（孟仲）晖为洛州开府长史"⑧。可见，《洛阳伽蓝记》写于东魏孝静帝武定五年。此前，杨衒之尚撰《庙记》一卷，为其撰写《洛阳伽蓝记》奠定了基础。关于撰写该书的原因，《洛阳伽蓝记·序》已作了说明，有的学者也作了较深入的研究⑨：武定五年，杨衒之因公务"重览洛阳"时，看到昔日繁华的旧都变得荒凉不堪，不由产生亡国的悲伤感觉！也引发了撰写此书的动机："恐后世无传，故撰斯记。"即追记洛阳昔日景象，保存史实；抒发国家破亡、京都倾毁的悲伤之情。同时，也揭示统治者沉迷于佛教的祸害。

《洛阳伽蓝记》记述了北魏时期洛阳城内、城外佛寺的兴废沿革，以及

---

① 周祖谟：《洛阳伽蓝记校释》，中华书局 2010 年版。
② 范祥雍：《洛阳伽蓝记校注》，上海古籍出版社 2011 年版。
③⑤ 王建国：《〈洛阳伽蓝记〉的作者及创作年代辨证》，《江汉论坛》2009 年第 10 期。
④⑥ 曹道衡：《关于杨衒之〈洛阳伽蓝记〉的几个问题》，《文学遗产》2001 年第 3 期。
⑦ ［东魏］杨衒之：《洛阳伽蓝记·序》。
⑧ ［东魏］杨衒之：《洛阳伽蓝记》卷四。
⑨ 侯娟颖：《〈洛阳伽蓝记〉创作背景及动机浅论》，《太原城市职业技术学院学报》2008 年第 1 期。

有关的史事、景物、掌故、传闻等。全书正文共五卷：卷一城内，记永宁寺等9寺；卷二城东，记明悬尼寺等13寺；卷三城南，记景明寺等7寺；卷四城西，记冲觉寺等9寺；卷五城北，记禅虚寺等2寺。共记大寺40所，一些大寺之下又附记了中小寺40多所。卷一至卷四详细记载了北魏洛阳的城址、城门、宫殿、御道、佛寺、官署、住宅、名胜、古迹、道路、水路、桥梁、手工作坊、商业市场、政治事件、风俗和人物故事，等等。这为研究北魏洛阳的历史地理、经济地理以及考古发掘提供了重要的史料。卷五用绝大部分的篇幅，详细地记载了北魏神龟元年（518）十一月，敦煌人宋云和崇立寺比丘惠生奉胡太后之命，出使西域，求取大乘经的经过及沿途见闻。书中保存了今已失传的《宋云家记》《惠生行传》《道荣传》的部分内容，成为研究北朝时期中西交通和中西文化交流史的重要参考资料。

《洛阳伽蓝记》自问世以来，颇受后世学者重视，隋、唐、宋、元、明各代学者的著述中多有引用，历代官修正史中的《艺文志》或《经籍志》皆有著录。《四库全书总目》中将其列入史部地理类，并评价道："其文秾丽秀逸，烦而不厌，可与郦道元《水经注》肩随。"①

四、宋云与《宋云行记》

宋云，生卒年不详，敦煌（今甘肃省敦煌市）人，著名的西行求法者。宋云居住在洛阳城东北的闻义里，曾担任王伏子统（亦作剩伏子统），即管理僧侣的官员。北魏孝明帝（516至528年在位）时期，受胡太后之命，与洛阳崇立寺沙门惠生（亦作慧生）、法力等出访西域，求取大乘经，并宣扬国威，结好与国。关于宋云等人西行的时间，有三种记载。《北史·西域传》曰②："熙平中（516—517），明帝遣剩伏子统宋云、沙门法力等使西域，访求佛经。时有沙门惠生者亦与俱行，正光中，还。"《魏书·释老志》曰③："熙平元年（516），诏遣沙门惠生使西域，采诸经律，正光三年（522）冬还京

---

① ［清］永瑢、纪昀：《四库全书总目提要》卷七十。
② ［唐］李延寿：《北史》卷九十七。
③ ［北齐］魏收：《魏书》卷一一四。

师。所得经论一百七十部行于世。"《洛阳伽蓝记·城北》凝玄寺条曰①："闻义里有敦煌人宋云宅，云与惠生皆使西域也。神龟元年十一月冬……初发京师，至正光三年二月，始还天阙。"这一记载取材于《宋云家记》，应更加可靠。因此大多学者认为，宋云等人西行的出发时间是神龟元年（518）十一月。但也有学者认为②："惠生出使时间在熙平元年（516），宋云西使时间在神龟元年（518）。"二人的行程也不相同。宋云西行历时五载，于正光三年（522），携大乘经论170部返回洛阳。回洛阳后，宋云撰有《宋云家记》，惠生撰有《惠生行传》《道荣传》，写下了他们西行的经历和见闻。这些著述都已散失，幸好《洛阳伽蓝记》综合收录了宋云等人的记述，因以宋云为主线，后人将这一部分文字称为《宋云行记》。《旧唐书·经籍志》地理类、《新唐书·艺文志》地理类均著录"北魏宋云撰《魏国以西十一国事》一卷"，当指《宋云行记》。

据《洛阳伽蓝记》记载③，以及有关学者的研究④，宋云等人西行的具体路线是：从洛阳出发，经陕西、甘肃入青海，越赤岭（今日月山），"西行二十三日，渡流沙，至吐谷浑国（在今柴达木盆地）"，"从土谷浑国西行三千五百里至鄯善城（今新疆若羌）"，从鄯善西行，经过左末城（今新疆且末）、末城（今新疆策勒）、捍摩城（位于末城西20里），便到达著名的于阗国，其都城即今新疆和田县。在《宋云行记》中记载了当时于阗人的一些习俗，非常珍贵。离开于阗后，宋云一行于神龟二年（519）七月进入朱驹波国（今在新疆叶城县城以南）。八月初，宋云由朱驹波西行进入汉盘陀国（今新疆塔什库尔干）界。经过艰苦跋涉，登上葱岭，经钵孟城，或钵猛城（今新疆莎车至阿克陶之间的一城市），越不可依山（今帕米尔东北的噶什噶尔山脉，也称昆仑山东段），又西行到葱岭山顶的汉盘陀国都城。宋云等越过葱岭进入钵和国，这是南北朝时著名的西域古国。现代学者一般认为，即今瓦罕地区。据宋云记载，钵和国"国之南界，有大雪山，朝融夕结，望若

①③ ［东魏］杨衒之：《洛阳伽蓝记》卷五。
② 颜世明：《宋云、惠生行记研究》，《青海民族大学学报》2016年第4期。
④ 马曼丽：《宋云丝路之行初探》，《青海社会科学》1985年第4期。

玉峰"。此大雪山，即今兴都库什山。神龟二年十月初，宋云等越过兴都库什山，进入今阿富汗境内。当时阿富汗为嚈哒国所统治，因此宋云称其地为嚈哒国。我国古籍一般认为是大月氏种类，也有认为是高车的一种。其王都为拔底延城，即今阿富汗北都的巴尔赫（今称巴兹拉巴德）。宋云一行在嚈哒国逗留近一月，于十一月初西达波知国（在今阿富汗巴达赫尚省）。十一月中旬，宋云由波知拐向东南，进入今巴基斯坦境内，经赊弥国（在今巴基斯坦西北边境省）、钵卢勒国（在今克什米尔地区达地斯坦），进入乌场国。乌场国的地理位置相当于今巴基斯坦国开伯尔—普什图省斯瓦特县。北魏正光元年（520）四月中旬，宋云等进入乾陀罗国，其国都即今巴基斯坦的白沙瓦。至此，宋云等大体上完成了参礼佛迹，求取大乘佛经的任务，遂于正光三年（522）二月回到洛阳。所得大乘佛经一百七十部，流传于世。

《宋云行记》不但记述了当时中原到印度的交通路线，还对沿途国家、地区的物产、政治、风俗、信仰等进行了具体记述，尤其是对于阗国、嚈哒国和葱岭的记述具有珍贵的史料价值。

五、温子升

温子升（495—547），字鹏举，济阴冤句（今山东省菏泽市）人，北魏著名文学家、地理学家。温子升历仕北魏、东魏两朝。史载①，其最初求学时，"精勤，以夜继昼，昼夜不倦"。长成人后，"博览百家，文章清婉"。

北魏期间，温子升先后在东平王元匡、广州王元深府中任职。永安元年（528），孝庄帝即位，起用温子升为南主客郎中。孝武帝永熙年间（532—534），温子升任侍读兼中书舍人、镇南将军、金紫光禄大夫，迁散骑常侍、中军大将军，领本州大中正。后因得罪东魏权臣高澄被投入狱，饿死在狱中。

作为"北地三才子"之一的温子升，才华横溢，济阴王元晖业曾说："江左文人，宋有颜延之、谢灵运，梁有沈约、任昉，我子升足以陵颜轹谢，

---

① ［北齐］魏收：《魏书》卷八五。

含任吐沈。"① 其作品传至南朝，梁武帝萧衍大相叹赏，直谓"曹植、陆机复生于北土"②。阳夏太守傅标出使吐谷浑，"见其国主床头有书数卷，乃子升文也"③。足见其作品在当时影响之大。

温子升著有《永安记》三卷，已佚。明人辑有《温侍读集》一卷，留传于世。在《隋书·经籍志》中，《永安记》著录为地理类，因其佚失，内容不详，但属地理类著作是没有问题的。

六、卢元明

卢元明，字幼章，生卒年不详，范阳涿县（今河北省涿县）人。卢元明出身名门望族，历仕北魏、东魏，史载其"涉历群书，兼有文义，风彩闲润，进退可观"；"善自标置，不妄交游，饮酒赋诗，遇兴忘返"④。北魏孝庄帝永安初（528），卢元明入仕，任长兼尚书令，相当于在尚书令指导下实习。孝武帝即位（532），卢元明升任中书侍郎，并被封为城阳县子。永熙末年（534），卢元明辞官，居住在洛阳东缑山。去世后，赠太常卿。

卢元明"性好玄理，作史子新论数十篇，文笔别有集录"。清严可均《全后魏文》卷三十七收其文《幽居赋》（仅目录）、《剧鼠赋》和《嵩高山庙记》。在《隋书·经籍志》中，《嵩高山庙记》著录为地理类。嵩高山即嵩山。《魏书·冯亮传》记载⑤，北魏正光元年（520），灵太后胡氏在嵩山建闲居寺，"世宗给其工力，令与沙门统僧暹、河南尹甄深等，周视嵩高形胜之处，遂造闲居佛寺"。《嵩高山庙记》则以此寺为重。当今尚存的嵩岳寺塔，即位于北魏闲居寺旧址。

除以上著作外，北朝期间还有北魏邓渊撰《代都略记》三卷、刘芳撰《徐地录》一卷、李义徽撰《舆地图》、惠生撰《惠生行传》一卷、东魏杨衒之撰《庙记》一卷、陆恭之撰《后魏舆地风土记》，北齐元晖业撰《后魏辩

---

① ② ③ ［北齐］魏收：《魏书》卷八五。
④ 同上，卷四七。
⑤ 同上，卷九〇。

宗录》二卷、徐之才纂《宗国都城记》二卷、李叔布撰《齐州记》四卷和《齐州图经》一卷，北周明帝撰《国郡城记》九卷、宇文护修《周地图记》一百零九卷、姚最撰《序行记》十卷，以及佚名的《大魏诸州记》二十一卷、《后魏兴国土地记》、《幽州图经》一卷、《冀州图经》一卷、《魏聘使行记》六卷、《州郡县簿》七卷等。可惜这些著作大多失传。

第四节　自然地理[①]

北朝地理著作以《水经注》为代表，其中记录了大量的地理内容，按现在学科分类大致可分为自然地理和人文地理等方面。本节就其自然地理方面的内容做一简述。

一、水文地理知识

早在先秦时期，人们对河流、湖泊在生产生活中的作用就有了一定认识。《水经注》中记载的河流涉及范围广、描述生动，所记大小河流 1200 余条，湖泊沼泽 500 余处，泉水和井等地下水近 300 处，伏流 30 余处，瀑布60 多处。它不仅详细记录各河流情况，还多采用精彩的文学语言对其进行生动的描述。

《水经注》非常重视河流的水源，作者参照前人图志，并尽量亲自实察，以求所得。在卷二十一"汝水"注中说："余以永平中，蒙除鲁阳太守，会上台下列山川图，以方志参差，遂令寻其源流，此等既非学徒，难以取悉，既在径见，不容不述。"

瀑布是一种特殊的水流现象，因其壮观新奇被世人关注。《水经注》中既用"瀑布"一词，也用"泷""洪""洩""悬水""悬流""悬泉""悬涛""悬湍""飞波""飞清""飞泉""飞瀑""飞流"等词描述现在的瀑布现象，如卷四"河水"注中：

---

① 本章第四节、第五节、第六节无特别注明者，皆引自陈桥驿先生研究成果。主要参考陈桥驿：《水经注〉研究》，天津古籍出版社 1985 年版。

孟门，即龙门之上口也，实为河之巨阸，……其中水流交冲，素气云浮，往来遥观者，常若雾露沾人，窥深悸魄。其水尚崩浪万寻，悬流千丈，浑洪赑怒，鼓若山腾，浚波颓叠，迄于下口，方知慎子，下龙门，流浮竹，非驷马之追也。

《水经注》对地下水的记载最多的是泉水，几乎每条河流及其流域中都有泉水出现。在卷九的《清水》注中，从河源到共县记载的泉水达12处；卷十三《漯水》注中，从涿鹿县到沮阳县一片较小的范围内，记载的泉水达8处。这些泉水的记载，对于今天研究古今泉水变迁和勘查地下水资源等，都有重要的参考价值。

除泉水外，温泉和井也是《水经注》记载的重要内容。《水经注》中记载温泉38处，其中大多处于太行山区和陕甘地区。在描述温泉的水温时，作者常使用一些非常形象的词句，如卷五《河水》注中"水西出娄山，至冬则暖，故世谓之温泉"。这显然描述的是水温比较低的温泉；而在卷三十一《潕水》注中则用"炎热特甚"来描述北山阜温泉，用"炎势奇毒"来形容大木山温泉，用"可以熟米""可以燖鸡""可燖鸡豚"分别描述皇女汤温泉、新阳县温泉和邛都温泉。除记载水温外，书中还记载了温泉的医疗功效，如卷十一《滱水》注的暄谷温泉"能愈百疾"、卷十三《漯水》注的桥山温泉"疗疾有验"、卷十九《渭水》注的丽山温泉可以"浇洗疮"、卷三十六《若水》注的邛都温泉"能治宿疾"等等。还有一则特殊的例子，如卷三十九《耒水》注："县界有温泉水，在郴县之西北，左右有田数千亩，资之以溉，常以十二月下种，明年三月谷熟，度此水冷，不能生苗，温水所溉，年可三凳。"这是少见的温泉用于农业生产的记载。对于井的记载，《水经注》涉及范围广，全书记载各类井达50余处，其中在卷二、卷五、卷六、卷十九、卷二十五、卷二十六、卷三十、卷三十八等处记录了井的深度。

伏流是一种由地下水造成的自然地理现象，《水经注》中有一些地方对伏流的解释有误，成为后人诟病的素材。

此外,《水经注》中还记录了河水、滱水、伊水、榖水、瓠子河、沔水、湍水、江水等河流特别是黄河所发生的水灾,记载详细。如卷十五"伊水"中"又东北过伊阙中"注:"伊阙左壁有石铭云:黄初四年六月二十四日辛巳,大出水,举高四丈五尺,齐此已下。盖记水之涨减也。"

对于黄河的含沙量,《水经注》中引用汉大司马史长安人张戎的著名数量分析:"河水浊,清澄一石水,六斗泥。"《水经注》还关注到河流水量的季节变化,如卷四《河水》注中记载黄河支流"是水冬干夏流",卷九《荡水》注记载荡水支流黄雀沟水"是水夏秋则泛,冬春则耗"。

《水经注》中还记录了我国北方河流的冰期,还记有大量湖泊和沼泽的水文资料,为现今研究湖泊变迁提供了可靠的文献史料。

二、地形知识

《水经注》中还记录了多种地形地貌,其中高地有山、岳、峰、岭、坂、冈、丘、阜、崮、障、峰、矶、原等,低地有川、野、沃野、平川、平原、原隰等,仅山岳、丘阜地名就有近 2000 处。

《水经注》以水为纲,常将一些有名或无名的山岳穿插在江湖河海之间进行细致描述。如卷二《河水》注中:"焉耆近海多鱼鸟,东北隔大山与车师接。"卷四十《渐江水》注中:"(定阳)溪水又东迳长山县北,北对高山。"这里的"高山"和"大山"都没有名称,但书中描述如实地反映了该地的地貌情况。对于我国各地的名山,《水经注》都作了描述,如太行山、恒山、嵩山、华山、泰山等。在《河水》《洛水》《榖水》《渭水》等篇中,还对"源"(书中称"原")进行了描述,共约 30 多处。卷十九《渭水》注中:"(泠水)历阴槃、新丰两原间,北流注于渭"。卷十八《渭水》注记"(岐水)又历周原下","周原"就是一片面积很大的"原"。

卷三十三《江水》注中对白帝城附近的小片低地做了如下描述:

> 白帝山城周回二百八十步,北缘马岭,接赤岬山,其间平处,南北相去八十五丈,东西七十丈,又东傍东瀼溪,即以为隍。

此外，用"川"或"平川"等词描述河漫滩、河谷平原或盆地之类的低地约150余处。对于黄河下游支流之一漯水的河口三角洲，卷五《河水》注写得很详细：

> （漯水）又东北为马常坑，坑东西八十里，南北三十里，乱河枝流而入于海。河海之饶，兹焉为最。

《水经注》中还记录了喀斯特地貌，其中喀斯特溶洞十余处、洞穴70余处。卷十三《漯水》注中："代城东南二十五里有马头山，其侧有钟乳穴。"卷三十《淮水》注中："豪水出阴陵县之阳亭北，小屈有石穴，不测所穷，言穴出钟乳。"

《水经注》中还有对沙漠的描写，涉及今塔克拉玛干沙漠、白龙堆沙漠、额济纳沙漠、鄂尔多斯沙漠等。卷四十"流沙地在张掖居延县东北"注中描述居延海一带的额济纳沙漠：

> 居延泽在其县故城东北，《尚书》所谓流沙者也。形如月生五日也。弱水入流沙，流沙，水与沙流行也。

《水经注》记载的峡谷多达70余处，其描写多以峡谷两岸地形的陡峭和峡谷中河道水流的湍急来反映峡谷的地貌特征。如卷二《河水》注的石门口峡："高险峻绝，对岸若门。"卷四《河水》注的孟门山峡谷："浑洪赑怒，鼓若山腾。"《水经注》中对峡谷自然景色的描写精美绝伦，从地理学角度还是文学角度都称得上是上乘之作。如卷三十四《江水》注"又东过巫县南，盐水从县东南流注之"注：

> 今县东有巫山，……其首尾间百六十里，谓之巫峡，盖因山为名也。自三峡七百里中，两岸连山，略无阙处，重岩叠嶂，隐天蔽日，自

非停午夜分，不见曦月，至于夏水襄陵，沿溯阻绝，或王命急宣，有时朝发白帝，暮到江陵，其间千二百里，虽乘奔御风，不以疾也。春冬之时，则素湍绿潭，回清倒影。绝巘多生怪柏，悬泉瀑布，飞漱其间，清荣峻茂，良多趣味，每至晴初霜旦，林寒涧肃，常有高猿长啸，属引凄异，空谷传响，哀转久绝。故渔者歌曰：巴东三峡巫峡长，猿鸣三声泪沾裳。

此段文字生动至极，唐诗人李白的"朝辞白帝彩云间，千里江陵一日还，两岸猿声啼不住，轻舟已过万重山"疑出此典。

北魏时期，人们对一些地貌地形成因有了比较客观科学的认识，如在《水经注》《河水》注中写道："河中漱广，夹岸崇深，倾崖返捍，巨石临危，若坠复倚。古人有言，水非石凿，而能入石。信哉。"表达了黄河孟门山的成因是流水侵蚀的结果这一正确认识。北魏末崔楷已指出滹沱河、滏阳河流域大量盐碱化土地是由于沥涝、河道变迁以及河流出路堵塞使地下水位提高而产生的，并据此提出了正确的整治河道、排除涝水以治盐碱土的方法。

三、其他自然地理知识

在植物地理方面，《水经注》记录了140多种的植物，不仅记载了北魏及之前的植物种类，还对植被进行了分类。对古代农业植被概况，也有相当详细的记载。这些方面的工作都胜于前人。《水经注》记载的动物种类超过100种，记录了当时及之前动物分布的区域性和活动的季节性。此外，《水经注》还记录了热带植物和热带动物。以上记载，对当今科学研究具有重要的参考价值。

"自然灾害"也是《水经注》关注的重要内容，其中记录水灾最多，达30余次。这些水灾上起商周下达北魏，年代记录准确可靠；北逾海河流域，南到长江流域，范围之广前无来者。灾情记录包括洪水水位、决溢河段、泛滥地区、损失情况及善后处理等，记录相当完备。除水灾外，《水经注》还记录了地震、风灾等。

植物地理方面，除《水经注》外，贾思勰已经注意到各种植物与地形、水等自然地理要素的关系。他在《齐民要术》中说："下田停水之处，不得五谷者，可以种柳"；"（竹）宜高平之地，近山阜尤其所宜，下田得水则死"。

第五节　人文地理

我国古代很早就重视人文地理的记述和研究。《禹贡》是我国最早的一部人文地理著作，它将天下划为九州，并分别记载了主要河流；其中有几个州的地理位置是以水系为基础来表述的。《史记·货殖列传》是我国第一部经济地理专著。《汉志》后序所引朱赣《风俗》和刘向《域分》中对战国至西汉以来各地的人文地理要素及其区域差异，都有极为生动的叙述，不仅写出了各区域的特点，还指出区域之间的联系和影响，同时又阐述了各区域经济、文化差异的环境因素和历史渊源。之后，一些正史地理志特别是方志中都有大量的人文地理的记述。《水经注》中关于人文地理方面的记载也非常丰富。

一、行政区划及城邑

《水经注》以水为纲，因此对行政区划的记录不及专门的方志记载条理。但在时间上一直追溯至先秦，有些方面可以弥补正史地志的缺漏；其中一些县名为前人记载所遗失；另外《水经注》在记载一些县名时，非常重视其渊源，这也是《水经注》的重要贡献。

《水经注》记载的各类地名中，城邑与都会的地名近3000处，为我国古代城市地理累积了丰富的资料。其中有许多我国古代建城的资料，如卷十五《洛水》注中：

> 洛阳，周公所营洛邑也。故《洛诰》曰：我卜瀍水东，亦惟洛食。
> 其城方七百二十丈，南系于洛水，北因于郏山，以为天下之凑。

《水经注》记载的大量城邑中，有很多是我国历史上著名的大都会，其中不乏历朝首都。如卷十九《渭水》注中记载了秦、汉故都长安城，就其城门、城郭、街衢、宫殿、园苑等详细记载，仅仅对长安城的十二座城门的记载就用了 600 多字，其详尽细致，可见一斑。卷十六《穀水》注中记载了作为东周、后汉、魏、晋的故都和当代北魏的首都的洛阳城，作者做注 7400 余字，是为全书第一长注。注中涉及城市建筑史、地理位置、交通条件、水利设施以及城门方位、街市布局、园苑结构、宫殿建筑、人物事故等等，详尽至极。同样，卷十三《漯水》注中，对北魏旧都平城做了详尽记载，不仅涉及城内的门阙坛台、宫殿楼阁、寺观浮图、川渠道路，还对城外的山水池沼、园苑陵墓等做了详细描述。此外，对于许昌、邺城等曾经短期为都，甚至没做过都城的繁盛城市都做了比较详细的记录和描述。

二、水利工程与交通

《水经注》中记载了大量的水利工程，涉及灌溉、防洪、航运和水产养殖等多个方面。在卷三十一"清水"经中有：

> 朝水又东南分为二水，一水枝分东北，为樊氏陂，陂东西十里，南北五里，俗谓之凡亭陂。陂东有樊氏故宅，樊氏既灭，庚氏取其陂，故谚曰：陂汪汪，下田良，樊子失业庚公昌。昔在晋世，杜预继信臣之业，复六门陂，遏六门之水，下结二十九陂，诸陂散流，咸入朝水。

卷十四《鲍丘水》注中，从勘测、设计、施工到灌溉效益，详细介绍了车箱渠的情况：

> 魏使持节，都督河北道诸军事，征北将军，建城乡侯沛国刘靖，字文恭，登梁山以观源流，相漯水以度形势，嘉武安之通渠，羡秦民之殷富，乃使帐下丁鸿，督军士千人，以嘉平二年，立遏于水，导高梁河，造戾陵遏，并车箱渠，其遏表云：高梁河水者，出自并州潞河之别源

也，长岸峻固，直截中流，积石笼以为主，遏高一丈，东西长三十丈，南北广七十余步，依北岸立水门，门广四丈，立水十丈。山水暴发，则乘遏东下；平流守常，则自门北入。灌田岁二千顷。

《水经注》还介绍水利工程灌溉下的农田，如卷十六《沮水》注中记载郑渠所灌溉的农田：

> 使水工郑国间秦，凿泾引水，谓之郑渠。渠首上承泾水于中山西邸瓠口，所谓瓠中也，……渠成而用注填阏之水，溉泽卤之地四万余顷，皆亩一钟，关中沃野，无复凶年。

可见此处水利灌溉的功效显著，使得该地域农田"无复凶年"。

《水经注》记载的各类桥梁共达 90 余处，其中包括石桥、木桥、索桥、浮桥、阁桥、竹桥等。其内容涉及桥梁种类、建桥时间、建桥人物等，为研究我国古代桥梁建筑史及河道迁移、水文变迁史提供了重要的文献资料。在描绘长安渭桥时说：

> 秦始皇作离宫于渭水南北，以象天宫，故《三辅黄图》曰：渭水贯都，以象天汉；横桥南度，以法牵牛。南有长乐宫，北有咸阳宫，欲通二宫之间，故造此桥，广六丈，南北三百八十步，六十八间，七百五十柱，百二十二梁。桥之南北有堤，激立石柱，柱南，京兆主之；柱北，冯翊主之。有令丞，各领徒千五百人。桥之北首，垒石水中，故谓之石柱桥也。

《水经注》中还记录了 90 多处津渡地名。卷十《浊漳水》中记载，"漳水又历经县故城西，水有故津，谓之薄落津。昔袁本初还自易京，上已届此，率其宾从，楔饮于斯津矣。"可见此津渡容量之大、设施之完善。除"泛舟而渡"的津渡外，还有"涉水而渡"。卷二十八《沔水》注中："沔水又东偏浅，冬月可涉渡，谓之交湖，兵戎之交，多自此济。"

作为专门记录河流的巨著，《水经注》不仅记录内河航行，还记载了许多陆上道路，全书记载的各种道路地名在 120 处以上。在记录道路时，它不仅说明其起讫途径、兴衰沿革，还将其沿途的山川地貌、聚落城镇和人物掌故记载一番。如卷四《河水》注中有：

> 河水又东，千崤之水注焉，水南导于千崤之山，其水北流，缠络二道，汉建安中，曹公西讨巴汉，恶南路之险，故更开北道，自后行旅率多从之，今山侧附路有石铭云：晋太康三年，弘农太守梁柳修复道。

《水经注》中记载了很多古代中原地区的道路，如卷四《河水》注中的函谷关涧道和巅轸坂道，卷九《沁水》注中的野王道，卷十五《洛水》注中的郏鄏陌，卷十六《穀水》注中的白超垒大道等。

三、其他人文地理知识

郦道元生于战乱年代，本人曾陪同皇帝北巡并参加战争，因此《水经注》中的地理记载就会注意到兵要知识，在描述河川山岳、城邑道路的时，时常会突出这些地方发生过的战争。全注中共记大小战役 300 余次，有详有略。如卷六《汾水》注中记载的秦晋之战仅此一句："《春秋》文公七年，晋败秦于令狐，至于刳首。"而在卷十七《渭水》注中则记：

> 县有陈仓山，……魏明帝遣将军太原郝昭筑陈仓城成，诸葛亮围之，亮使昭乡人靳祥说之，不下，亮以数万攻昭千余人，以云梯冲车，地道逼射，昭以火射连石拒之，亮不利而还。

作者还分析了地理优势在战争中起到的重要作用，认为山岳、关隘、河川、渡口、桥梁、道路、聚落、仓储等是决定战争胜负的重要因素。如卷二十《漾水》注中：

（清水）又东南迳小剑戍北，西去大剑三十里，连山绝险，飞阁通衢，故谓之剑阁也。张载铭曰：一人守险，万夫趑趄。信然。故李特至剑阁而叹曰：刘氏有如此地而面缚于人，岂不奴才也。

《水经注》中记载争夺优势地理位置、依靠优势地理位置战胜或战败的例子举不胜举，非常精彩。

《水经注》还记载了已经湮灭的和当时还存在的园林，其中最为详细的是对洛阳的芳林园和华林园的描述，在卷十六《穀水》中有：

孙盛《魏春秋》曰：景初元年，明帝愈崇宫殿，雕饰观阁，取白石英及紫石英及五色大石于大行穀城之山，起景阳山于芳林园。树松竹草木，捕禽兽以充其中，于时百役繁兴，帝躬自掘土，率群臣 三公已下，莫不展力，山之东，旧有九江，陆机《洛阳记》曰：九江直作圆水，水中作圆坛三破之，夹水得相迳通。《东京赋》曰：濯龙芳林，九谷八溪，芙蓉覆水，秋兰被涯。今也，山则块阜独立，江无复仿佛矣。

《水经注》中还记载了不少陵墓，全注记载各种陵墓多达 260 余处，其中也包含一些传说。如卷三《河水》注中的黄帝冢等，其中用近 500 字描述秦始皇造陵墓的奢侈行为，很是详细。

《水经注》还对采矿、冶金等工业做了记载。全注共记载矿山、盐场等120 余处，其中 90 多处信息可靠。卷三十三《江水》经记录了朐忍县的井盐采制业：

南流历县，翼带盐井一百所，巴川资以自给，粒大者方寸，中央隆起，形如张伞，故因名之曰伞子盐，有不成者，形亦必方，异于常盐矣。王隐《晋书地道记》曰：入汤口四十三里，有石煮以为盐，石大者如升，小者如拳，煮之，水竭盐成，盖蜀火井之伦，水火相得乃佳矣。

此外，《水经注》在三国都市文化地理的内容，是研究三国历史的宝贵资料，可以补充陈寿《三国志》和裴松之《三国志注》的不足。[①]

第六节　外域地理

《水经注》除了对国内地区地理详细描述外，还对域外地理进行了多方面的记载。这里讲的域外，在当时有的属于边疆地域，有的是域外。由于路途遥远，加之交通不便，作者都未能实地考察。《水经注》中记载的内容，主要依据可获取的文献资料，如《汉书·地理志》《汉书·西域传》等，还有一些比较稀见的文献，如《法显传》、释氏《西域记》、康泰《扶南传》、竺枝《扶南记》、竺法维《佛国记》、支僧载《外国事》《林邑记》《交州记》《交州外域记》《俞益期与韩伯康书》等。还有一些是作者亲自询问外来人士所得。尽管这些域外地理知识都是通过如上方式间接获得，有些资料不是十分准确，但现在看来还是很有参考价值的。

一、对域外地区的介绍

在描述水域的同时，《水经注》还关注与水域相关的域外地区。注文对南亚地区的政治地理记载得非常完备，曾经出现的古代南亚地区的国名约30多个。如卷一《河水》注中引用《法显传》："恒水又东到多摩梨轩国，即是海口也。"又引康泰《扶南传》："从迦那调洲西南入大湾，可七八百里，乃到枝扈黎大江口，度江径西行，极大秦也。"又引同书云："发拘利口，入大湾中，正西北入，可一年余，得天竺江口，名恒水，江口有国号担袂。"显然，引用的这几段文字间存在着重复和矛盾，但经过校勘和笺注，仍不失为有关古代印度东南部和孟加拉湾沿岸的重要地理资料。

前已述及，除广泛搜罗文献资料以外，作者还亲自对来自域外的使节

---

① 梁中效：《〈水经注〉中的三国城市文化地理》，《西华师范大学学报》（哲学社会科学版）2014年第4期。

和其他人士进行访问，以增加其域外地理知识。卷十四《浿水》注中对浿水
（即今朝鲜清川江）流向的考证即是其例，经文云："坝水出乐浪镂方县，东
南过临浿县，东入于海。"作者根据有关的文献资料推理，认为浿水"东入于
海"的说法是错误的。为了证实他的论断，他特地访问了当时高句丽来北魏
的使节，终于证实了作者的见解。这段注文云：

> 汉武帝元封二年，遣楼船将军杨朴、左将军荀彘讨右渠，破渠于浿
> 水，遂灭之。若浿水东流，无渡浿之理。其地，今高句丽之国治，余访
> 蕃使，言城在浿水之阳，其水西流，迳故乐浪朝鲜县，即乐浪郡治，汉
> 武帝置，而西北流。故《地理志》曰：浿水西至增地县入海。又汉兴，
> 以朝鲜为远，循辽东故塞，至浿水为界。考之今古，于事差谬，盖经误
> 证也。

如上注，虽然作者足迹未至高句丽，但资料的可靠性并不亚于他实地考
察之所得。这是作者做学问的踏实之处，也是《水经注》资料的可贵之处。

二、对域外城市和建筑的介绍

《水经注》中记载了不少古代的域外都城。如卷一《河水》注中，记载
了一些今印度恒河流域的古代国都，如拘夷那褐国南城、毗舍利城、波罗奈
城、巴连弗邑、王舍新城、瞻婆国城、僧迦扇奈揭城、罽饶夷城、沙祇城、
迦罗卫城、泥犁城、迦那城等，其中有些国都具有很大的城市规模。卷二
《河水》注中记载了古代西域的许多国家的都城，如鲜循城、犍陀越王城、
钵吐罗越城等。卷十四《汉水》注中记载了高句丽国的都城。

卷一《河水》注的巴连弗邑："邑即是阿育王所治之城，城中宫殿皆起
墙阙，雕文刻镂，累大石作山，山下作石室。……凡诸国中，惟此城为大，
民人富盛。"有的记载还清楚地描述了城市的规模。

在所有记载的域外城市中，卷三十六《温水》经"东北入于郁"注中所
记载的古代林邑国区粟城和林邑国都典冲城最为详细。其中记载区粟城：

《林邑记》曰：城去林邑步道四百余里。……其城治二水之间，三方际山，南北瞰水，东西涧浦，流凑城下。城西折十角，周围六里一百七十步，东西度六百五十步，砖城二丈，上起砖墙一丈，开方隙孔，砖上倚板，板上五重层阁，阁上架屋，屋上架楼，楼高者七、八丈，下者五、六丈。城开十三门，凡宫殿南向，屋宇二千一百余间，市居周绕，阻峭地险，故林邑兵器战具悉在区粟。

南亚地区是世界宗教建筑艺术的宝库之一。《水经注》中记载了大量该地区的宗教建筑，如拘夷那褐国王宫、大城里宫、净王宫、巴连弗邑宫殿等以及王园、随楼那果园、鹿野苑等，同时也描述了这一带的许多寺院，如蒲那般河僧伽蓝、钵吐罗越城东寺、旷野精舍等。

塔是佛教的产物，天竺诸国是塔的创始地，早在公元前3世纪的阿育王时代，建塔已经非常普遍。《水经注》根据《法显传》等资料，对这个地区的建塔情况作了详细介绍，涉及的名塔达20余处，超过其所记的国内的塔数。如卷一《河水》注中的阿育王浮图、蓝莫塔、阿育王大塔，卷二中的犍陀卫国大塔、弗楼沙国大塔，卷十六中的爵离浮图等当地名塔，都作了较为详细的记载。在介绍永宁寺九层浮图时说："西国有爵离淖图，其高与此相状，东都西域，俱为庄妙矣。"爵离浮图为弗楼沙国罽腻伽王所建造，号称西域第一。

卷一《河水》注中记载了古代印度河上游的索桥："有水名新头河，昔人有凿石通路施倚梯者，凡度七百梯，度已，蹑悬縆过河，河两岸相去咸八十步。"同卷又记载了古代罽宾（今克什米尔一带）的索桥。注云：

余证诸史传，即所谓罽宾之境，有磐石之隥，道狭尺余，行者骑步相持，縆桥相引，二十许里方到悬度。

《水经注》记载了不少域外的道路，例如卷一《河水》注记载的葱岭天竺道，罽宾道，林杨金陈步道等，其记载度葱岭至天竺的道路情况云：

> 度葱岭，已入北天竺境，于此顺岭西南行十五日，其道艰阻，崖岸险绝，其山惟石，壁立千仞，临之目眩，欲进则投足无所，下有水。名新头河。

此外，卷二《河水》注记载了大月氏、大宛、康居道，卷三十六《温水》注记载了彭龙、区粟通逵和挟南、林邑步道等，也都是域外的重要道路。

三、域外地貌和生物介绍

《水经注》卷一《河水》注中说：

> 阿耨达太山，……即昆仑山也。……其山出六大水。山西有大河名新头河，郭义恭《广志》曰：甘水也。在西域之东，名曰新陶水。山在天竺国西，水甘，故曰甘水。

对印度河上游的高山深谷，《水经注》中有：

> 度葱岭，已入北天竺境，于此顺岭西南行十五日，其道艰阻，崖岸险绝，其山惟石，壁立千仞，临之目眩，欲进则投足无所，有水名新头河，昔人有凿石通路施倚梯者，凡度七百梯，度已，蹑悬绠过河，河两岸，相去咸八十步。

对于南亚地区的生物界，《水经注》中也有较详细的记载。文中多次提到的贝多树，也称贝多罗树（Pattra），是一种棕榈科常绿乔木（Barassus flabellifer），古代印度人多拿来写佛经，称为贝叶经。这种树在印度的热带和亚热带地区是普遍存在的。《温水》注中有描述古代林邑国（今越南南部）的热带森林："林棘荒蔓，榛梗冥郁，藤盘笙秀，参差际天。""叶榆河"注中记古代交趾（今越南北部）的热带森林说："深林巨薮，犀象所聚。"卷三十六中引《林邑记》记载这个南亚地区的植物："林棘荒蔓，榛梗冥郁，藤盘笙秀，参错际天。"

对于古代南亚地区的动物，《水经注》记载的有小步马、驴、鸳鸟、象等，其中说到："群象以鼻取水洒地"，可见南亚从古至今都是亚洲象最多的地方。卷三十六《温水》经"东北入于郁"注引《林邑记》，对九真郡咸骥（今越南荣市以北地区）一带原始生物景观做了非常生动的描述："咸骥已南，麞鹿满冈，鸣呴命畴，警啸聆野，孔雀飞翔，蔽山笼日。"

除了动植物以外，《水经注》还记载了南亚地区的矿物，其中记载得最完整的是盐。注文中有："有石盐，白如水精，大段则破而用之。康泰曰：安息、月氏、天竺至伽那调御，皆仰此盐。"

除《水经注》外，《洛阳伽蓝记》中记载了宋云、惠生等人西行求法一事，记录了如吐谷浑国和鄯善国及现在阿富汗、巴基斯坦等国一些地理知识，记述了该地区的自然地理，如气候、地势、山脉、河流、交通等。《洛阳伽蓝记》卷五对今帕米尔地区的地形、物产、气候都有着较之前更为详细准确的记载。书中称此地地形"高峻，不生草木"，"山路欹侧，长坂千里，悬崖万仞，及天之阻，实在于斯。太行孟门，匹兹非险；崤关陇坂，方此则夷。自发葱岭，步步渐高，如此四日，乃得岭"。"八月，天气已冷，北风趋雁，飞雪千里。"[①]

不可否认的是，由于时代所限，《水经注》在描述外域地理时不可避免地掺杂入道听途说的信息，难免出现以讹传讹的现象。

① 赵荣：《魏晋南北朝时期的中国地理学研究》，《自然科学史研究》1994 年第 1 期。

第七章　建　筑

　　我国古代建筑历经原始社会、奴隶社会和封建社会三个历史阶段，其中封建社会是形成我国古典建筑的主要阶段。[1][2] 原始社会，先民们在地表面营窟或在树上筑巢而居。大约在五六千年前，我国广大地区进入氏族社会，先民们开始建筑简陋的房屋。其中，具有代表性的有两种：一是黄河流域由穴居发展而来的木骨泥墙房屋；二是长江流域多水地区由巢居发展而来的干栏式建筑。夏朝，人们开始营建城郭、沟池、监狱和宫室。商朝，已有较成熟的夯土技术。商朝后期，已出现了相当大的木构架建筑。据考古发掘，当时已有青铜制的斧、凿、钻、铲等建筑工具。西周时期，在建筑上的突出成就是瓦的发明，使西周建筑从"茅茨土阶"的简陋状态进入了比较高级的阶段。春秋时期，建筑上的重要发展是瓦的普遍使用和作为诸侯宫室用的高台建筑（又称台榭）的出现。战国时期，出现了一个城市建设的高潮，各国的国都既是诸侯统治的据点，又是工商业的城市。是时，开始应用斧、锯、锥、凿等铁制工具，木架建筑施工质量和技术大为提高。同时，出现了装修用的砖，在宫殿建筑上广泛使用筒瓦和板瓦并在瓦上着色。秦统一全国后，修驰道通达全国，筑长城以御匈奴，并集全国之力在咸阳修筑都城、宫殿、陵墓。汉代，社会生产力的发展促进了建筑技术的显著进步，其突出表现就是木架建筑渐趋成熟，砖石建筑和拱券结构有了很大发展。从东汉末年，经三国、两晋到南北朝时期，我国处于分裂、战乱状态，各地建筑破坏严重。但在相对和平的地域和时段中，如南北朝时期，继承和运用汉代的建筑技术，在城市建筑上也有所进展。此时，最突出的建筑类型是佛寺、佛塔和石

---

① 刘敦桢：《中国古代建筑史》（第 2 版），中国建筑工业出版社 2005 年版。

② 潘谷西：《中国建筑史》（第 5 版），中国建筑工业出版社 2003 年版。

窟。另外，秦汉时兴起的山水式风景园林，此时也有了重大发展。本章主要讨论北朝的建筑成就及建筑技术的进步。

第一节 北朝对建筑业的管理

本节对北朝及之前的建筑业管理作一简要叙述。

一、北朝之前的建筑业管理

我国古代很早就有专职的建筑业管理人员。相传在尧舜时代，有一名叫倕的巧匠，善作弓、耒、耜等，尧帝召之为工师，管理各种工匠。殷墟甲骨卜辞中所载的"工"，就是商朝管理工匠的"工"官，掌握工程的几何知识和测量定平技术，是建筑工程的主持者。西周时期，冬官府是掌管国家建筑营造的最高机构，其主官称大司空卿。在我国出土的西周文物中，多把司空记为"司工"。西汉时发现《周礼》六篇中佚失《冬官》一篇，汉景帝的儿子河间献王刘德以千金搜索未得，便以内容相近的齐国工艺官书《考工记》一篇补替。《考工记》记载了六门工艺的 30 个工种（缺两种）的技术规则，是中国古代科学技术重要文献。从《考工记·匠人营国》篇可知，匠人当为冬官司空的属官。其职责：一是"建国"，即给都城选择位置，测量方位，确定高程；二是"营国"，即规划都城，设计王宫、明堂、宗庙、道路；三是"为沟洫"，即规划井田，设计水利工程、仓库及有关附属建筑。另外，《匠人营国》篇也反映了中国古代源于礼制的建筑等级制度，以及建筑设计标准规范的运用。春秋战国时期，沿袭西周的工程管理和建筑制度。

《汉书·百官公卿表上》曰[①]："将作少府，秦官，掌治宫室，有两丞、左右中候。景帝中六年更名将作大匠。属官有石室、东园主章、左右前后中校七令丞，又主章长丞。武帝太初元年更名东园主章为木工。成帝阳朔三年省中候及左右前后中校五丞"。据此可知，秦朝时期，设置将作少府，本署有

---

① ［汉］班固：《汉书》卷十九。

两丞，左右中侯。掌管宫室、宗庙、陵寝、苑囿等皇家公共建筑工程之事。西汉时期，汉景帝中元六年（前143），将作少府更名为将作大匠，属官有石室令、丞，东园主章令、丞，主章长、丞，左校令、丞，右校令、丞，前校令、丞，后校令、丞，中校令、丞。其中，石室令掌建筑石料、东园主章令掌木匠、主章长掌砍伐树木、五校令掌营建。武帝太初元年（前104），将东园主章更名为木工。汉成帝阳朔三年（前143），撤减左右中候及左右前后中校五丞。这一管理制度，东汉、三国、西晋沿袭。东晋时期，始设祠部，其所属有起部曹，"掌诸兴造工匠等事"。将作大匠之设受其影响，"有事则置，无事则罢"。南朝宋、齐亦然，如《宋书·百官志》所言[1]，将作大匠"晋氏以来，有事则置，无则省"。这种状况，影响到北朝初期的工官制度及其对建筑营造的管理。

二、北朝对建筑业的管理

北魏前期，未设将作大匠，置右民尚书主持建筑工程之事。孝文改制，设置将作大匠，从三品。据《魏书》《北齐书》《北史》等文献记载，北魏的元超、王遇、姜俭、李道、卢同、羊扯、李韶、薛云尚以及北齐的元士将、崔季舒，西魏杨宽、卢光等人曾任此职。《隋书·百官志》记载[2]，北齐设置将作寺，"掌诸营建。大匠一人，丞四人。亦有功曹、主簿、录事员。若有营作，则立将、副将、长史、司马、主簿、录事各一人。又领军主、副、幢主、副等"。

西魏恭帝三年（556），依《周礼》改制，建筑业属于冬官府所管。冬官府的主官称大司空卿，正七命；副职佐官是小司空上大夫，正六命。建筑业的具体办事机构主要有工部、匠师、司木、司土、掌材等。其中，工部总管营造工程及百工，职官有工部中大夫、工部上士、工部中士、工部下士；匠师专司城郭宫室营造制度，职官有匠师中大夫、小匠师下大夫、小匠师上士；司木掌木类工程，职官有司木中大夫，小司木下大夫，小司木上士；司

---

① ［南朝梁］沈约：《宋书》卷三十九。
② ［唐］长孙无忌，令狐德棻：《隋书》卷二十七。

土掌土类工程，职官有司土中大夫，小司土下大夫，小司土上士；掌材专司材料管理和供应，职官有掌材上士、掌材中士、掌材下士。此外，还有掌握国家标准的机构和职官，如司量中士、司量下士；司准中士、司准下士；司度中士、司度下士。这样，形成了自上而下的等级管理系统，可对建筑业实施行之有效的管理，从而促进了建筑业的发展和建筑技术的进步。

第二节　北朝的建筑师

我国古代从事建筑设计与实践的人，属于社会地位低下的"百工"。只有少数人有幸入仕、位列工官，以建筑为正业被载入史册。北朝期间亦然。查《魏书》《北齐书》《周书》《北史》《水经注》等文献中记载的建筑师，多为以文功武略见长的"业余建筑师"。现从史料中摘录几例列举如下。

一、莫题

莫题，雁门繁峙（今山西应县东北）人，生卒年不详。史籍称其"有策谋"，因军功被封为大将，爵东宛侯。莫题是最早被任命为主持兴建北魏平城的人。《魏书·莫含传》曰[1]：

> 太祖欲广宫室，规度平城，四方数十里。将模邺、洛、长安之制。运材数百万根。以（莫）题机巧，征令监之。召入，与论兴造之宜，（莫）题久侍颇怠，赐死。

可见，北魏初，道武帝拓跋珪欲以中原的邺城、洛阳城、长安城为蓝本，兴建北魏首都平城。莫题因聪慧灵巧被委以建设负责人，但其"久侍颇怠"，终被赐死。另据《魏书·天象志》记载[2]，天赐三年（406）六月，道武帝"发八部人，自五百里内缮修都城，魏始有邑居之制度"。从这条文献看，

---

① ［北齐］魏收：《魏书》卷二三。
② 同上，卷一〇五。

道武帝大规模兴建平城，应始于天赐三年，莫题被赐死也可能是这一年。

莫题怠工原因不明。当时只有邺城为北魏占据，莫题如去洛阳、长安考察，困难很大；或者出身于燕代地区的莫题，对于把平城改建成邺、洛、长安城的样子，似乎没有太大的兴趣。总之莫题"久侍颇怠"，建造未遂。

二、郭善明

郭善明，史籍无传。从零星的文献资料可知，他是北魏皇家建筑师，活动在太武帝和文成帝年间。《北史·蒋少游传》曰[①]：

> 文成时，郭善明甚机巧，北京宫殿，多其制作。

《魏书·高允传》曰[②]：

> 给事中郭善明，性多机巧，欲逞其能，劝高宗大起宫室。

可见，郭善明具有优秀的建筑才能且颇有建树，文成帝时已升任给事中。郭善明事太武、文成两帝，因此，"北京宫殿"应指太武、文成两帝在平城时所兴建的宫殿。如太武帝时期兴建的万寿宫、永安殿、安乐殿、临望观、九华堂、承华宫、东宫，文成帝时期兴建的太华殿等。这些宫殿位于平城宫城内，其兴建、改造及修葺应多由郭善明主持。

三、王遇

王遇（约435—504），字庆时，本名他恶，冯翊李润镇（今陕西省澄城县）人，羌族。曾改姓钳耳，世宗宣武帝时，复改为王。《魏书·王遇传》记载[③]，王遇是北魏地位显赫的宦官之一，从小被阉为宦，宫中生活了60多年。

---

① ［唐］李延寿：《北史》卷九十。
② ［北齐］魏收：《魏书》卷四八。
③ 同上，卷九四。

其经历坎坷遭遇奇特，养成了古怪、复杂多变的性格，同时也造就了他坚韧不拔的精神和对建筑事业孜孜不倦的追求。《魏书·王遇传》曰[1]：

> 遇性巧，强于部分。北都方山、灵泉、道俗居宇及文明太后陵庙，洛京东郊马射坛殿，修广文昭太后墓园，太极殿及东西两堂、内外诸门制度，皆遇监作。

说明王遇聪慧灵巧，在建筑方面有特别强的天赋和能力。王遇事孝文、宣武两帝，期间重要建筑多与王遇有关。当代有学者将王遇的建筑贡献概括为四方面[2]。

其一，有关皇家陵墓（园）的设计、监作。王遇在平城设计、监作了文明冯太后的方山永固陵、孝文帝寿陵（万年堂）；在洛阳主持了"修广文昭太后墓园"等。

其二，云冈石窟部分建筑的设计、营造。由《大金西京武州山重修大石窟寺碑》可知，王遇在太和八至十三年（484—489），参与设计、营造云冈石窟的护国寺、崇教寺工程。

其三，有关寺院（庙）的设计、施工。王遇所主持设计、施工的寺院至少有四处。一为崇光宫。北魏文明太后冯氏曾在平城建崇光宫。孝文帝延兴二年（472）春，"改崇光宫为宁光宫"。王遇作为文明太后的心腹宦官，理应是崇（宁）光宫的设计营建者；二为思远寺。思远寺位于方山孝文帝寿陵旁，建于太和三年（479）。为孝文帝诏建，显然是皇家寺院。据"北都方山、灵泉、道俗居宇……皆遇监作"，思远寺的设计者当为王遇。三为祇洹舍（即庙，祭祠）。《水经注·漯水》记载[3]："东郭外，太和中阉人宕昌公钳耳庆时，立祇洹舍于东皋，椽瓦梁栋，台壁权陛，尊容圣像。"祇洹舍是当时重要的佛教建筑，其设计、监作者是王遇。四为晖福寺。据《大代岩昌公

---

① ［北齐］魏收：《魏书》卷九四。
② 辛长青：《羌族建筑家王遇考略》，《文史哲》，1993 年第 3 期。
③ ［北魏］郦道元：《水经注》卷十三。

晖福寺碑》(现藏陕西省博物馆)碑文，太和十二年（488），王遇在家乡陕西省橙城县旧宅上设计建造了晖福寺。

其四，洛阳城中重要建筑的设计、监作。孝文帝迁都洛阳后，王遇设计、监作了"洛京东郊马射坛殿"、宫城内的"太极殿及东西两堂""内外诸门制度"，以及官府（民用）建筑等，如恩幸赵修的宅第。

四、蒋少游

蒋少游[①②]（？—501），青州乐安郡博昌（今山东省博兴县）人，北魏著名建筑家、书法家、画家和雕塑家。青州蒋氏原本山东士族，但蒋少游作为"平齐户"被掳掠至平城，后因才华超众及权臣举荐方脱籍入仕，并得到重用，先后被委以辨章郎、散骑侍郎、都水使者、前将军、将作大匠、太常少卿等官职。

太和十五年（萧齐永明九年，491），蒋少游主持修建太庙。之后又受命到洛阳测量魏晋宫殿基址，并以副使身份随秘书丞李彪（字道固）出使南齐，考察齐都建康城的规划及宫苑形制。对此《南齐书·魏虏传》载[③]："（永明）九年，遣使李道固、蒋少游报使，少游有机巧，密令观京师宫殿楷式……虏宫室制度皆从其出。"蒋少游返回平城后，便把建康城的布局规划、宫室的建筑样式凭记忆绘出。太和十六年初，孝文帝下诏拆除平城宫城中的太华殿改建太极殿，以作为皇室的正殿。蒋少游担任了具体的设计、施工任务，同年十月即竣工。据《水经注·漯水》记载[④]，与太极殿同时兴建的尚有东、西堂及朝堂，夹建象魏、乾元、中阳、端门、东西二掖门、云龙、神虎、中华等门，门上都配置了望楼。太和十八年，孝文帝迁都洛阳。蒋少游在营建新都洛阳的过程中，主持了太极殿、金墉城门楼的设计及华林殿、池沼的修旧增新，建造了供皇室"池湖泛戏舟楫之具"的园林。这些建筑构思

---

① ［唐］李延寿：《北史》卷九十。
② ［北齐］魏收：《魏书》卷九一。
③ ［南朝梁］萧子显：《南齐书》卷五十七。
④ ［北魏］郦道元：《水经注》卷十三。

奇巧，形象华美，广受赞誉。北魏杨衒之《洛阳伽蓝记》卷一《城内》"瑶光寺条"赞美金墉城门楼曰："高祖在城内作光极殿，因名金墉城门为光极门，又作重楼飞阁，遍城上下，从地望之，有如云也。"《魏书·蒋少游传》曰[①]："少游又为太极立模范，与董尔、王遇共参之。"太极，指太极殿。模范，即模型，这是有关建筑模型的最早记载，表明蒋少游当时已具备了运用建筑模型纵观全局的建筑设计思想。

此外，蒋少游具有高超的绘画、书法、雕刻才艺。《水经注·漯水》篇曰[②]：

> 太和殿之东，北接紫宫寺，南对承贤门。门南，即皇信堂。堂之四周，图古圣、忠臣、烈士之容，刊题其侧，是辨章郎彭城张僧达、乐安蒋少游笔。

我国第一部绘画史唐代张彦远《历代名画记》中把蒋少游列为北魏第一人[③]："少游敏慧机巧，工画，善行、草书。"我国第一部书法通史宋代陈思《书小史》云[④]："蒋少游，乐安博昌人，有才学，敏慧机巧，工画，善行、草书及雕刻。"

孝文帝改革鲜卑旧俗，全面推行汉化，其中一项措施就是易服饰。蒋少游主管服饰的改革、设计，他设计的服饰为褒衣博带样式，由于孝文帝的推动，大兴于世。《魏书·蒋少游传》云[⑤]：

> 及诏尚书李冲与冯诞、游明根、高闾等议定衣冠于禁中，少游巧思，令主其事，亦访于刘昶，二意相乖，时致诤竞，积六年乃成，始班赐百官。冠服之成，少游有效焉。

北魏宣武帝景明二年（501），蒋少游去世，被追授为龙骧将军、青州刺

①⑤ ［北齐］魏收：《魏书》卷九一。
② ［北魏］郦道元：《水经注》卷十三。
③ ［唐］张彦远，田雨译注：《历代名画记》，黄山出版社 2012 年版。
④ ［宋］陈思，水采田译注：《宋代书论之书小史》，湖南美术出版社 1999 年版。

史，谥号曰质，留下生前著作《文集》十多卷。

五、李冲

李冲（450—498），字思顺，陇西狄道（今甘肃省临洮县）人，北魏著名政治家、建筑家。李冲出生显贵，很早就进入仕途。因其行为严谨，做事机敏，逐渐受到宠信，升任内秘书令、南部给事中。

太和十七年（493），孝文帝谋划迁都洛阳之初，就"诏征司空穆亮与尚书李冲、将作大匠董爵经始洛京"[①]。《魏书·穆亮传》对穆亮一生的文治武功录之甚详，但营建洛京之事只字未提。董爵不见经传。唯李冲有从事建筑经历的记载，《资治通鉴·齐纪三》曰[②]：

魏主（孝文帝）毁太华殿为太极殿，戊子迁永乐宫。以尚书李冲领将作大将，与司空穆亮共营之。

《隋书·牛弘传》曰[③]：

弘请立明堂，有云后魏代都所建，出自李冲。三三相重，合为九室，檐不覆基，房间通街，穿凿处多，迄无可取。

《魏书·李冲传》曰[④]：

（李）冲机敏有思巧，北京明堂、圆丘、太庙及洛都初基，安处郊兆，新起堂寝，皆资于冲。勤志疆力，孜孜无怠。旦理文簿，兼营匠制。几案盈积，剖断在手，终不劳厌也。

---

① ［北齐］魏收：《魏书》卷七上。
② ［宋］司马光：《资治通鉴》卷一百三十七。
③ ［唐］魏徵，令狐德棻：《隋书》卷四十九。
④ ［北齐］魏收：《魏书》卷五三。

从上述文献可知，李冲在平城期间，兼任将作大将，规划、设计过明堂、圆丘、太庙等礼制建筑及太极殿。考虑到李冲公务繁忙，具体任务可能由蒋少游完成。但是工程的总体规划非李冲莫属。也可断定，奉诏"经始洛京"者，虽有三人，而真正的规划设计者和工程总指挥应为李冲，即"洛都初基，安处郊兆，新起堂寝，皆资于冲"。

李冲在"太和改制"期间作出了重要贡献。如提出实行"三长制"，修订魏律，参与改革官制、礼乐、服饰，配合孝文帝迁都洛阳等，功勋卓越。太和二十二年（498），李冲去世，年仅49岁。为之，孝文帝悲痛欲绝，亲自安排将其葬于覆舟山下的杜预墓旁，并追授司空公，谥号文穆。

六、茹皓

茹皓，北魏著名园林建筑师，字禽奇，旧时吴地人，生卒年不详。茹皓容貌喜人，性情谨慎柔顺，深受世宗宠爱，升任其为骠骑将军，并命其营造洛阳华林园。《魏书·茹皓传》记之曰[1]：

> （茹皓）迁骠骑将军，领华林诸作。皓性微工巧，多所兴立。为山于天渊池西，采掘北邙及南山佳石。徙竹汝颍，罗莳其间；经构楼馆，列于上下。树草栽木，颇有野致。世宗心悦之，以时临幸。迁冠军将军，仍骁骑将军。

可见，茹皓设计和建造的华林园是很成功的。

茹皓荣华一生，颇获帝宠，遭人嫉妒，终以反叛构陷，食椒而死。

七、郭安兴

郭安兴，史籍无传。北魏孝明帝熙平元年（516），始建洛阳永宁寺、

---

① ［北齐］魏收：《魏书》卷九三。

塔，神龟二年（519）八月竣工，建造者为郭安兴。《魏书·蒋少游传》曰[①]：

> 世宗、肃宗时，豫州人柳俭，殿中将军关文备、郭安兴并机巧。洛
> 中制永宁寺，九层浮图，安兴为匠也。

2001年，洛阳市一座北魏墓（NH555）（图7-1）[②]，经鉴定墓主人为郭定
兴，太原晋阳人。志文中有：

> 君讳定兴，太原晋阳人也……弟强弩将军，永宁、景明都将，名
> 安兴。智出天然，妙感灵授。所为经建，世莫能传。论功酬庸，以授
> 方伯……

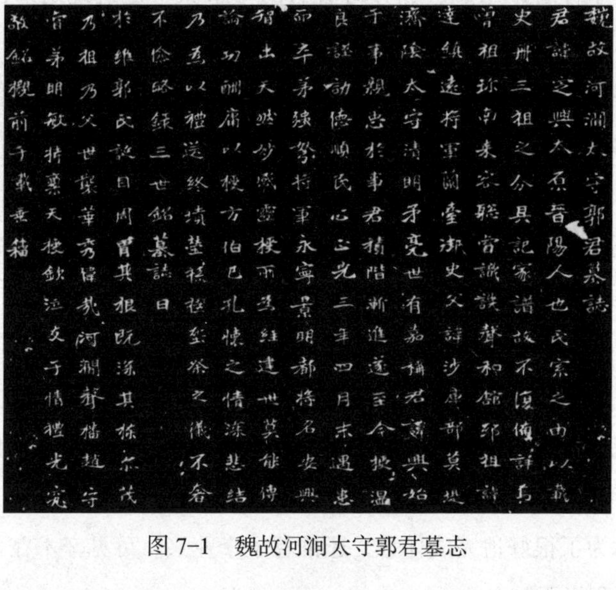

图7-1 魏故河涧太守郭君墓志

有学者证明志文中的郭安兴与《魏书》中的郭安兴为同一人[③]。可见郭安
兴颇具建筑才能。志文说，郭安兴任强弩将军及永宁、景明"都将"。都将，

---

① ［北齐］魏收：《魏书》卷九一。
②③ 严辉：《北魏永宁寺建筑师郭安兴事迹的新发现及相关问题》，《中原文物》2004年第5期。

北魏始设，其职掌主要分为领兵、镇戍、营作三类。永宁、景明都将，显然是营作，即营造永宁寺和景明寺的技术总监或总工程师。

《魏书》说，郭安兴任殿中将军，"机巧"，营造洛阳永宁寺、塔时"为匠"。说明郭安兴不仅是永宁寺和景明寺的设计者，而且是具体建造者。永宁、景明寺皆为皇家寺院，建筑规制、恢宏。特别是永宁寺木塔，郦道元《水经注》卷十六《谷水》记载，塔基方一十四丈，塔高四十九丈。在当时的技术条件下，建造如此巨大体量和如此高度的木结构建筑，在中国建筑史乃至世界建筑史上都是一个奇迹。志文中描述了郭安兴的建筑才华："智出天然，妙感灵授。所为经建，世莫能传。"可谓实至名归。

八、辛术

辛术，字怀哲，东魏、北齐时著名的军事家、建筑规划师，生卒年不详。史籍称其"少爱文史，晚更修学，虽在戎旅，手不释卷"[①]。辛术的政绩主要在军事和政治方面。辛术最初入仕，就参与规划、营造东魏、北齐邺都。《北齐书·辛术传》曰[②]：

> （辛术）少明敏，有识度。解褐司空胄曹参军，与仆射高隆之共典营构邺都宫室，术有思理，百工克济。

最初，辛术任司空胄曹参军，是一个管理盔甲、武器的参谋。参奏推荐李业兴时迁起部郎中，主管营造。《魏书·李业兴传》[③]中称辛术任的起部郎中时，与仆射高隆之共同主管营建邺都宫室。辛术有构思，百工之事都能成功。辛术为了很好地完成任务，还推荐了李业兴。可见辛术在营造邺南城时，作出了积极贡献。

北齐天保十年（559），辛术去世，享年60岁。北齐皇建二年（561），追赠开府仪同三司、中书监、青州刺史。

---

①② ［隋］李百药：《北齐书》卷三十八。

③ ［北齐］魏收：《魏书》卷八四。

九、李业兴

李业兴（483—549），上党长子（今山西省长子县一带）人，北魏、东魏时著名的历算家、建筑规划家。这里叙述其在建筑方面的成就。

孝武帝永熙二年（534）二月，东魏迁邺。邺城在前燕王朝灭亡160余年后再为国都，原来的邺北城已经残破，加之自洛阳迁"户四十万"至邺，京都的扩建或新建非常紧迫。次年，在邺城之南增筑新城，称作邺南城。东魏欲将邺城营造成天下文化、政权的正统所在，即争正朔的名分。起部郎中辛术上奏曰[1]：

> 今皇居徙御，百度创始，营构一兴，必宜中制。上则宪章前代，下则模写洛京。今邺都虽旧，基址毁灭，又图记参差，事宜审定。臣虽曰职司，学不稽古，国家大事非敢专之。

显然辛术认为自己不能胜任。于是，他就推荐了李业兴[2]：

> 通直散骑常侍李业兴硕学通儒，博闻多识，万门千户，所宜访询。今求就之披图案记，考定是非，参古杂今，折中为制，召画工并所须调度，具造新图，申奏取定。庶经始之日，执事无疑。

可见，李业兴因其博闻多识，而得以具体负责设计、并带领画工勾描蓝图。其意见在营建邺南城时起了主导作用，应是具体的策划者和施行者。同时，他也参与了东魏各种典章制度的制定与修订。

孝静帝武定五年（547），李业兴因案事牵连入狱。武定七年，死于狱中，终年66岁。

十、宇文恺

宇文恺（555—612），北周、隋代著名城市规划家、建筑家。字安乐，鲜

---

[1][2] ［北齐］魏收：《魏书》卷八四。

卑人，祖籍朔方夏州（今陕西省靖边县），后迁居长安。史称"少有器局"。

北周大象二年（580），杨坚任北周宰相后，宇文恺又被任命为上开府、匠师中大夫。《唐六典》卷二三"将作都水监"条记载："后周有匠师中大夫一人，掌城郭、宫室之制及诸器物度量。"推知宇文恺青年时已显示出在建筑和工程管理方面的才能。

隋文帝"修宗庙"时，宇文恺被任为营宗庙副监、太子左庶子，负责宗庙的兴修事务。宗庙建成后，被加封为甄山县公，邑千户。隋开皇二年，隋文帝下令营建新都，命左仆射高颎和宇文恺主持这项工程。《隋书·宇文恺传》记载[①]：

> 及迁都，上以恺有巧思，诏领营新都副监。高颎虽总纲要，凡所规画，皆出于恺。

可见当时实际上具体负责设计、建造的是宇文恺。为了营建新都，宇文恺首先对汉长安城的周围环境进行了勘察。最后，选定长安城东南龙首川一带平原作为新都城址。根据实际需要，并借鉴前人营造都城的经验，宇文恺制定了详细的规划，绘制了平面设计图样。因杨坚在北周时被封为大兴公，故新都命名为大兴城，于开皇二年六月破土动工，次年三月基本竣工，历时仅九个月。隋大兴城特色鲜明、规划合理、结构严谨、规模宏大，是当时世界上数一数二的大都市。

开皇十三年，隋文帝要在岐州（今陕西凤翔）建仁寿宫，经右仆射杨素推荐，任命宇文恺为检校将作大匠，后又拜为仁寿宫监、将作少监。在宇文恺主持下，仁寿宫建造得非常华丽，成为隋文帝经常临幸的别宫。仁寿二年（602），隋文帝的皇后独孤氏卒，杨素和宇文恺受命营造皇陵太陵。事毕，隋文帝很满意。仁寿四年，隋炀帝即位，认为大兴城地处西北，物资转运困难，不能满足朝中的庞大开支，且不利于对全国的控制。于是，在大业元年（605）下令，由宇文恺主持，营建东都洛阳。宇文恺先任营东都副监，很快

---

① ［唐］魏徵，令狐德棻:《隋书》卷七十五。

又升任将作大匠。他规划设计的东都，原则上和大兴城一致，只是在形式上不完全对称。新建的洛阳城整体气势恢宏，其宫殿比大兴城更加富丽堂皇。炀帝对此非常满意，升宇文恺的官位至开府，拜授工部尚书。

隋炀帝到北方巡行，想向西戎、北狄等少数民族夸耀隋朝的强盛，便令宇文恺做了一张大帷幕，幕下面可坐数千人。炀帝大为高兴，赏赐宇文恺各色锦帛 1000 段。宇文恺又建造了"观风行殿"，上下分合建成，可以迅速拆卸和拼合。上面可容纳侍从护卫数百人，下面装置车轴和轮子，可快速推移，若有神功。西戎人和北狄人见到这些，莫不惊骇。炀帝则满心喜悦，对宇文恺予以重赏。隋炀帝准备修立明堂，众人议论纷杂，都不能决断。宇文恺博考群书，上奏《明堂议表》，并用木料制作了模型，表现了他的巧思和学识渊博。恰遇辽东之战，明堂未建。

宇文恺还主持过水利工程。早在开皇四年（584），受命负责开凿广通渠，将渭水导入黄河。该渠从大兴城到潼关，全程 300 多里，要经过崇山峻岭。宇文恺亲自勘察河流，考察地理环境，制定了周密的施工计划。工程完成、河渠通航后，既改善了当时的漕运，又灌溉了两岸的农田，隋唐关中的富庶颇得益于此。同时，也为日后开凿大运河取得了宝贵经验。

宇文恺也是漏刻制造专家，据《隋书·天文志》记载，隋炀帝"令与宇文恺，依后魏道士李兰所修道家上法秤漏，制秤水漏器，又作马上漏刻，以从行辨时刻"[1]。前已述及，有多位学者对马上漏刻结构进行了研究，尚无统一意见。

大业八年（612），宇文恺卒于官任，时年 58 岁。隋炀帝非常惋惜，赐谥号康。宇文恺生前撰有《东都图记》二十卷、《明堂图议》二卷、《释疑》一卷，皆流传于世。

第三节　北朝都城建设

北朝各政权的都城有四：北魏平城、北魏洛阳城、东魏—北齐邺南城及

---

① ［唐］李淳风：《隋书》卷二十。

西魏—北周长安城。本节主要叙述北魏平城、北魏洛阳城、东魏—北齐邺南城的营建。

一、北魏平城

北魏平城，位于今山西省大同市。战国时期，赵武灵王最早开辟大同，使之成为赵国的边陲要地。秦朝因之。西汉始置平城县。汉高祖六年（前201），在旧城墙体外侧进行了增筑。西晋建业元年（313），鲜卑首领拓跋猗卢建立代国，"城盛乐以为北都，修故平城以为南都"[①]。北魏天兴元年（398），道武帝拓跋珪称帝，国号为魏，史称北魏。是年十月，"迁都平城，始营宫室，建宗庙，立社稷"[②]，拉开了平城建设的序幕。历经道武帝初创，明元帝、太武帝修葺扩建，孝文帝臻于完善，共96年，使平城发展成为当时中国北部政治、军事和文化中心。北魏平城分为宫城、外城和郭城三部分，叙述如下。

（一）宫城[③]

北魏平城的宫城是在汉代平城县城的基础上建设起来的。道武帝自盛乐迁都平城，太武帝"截平城西为宫城"[④]，所指均为汉平城县。汉晋之际，平城县屡有兴废。其实际位置，近代以来有众多考证说法。目前，大部分研究者趋于接受其位于今大同城北门外的操场城一带。操场城亦称北小城，是明代大同府城北门外的关城。明景泰年间（1450—1456），由巡抚都御史年富所筑。考古调查显示，操场城东、西墙内侧间距近980米，南、北墙内侧间距近850米，其北墙距明大同府城北墙近980米。操场城的北墙和东、西墙的北部，存在早、中、晚三期墙体相互挤靠叠压的现象，从早到晚为自内向外的方向排列。早期的夯筑物为汉代平城县的城垣，中期的夯筑物为北魏平城宫城的城垣，晚期的夯筑物为明北小城的基址。由此可判断出汉平城县

---

① ［北齐］魏收：《魏书》卷一。
② 同上，卷二。
③ 李海：《北魏平城中的宫城布局研究》，《山西大同大学学报（山西大同大学学报）》2015年第3期。
④ ［南朝梁］萧子显：《南齐书》卷五十七《列传第三十八·魏虏传》。

城的范围 ①：大体在操场城北部三分之二的城圈内，东西长近 980 米，南北长约 600 米。平城宫城是在汉平城的外侧增筑了墙体，基本限于汉平城的规模，其南界距明大同府城北墙约 400 米。

1. 西宫

道武帝迁都伊始，便规划了宫城的布局，"规度平城，四方数十里，将模邺、洛、长安之制" ②。接着，便对宫城进行了大规模的营建。天兴元年到六年（398—406），先后建天文殿、天华殿、中天殿、云母堂、金华室、太庙、太社、西武库、紫极殿、玄武楼、凉风观、石池、鹿苑台、西昭阳殿和天安殿。其中，天文殿是道武、明元两帝的主殿。《魏书·太祖纪》记载 ③，天赐元年（404），"冬十月辛巳，大赦，改元，筑西宫"。此处"西宫"即指宫城。早在汉代，就有"东宫、西宫"的称谓。东宫专指皇帝母亲皇太后或祖母太皇太后的宫殿，西宫则专指皇帝办公和居住的场所，北魏平城时代的宫城就是沿用这一概念。"筑西宫"，是指对西宫城垣作了增筑。

明元帝曾想扩大西宫的规模。《魏书·太宗纪》记载 ④，泰常八年（423），"冬十月癸卯，广西宫，起外垣墙，周回二十里。十有一月己巳，帝崩于西宫，时年三十二"。由于提出"广西宫"规划后 27 天，明元帝就去世了。实际上"广西宫"的规划并未实施。

始光元年（424），太武帝拓跋焘即位，对西宫进行了大规模的改造和营建。"始光二年三月庚辰，营故东宫为万寿宫，起永安、安乐二殿，临望观、九华堂" ⑤。

文成帝即位后，给事中郭善明劝其大起宫室。重臣高允谏曰 ⑥："今建国已久，宫室已备。永安前殿足以朝会万国，西堂、温室足以安御圣躬，紫楼、临望可以观望远近。"由此可知，永安殿是太武帝及文成帝时的主殿，

---

① 张志忠：《大同古城的变迁》，《晋阳学刊》2008 年第 2 期。
② ［北齐］魏收：《魏书》卷二三。
③ 同上，卷二。
④ 同上，卷三。
⑤ 同上，卷四上。
⑥ 同上，卷四八。

其前殿是举行国家大典和朝会万邦之所。西堂、温室供皇帝办公、居处之用。在宫城北端的临望观与道武帝所建的紫极殿、玄武楼遥相呼应。太安四年（458），文成帝建太华殿[①]，雄伟壮丽，成为新的主殿。和平六年（465），文成帝崩于斯。其后，太华殿又成为文明太后两度临朝称制的宫殿。延兴元年（471），孝文帝"即皇帝位于太华前殿"[②]。足见太华殿的重要。

孝文帝时期，也对宫城进行了大规模的兴建。太和元年至十年（477—486），先后建成太和殿—思贤门、安昌殿—朱明门、坤德六合殿、乾象六合殿、思义殿、经武殿、东明观、宣文堂、皇信堂等殿堂楼阁。太和十四年（489），文明太后故去。太和十六年，孝文帝拆毁太华、安昌等殿，在原址上建太极殿。对此，《水经注·漯水》曰[③]：

> 太和十六年，破太华、安昌诸殿，造太极殿、东西堂及朝堂。夹建象魏、乾元、中阳、端门、东西二掖门、云龙、神虎、中华诸门，皆施以观阁。东堂东接太和殿……太和殿之东北接紫宫寺，南对承贤门，门南即皇信堂，堂之四周，图古圣、忠臣、烈士之容，刊题其侧，是辨章郎彭城张僧达、乐安蒋少游笔。堂南对白台，台甚高广，台基四周列壁。阁道自内而升。国之图录秘籍，悉积其下。台西即朱明阁，直侍之官，出入所由也。

运用考古调查资料并对照文献记载，对上述殿堂台阁等建筑的大体布局作一分析。

2003 至 2008 年，山西省考古研究所和大同市考古研究所、博物馆等单位在操场城发掘了 3 处北魏遗址，分别命名为大同操场城一号遗址、二号遗址、三号遗址。3 处遗址均位于操场城东北部：一号遗址为一夯土台，东西长 44.4 米，南北宽 31.5 米。其西距武定北路（操场城南北中轴线）东侧约

---

① ［北齐］魏收：《魏书》卷五。
② 同上，卷七上。
③ ［北魏］郦道元：《水经注》卷十三。

90 米，南距操场城东街（大同四中门前）约 110 米；二号遗址在一号遗址东北，二者相距 150 米，其西距武定北路约 200 米；三号遗址在一号遗址之北，二者相距 10 米。专家考证①②，一号为太和殿前殿遗址，三号为太和殿后殿遗址，二号为太官粮储遗址，由一、三号遗址结合文献所载，可证平城宫城中的主殿皆为前、后殿制。另外，以一号遗址为坐标参照系，可推想出孝文帝迁洛前的宫城建筑布局，如图 7-2 所示。

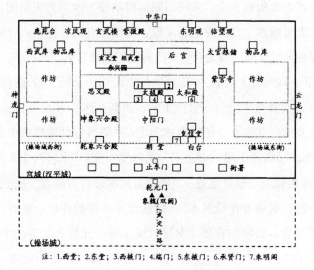

注：1.西堂；2.东堂；3.西掖门；4.端门；5.东掖门；6.承贤门；7.朱明阁。

图 7-2 孝文帝迁洛前平城宫城建筑布局推想图

"夹建"宫城诸门，是说象魏（双阙）、乾元门、中阳门、端门、二掖门"夹建"于各殿堂之间。由此，乾元门是宫城正门，其外是双阙。进乾元门向北，依次是朝堂、端门及东西二掖门、太极殿。太极殿之西是西堂、东为东堂。东堂之东是太和殿。西堂、太极殿、东堂和太和殿自西向东一线排布。由考古资料可知，太和殿（一号遗址处）西距武定北路约 90 米，南距操场城东街约 110 米。估计东、西堂和太极殿的东西距离有 150 米，则太极殿应位于武定北路北部，南距操场城东街亦约 110 米。

① 殷宪：《北魏平城考述》，北朝研究（第七辑），科学出版社 2008 年版。
② 曹臣明：《浅谈大同操场城北魏一号遗址的性质》，北朝研究（第七辑），科学出版社 2008 年版。

太和十七年（492），"……改作后宫，帝兴永兴园，徙御宣文堂"①。魏晋邺城宫城中的后宫在主殿之北，平城宫城"模邺、洛、长安之制"，由此，太极殿之北是后宫。后宫西侧是永兴园，其内有经武殿、宣文堂。

太和殿向南，依次是承贤门（思贤门）、皇信堂、白台。承贤门是太和殿的宫门，皇信堂是文明太后和孝文帝政务活动的主要场所，白台是皇家图书馆。白台西侧是朱明阁。原安昌殿之门为朱明门。建太极殿时，拆毁安昌殿，可能改建为太极殿东堂，朱明门则饰以门楼，改造为朱明阁，直侍之官由此出入。太极殿西堂之西应是思义殿、坤德六合殿、乾象六合殿分布的区域。东明观在宫城北端，与太武帝所建的临望观相并列。

《南齐书·魏虏传》尚载："殿西铠仗库屋四十余间，殿北丝绵布库土屋一十余间……太官八十余窖，窖四千斛，半谷半米。又有悬食瓦屋数十间，置尚方作铁及木，其袍衣，使宫内婢为之。""殿西铠仗库屋四十余间"指西武库；"殿北丝绵布库土屋一十余间"指丝绵布库；"太官八十余窖，窖四千斛"，指太官粮储（二号遗址处）。北魏太官掌管百官膳食，属光禄勋；"悬食瓦屋数十间，置尚方作铁及木"，指铁器及木器的作坊。尚方，古代掌管和制办宫廷饮食、器物的官署。秦置，属少府。北魏孝文帝改少府为太府，尚方均属太府寺；"其袍衣，使宫内婢为之"，指宫中所用衣服，为宫女所作。当然应有制衣作坊。宫城的东、西两端有较大的空地，是铁器、木器、丝绵布及衣服等物品的原料、成品库区及作坊区。

北魏平城时期，衙署布局，史无记载。由以上分析可知，宫城南端尚有空地，可置高级衙署。魏晋邺城宫城之南端置高级衙署，"模邺、洛、长安之制"的平城宫城，亦当如此。

宫城城门的布局也是一个重要问题。早在道武帝天兴二年，就"增启京师十二门"。但平城宫城地域狭小，若是四周城墙各开三门，则既不利于防卫，也无必要。可能是原四座城门两侧各开侧门，共计12门。《南齐书·魏虏传》曰②："伪太子宫在城东，亦开四门。"此处"亦开四门"，是相对于宫

---

① ［北齐］魏收：《魏书》卷七上。
② ［南朝梁］萧子显：《南齐书》卷五十七。

城而言的，故宫城四周有四门：南曰乾元，北曰中华，东曰云龙、西曰神虎。且门上"皆施以观阁"，即装饰了城门楼。乾元门外所建的双阙，位于今操场城南部，符合清胡文烨《云中郡志·古迹》"后魏宫垣条"所载："府城北门外，有土台东西对峙，盖双阙也。"

2. 东宫

北魏平城时期，东宫系指太子宫，而东宫之称谓始于太武帝。《魏书·世祖纪》记载[①]，太武帝于"天赐五年（408），生于东宫，体貌瑰异，太祖奇而悦之"。此"东宫"应是西宫建筑群中的一座普通宫殿，没有记载其始建的时间及名称。是时，类似的建筑应为数不少。由于拓跋焘于泰常七年（422），封泰平王，为监国，总摄百揆。之后，该殿才在《魏书》中被称为东宫。太武帝即位后，如前文所述，于始光二年"营故东宫为万寿宫"，仍为西宫宫殿群中的一部分。太武帝延和元年（432）秋七月"筑东宫"[②]，是为太子拓跋晃筑太子宫，这才是真正意义上的东宫。两年后，"东宫成，备置屯卫，三分西宫之一"。《南齐书·魏虏传》亦载[③]："伪太子宫在城东，亦开四门，瓦屋，四角起楼。妃妾住皆土屋。婢使千余人，织绫锦贩卖，酤酒，养猪羊，牧牛马，种菜逐利……伪太子别有仓库。"这些记载可以说明两个问题。

其一，东宫规模庞大。东宫之中，要有满足太子、妃妾和"婢使千余人"的生活居住之所及必备的粮库、各类物资库（"伪太子别有仓库"）；要有满足太子及其下属的办公之所；要有满足宫女织绫锦、酿酒的作坊、原料库和成品库；要有满足"养猪羊，牧牛马，种菜逐利"的生产场地。显然，东宫是规模庞大的独立建筑系统。建筑单元层次分明，宫殿城垣、设施完善、防御森严。诚如《南齐书》所言，"备置屯卫，三分西宫之一"。

其二，东宫位于郭城之东。《南齐书》云"伪太子宫在城东"，并非位于西宫内的东部。是时，平城的外城、郭城体系业已形成，东宫则位于郭城外的东部。首先，东宫规模庞大，其内设有"养猪羊，牧牛马，种菜"之处，

①② ［北齐］魏收：《魏书》卷四上。
③ ［南朝梁］萧子显：《南齐书》卷五十七。

如果置于西宫（皇帝办公、居住之所），多有不便；其次，东宫"亦开四门，瓦屋，四角起楼"，如果置于西宫内，没有必要。另外，《魏书·高允传》记载①："初，（崔）浩之被收也，见直中书省。恭宗使东宫侍郎吴延召允，仍留宿宫内。翌日，恭宗入奏世祖。命允骖乘，至宫门。"骖，即一车驾三马。骖乘，古代乘车在车右陪乘的人。可见，东宫、西宫应有一定的距离，否则没有必要使用驾三马之车。因此，太武帝延和元年所筑的东宫，不在宫城（西宫）之内，更不在西宫的东部。

那么，东宫位于城东何处？平城东郭城垣位于当今御河西岸（见下文），凡言城东建筑物者，应在御河两岸。《水经注》记载，西岸边仅筑一座三层佛塔，乃是东郭至御河西岸之间地域狭小之故。而御河东岸则地域宽广，故大型建筑，如静轮宫、大道坛庙、祇洹舍等建在御河东岸。另外，太武帝始光初年，大规模地改造和营建西宫的同时，在御河东岸亦大兴土木。《魏书》卷八十四《儒林传序》记载："世祖始光三年（425）春，别起太学于城东"。太学规模宏大，当然要建在御河之东。同理，东宫亦建在御河之东。有的学者认为②，今位于御河东古城村的古城遗址，是东宫遗址。以此看法为是，并认为"别起太学于城东"的太学，应建在东宫附近。

（二）外城

北魏平城的外城建在宫城之南，这种将宫城和外城分开建造，是中国古代都城建设中的特例。《魏书·太祖纪》记载③，天赐三年（406）六月，"规立外城，方二十里，分置市里，经涂洞达"。是时，仅对外城的市、里及道路作了详细的规划，还未建设。

考古调查资料显示，明代大同府城四周的夯土墙保存完好，东、南、西、北四面夯土墙体，除北墙中部外，均存在早、中、晚三期墙体相互倾斜挤靠叠压的现象，较晚的墙体从外向内依次倾斜挤靠压在较早的墙体上。早期墙体夯土与操场城中期墙体夯土有许多相同的夯筑特征，应为北魏时期的

---

① ［北齐］魏收：《魏书》卷四八。
② 殷宪：《北魏平城考述》，《朝研究（第七辑）》，科学出版社 2008 年版。
③ ［北齐］魏收：《魏书》卷二。

夯筑墙体。中期为唐代的夯筑物，晚期则是明代大同府城墙体。以此可证，北魏平城的外城历经北齐、北周、隋、唐、辽、金、元时期，及明初徐达增筑，成为明代大同府城。当今测量，明大同府城东西间距约1800米，南北间距约1820米，略呈正方形，周长约7240米。明代，营建之事采用营造尺，1尺＝32厘米，1里＝576米，则7240÷576＝12.6≈13里（明代）。故明正德《大同府志》中，有大同府城"周回十三里"之说。

若以北魏前期的里制（见第一章）计算，1尺＝24.20厘米，1里＝435.60米，则7240÷435.60＝16.6≈17里（北魏）。即北魏时营建的外城，其周长小于规划时的20里。

辽代，大同为西京。《辽史·地理志》曰[1]："因建西京，敌楼、棚橹具。广袤二十里。"考古调查资料显示，辽西京是在唐云州旧城（北魏平城外城）的基础上进行了增筑：南延北魏宫城的东、西墙体至旧城北墙，并与之连接；拆除东、西二连接处之间的旧城北墙墙体。即将北魏外城与宫城连为一体，组成了呈"凸"字形的"广袤二十里"的西京陪都。辽西京四周之长约为 2 ×（1800＋1820）＋2 ×（600＋400）＝9240米。辽代度量衡，史无记载。以北魏前期的里制计算，1里＝435.60米，则9240÷435.60≈21里（北魏）。去掉测量误差，与史籍记载相符。

平城的外城亦称为内城或中城。外城建在宫城之南，故相对于宫城而言是为外城。郭城环绕宫城和外城，故相对于郭城和宫城而言可称中城。如太延五年，柔然可汗得知太武帝出兵姑臧，就趁虚入寇，"平城大惊，民争走中城"[2]。相对于郭城而言可称内城。如太和十五年，"十有二月壬辰，迁社于内城之西"[3]。

（三）郭城

《魏书·太宗纪》记载[4]："泰常七年（422）秋九月辛亥，筑平城外郭周

---

① ［元］脱脱：《辽史》卷四十一。
② ［北齐］魏收：《魏书》卷二。
③ 同上，卷七下。
④ 同上，卷三。

回三十二里。"《南齐书·魏虏传》亦载 [①]："其郭城绕宫城南，悉筑为坊，坊开巷。坊大者容四五百家，小者六七十家。每闭坊搜检，以备奸巧。城西南去白登山七里，于山边别立祖庙。城西有祠天坛……城西三里，刻石写《五经》及其《国记》。"据此可知，北魏平城的郭城始筑于明元帝泰常七年，位于白登山西南 7 里，城垣周长 32 里，从南向北围绕宫城。其郭城内全部作坊，分割坊的是街巷。郭城西有祠天坛，西 3 里处曾有《五经》和《国记》刻碑。但外郭城垣的具体位置，史无记载，研究者众说纷纭。早期的研究者多认为，北魏平城跨御河而建，故东郭在御河东岸。随着考古调查的发现，这种观点基本被否定。现在大部分研究者趋于接受东郭在御河西岸，位于东小城东墙的南北沿线。至于南、北、西郭墙的位置，尚无考古发现，故无定论。下面叙述一种看法，可供参考。

20 世纪 70 至 80 年代，在今大同市迎宾路东端北侧的轴承厂院内发现北魏居住建筑遗址，并出土大量器物。据此，设定南郭在迎宾街一线。如果郭城向北扩展，会面临宫城北墙外原有高地地形的限制，存在一定难度。这也从宫城以北相关地域的北魏时期考古发现稀少的情况中似有参证。另外，考虑"其郭城绕宫城南"，故设定北郭沿宫城北墙一线，部分墙体与宫城北墙重合。因为郭城"周回三十二里"，故推测西郭位于今云中路西沿。这样，郭城东西距离约 3000 米，南北距离约 4100 米，周长约为14200 米。14200÷435.60≈32.6 里（北魏）。考虑到测量误差，与"周回三十二里"符同。

根据上述分析，作出北魏平城宫城、外城、郭城的位置示意图（图 7-3）。

郭城之郊，均有标志性建筑。北有北苑，其内有方山，山南有灵泉池，山上有永固堂、魏高祖陵等；南有灵台、辟雍、明堂、太庙；西有郊天坛、郊天碑、虎圈；东有白登山、白登台及道教建筑大道坛庙、佛教建筑祇洹舍等。

---

① ［南朝梁］萧子显：《南齐书》卷五十七。

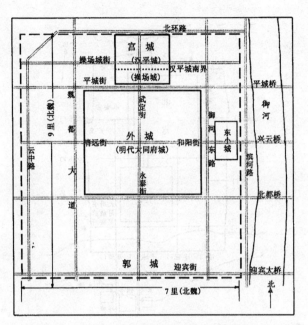

图 7-3 北魏平城宫城、外城、郭城位置示意图

总体来看，北魏平城采取的是以北部宫城为核心，具有南北轴线指向性的城市布局。其中，宫殿集中在北部宫城之内，居民区划分为若干里坊，分布在城市南部的外城和郭城中。

二、北魏洛阳城

北魏洛阳城是在东汉洛阳城的基础上发展起来的。东汉洛阳城亦称汉魏洛阳故城，位于今洛阳市与其下辖之偃师市、孟津县毗连之处。该城并非东汉王朝择新址建立的新城，而是承继发展西周成周城，东周王城，秦、西汉洛阳城而来。

（一）东汉洛阳城[①]

东汉洛阳城北依郊山，南临洛水，其布局[②]大体如图 7-4 所示。

---

① 曹胜高：《论东汉洛阳城的布局与营造思想》，《洛阳师范学院学报》2005 年第 6 期。
② 中国科学院考古研究所洛阳工作队：《汉魏洛阳城初步调查》，《考古》1973 年第 4 期。

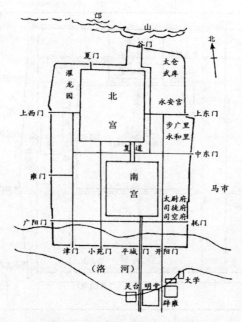

图 7-4　东汉洛阳城平面示意图

1. 城墙与城门

现已探明，东汉洛阳城平面呈南北向不规则的长方形，面积 11.16 平方千米。西城墙长约 4290 米，北城墙长约 3700 米，东城墙长约 3785 米；南墙已被洛河冲毁，不复存在。

据文献考证，东汉洛阳城有 12 个城门。南有四门：开阳门、平城门、小苑门、津门。北有两门：谷门、夏门（直通北宫）。东有三门：上东门、中东门和耗门。西有三门：上西门、雍门和广阳门。现已发现十座城门遗址，其中夏门最大，有三个门洞，其他各门仅有一个门洞。

通向各个城门的街道，为南北或东西向。南北向有：开阳门大街、平城门大街、小苑门大街、津门大街、谷门大街；东西向有：上东门大街、中东门大街、上西门大街、雍门大街、耗门—广阳门大街。由于城门不对称，形成许多"丁"字形和"十"字形街道。

2. 宫城与宫殿

东汉洛阳城的主要宫城是南宫和北宫。南宫在洛阳城南部，位于中东门、小苑门、耗门—广阳门和开阳门四条大街围成的一片长方形区域内。在南宫中轴线上有却非殿（光武帝定都洛阳后，居此殿）、崇德殿（正殿）、章德殿（前殿）等殿，中轴线两侧有玉堂殿、嘉德殿、宣德殿、乐成殿、承福殿、宣室殿、明光殿、兰台、云台、承风观、承明堂等多座宫殿台观。

据考古探测[①]，北宫在洛阳城中北部，位于中东门大街之北，津门大街之东，谷门大街之西。它与大城形制相仿，呈南北长的矩形。宫城四面有墙。南墙东西直行，长约 660 米。西墙南北直行，长约 1398 米。东墙南北直行，长约 1284 米。未见北垣墙基。东汉明帝永平年间（58—75），对北宫进行了大规模的修葺，历时五年。北宫中轴线上有和欢殿、宣明殿、德阳殿等，中轴线两侧有崇德殿、安福殿、温明殿、永乐宫、白虎观、九子坊、掖庭署、朔平署等多座宫殿台观。南、北宫之间，有复道相连，以便皇帝出行。

3. 市与里闾

东汉洛阳城有三市：金市、马市和南市。金市位于城内西部。马市在中东门外，与金市东西对称。南市则在津门外、城南洛河岸上，与金市南北呼应。三市均占有地利，商业兴盛。

城内被干道分割的区域就是居民区。贵族多居住在上东门内，称为步广里、永和里。因为这里既接近东出大道，又靠近北宫。城东北角谷门以东为太仓和武库，东南角耗门以北为太尉府、司空府和司徒府，西北角上西门以北为皇家禁苑濯龙园，均位于交通便利的地区。

4. 礼制建筑

东汉初，光武帝曾立宗庙、社稷。如《后汉书·光武帝纪》记载[②]，建武二年（26），"起高庙，建社稷于洛阳"。其位置应在南宫以南、南城垣以内，分列开阳门大道左右。

明堂、辟雍、灵台和太学在城南郊，现已探明其遗址[③]。明堂位于平城门外大街与开阳门外大街之间；明堂西、隔街是灵台。灵台，即天文台，是一座单体的高台建筑，台顶"上平无屋"；明堂东、隔街是辟雍。辟雍由主体

---

①③ 中国科学院考古研究所洛阳工作队：《汉魏洛阳城初步调查》，《考古》1973 年第 4 期。
② ［南朝宋］范晔：《后汉书》卷一下。

建筑、围墙、圜水沟三部分组成。建武五年（29），光武帝为了促进儒学的发展，始建太学。有两处，一处在辟雍之北，一处在辟雍东北。

（二）北魏洛阳城①

东汉末年，洛阳城遭到严重破坏。220 年，曹魏于洛阳营建新都，加固城墙，废东汉南宫，集中宫室于北部中间位置。西晋沿袭，亦以洛阳为都。西晋永嘉年间，匈奴刘渊建立汉国（304—318）。310 年，刘渊病故，其子刘聪继位。是年，刘渊派刘曜、石勒率领大军进攻河南。311 年，破洛阳，刘曜纵兵在洛阳大肆焚掠，繁华的洛阳化为灰烬。东晋、十六国期间，洛阳处于反复争夺的战争前沿，几乎没有恢复和重建的可能。北魏太和十七年（493）十月，孝文帝决定迁都洛阳，便"诏征司空穆亮与尚书李冲、将作大匠董爵经始洛京"②。随即，在魏晋洛阳城的故址上进行了大规模的重建工程。经孝文、宣武两帝的努力，使北魏洛阳成为一座里坊规整、建筑宏伟、规模最大、名扬天下的世界大都市，并对后世的都城建设产生了深远的影响。北魏洛阳城类似北魏平城，可分为宫城、外城及郭城三重，叙述如下。

1. 宫城

北魏洛阳城的宫城，沿袭魏晋模式，保留北宫，并改建而成宫城。据考古调查③，结合文献资料可知，

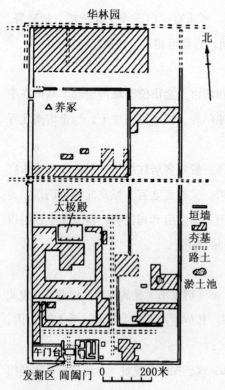

图 7-5　北魏洛阳城平面示意图

① 曹胜高：《论东汉洛阳城的布局与营造思想》，《洛阳师范学院学报》2005 年第 6 期。
② ［北齐］魏收：《魏书》卷七下。
③ 洛阳汉魏故城队：《河南洛阳汉魏故城北魏宫城阊阖门遗址》，《考古》2003 年第 7 期。

宫城整体呈南北长、东西窄的矩形，四周筑墙，见图7-5。宫城南、北墙各长约660米，东、西墙各长约1400米，宫城面积约为都城的十分之一。永巷横街（阊阖门—建春门大街穿越宫城部分），将宫城的前朝、后宫相隔。

前朝和朝堂区东、西分布。西侧的前朝区自南向北为阊阖门、止车门、端门、太极殿等。太极殿是宫城的正殿，为著名建筑家蒋少游所建。太极殿前有中书省、门下省，后为昭阳殿。阊阖门东侧是司马门，直对朝堂。朝堂南为尚书省。

宫城西墙自北向南有千秋门、神虎门、西掖门。宫城东墙自北向南有乾明门、云龙门、东掖门。其余空地多为宫内事务官署、禁军卫府、内省、府库等。关于宫城的诸宫门，《水经注·谷水》亦曰[1]：

> 渠水又东……直千秋门，古宫门也……其一水自千秋门南流，迳神虎门下，东对云龙门……又南迳通门、掖门西。又南流，东转，迳阊阖门南……渠水自铜驼街东，迳司马门南。

阊阖门是宫城最大的城门。阊阖门始建于曹魏明帝时期，西晋和北魏沿用。太极殿、阊阖门及铜驼街在同一条直线上，乃是全城的南北中轴线。

2. 外城

北魏洛阳城的外城亦称都城、京城、大城，即通常所说的北魏洛阳城的范围，乃汉魏洛阳的故址。考古调查显示，其西城垣长约4290米，北城垣长约3700米，东城垣长约3785米；南城垣已被洛河冲毁，不复存在。

《洛阳伽蓝记》记载，东汉时洛阳城的12城门，除开阳门外，都在魏晋或北魏时改了名。北魏时期，在西墙的北端靠近金镛城处新开了承明门，因此城门增加为13个，城门"依魏、晋旧名"。东城垣3门：建春门、东阳门、青阳门；南城垣4门：开阳门、平昌门、宣阳门、津阳门；西城垣4门：西明门、西阳门、阊阖门、承明门；北城垣2二门：大夏门、广莫门。

---

① ［北魏］郦道元：《水经注》卷十六。

城内有东西向大街 4 条：承明门大街、阊阖门—建春门大街、西阳门—东阳门大街、西明门—青阳门大街。其中，西阳门—东阳门大街宽约 40 米，是洛阳城中最宽的东西向大街。南北向大街 4 条：开阳门大街、平昌门—广莫门大街、大夏门大街、津阳门大街。宫城位于西阳门—东阳门大街之北。宫城南门外的御道——铜驼街穿过原来南宫基址，直达宣阳门。其宽 41—42 米，是北魏洛阳城最宽的街。铜驼街左右两侧置左尉府、右尉府、司徒府、太尉府、国子学、匠作曹、昭玄曹、宗正寺、护军府等中央衙署及祭祀的太庙、太社。铜驼街北部西侧有熙平元年（516）皇室修建的永宁寺。

宫城东墙外侧置太仓、官署和苑囿籍田机构；宫城西墙外侧原为西晋的后市，北魏改为佛寺；宫城北墙与都城北城墙距离约为 500 米，其间有华林园，原是曹魏芳林园的故址。

都城的西北隅有一地势高峻险要的小城堡，名曰金墉城。此城原为魏明帝所筑，北靠邙山，南依大城，南北长 1048 米，东西宽 225 米。魏晋时期，每有帝、后、太子废置，多送金墉城内囚禁。北魏迁都时，金墉城中还有魏文帝百尺楼的遗址可见。孝文帝初到洛阳，由于魏晋宫殿多遭破坏，就暂住金墉城中。是时，李冲主持洛阳的规划和营建。他深知进伐南方、统一全国，是孝文帝迁洛的重要原因之一。因此，迁洛后战争频繁必不可免。所以，在城市规划中明确体现了加强防御的军事思想。由于敌方主要从邙山北河桥一带进犯，因此城北、城西北一带就成为主要防御地带，李冲重点修复了军事要地金墉城。使之城垣宽厚结实，城内防卫设施齐备。在城北，除邙山为天然屏障外，还在北城墙内侧兴建了不少高层建筑，并建阅武场，"岁终农隙，甲士习战，千乘万骑，常在于此"[1]。这些设施堪为都城屏障，加上宽阔深峻的护城河，确实具备了防御外敌、拱卫京师的能力。同时，又"在城内作光极殿，因名金墉城门为光极门，又作重楼飞阁，遍城上下，从地望之，有如云也"[2]。

在都城中，由于宫城、庙社府曹等所占面积达二分之一以上，故里坊设

---

① ［东魏］杨衒之：《洛阳伽蓝记》卷五。

② 同上，卷一。

置很少，且皆为贵族官员们的住所，体现了"官位相从"的原则。其中，铜驼街东侧的永和里是高官聚居之地，"太傅录尚书长孙稚、尚书右仆射郭祚、吏部尚书邢鸾、廷尉卿元洪超、卫尉卿许伯桃、凉州刺史尉成兴等均居住于此，高门华屋，斋馆敞丽，楸槐荫途，桐杨夹植，当世名为贵里"[1]。宜寿里、义井里、延年里、永康里也是高官贵族较为集中的居住区。而衣冠里、凌阴里、治粟里，则是中级官员聚居区，与其所任官署的位置有关。一般平民均不得居住在内城。

3. 郭城

北魏洛阳城的外郭城为北魏新筑。北魏迁都洛阳后，随着人口的增多和经济的发展，考虑到城内地狭等问题，就沿袭平城的办法建外郭，以安排里坊和市场。宣武帝景明二年（501）九月，依司州牧广阳王元嘉的建议，在内城外扩建了坊巷。对此，《魏书·广阳王嘉传》记载"嘉表请于京四面，筑坊三百二十"[2]；《魏书·世宗纪》记载，景明二年，诏筑"京师三百二十三坊"[3]；《洛阳伽蓝记·城北》"京师"条曰"（京师）合有二百二十里"[4]。这几条文献所记里坊数不一。学者们给出四种不同的解释[5]：其一，二百二十里为三百二十（三）里之误；其二，二百二十里系指洛河以北部分，除去庙社宫室府曹以后的里坊数；其三，三百二十（三）坊是未筑前的规划方案，而二百二十坊则是筑成之后的实际数字；其四，北魏洛阳城的面积相当于三百二十（三）坊，实际筑成二百二十坊。后两种解释似乎更有道理。这些里坊建筑的扩展，构成了外郭城的轮廓。由于洛阳城北依邙山，限制了郭城向北的发展。于是，北魏洛阳城便向东、西、南发展，使之具有"东西二十里，南北十五里"的外郭城，当今考古调查实测见图7-6。

（1）郭城的城垣[6]。经过多年来的考古发掘，已确定了外郭城的东、西、北三面郭城城垣遗址。

① ［东魏］杨衒之：《洛阳伽蓝记》卷二。
②④ ［北齐］魏收：《魏书》卷一八。
③ 同上，卷八。
⑤ 李久昌：《北魏洛阳里坊制度及其特点》，《学术交流》2007年第7期。
⑥ 杜玉生、肖淮雁、钱国祥：《北魏洛阳外廓城和水道的勘察》，《考古》1993年第7期。

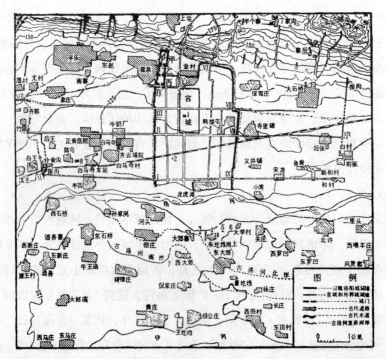

1.太极殿、2.永宁寺、3.灵台、4.明堂、5.辟雍、6.太学、7.刑徒墓地、8.东汉墓园

Ⅰ西明门、Ⅱ西阳门、Ⅲ阊阖门、Ⅳ承明门、Ⅴ大夏门、Ⅵ广莫门、Ⅶ建春门、Ⅷ东阳门、Ⅸ青阳门

图 7-6　北魏洛阳城考古实测图（引自《考古》1993 年第 7 期，第 602 页）

郭城北城垣。位于今金村北 1000 多米的邙山南坡最高处，东西蜿蜒走向，与现存地面上的内城北垣基本平行，两城垣最近距离为 850 米。在城垣西段外侧（即墙的北面）相距 3 米处，有一条和城墙并行的宽 12.5 米、深 3.3 米的壕沟，当为护城壕。

郭城东城垣。位于今白村与前张村一带，基本与内城东垣平行，呈直线形，其西距内城东墙约 3500 米。残存夯土城垣断续连接。

郭城西城垣。位于今潘村东侧沿线，残存夯土城垣东距内城西墙 3500—4250 米。郭城西墙外侧现存一壕沟，当为西晋时期修筑的"长分沟"（又称张方沟），北魏构筑外郭城西城垣时，可能利用此水沟作为城垣的护城壕。

郭城南城垣。《洛阳伽蓝记·城南》曰[①]："宣阳门外四里至洛水上，作浮桥，所谓永桥也。"由此，郭城南城垣当由古洛河位置决定，理论上郭城南界应在过浮桥的东西一线。据考古确定的古洛河位置，正对宣阳门的古洛河北岸在今大郊寨村西侧，与内城宣阳门的距离约为 4 里（2000 米）。但是，目前尚未发现郭城南城垣的痕迹。

（2）外郭城的主干街道。外郭城的主干街道应与都城城门相接。都城有 13 座城门，故当时的外郭城至少应有 13 条主干街道。目前，与都城西、北、东向的九城门所对应的九条街道，已全部探测清楚。

西明门外大道。自西明门向西直行，穿行郭城西城垣，该大道长约 3800 米、宽 30—40 米。

西阳门外大道。自西阳门向西，过今白马寺庙院西行，穿过郭城西城垣及长分沟。该大道长约 4000 米。

阊阖门外大道。自阊阖门向西，直行至今象庄村南，偏斜西北方向，此处出现折拐，后又跨越谷水河道，最后穿过西郭城垣。该大道全长达 4200 米。

承明门外大道。自承明门西行，过今翟泉村南火神庙，西到南北向车路西面的土崖处终断，全长 250 米。

大夏门外大道。出大夏门北行，过中州渠北邙山南坡，有一条西南至东北方向山沟，沿沟中的乡间小道穿行，在沟北端登上邙山坡顶，继向北偏东方向延伸，在天皇岭村西南，与广莫门外登邙山的大道汇合成一条大道，往孟津旧城方向延伸，应为去黄河渡口之道。

广莫门外大道。出广莫门北行，过中州渠北邙山南坡，沿一条北偏西方向的山沟中的乡间小路穿行，在沟北端登上邙山，继向西北方向延伸，与大夏门外大道汇合。

建春门外大道。此道出建春门向东至今大石桥村南，其遗迹埋在地表之下。

---

① ［东魏］杨衒之：《洛阳伽蓝记》卷三。

东阳门外大道。出东阳门向东，穿过今寺里碑村，在后张村东穿行东廓城垣。

青阳门外大道。出青阳门向东，穿行今宋湾村到新和村，在新和村中十字路口处中断不见，由于民房密集无法探查继续寻找。

以上所述九条大道，均为御道。由于都城的南城垣已被洛河冲毁，故难以探测到外郭城南部的街道。

（3）郭城的城门。关于郭城的城门，《洛阳伽蓝记》仅提到郭城东"郭门开三道，时人号为三门"[1]；郭城西、郭城南只分别提到张方桥和永桥两个出入口；郭城北连出入口的记载也未见。估计城北依邙山为防御重地，居民很少，大概不会有正式的郭门。或因从内城北门登邙山、渡黄河时，穿行北郭城墙的大道，是从山沟里行走的，无需郭门。但郭城的东、南、西三面就不同了。郭城东西二十里，南北十五里，距离不短。为了人们的出行方便，除郭城北外，东、南、西三面均应有与外郭城主干街道相连的外郭城城门。经考古探查，找到三座城门遗迹，分别是与西明门外大道、阊阖门外大道、东阳门外大道相接的城门。其他郭城城门，因夯土、路土等遗迹破坏殆尽，无法探查。

（4）郭城内的建筑布局。内城外、外郭城内分布着皇室宗亲、各级官僚、普通士庶及四民分居的里坊区、市肆作坊区、佛教寺院及礼制建筑，其布局在《洛阳伽蓝记》中已记载得非常详细。

城东[2]：主要是一般士庶和汉族官僚的居住区。建春门外东有建阳里、绥民里、崇义里，其内居民以一般士庶为主。而在东阳门外一里御道北的东安里，其内有驸马都尉司马悦、济州刺史分宣、幽州刺史李真奴、豫州刺史公孙骧等四宅；在东阳门外二里御道北的晖文里，其内有太保崔光、太傅李延实、冀州刺史李韶、秘书监郑道昭等四宅。另有昭德里，内有尚书仆射游肇、御史尉李彪、兵尚书崔休、幽州刺史常景、司农张伦等五宅。皆为汉族官僚居所。城东的孝义里，"里三千余家"，有供一般居民生活所需的小市，

---

①② ［东魏］杨衒之：《洛阳伽蓝记》卷二。

是以鱼肉为主的商业市。小市北有殖货里，有太常民刘胡，兄弟四人，以屠为业。城东尚有明悬尼寺等十三寺。

城西①：西城垣内侧，有寿丘里，东西宽二里、南北长十五里，南临洛水，北达芒山。其内居住着大量由平城迁洛的鲜卑皇室宗族。在"西阳门外四里、御道南"，有"周回八里"的商贸区——大市。大市东有通商、达货二里，其内居民，"尽皆工匠，屠贩为生，资财巨万"。大市南有调音、乐律二里，其内居民，"皆是吹管、吹笛、弹奏、弹唱的艺人"；大市西有退酤、治觞二里，"里内之人多酿酒为业"；大市北有慈孝、奉终二里，"里内之人以卖棺椁为业，赁輴车（丧车）为事"。另有准财、金肆二里，是富人的居住区。"凡此十里，多诸工商货殖之民。"城西尚有冲觉寺等九寺。

城南②：宣阳门外御道东有灵台、辟雍、明堂。开阳门御道东有国子学堂，孝文帝题为劝学里，其东有延贤里。这是洛阳城的"文化区"。古洛河南岸（永桥南）宣阳门外大街延伸的西侧设置四夷里（归正、归德、慕化、慕义里），东测设置四夷馆（金陵、燕然、扶桑、崦嵫馆），以安置从南朝、北夷、东夷及西域来洛的商人和外来的附化之民。在永桥南设经营水产的四通市（永桥市）。城西尚有景明寺等七寺。其中，菩提寺为西域胡人所立的佛寺。

城北③：该地域北依邙山，地方偏狭，且为防御重地，里坊最少。仅见广莫门外一里御道东有永平里，城东北有闻义里等几个里坊。北城区尚有禅虚、凝圆二寺。

是时，北魏洛阳城的规模超过长安城，乃是当时世界上最大的都城之一。

三、东魏、北齐邺南城

邺城遗址位于今河北省临漳县境内。春秋时期，齐桓公始筑邺城；战国

---

① ［东魏］杨衒之：《洛阳伽蓝记》卷四。
② 同上，卷三。
③ 同上，卷五。

时期，西门豹治理邺城；东汉末年，曹操雄踞邺城达十六载，对邺城进行了大规模的营建，故称曹魏邺城（邺北城）。十六国时期，邺城先后成为后赵（319—350，334年迁都邺城），冉魏（350—352）、前燕（337—370，357年迁都邺城）等割据政权的都城。后赵石虎时，沿用曹魏旧城重建邺城，城郭用砖，城墙上每隔百步建一楼；转角处设角楼。宫苑部分也数度扩大。曹魏邺城的主要宫殿皆毁于西晋末年。534年，以洛阳为都城的北魏分裂为东魏和西魏，大丞相渤海王高欢拥立魏宗室元善见为东魏孝静帝。同年十一月，孝静帝下诏迁都邺城。由于原来的邺北城已经残破，加之自洛阳迁"户四十万"至邺，京都的扩建或新建非常紧迫。次年，征集民工7.6万多人，在邺北城之南增筑南城，俗称邺南城。北齐时，邺南城仍为都城，并增建了不少宫殿苑囿，重建铜雀三台，改称金凤、圣应、崇光，这是邺城最辉煌的时期。东魏、北齐时，邺北城和邺南城并立。

（一）曹魏邺城[①]

《水经注·浊漳水》记载[②]，曹魏邺城"东西七里，南北五里"。"城有七门：南曰凤阳门，中曰中阳门，次曰广阳门；北曰广德门，次曰厩门；西曰金明门；东曰建春门。"现已探明，该城东西垣墙长约2500米，南北垣墙长约1700米，呈东西向长方形。建春门—金明门大街宽九步（实测为13米），为城东西向中轴线，把城区划分为南、北两部分，见图7-7。

城北部为皇家和官用区。其中央为宫城，西为禁苑——铜雀（爵）园，东为贵族聚居区——戚里。南北向的广德门大街直通建春门—金明门大街，且把宫城和戚里隔开。宫城内最重要的宫殿是文昌殿，乃曹操在邺城处理政务之所。文昌殿前是广场，广场东、西两侧分别建钟楼、鼓楼。广场南至宫城南墙，建有端门，端门位于城市正中，东有长春门、西有延秋门，三门一线，坐落在建春门—金明门大街北侧。端门东侧是司马门，司马门之北，有高级衙署，再北是听政殿。听政殿后面是后宫。铜雀（爵）园西侧是存储粮食及各种物资的仓库区、武器库和宫廷专用的马厩；西北城垣上筑有壮观的

① 薛瑞泽：《曹操对邺城的经营》，《黄河科技大学学报》2012年第2期。
② ［北魏］郦道元：《水经注》卷十。

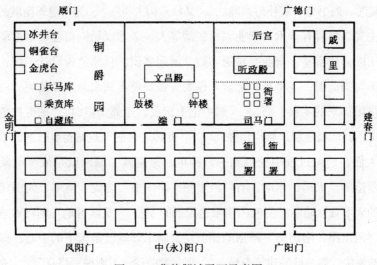

图 7-7　曹魏邺城平面示意图

冰井台、铜雀台和金虎台。

城南部为一般衙署和居民、商业、手工业区，分成若干个坊里。在凤阳门、中阳门、广阳门有三条平行的南北向大街。其中，中阳门大街宽 12 步，直通宫城端门，为城南北向中轴线；凤阳门、广阳门两条大街宽均为 9 步，直通建春门—金明门大街。城市用水经城西北由漳河引入，经三台下流入铜雀园和宫殿区，分流一部分至坊里，由东门附近流出。

曹魏邺城的布局有两个特点：其一，官用区与民用区严格分开，宫室集中，里坊分明。这既继承了古代城与郭的区分，也继承了汉代宫城与外城的区分，而且更较汉代为甚，汉长安和洛阳官用区犹有与坊里相参，或为坊里包围的现象。其二，全城的主干道呈"丁"字形相交于宫门前，把中轴线对称的布局法则从一般的建筑群扩大到了整个城市。这种布局对后世城市规划产生了很大的影响。后来的邺南城、隋唐时期的长安城、洛阳城，元明清时期的北京城均沿袭于此，日本奈良的平城京也是仿邺城建造而成。

（二）东魏、北齐邺南城

东魏欲将邺城营造成天下文化、政权的正统所在，即争正朔的名分。因此，虽然仓促迁都，但邺南城的营建却有十分周详的设计规划和充足的准备。是时，尚书令、右仆射高隆之，"又领营构大将"①，为营建邺南城的负责人，主要参与者有辛术、李业兴、张熠等人。辛术以司空胄曹参军之职，领各类工匠营建宫室；李业兴精通术数，博闻多识，具体负责设计工作，并带领画工勾描蓝图；卫将军、金紫光禄大夫张熠负责从水道，经黄河、白沟搬运从洛阳拆来的木料、石材。《邺中记》记载，建邺南城时，"掘得神龟，大逾方丈，其堵堞之状，咸以龟象焉"②。此即著名的"筑城得龟"的故事。它告诉人们在建城过程中挖掘到一只神龟，邺南城的城垣就是依照龟象来设计、营造的。大禹治水时，有"河出图，洛出书"之说，洛书、河图代表了古人的天下观，暗示着当时的洛阳是天下的中心。"筑城得龟"则巧妙地利用了与"河出图，洛出书"神话的相似性，暗示邺城已是天下的中心，即具有正朔的地位。邺南城的建筑布局，"上则宪章前代，下则模写洛京"③，亦有三重城垣，宫城、内城及郭城。其宫城位置及宫殿、门阙名称多沿袭北魏洛阳城之旧。北齐时，又对邺南城多加修饰和改造。"高欢营之，高洋饰之，卑陋旧贯，每求过美，故规模密于曹魏，奢侈甚于石赵。"④

　　1. 宫城⑤

　　考古调查及文献资料显示⑥，宫城位于邺南城北部中央，即今倪辛庄及其以北区域，见图7-8、图7-9。《邺中记》曰⑦："宫（城）东西四百六十步，南北连后园，至北城合九百步"。宫城整体呈南北长、东西窄的矩形，四周筑墙。东、南、西宫墙均呈直线走向，唯北墙的东段向北偏折（可能与北齐时期扩建宫城有关）。宫城南北间距约1400米，东西间距约620米，与文献记载基本相符。《读史方舆纪要》卷四十九《彰德府临漳县》"邺城"条引《邺都记》曰："魏以阊阖、云龙为宫门，皆仿洛阳之旧是也。其东曰万春门，西曰千秋门，又有神兽（虎）门……北门亦曰元（玄）武门。"结合邺南城

---

① ［唐］李百药：《北齐书》卷十八。
②⑦ 许作民：《邺都佚志辑校注》，中州古籍出版社1996年版。
③ 严辉：《北魏永宁寺建筑师郭安兴事迹的新发现及相关问题》，《中原文物》2004年第5期。
④ ［明］崔铣：《嘉靖彰德府志》卷八。
⑤ 郭济桥：《邺南城的宫城形制》，《殷都学刊》2013年第2期。
⑥ 邺城考古工作队：《河北临漳县邺南城遗址勘探与发掘》，《考古》1997年第3期。

考古实测图，可初步推断宫城的城门。北门：玄武门；西门：从北向南依次是千秋门、神虎门、西掖门；东门：从北向南依次是万春门、云龙门、东掖门；南门：宫二门、司马门。神虎门为前朝西宫门，其旁有供朝贵憩息之所——解卸厅。宫城南为前朝，北部为后宫，最北部为后园。

从宫城南入阊阖门后，依次是止车门、端门、太极殿、朱华门、昭阳殿，构成宫城乃至全城的中轴线。端门之内，东西有街，东出云龙门，西出神虎门。太极殿前有东堂、西堂。昭阳殿东有宣光殿，西有凉风殿。阊阖门东侧是司马门，入司马门向北，直对朝堂，其东侧置尚书省。结合实测图（图7-8），可以初步确定居于中轴线上的有关建筑的位置。其中，101号基址为阊阖门，111号基址为止车门，112号基址为端门，103号基址为太极殿，114号基址为朱华门，110号基址为昭阳殿，等等。宫殿基址面积较大，

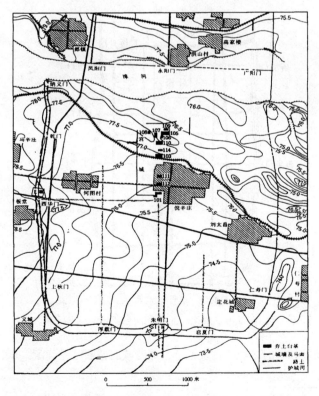

图7-8　东魏、北齐邺南城考古实测图（引自《考古》1997年第3期，第28页）

如 103 号太极殿基址、110 号昭阳殿基址均为东西 80 米、南北 60 米。宫门基址面积较小，如 111 号止车门基址为东西 60 米、南北 30 米；112 号端门基址为东西 56 米、南北 31 米。

昭阳殿之北是永巷横街，将前朝和后宫相隔。过永巷至五楼门，即到后宫正门。后宫分东、西两院，东院正殿为显阳殿，西院正殿为宣光殿。显阳殿东原为东宫，后改建扩为后宫，东为修文殿，西为堰武殿，北有圣寿堂，堂北是玳瑁楼。后宫之北是后园，即御花园。

宫城其余空地多为宫内事务官署、禁军卫府、内省、府库等。

2. 内城

内城，指通常所说的邺南城范围，其紧附于曹魏邺城之南，布局大体如图 7-9 所示。

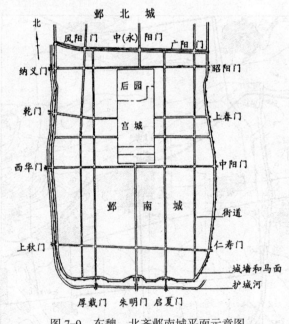

图 7-9　东魏、北齐邺南城平面示意图

（1）城墙和城门。经考古发掘[①]，邺南城的城墙已经确定。东、西城墙基

①　邺城考古工作队：《河北临漳县邺南城遗址勘探与发掘》，《考古》1997 年第 3 期。

本沿邺北城的东、西城墙向南延伸，北城墙则与邺北城的南城墙共用。《邺中记》记载 [1]，邺南城"东西六里，南北八里六十步"。当今实测，最宽处东西 2800 米，南北 3460 米。东、南、西三面城垣不是直线分布，均有舒缓的弯曲。东、西墙中部向外弧出，东南、西南角为弧形圆角。这种平面设计使得其状似龟形。南墙中部及其左右两侧中部向内缩进，中部的朱明门处两阙及附属建筑之南为瓮城，两边的城墙向里凹进，酷似乌龟的头部。

文献记载，邺南城共有 14 座城门。北面三门：从东向西分别是广阳门、永（中）阳门、凤阳门。此三门与邺北城共用。南面三门：从东向西分别是启夏门、朱明门、厚载门。东面四门：从南向北分别是仁寿门、中阳门、上春门、昭德门。西面四门：从南向北分别是上秋门、西华门、乾门、纳义门。其中，乾门和朱明门进行了考古发掘，仁寿门位置已经确定。

邺南城东、西、南三面均有护城河。《北齐书·高隆之传》记载 [2]，高隆之"凿渠引漳水，周流城郭"，文献与考古探测相符。护城河宽 20 米，深约 1.8 米，城门外处略窄，以便于架桥。城东南角、西南角外护城河，其内岸呈弧形圆角，外岸直角，致使此处河面甚宽。护城河与城墙基本平行，河距西墙约 28 米，距东墙和南墙约 120 米。

（2）街道。从理论上说，邺南城的每座城门，都应有通向城内外的大道。当今，考古探测 [3] 到了城内的六条主要街道：南北向三条，东西向三条（见图 7-8、图 7-9）。

三条南北向街道平行，其南端通往南城墙的各个城门。为了叙述方便，暂名之为朱明门大道、厚载门大道和启夏门大道。朱明门大道向南穿过朱明门和护城河，北抵宫城正南门。其存长 1920 米、宽 38.5 米，现存路土厚 0.2—0.4 米。经发掘，路面发现许多车辙痕迹，路两侧有路沟。它是邺南城最宽的道路。其向北的延长线上排列有宫城主要宫殿基址。它应是邺南城中轴线的一部分。厚载门大道位于朱明门大道西侧，南通过厚载门，向北穿过

① 许作民：《邺都佚志辑校注》，中州古籍出版社 1996 年版。
② ［唐］李百药：《北齐书》卷十八。
③ 邺城考古工作队：《河北临漳县邺南城遗址勘探与发掘》，《考古》1997 年第 3 期。

两条东西大道在今河图村东北残断。存长约 2100 米、宽 6—11 米，现存路土厚约 0.15 米。启夏门大道位于朱明门大道东侧，南通过启夏门，向北穿过一条东西道路后，在今刘太昌村西南、太平渠南残断。存长约 940 米、宽约 11 米，现存路土厚约 0.15 米。

三条东西向街道平行，其西端通抵西城墙的三个城门。为了叙述方便，暂名之为乾门大道、西华门大道和上秋门大道。乾门大道西起乾门，东达宫城西门。路土断续残留，存长约 45 米，残宽 4 米，路表土已严重破坏，现存路基厚约 0.3 米。西华门大道西起西华门，向东通过宫城南墙外侧，与厚载门大道、朱明门大道垂直相交，在今倪辛庄南残断。西华门大道是东西贯通邺南城的大道之一。存长 1320 米、宽 5—8 米，路土厚约 0.15 米。上秋门大道西起上秋门，路土被间断破坏，东段尤其严重。据实测方位，上秋门大道延长线直通东墙仁寿门，也是东西贯通邺南城的大道之一。路土尚有间断残存，宽约 10 米，厚约 0.15 米。

（3）里坊与礼制建筑。由于邺城在隋大象二年（580）已废，又缺乏文献记载，因此对内城中的里坊、市、衙署和礼制建筑的布局难以确定。正如《嘉靖彰德府志·邺都宫室志》所言[①]："南城自兴和迁都之后，四民辐辏，里阎阗溢。盖有四百余坊，然皆莫见其名，不获其分布所在"。即在明代，邺南城的里坊已"皆莫见其名，不获其分布所在"。但"邺都南城，其制度盖取诸洛阳与北邺"[②]，因此，邺南城的建筑布局应和北魏洛阳城类似，在宫城正南门外的朱明门大道左右两侧置中央衙署及祭祀的礼制建筑。史籍中的零星记载也可证明这一点。如《隋书·礼仪志》曰[③]："后齐立太社、帝社、太稷三坛于国右，在朱明门大道西。"明顾炎武《历代宅京记》卷第十二《邺下》曰："东魏太庙在朱明门内，南街之东。"即太庙在朱明门大道东。可以推想，邺南城的宫城外广布里坊。里坊内除衙署、住宅外，还有市及寺庙、祖庙、社稷等。

3. 郭城

邺南城的外郭城垣，史载阙如。当今考古探测，也尚未发现其遗迹。但

———————

①② ［明］崔铣：《嘉靖彰德府志》卷八。

③ ［唐］李淳风：《隋书》卷七。

是，邺南城建有外郭城是确凿无疑的史实。邺南城建有"四百余坊"，坊与里一样，都是居民区。四百余坊，仅在内城中是安置不下的。应与北魏洛阳城类似，大部分里坊应建在郭城。

另外，把营建北魏洛阳城和营建邺南城的用工数作一比较。《魏书·世宗纪》记载[①]："景明二年九月丁酉，发畿内夫五万人，筑京师三百二十三坊，四旬而罢。"依此，营建北魏洛阳城共用人工200万。《魏书·孝静帝纪》记载[②]："兴和元年秋九月甲子，发畿内民夫十万人城邺城，四十日罢。"共用人工400万。营建邺南城的用工数是营建洛阳城的两倍。用工如此之多，除去邺南城为新建、而洛阳城为扩建的因素外，应系不惟建造两套城垣，而是为建三道城垣用工。况且北魏洛阳是中国封建社会时期最大的都城之一，邺南城的城垣小于北魏洛阳城，其用工又大于洛阳城，似可证明以上邺南城建有郭城城垣的推断。

概言之，邺南城有明显的中轴线，城内建筑以中轴线为中心对称布局，开创了中国都城整齐划一的新规制，隋、唐长安城和元、明、清的北京城，其布局特点，都渊源于邺南城。

四、西魏、北周长安城

西魏、北周长安城源西汉长安城。公元前206年，刘邦建立了西汉政权，决定在秦的离宫——兴乐宫（位于今西安市渭河南岸）的基础上扩建，并取名长安，即"长治久安"之意。经过汉高祖、汉惠帝、汉武帝等几代帝王的努力，长安城成为当时世界上最大的都市。历经东汉、三国、西晋时期，长安城失去了"京都"地位，走向衰落。

十六国时期，在战乱中建立起来的前赵（318—329）、前秦（351—394）、后秦（386—417）割据政权又相继以长安为都城，但各个政权时间短促，且忙于战争，无暇顾及长安城的营建。

北朝时期，西魏（534—557）、北周（557—581）也以长安为都城。同

---

① ［北齐］魏收：《魏书》卷八。
② 同上，卷十二。

样，时间短促又忙于战争，始终没有对都城进行大规模的营建，也没有恢复到汉长安城的水平。

第四节　北朝佛教建筑

佛教传入我国之初，发展并不十分迅速。南北朝时期，由于上层统治者之笃信和极力提倡，佛教开始迅速传播。同时，佛教建筑得到了较快发展。目前所知我国最早的佛教建筑是东汉明帝（58 至 75 年在位）时修建的洛阳白马寺。历史上许多著名的佛寺、佛塔、石窟群都是十六国至南北朝时期创建或者肇始的。特别是北朝，虽然经历了北魏太武帝与北周武帝两次灭法，但佛教建筑并未因此受到阻滞。不仅佛寺的数量和占地面积巨大，而且寺内所造佛塔（木塔、石塔）也宏伟高大。而同时代的南朝佛寺不仅建造数量少于北朝，且佛寺的规模及寺内所造佛塔的高度都无法与北朝相比。此外，北朝佛教僧徒亦重视石窟寺的开凿，从而留下了一大批珍贵的古代石窟寺遗存。佛教建筑是外来文化与传统文化相结合的产物，是我国古代建筑史很有特色的一个组成部分，在建筑技术、艺术上，都从一个侧面反映了我国古代建筑的先进水平。

一、佛寺

佛寺，即礼佛之所。作为礼佛场所的"寺"，原是汉代一种官署。东汉永平年间（58—76），西域高僧叶摩腾、竺法兰初至洛阳，住在专司接待宾客的官署——鸿胪寺中。后来为之修建了白马寺，便是借用了鸿胪"寺"之称。这样，作为官署的"寺"，也开始有了"佛寺"的含义。

（一）北朝佛寺的数量

北魏时期，佛寺建造数量之多，堪称惊人。《魏书·释老志》记载[1]："至延昌中，天下州郡僧尼寺，积有一万三千七百二十七所，徒侣逾众。"延昌，

---

[1]　［北齐］魏收：《魏书》卷一一四。

北魏宣武帝元格的年号，始自512年（延昌元年），终至515年（延昌四年）。这里的天下州郡，是否包括南朝所辖的范围，尚不清楚。《魏书·释老志》中还有另外一组数据：

> 魏有天下，至于禅让，佛经流通，大集中国，凡有四百一十五部，合一千九百一十九卷。正光已后，天下多虞，工役尤甚。于是所在编民，相与入道，假慕沙门，实避调役，猥滥之极，自中国之有佛法，未之有也。略而计之，僧尼大众二百万矣，其寺三万有余。

正光，北魏孝明帝元诩的年号，始自520年（正光元年），终至525年（正光六年）。可见当时僧尼有200万之多，而寺院总数达到了3万余所，比延昌中统计的13727所佛寺，整整翻了一倍还多。

唐释法琳《辩正论》中统计了两晋、南朝佛寺的数量。[1]东晋时有寺1768所，僧尼总数2.4万人；南朝宋时有寺1913所，僧尼3.6万人；南朝齐时有寺2015所，僧尼3.25万人；南朝梁时有寺2846所，僧尼8.27万人；南朝陈时仅有寺1232所。无论是僧尼数量，还是佛寺总数，都与《魏书》所载差距甚大。南朝的寺院总数与僧尼总数，按其最高值时的南朝梁记，也才仅有2800余所、8万余人。与上文所记天下僧尼200余万、佛寺3万余所相比较，仅是余数。换言之，即使《魏书》中所说数字，包括了南朝地区僧尼与佛寺的数量，北魏一代的佛寺总数，也有可能接近3万所。这确实是一个令人惊异的数字。即使接受延昌时的统计是更为准确的数字，其佛寺总数有13727所，以此作为北魏时期佛寺总数的参考值，这也比南朝所建佛寺数量大得多。若认为其统计中包含了南朝的两千余座佛寺，而将其减除，则北魏时代的佛寺总数，至少应在1万所左右。《辩正论》也记载了北朝历代帝王信佛建寺的情况。其中，为元魏的佛寺兴造作总结曰[2]：

---

①② ［唐］法琳：《辩正论》卷三。

右元魏君临一十七帝，一百七十年。国家大寺四十七所。又于北代恒安治西。旁各上下三十余里。镌石置龛，遍罗佛像。计非可尽，庄严弘观。今见存焉。虽屡遭法灭，斯龛不坏。其王公贵室、五等诸侯，寺八百三十九所。百姓造寺三万余所。总度僧尼二百万人。译经一十九人，四十九部。

这里给出了元魏（北魏、东魏、西魏）王朝历届 17 任皇帝，于 170 年间所建佛寺、度僧尼及译佛经的一些基本数据：国家所建大寺 47 所；于北代恒安治西，营造云冈石窟，"镌石置龛，遍罗佛像"；王公贵族建寺 839 所；百姓造寺 3 万余所；总有僧尼 200 万人；有 19 人参与译经，共译出佛经 49 部。当然，百姓造寺 3 万余所应该是一个约略的估计，或有夸大其词的成分。但北魏、东魏、西魏的佛寺建造之盛，上至王侯官宦，下至普通百姓，多有营造，且似无禁忌，当是一件可能的事情。

北齐时期，诸帝十分崇信佛教，据《辩正论》统计[①]：北齐王朝六帝在 28 年间，皇家立寺 43 所，有六人参与译经，译出佛经 14 部。

北周时期，诸帝在佛教事业上也颇有建树。据《辩正论》统计[②]：北周王朝五帝在 25 年间，"合寺九百三十一所，译经四人一十六部"，即百姓造寺 932 余所，有四人参与译经，译出佛经 16 部。

现按《辩正论》给出的数据，统计北朝期间的建寺及译经数。皇家建寺：47（魏）+ 43（齐）= 90 所；王公贵族建寺：839（魏）所；百姓建寺：30000（魏）+ 932（周）= 30931 所；参与译经者：19（魏）+ 6（齐）+ 4（周）= 29 人；总译经：49（魏）+ 14（齐）+ 16（周）= 79 部。数量非常可观。

（二）北朝佛寺的布局

佛寺的布局与佛教"三宝"有关。所谓三宝，即佛、法、僧，这是构成一座佛寺的三个基本要素。佛者，僧徒礼拜、称颂的对象；法者，佛所传播的经典与律法；僧者，寺院中修佛诵经坐禅的出家人。从这佛教三宝中，即

①② ［唐］法琳：《辩正论》卷三。

可直观地推测出一座佛寺应该具有的三种最为基本的建筑空间。其一，礼佛空间。包括佛塔、佛殿、佛堂、佛像，以及后来用于供奉菩萨的殿堂楼阁等建筑与相关雕塑；其二，弘法空间。包括经台、藏经楼、法堂、讲堂，以及后来的戒坛、禅堂等建筑；其三，僧侣空间。包括僧人管理用房（如方丈院）、僧人住宿的僧房、用餐的斋房、日常修持的禅房、念佛堂，以及用于接待其他寺院僧人的房间（如上客堂）。另外，还需有护持空间。包括寺院门殿、角阁，以及门前雕凿的力士、狮子、天王造像等。这些基本建筑单元的取舍、组合，便构成了一座座佛寺的具体空间形态。

佛教传入我国之初，佛寺的布局多遵循印度式样，佛塔居中，佛殿居于塔后，洛阳白马寺即是这种布局。《魏书·释老志》曰[①]："自洛中构白马寺，盛饰浮图，画迹甚妙，为四方式。凡宫塔制度，犹依天竺旧状而重构之，从一级至三、五、七、九，世人相承。谓之浮图，或云佛图。"可见，白马寺是一座以佛塔为中心的建筑，佛塔的平面为方形，可以分为一、三、五、七、九级不等。佛塔周围还有称为"宫"的堂阁建筑。这种"依天竺旧状而重构"佛寺，遵循了"宫塔制度"。是时，人们也开始对外来佛教建筑进行改造，到南北朝时期，佛寺的布局发展为两种主要类型。

1. 有塔型佛寺

有塔型佛寺，即沿用了东汉以来的"宫塔制度"式样，以多层木塔（或砖塔）为全寺的中心，周围布置廊院，或在塔后建大殿，一般呈中轴线布局。这种佛寺多为皇家或贵族官员所立，规格较高。例如《辩正论》记载[②]，北魏天兴元年（398），道武帝拓跋珪下诏："佛法之兴其来尚矣。于京邑建饰容范，修整寺舍。于虞虢之地造十五级浮图。起开泰、定国二寺。写一切经。铸千金像。召三百名僧，每月法集。"虞虢之地，不知其确指，因虞与虢曾是两个古国名，二者大约都在今山西南部的中条山脉之南或之北附近。但从上下文看，这里似乎是在讲一个地方。无论如何，高达15层的佛塔，在当时是前无古人的。

---

① ［北齐］魏收：《魏书》卷一一四。
② ［唐］法琳：《辩正论》卷三。

《魏书·释老志》记载①，天安二年（467），"其岁，高祖诞载。于时起永宁寺，构七级佛图。高三百余尺，基架博敞，为天下第一。又于天宫寺，造释迦立像。高四十三尺，用赤金十万斤，黄金六百斤。皇兴（467—471）中，又构三级石佛图。榱栋相楣，上下重结，大小皆石。高十丈。镇固巧密，为京华壮观"。天安、皇兴均为北魏献文帝拓跋弘的年号。献文帝在平城营建的这两座塔，前者可能是一座木塔。其高 300 余尺，按北魏前期律尺计算，300 × 0.2420 = 72.60 ≈ 73 米，即约合今尺 73 米。当时，这已是高大、复杂的木构建筑了。后者是石塔，高十丈，约合今尺 24 米多，这可能是我国文献中记载的最早石塔。

北魏太和三年（479），建方山思远佛寺，这是典型的有塔型佛寺②。其遗址坐北向南，依山而建，南北长 88.2 米、东西宽 57.5 米。从南往北依次是山门、实心体回廊式塔基、佛殿基址、僧房基址。山门、塔基、佛殿基址在同一南北中轴线上。实心体回廊式塔基位于佛寺南部中央，是思远佛寺的主体建筑，正方形，边长约 18.2 米。发掘清理出来的塔基遗迹，包括塔心实体、环塔心殿堂式回廊建筑两部分。塔心实体基部作正方形，南北残长 12.05 米，东西残长 12.2 米，残高 1.25 米。环塔心殿堂式回廊分布于塔体周围，可绕行塔心实体一周。思远寺建于文明太后当政时期，是北魏最繁荣的时代之一，代表了平城时期最高的建筑水平。

北魏迁都洛阳后所建的佛寺中，有不少是有塔型佛寺。据《洛阳伽蓝记》记载，胡太后所立的永宁寺，"中有九层浮图一所"③；宣武帝元格所立的景明寺，"有七层浮屠一所，去地百切"④；宣武帝所立的瑶光寺，"有五层浮图一所，去地五十丈"⑤；太后从姑所立的胡统寺，有"宝塔五重，金刹高耸⑥；武宣王元勰所立的明悬尼寺，"有三层塔一所，未加庄严"⑦；胡太后所立的秦太上公东寺与秦太上公西寺，"各有五层浮图一所，高五十丈，素彩画

① ［北齐］魏收：《魏书》卷一一四。
② 大同市博物馆：《大同北魏方山思远佛寺遗址发掘报告》，《文物》2007 年第 4 期。
③⑤⑥ ［东魏］杨衒之：《洛阳伽蓝记》卷一。
④ 同上，卷三。
⑦ 同上，卷二。

工，比于景明"①；河清王元怿所立的冲觉寺，"建五层浮图一所，工作与瑶光寺相似也"②；元怿所建的融觉寺，"有五层浮图一所，与冲觉寺齐等"③；宦官王桃汤所立的王典御寺，"门有三层浮图一所，工逾昭仪"④。晋朝已立、北魏修缮的宝光寺，"有三层浮图一所，以石为基，形制甚古"⑤；等等。其中，永宁寺是北魏洛阳城内规模最大、最为有名的一座佛寺。永宁寺始建于熙平元年（516），神龟二年（516）八月竣工。该寺位于"宫前阊阖门南一里御道西"。从《洛阳伽蓝记》《水经注》等文献及有关考古调查资料看，永宁寺的主体是由佛塔、佛殿和廊院三部分组成，并采取了中轴对称的平面布置，其核心是一座有台基的九层木质方塔，由著名建筑家郭安兴设计与建造。该塔北建佛殿，形如太极殿，中有丈八金像，中长金像等，并建"僧房楼观一千余间"。永宁寺四面绕以围墙，形成一个宽阔的矩形院落。院墙皆施短椽，以瓦覆之，犹如宫墙。墙外还掘壕沟环绕，沿沟栽植槐树。院墙四面各开一门。南门楼三重，通三道，去地二十丈，形制似宫城的端门。可见，永宁寺的布置与白马寺一样，依旧是突出了佛塔这一主题。关于永宁寺塔的高度，《洛阳伽蓝记·城内》条曰⑥：

（永宁寺）中有九层浮图一所，架木为之，举高九十丈。上有金刹，复高十丈，合去地一千尺，去京师百里，已遥见之。

《魏书·释老志》曰⑦：

肃宗熙平中，于城内太社西，起永宁寺。灵太后亲率百僚，表基立刹。佛图九层，高四十余丈。其诸费用，不可胜计。

《水经注·谷水》曰⑧：

---

① ［东魏］杨衒之：《洛阳伽蓝记》卷三。
②③④⑤ ［东魏］杨衒之：《洛阳伽蓝记》卷四。
⑥ 同上，卷一。
⑦ ［北齐］魏收：《魏书》卷一一四。
⑧ ［北魏］郦道元：《水经注》卷十六。

水西有永宁寺，熙平中始创也，作九层浮图。浮图下基方一十四丈，自金露柈下至地四十九丈。取法代都七级而又高广之。

三条文献所记永宁寺塔高度不同。《洛阳伽蓝记》以夸张的文学语言记永宁寺塔高百丈，合当今200多米，可信度不高。《水经注》与《魏书》记载相近，而《水经注》记载具体，以其为是。"取法代都七级而又高广之"，意即洛阳永宁寺塔的设计是参照了平城永宁寺塔的规制，并在其基础上加大了体量。"浮图下基方一十四丈"，当今考古实测[1]，塔基有上下两层夯土台基。下层台基东西长101.2米，南北宽97.8米，高2.5米，是地面以下的基础部分；上层台基位于下层台基正中，四周包砌青石，长宽均为38.2米，高2.2米，是地面以上的基座部分。

依文献记载的方形塔基边长14丈与当今实测的长度38.2米，可推算塔高。设塔高为x，则$14:38.2 = 49:x$，$x = 38.2 \times 49/14 = 133.7 \approx 138$米；若以北魏前期律尺——杜夔尺（1尺合当今0.2420米）计算：$490 \times 0.2420 = 118.58 \approx 119$米，即永宁寺木塔的高度应在119—138米之间。

《洛阳伽蓝记》还详细描述了永宁寺塔的外形：刹顶宝瓶容二十五石。宝瓶下有承露金盘十一重，四周挂铜铃。有四条金属链子将宝瓶与屋脊相连，连接处有金钟镇锁，钟大如石瓮。九层屋檐每个角都有挂铜铃，总共有铜铃120个。塔身平面为方形，每面有三道门、六扇窗子。门窗皆漆红色。门扇上钉有五行金钉，总计5400枚。每扇门上还有金属扣环。每当月朗风高之际，铿锵之声闻及十余里。是时，有波斯僧人菩提达摩游历至洛阳，见永宁寺塔高耸入云，装修考究，感叹不已。自云[2]："年一百五十岁，历涉诸国，靡不周遍。而此寺精丽，遍阎浮所无也。极佛境界，亦未有此。"确实，永宁寺塔的建造在中国建筑史乃至世界建筑史上都是一个奇迹。

---

① 钟晓青：《北魏洛阳永宁寺塔复原探讨》，《考古》1988年第5期。
② ［东魏］杨衒之：《洛阳伽蓝记》卷一。

2000 年，张驭寰先生又对永宁寺塔进行了复原研究 [1]，并绘制出其复原透视图（图 7-10）。

图 7-10 永宁寺塔复原透视图

北朝的其他政权也建了不少有塔型佛寺。例如东魏、北齐时建赵彭城寺 [2]，其遗址面积约 19 万平方米，在迄今经考古勘探、试掘的佛寺遗迹中是规模最大的。其格局是以壕沟围合而成正方形寺院，以方形木塔为中心，平面布局中轴对称，寺院内建筑呈现多院落结构。赵彭城寺西侧紧临邺南城中轴线向南的延长线，北距朱明门 1300 米。该寺院的位置、规模、形制均表明它具有很高的等级，可能属于东魏、北齐的皇家寺院。《辩正论》记载 [2]，武成二年（560），北周武帝宇文邕（561 至 578 年在位）"为文皇帝造锦释迦像，高一丈六尺。并菩萨圣僧，金刚师子，周回宝塔二百二十躯，莫不云图龙气"。就是说，曾经造成一次佛教之厄的北周武帝，也曾建了有塔型佛寺。

2. 无塔型佛寺

无塔型佛寺，少量为官员所立，大部分则是通过"舍宅为寺"而来。后

① 张驭寰：《对北魏洛阳城永宁寺塔的复原研究》，载张复合主编：《建筑史论文集（第 13 辑）》，清华大学出版社 2000 年版，第 102—110 页。
② 朱岩石、何利群、郭济桥：《河北临漳县邺城遗址赵彭城北朝佛寺遗址的勘探与发掘》，《考古》2010 年第 7 期。

者一般是原封不动地利用或稍加改造了的大府第。这类佛寺只改变了建筑的作用而没有改变建筑的格局，因此其保留着我国古代建筑传统的形式。虽然有些后来补建有佛塔，但大多受空间的限制，塔从佛寺的基本结构中消失，佛殿成为了主体，再配以讲堂、僧房等附属建筑。如《洛阳伽蓝记》记载[1]，尔朱世隆将宦官刘腾宅改建成的建中寺："建义元年（528），尚书令乐平王尔朱世隆为（尔朱）荣追福，题以为寺。朱门黄阁，所谓仙居也。以前厅为佛殿，后堂为讲堂。金花宝盖，遍满其中。"《洛阳伽蓝记》等文献中记载了很多这样的无塔型佛寺。

从《洛阳伽蓝记》可知，北魏洛阳时期的无塔型佛寺已多于有塔型佛寺。表明北朝既是我国佛教兴盛的时期，又是佛寺从以塔为中心的布局向以佛殿为中心过渡的重要阶段。北朝时期的佛寺布局仍以塔为核心。但塔在寺中的地位逐渐下降，佛寺布局中的中国传统建筑色彩在不断加强，逐渐的汉化过程明显。表现为总体呈中轴线对称分布，殿堂建筑不断增多，布局日益复杂，这为隋唐时期佛寺布局的进一步汉化奠定了基础。

二、佛塔

塔，源于印度，梵文称为"窣睹波"（Stupa），原是埋藏佛门的长老遗骨的陵墓，是佛教信徒朝拜的对象。原始的印度塔原由塔基、覆钵状的塔身和刹（塔顶）三部分组成。其横截面为圆形，实心石构。公元纪年前后，犍陀罗地区的塔有了变化，覆钵部分增高，空心单层，内供佛像。唐玄奘《大唐西域记》中称之为"精舍"。随着佛教的流传，塔在不同的地区，又演变出了许多不同的形式。流传到我国新疆一带时，出现了一种方形基坛上加圆形穹窿的结构，其方坛中空成内室，穹窿为半球状，也是中空的，上面加有刹杆。这种塔在《魏书·释老志》中称之为"庙塔"，已非印度窣睹波原型[2]。北朝时期的塔（包括木塔、砖塔、石塔等），归结起来主要有楼阁式、密檐式和亭阁式三种类型。

---

[1]　［东魏］杨衒之：《洛阳伽蓝记》卷一。

[2]　中国科学院自然史研究所：《中国古代建筑技术史》，科学出版社1985年版，第189—216页。

（一）楼阁式塔

楼阁式塔是原印度塔与东汉多层木构楼阁相结合的产物。魏晋南北朝时期，人们把东汉多层木构楼阁技术用到了佛塔构筑上，原印度塔缩小成了塔刹，此种楼阁式佛塔成了我国当时佛塔的主流。《三国志》卷四十九《刘繇传》记载，笮融在徐州"乃大起浮图祠，以铜为人，黄金涂身，衣以锦采，垂铜槃九重，下为重楼阁道，可容三千余人，悉课读佛经"。笮融的造"浮屠祠"，式样是"垂铜槃九重，下为重楼阁道"。铜槃九重，即是印度佛塔中的"刹"；重楼阁道，即是东汉的楼阁式建筑。简言之，楼阁式塔即是多层木构楼阁再加印度塔刹。《洛阳伽蓝记》中所载永宁寺塔，也应属于这一类型。

因木塔易毁，故唐和唐代以前的木塔在国内已难觅寻。庆幸的是我国不少石窟寺提供了许多北朝楼阁式塔的宝贵资料，如大同云冈石窟中的石雕塔柱及窟壁上的浮雕塔，多表现为中国瓦顶阁楼式佛塔。

（二）密檐式塔

密檐式塔最初出现于公元 3 世纪的印度，传入我国后又发生了一些变化。主要特点是底层塔身较高，其上施 5—15 层密檐，塔檐紧密相接。与楼阁式同样，也是一种多层建筑。不同处是，因其檐密窗小，又无平座栏杆。故只有少部分可以登临，且效果不佳。这种塔的建筑材料一般用砖、石。我国古代木塔和砖塔的产生年代相差不大，但因传统的木结构技术较高，故早期以木塔为主。后因砖结构技术的提高，便逐渐取代了木塔的主要地位。见于文献记载的最早砖塔，是晋太康六年（285）在洛阳建阳里建的三级砖塔。该塔北魏时重建，更名灵应寺，塔仍为三级[①]。北朝时所建的密檐式砖塔中，最有名的是河南登封嵩山嵩岳寺塔。《魏书·冯亮传》记载[②]，北魏正光元年（520），灵太后胡氏曾在嵩山建闲居寺，"世宗给其工力，令与沙门统僧暹、河南尹甄深等，周视嵩高形胜之处，遂造闲居佛寺"。当今尚存的嵩岳寺塔，即位于北魏闲居寺旧址。这是保存下来的年代最早的密檐式砖塔，其高

① ［东魏］杨衒之：《洛阳伽蓝记》卷二。
② ［北齐］魏收：《魏书》卷九〇。

图 7-11　嵩岳寺塔图

39.5 米，底层直径约 10.6 米，内部空间直径 5 米，计 15 层；塔的整体呈炮弹形，塔身平面为 12 边形，底层转角用八角形倚柱，门楣及佛龛上已用圆拱券，而且用砖砌造短檐，未用斗拱。塔心室为八角形直井，以木楼板分为 10 层。由下往上密檐间距离逐层缩短，与外轮廓收缩配合良好。使塔身显得稳重又秀丽，见图 7-11。北魏时也建造了一些石塔，如前文所言，北魏皇兴年间建三级石浮图，"大小皆石，高十丈"。从南北朝到唐代，密檐式塔发展缓慢。辽代以后才有了较大的变化，并进一步向传统的木结构建筑发展。

（三）亭阁式塔

亭阁式塔是印度窣睹波与我国传统亭阁建筑相结合的产物。亭阁在汉代已非常普遍，但汉魏南北朝的亭阁式塔实物迄今未有发现。《洛阳伽蓝记·城西》曰[1]："明帝崩（75），起祇洹（即庙，祭祠）于陵上，自此以后，百姓冢上或作浮图焉。"有学者认为[2]，此冢上浮图当即亭阁式小塔。这种塔最初主要为笃信佛教，而又无资力修建高塔的平民所用，后又被一些高僧、和尚用作墓塔。现存最早的实物是山东历城神通寺隋代四门塔。

三、石窟寺[3]

石窟寺是在山崖凿洞以进行宗教活动的庙寺，始创于印度。印度石窟原有两种类型：一供僧人集会礼拜用，称作支提（Caitya）或招提，窟面呈马蹄形，前面有檐廊，底部有塔，窟内还有列柱。另一种是供僧人修行、居住的，称为毗诃罗（Vinara）或僧院、伽蓝、精舍，窟呈方形，另在正面和

---

① 李久昌：《北魏洛阳里坊制度及其特点》，《学术交流》2007 年第 7 期。

② 朱岩石、何利群、郭济桥：《河北临漳县邺城遗址赵彭城北朝佛寺遗址的勘探与发掘》，《考古》2010 年第 7 期。

③ 罗哲文：《石窟寺》，《中国古建筑学术讲座文集》，中国展望出版社 1986 年版。

两侧凿出几个一丈见方的小龛室。我国称佛寺住持的居所为"方丈",即源于此。我国石窟绝大多数分布在北方,最初沿汉通西域路线分布,后又扩展到了中原及南方。在西至新疆,东及山东,北抵辽宁,南达浙江的广大地域内,都有石窟的发现。年代最早的可能是新疆拜城东南的克孜尔石窟,开凿于东汉晚期。[①] 但多数是十六国和北朝及其后开凿的。北魏至唐,是我国石窟的鼎盛期,宋后即衰。石窟传入中国后,经短时间的消化,便走上了中原化道路。新疆一带的石窟,大都保留了当地民族传统建筑的特征。进入内地后,又发生了许多变化。这里简单介绍一些北朝始建或建造部分石窟的实例。

（一）敦煌石窟

敦煌石窟包括莫高窟、西千佛洞、瓜州榆林窟、东千佛洞、水峡口下洞子石窟、肃北五个庙石窟、玉门昌马石窟等处,是世界闻名的珍贵历史文化遗产之一。其中,莫高窟最负盛名。莫高窟位于甘肃敦煌县城东南25千米处的鸣沙山东麓断崖上,前临宕泉河。该处地质构造为团沙凝结的砾石体,不宜雕刻,故窟内造像为敷彩泥塑,壁面施以彩绘。洞窟所在断崖高15—20米,南北绵延约1700米,分南北两区,南区长约1000米,北区长约700米。绘塑洞窟集中在南区。现存洞窟492个、壁画4.5万平方米、泥质彩塑2400余尊。洞窟形制多样,有中心柱窟、殿堂窟、覆斗顶型窟、大像窟、涅槃窟、禅窟、僧房窟、廪窟、影窟和瘗窟等,还有一些佛塔。窟型最大者高40余米、宽30米见方,最小者高不足盈尺。其中十六国及北魏、西魏、北周窟约40个。

莫高窟始建于十六国时期,据唐武则天圣历二年（698）的《大周李君（义）莫高窟佛龛窟》记载,系前秦苻坚建元二年（366）,由沙门乐傅开凿。乐傅始凿的石窟早已无踪迹可考,现存最早的石窟为北朝的遗存。莫高窟历经十六国、北朝、隋、唐、五代、西夏、元等历代的兴建,成为我国石窟开凿史上延续最长的一座石窟寺。

---

① 中国科学院自然史研究所:《中国古代建筑技术史》,科学出版社1985年版,第189—216页。

敦煌石窟的彩塑、壁画和题记具有很高的历史、艺术、科技及文化价值。1961 年，成为第一批全国重点文物保护单位；1987 年，被联合国教科文组织列入《世界文化遗产名录》。

（二）云冈石窟

云冈石窟位于山西大同市西郊 16 千米处的武州山南麓，该处地质构造为砂岩，宜于雕凿。石窟依山开凿，东西延绵约 1 千米。现存主要窟洞 53 个，大小佛像 51000 余尊。云冈石窟的开凿建造可分为三个阶段。

早期石窟即今第 16—20 窟，亦称昙曜五窟，为著名高僧昙曜开凿。《魏书·释老志》记载[①]，昙曜五窟始凿于文成帝和平初（460），"于京城西武州塞，凿山石壁，开窟五所，镌佛像各一，高者七十尺，次者六十尺，雕饰奇伟，冠于一世"。洞窟平面呈马蹄形，穹隆顶，前壁开门，门上有洞窗，有的外壁满雕千佛。造像为三世佛，最高者是第 19 窟佛像，高 16.8 米。五尊佛像象征北魏早期的五位皇帝。佛像面相丰圆，高鼻深目，双肩齐挺，显示出一种劲健、浑厚、质朴的造像作风。其雕刻技艺继承了汉代的优秀传统，并吸收了古印度犍陀罗、秣菟罗艺术的精华，具有独特的艺术风格。图 7-12 为第 20 窟"露天大佛"。

图 7-12　第 20 窟"露天大佛"，1999 年摄

---

① ［北齐］魏收：《魏书》卷一一四。

中期（471—494）是北魏最稳定兴盛的时期，也是云冈石窟雕凿的鼎盛阶段。中期石窟主要有双窟第 1、2 窟，第 5、6 窟，第 7、8 窟，第 9、10 窟及第 11、12、13 窟和未完工的第 3 窟。洞窟平面多呈方形或长方形，窟顶多有覆斗或长方形、方形平棊、藻井。有的洞窟雕中心塔柱，与支提古窟相当；有的洞窟具前后室，壁面布局上下重层，左右分段；有的壁面上还刻有台基、柱枋、斗拱等的木架构佛殿。云冈石窟第一大佛在第 5 窟，造像为结跏趺坐像，坐底基本接地，像高 17.7 米，盘膝宽约 18 米。各窟造像题材内容呈现多样化，突出了释迦、弥勒佛的地位，流行释迦、多宝二佛并坐像，出现了护法天神、伎乐天、供养人及佛陀本生故事等。佛像面相丰圆适中，盛行褒衣博带式的佛像。中期石窟从洞窟形制到雕刻内容和风格均有明显的汉化特征。

晚期石窟是指北魏迁都洛阳（494）后，所开凿的小型洞窟。是时，国家大规模的开凿活动已经停止，但凿窟造像之风尚在中下阶层蔓延，亲贵、官吏及信众仍在云冈开凿小型窟龛，一直延续到孝明帝正光五年（524）。所凿窟龛约有 200 余座，主要分布在第 20 窟以西。造像题材多为释迦、多宝或上为弥勒，下为释迦。佛像和菩萨面形消瘦、长颈、肩窄且下削。这种清新典雅"秀骨清像"的艺术形象，成为北魏后期佛教造像的特点，并对中国石窟寺建筑艺术的发展产生了深刻影响。

1961 年，云冈石窟成为第一批全国重点文物保护单位；2001 年，被联合国教科文组织列入《世界文化遗产名录》。

（三）麦积山石窟

麦积山石窟位于秦岭西延部分北麓的陇南山地、甘肃天水市东南约 45 千米处。石窟开凿在高 20—80 米、宽 200 米的垂直崖面上。现存窟龛 194 个，壁画 1000 余平方米，泥塑、石胎泥塑、石雕造像 7800 余尊，最大的造像东崖大佛高 15.8 米。石窟始建于十六国的后秦（384—417），兴盛于北朝。后经隋、唐、五代、宋、元、明、清各代续建，遂成为中国著名的石窟群之一。唐开元二十二年（734），麦积山地域发生强烈地震，使石窟崖面中部塌毁，窟群遂分为东、西崖两部分。东崖保存窟龛 54 个、西崖保存 140 个。

北朝时期是麦积山石窟发展的重要阶段。北魏窟龛现存 88 个，占全部窟龛的近半数。北魏早期洞窟以平面方形平顶窟为主，也出现了仿木结构建筑的形制，有横长方形人字坡顶窟、三间四柱单檐庑廊顶窟，意味着洞窟形制向汉式窟形的转变。窟壁出现上下分层开小龛或影塑造像的形式。造像题材主体为三佛，也出现了释迦、多宝二佛并坐说法的新题材。中期洞窟形制同早期无多大区别，但造像风格有较大变化，面相趋于清俊。

北魏晚期是麦积山开窟造像的最盛期。洞窟多为平面方形或近方形的殿堂式，多有壁龛，造像题材仍以三佛为主，同时出现了一佛二菩萨二弟子的组合。造像受云冈等中原石窟影响，以褒衣博带、秀骨清像为主流。西魏窟龛现存 12 个。其中，43 窟为西魏文帝元宝炬皇后乙弗氏的"寂陵"，即开凿麦积崖为龛而葬。是时，洞窟的式样较多，除了延续方形平顶窟和方形覆斗顶窟的窟形外，新出现了更多仿木构建筑的形制，如方形四角攒尖顶窟、单檐庑殿顶窟、三间四柱单檐庑殿顶窟，在第 127 窟还出现了横长方形盝顶窟。北周窟龛现存 44 个。其中第 4 窟为北周秦州大都督李允信，于保定、天和年间（561—572）为其亡父所建，名曰七佛阁，又称散花楼，这是麦积山石窟群中最为宏伟壮丽的建筑。该窟位于东崖大佛上方，距地面经约 80 米，为七间八柱庑殿式结构，高 9 米，面阔 31.7 米，进深 8 米，分前廊后室两部分。立柱为八棱大柱，覆莲瓣形柱础，建筑构件无不精雕细琢，体现了北周时期建筑技术的日臻成熟。后室由并列 7 个四角攒尖式帐形龛组成，帐幔层层重叠，龛内柱、梁等建筑构件均以浮雕表现。该窟是全国各石窟中最大的一座仿中国传统建筑形式的洞窟，较真实地表现了南北朝后期已经中国化了的佛殿外部和内部面貌，是研究北朝木构建筑的重要资料。北周窟内造像以七佛为主，继承了北魏后期以来的秀骨清像的特点，并演变为"面短而艳"的风格，开启了唐代造像丰满圆润的先河。

（四）炳灵寺石窟

炳灵寺石窟位于甘肃永靖县城西南约 40 千米处的积石山大寺沟。其地质结构系细黄沙岩，易于开凿雕造。炳灵，为藏语"仙巴炳灵"的简化，是

"千佛""十万弥勒佛洲"之意。炳灵寺石窟于西晋初年即已开凿,正式建寺则始于西秦建弘元年(420)。其后,北魏、北周、隋、唐时期续建,元、明时期进一步修妆绘饰。炳灵寺石窟最早称为唐述窟,是羌语"鬼窟"之意,唐代称龙兴寺,宋代称灵岩寺,明朝永乐年后称炳灵寺。

炳灵寺石窟主要集中在下寺沟西岸南北长350米、高30米崖壁上,附近的佛爷台、洞沟、上寺等处也有零星窟龛分布。现存窟龛216个、彩塑82尊、石雕造像694尊、壁画1000多平方米、摩崖刻石四方和墨书或刻石纪年铭文六处。

西秦、北魏、唐代和明代是炳灵寺历史上佛教最为兴盛的四个阶段。现存西秦时的石窟为169、192和195窟。其中,在169窟北壁保存有名僧释法显于西秦建弘元年墨书题记,这是我国已知石窟中最早的造窟题记,为早期石窟的断代提供了一把标尺。北魏时开凿的8窟25龛,主要以126、128、132等窟为代表,充分反映了秀骨清像、褒衣博带的中原佛教艺术风格。北周的有两窟,隋代的有两窟,唐代的有20窟113龛,最大的唐代弥勒坐佛高达27米。由于炳灵寺石窟所处地域气候干燥,加之峭壁的高处,岩层往往突出如屋檐,对部分窟龛起着保护作用,因而许多窟龛造像虽经千百年的岁月,但至今仍然保存完好。

2014年,炳灵寺石窟同麦积山石窟作为中国、哈萨克斯坦和吉尔吉斯斯坦三国联合申遗的"丝绸之路:长安—天山廊道路网"中的一处遗址点,被联合国教科文组织列入《世界文化遗产名录》。

(五)龙门石窟

龙门石窟位于河南洛阳市南10千米处的伊河东、西两岸的崖壁上。其地质构造为砂岩,宜于雕凿。现存窟龛2345个、佛塔70余座、碑刻题记2860多块、造像11万余尊,最大的佛像卢舍那大佛,通高17.14米,头高4米,耳长1.9米;最小的佛像在莲花洞中,只有2厘米,称为微雕。龙门石窟均无塔心柱和洞口柱廊,洞的水平面多为独间方形,未见前后室布置,亦无椭圆形平面。大、中型窟内均置较大的佛像。

龙门石窟始建于北魏迁都洛阳之后，《魏书·释老志》记载[1]，景明初（500），"于洛南伊阙山为高祖文昭皇太后营石窟二所"，窟顶"去地一百尺，南北一百四十尺"。永平中（508—512），又为"世宗复造石窟一。凡为三所，从景明元年至正光四年六月已前，用工八十万二千三百六十六"。此后，在东魏、西魏、北齐、北周、隋、唐、五代、北宋、明都有修复和续作。其中，以北魏和唐代的开凿活动规模最大。在龙门的所有洞窟中，北魏洞窟约占30%，唐代占60%，其他朝代仅占10%左右。

西山崖壁上有北朝和隋唐时期的大、中型洞窟50多个。其中，古阳洞、宾阳中洞、莲花洞、皇甫公窟、魏字洞、普泰洞、火烧洞、慈香窑、路洞等，为北魏时期的代表洞窟；潜溪寺、宾阳南洞、宾阳北洞（以上两洞的洞窟及窟顶装饰完成于北魏，佛像完成于隋和初唐）、敬善寺、摩崖三佛龛、万佛洞、惠简洞、奉先寺、净土堂、龙花寺、极南洞等为唐代代表洞窟。东山全是唐代的窟龛，其中大、中型洞窟有20个，如二莲花洞、看经寺洞等。

北魏石窟造像，脸部瘦长，双肩瘦削，胸部平直，衣纹的雕刻使用平直刀法，坚劲质朴，追求秀骨清像式的艺术风格。在北魏石窟中，以古阳洞、宾阳中洞和莲花洞石窟寺最有代表价值。其中，古阳洞集中了北魏迁都洛阳初期的一批皇室贵族和宫廷大臣的造像，典型地反映出北魏王朝举国崇佛的历史情态。这些形制各异、琳琅满目的石刻艺术品，是中国传统文化与域外文明交汇融合的珍贵记录。

1961年，国务院公布龙门石窟为全国第一批重点文物保护单位。2000年，联合国教科文组织将龙门石窟列入《世界文化遗产名录》。

（六）天龙山石窟

天龙山石窟位于山西太原市西南40千米处的天龙山，石窟主要分布在东、西两峰的悬崖腰部。其地属灰白色砂岩，易雕凿，也易风化。天龙山石窟现存洞窟27个，其中东峰8窟，西峰13窟，山北3窟、天龙寺西南三窟，窟之间山径相通。现存石窟造像1500余尊，浮雕、藻井、画像1144幅。

---

[1] ［北齐］魏收：《魏书》卷一一四。

　　天龙山石窟创建于东魏（534—550），东魏大丞相高欢最早开凿了东峰第2、3窟；高欢之子高洋建立北齐，以晋阳为别都，继续在天龙山开凿了三窟，即东峰第1窟和西峰第10、16窟；北齐至隋之间开凿了东峰第11窟；隋炀帝为晋王时开凿了东峰第8窟；余为唐代开凿的18个窟。共跨越四个朝代，历时400多年，反映出各个时期的不同风格和艺术成就，却又有着一线相连的传统关系。

　　两座东魏窟和三座北齐窟都是方形窟室，三壁三龛的形制，东魏窟尊像组合皆三尊像，为正释迦、左弥勒、右阿弥陀的三世佛。东魏像清瘦，造像手法朴实、简洁，仍是"秀骨清像"的风格。北齐像更减少了动感，重在形体结构的雕造，雕塑语言臻于完美。同时，还可以看到龛形和窟形上对于建筑结构的关注，相当精确地再现当时木构建筑的原貌。如第1、10、16窟，窟前增加了仿木结构的前廊，廊雕二柱，柱头承普柏枋，枋上有一斗三升斗拱，补间则施人字形叉手，是现存北齐的唯一建筑实例，有重大的科研价值。

　　2011年，国务院公布天龙山石窟为全国第五批重点文物保护单位。

　　（七）响堂山石窟

　　响堂山石窟位于河北邯郸市境内的鼓山。其地质构造为青灰色石灰岩，适于精细雕刻。现存石窟16个，摩崖造像450余龛，大小造像5000余尊，还有大量刻经、题记等。响堂山石窟始建于东魏晚期，完成于北齐时期（550—577），隋、唐、宋、明各代亦有续凿，但数量较少。

　　响堂山石窟包括南、北响堂石窟两处。南响堂石窟地处鼓山南麓，滏阳河北岸。现有石窟七个，均为北齐时开凿。石窟分上下两层，下层二窟、上层五窟。下层二窟为一组双窟，形制相近，均为中心柱窟，前、后室。前室后壁为四柱三开间式仿木结构，柱头上有仿木出两挑的斗拱。其中，华严洞是南响堂石窟中规模最大者，高4.9米，宽、深各6.3米，内刻《大方广佛华严经》，故称华严洞。该窟中心方柱三面开龛造像，后有低矮的甬道。此类窟称为"中心方柱塔庙窟"。它改变了云冈石窟的中心塔柱四面开龛造像形式，从复杂向简单化的方向发展，这也是响堂山石窟的一个特征。位于上层的千佛洞，窟中有雕刻的佛像 1059 尊，故名千佛洞。该窟门前凿四柱三开间窟廊，廊柱上雕出仿木构的阑额、斗拱、檐、椽和瓦垄。窟廊上方雕覆钵、山花蕉叶、塔刹和宝珠，整个洞窟外形呈塔形，被称为"塔形窟"。把印度的覆钵塔与中国仿木构的建筑形式结合在一起，是响堂山北齐石窟的独创。北响堂石窟位于鼓山天宫峰西坡，现有洞窟九座，其中大佛洞、刻经洞等四座洞窟为北齐时开凿。从外形看，大佛洞为"中心方柱塔庙窟"。大佛洞高 11.4 米、进深 13.3 米、宽 13 米，是响堂山石窟中开凿时间最早，雕刻最精美的一个洞窟。刻经洞为"塔形窟"。洞内外刻满经文，字体刚劲雄伟，是研究佛教和书法艺术不可多得的珍品。旁有石碑，碑文记述了北齐天统四年至武平三年（568—572）北齐晋昌郡开国公唐邕写《维摩诘所说经》等四部经书的经过。

响堂山石窟代表了北朝晚期的佛教建筑技术和雕刻艺术水平，直接影响到隋唐时期石窟寺的建造风格。1961 年，响堂山石窟被列为全国第一批重点文物保护单位。

第五节　北朝园林建筑

我国古典风景式园林包括皇家园林、私家园林和寺观园林。先秦时已出现了皇家园林的雏形，秦汉时有了一定的发展。秦汉时的上林苑、东汉洛阳城的濯龙园、曹魏邺城的铜雀园，都属皇家园林。西汉时出现了私家园林，东汉时有所发展，但汉代的私家园林尚处于发展的初期。魏晋南北朝时期，是我国古典园林发展的转折期，是时，造园活动逐渐普及，皇家园林、私家园林并行发展。由于佛教的兴盛，道教的完善，出现了寺观园林。园林造景也由粗犷摹仿或者利用自然山水，发展到在园林中再现一个经过提炼的典型化的自然。

北朝时期，各政权都非常重视对园林的管理。三国曹魏时设左民尚书，掌缮治、盐池、苑囿等事宜。北魏初因袭之。孝文帝改革官制，设置司农寺，"掌仓市薪菜，园池果实。统平准、太仓、钩盾、典农、导官、梁州水次仓、石济水次仓、藉田等署令。而钩盾又别领大囿、上林、游猎、柴草、池薮、苜蓿等大部丞"①。司农寺的主官为司农卿，九卿之一，官秩正三品。钩盾令为管理皇家园林、植树种草等事宜的职官，官秩正八品。此外，设司竹都尉，管理皇家园林的栽植竹木事宜。孝文帝迁都洛阳后，又设华林都尉，专管华林园。北齐时，华林都尉改为华林令，官秩从九品。东魏、北齐及西魏时，基本沿袭北魏的管理体制。北周时，管理园林的职官为掌囿中士、下士及掌囿下士，属地官府管辖。

一、北朝皇家园林

皇家园林首开中国古代造园之先河。秦汉时期，宫苑中"王"气盛行，以法天象地来直接表露以大为美的大一统时代。魏晋时期，基于帝王自身的文化修养和倚重士族的政治需要，皇家园林中已洋溢着人文气息，但造园手法仍主要承袭两汉，尚未与造园理念同步。东晋南北朝，随着文化和造园艺术的发展，皇家园林融入佛学等新兴文化因素，发展为融会着帝王气象、文人风采和宗教氛围的综合体系。其中，南朝宫苑较为文气清丽，北朝宫苑则厚重深沉。

（一）北魏皇家园林

1. 平城宫苑

北魏建都平城之初，道武帝就在平城北郊建鹿苑②，"南因台阴，北距长城，东包白登，属之西山，广轮数十里"。同时，凿渠引武川水注之苑中，疏为三沟，分流宫城内外，并在苑内开挖了鸿雁池。天兴四年（401），又建石池和鹿苑台。之后，把苑区内划分为北苑和西苑。其中，西苑有广大的狩猎区。天赐三年（406），道武帝于西苑中筑西宫，"引沟穿池，广苑囿"。

明元帝在位时期（409—424），对鹿苑的修整扩建更加频繁③，多次增建宫殿台榭和游观设施。永兴五年（413），"穿鱼池于北苑"；神瑞元年（414），"起丰宫于平城东北"；泰常元年（416），"筑蓬台于北苑"；泰常三

---

① ［唐］长孙无忌、令狐德棻：《隋书》卷二十七。
②③ ［北齐］魏收：《魏书》卷二。

年，"筑宫于西苑"；泰常四年，"筑宫于蓬台北"，"筑宫于白登山"；泰常六年，再次扩大苑区，"发京师六千人筑苑，起自旧苑，东包白登，周回三十余里"，即把东面的白登山也包入苑内，后称东苑。太武帝在位时期（424—452），完善了苑中的水系，并筑五色琉璃行殿。[①] 献文帝在位期间（466—471），在北苑建崇光宫及鹿野浮图。[②]

孝文帝即位后，扩大了园林的兴建范围。太和元年（477），在北苑起永乐游观殿，穿神渊池[③]。特别是对方山的开发，是北魏皇家园林的进一步拓展。方山在平城之北25千米处，是一座上为平顶的高山。太和三年六月，在方山脚下开灵泉池，建灵泉殿为苑囿，又在山上建文石室。同年八月，在方山道武帝故垒处建思远寺。太和五年，文明太后冯氏选定方山为自己的墓地，开始在山顶上预建陵园，太和八年建成，号永固陵。这样，在方山就形成一条南北轴线，自山下灵泉殿向北，御路登山，依次有思远寺和永固陵，陵后稍偏东北又有建而未用的孝文帝陵，称万年堂。[④] 这实际上是把平城以北广大地域都划为禁苑。

总体上看，平城皇家林园区以生产性的园圃和猎场为主，其内虽有离宫，但游赏娱乐建筑偏少，性质近于汉代的苑。由于皇家林园与农牧生产的密切关系，皇帝的祈雨祭天仪式有时在御苑中举行。例如太和三年，"（孝文）帝祈雨于北苑，闭阳门，是日澍雨大洽"[⑤]。另外，平城的苑囿还是操练军队之处。如道武帝"大阅于鹿苑，飨赐各有差"[⑥]；太武帝"行幸帼杨，驱野马于云中，置野马苑"[⑦]，文成帝时，高闾建议在"苑内立征北大将军府"[⑧]，以训练军队。这些都是鹿苑军事功能的体现。

2. 洛阳宫苑

北魏洛阳城的主要宫苑，从西、北、东三面环绕着宫城。宫城西有西游

---

① ［北齐］魏收：《魏书》卷四。
② 同上，卷一——四。
③⑤ 同上，卷七。
④ 大同市博物馆、山西省文物工作委员会：《大同方山北魏永固陵》，《文物》1978 年第 7 期。
⑥ ［北齐］魏收：《魏书》卷二。
⑦ 李海：《北魏平城中的宫城布局研究》，《山西大同大学学报》（山西大同大学学报）2015 年第 3 期。
⑧ ［北齐］魏收：《魏书》卷五四。

（林）园，西北是金墉城，北面有华林园，东部是苍龙海（翟泉）。其中，最有代表性的是华林园。该园始建于曹魏时期，曰芳林园。其内凿天渊池，在池中建九华台，依北城墙筑景阳山。西晋时改名为华林园。北魏时期重新修建，仍称华林园，园址比曹魏时稍有南移，使原依北城墙的景阳山置于园外。新修的华林园中，在天渊池西南另筑土山，仍名景阳山。以山池为主景，恢复旧台馆、添建新建筑。《洛阳伽蓝记·城内》记之曰 [1]：

> 华林园中有大海，即魏天渊池，池中犹有文帝九华台，高祖于台上造清凉殿；世宗在海内作蓬莱山，山上有仙人馆，上有钓台殿，并作虹霓阁，乘虚往来。至于三月禊日，季秋九辰，皇帝驾龙舟鹢首，游于其上。海西有藏冰室，六月出冰以给百官。海西南有景山、殿山；东有羲和岭，岭上有温风室；山西有姮娥峰，峰上有露寒馆，并飞阁相通，凌山跨谷；山北有玄武池；山南有清暑殿，殿东有临涧亭，殿西有临危台。

> 景阳山南有百果园，果列作林，林各有堂……

> 奈林南有石碑一所，魏明帝所立也，题云"苗茨之碑"。高祖于碑北作苗茨堂。永安中年，庄帝习马射于华林因，百官皆来读碑……奈林西有都堂，有流觞池，堂东有扶桑海。凡此诸海，皆有石窦流于地下，西通谷水，东连阳渠，亦与翟泉相连。若旱魃为害，谷水注之不竭；离毕滂润，阳谷泄之不盈。至于鳞甲异品，羽毛殊类，濯波浮浪，如似自然也。

这些关于华林园的记载，详细明晰，而且也反映了北魏洛阳皇家园林的营造特点：

其一，叠石为山。华林园的设计建造者茹皓，"为山于天渊池西，采掘北邙及南山佳石" [2]。显然，是叠石为山，塑造出羲和岭、姮娥峰等不同形态

---

① ［东魏］杨衒之：《洛阳伽蓝记》卷一。
② ［北齐］魏收：《魏书》卷九三。

的山体。

其二，处理水景的多种方法。华林园中的水景丰富多彩，以天渊池大水域为主体，营构岛、台、殿、坛等不同的临水建筑；在一些小的水域，如流觞池、扶桑海、流化渠等处，则塑造了不同的景观。

其三，继承秦汉宫苑的一些传统。水中建蓬莱山，山上起仙人馆，体现了北魏皇家园林的中仍延续秦汉宫苑中以此表达的海上求仙意识。由于园林规模的限制，由秦汉的"一池三山（蓬莱、方丈、瀛洲）"转变为一池一山的格局。但通过"乘虚来往"的殿阁，仍能体现仙界的意味。另外，各建筑经常以廊道相连，组成高下错落的建筑群，"飞阁相通，凌山跨谷"。这类建造方式，应是对秦汉宫苑中"阁道相通，不在于地"等建筑形态的继承。

（二）东魏、北齐皇家园林

1. 邺城宫苑[①]

东魏时期，在邺南城建华林园，其位置史载阙如，从相关文献看，应在宫城之北。北齐武成帝高湛在位（561—565）期间，又改建增饰，称玄洲苑。东魏末年，高澄在邺城以东建山池，称"东山"，高澄多次在此游宴。北齐时期，在邺北城外、铜雀台西建游豫园，周回十二里，内有葛屦山，山上建台。园中有池，池"周以列馆，中起三山，构台，以象沧海"。

北齐最宏大的皇家林园是武成帝所建的仙都苑，位于邺南城城西。苑中筑五座土山以象五岳，山间有河湖，象四渎入四海，中间汇成大池，称"大海"。在"中岳嵩山"的南北两翼筑小山，二山之东西侧各建山楼，用云廊（阁道之类）相连。大海之北有飞鸾殿，面阔十六间，五架，最为豪华；大海之南有御宿堂，附有若干小殿堂，与飞鸾殿南北相望。太海中有水殿，周回十二间，四架，平坐广二丈九尺，下面用二支殿脚船承托，浮于水中。四海中，西海岸有望秋、临春二殿，隔水相望；北海中有密作堂，也是用殿脚船承托的水殿，高三层，堂内设伎乐偶人和佛像、僧人，以水轮驱动机械，使偶人奏乐、僧人行香，极为巧妙，为前所未有，是黄门侍郎崔士顺所制。

---

① 傅晶：《魏晋南北朝园林史研究》，天津大学博士学位论文 2003 年。

北海附近还有两处特殊的建筑群：一处是城堡，齐后主高纬命高阳王思宗为城主据守，高纬亲率宦官、卫士鼓噪攻城以取乐；另一处是"贫儿村"，仿效城市贫民居住区的景观，高纬与后妃宫监装扮成店主、店伙、顾客，往来交易三日而罢。其余楼台亭榭之点缀，则不计其数。

2. 晋阳宫苑

北齐以晋阳为别都，进行了大规模的营建。《元和郡县图志》卷十三太原府晋祠条引姚最《序行记》曰："高洋天保中（550—560），大起楼观，穿筑池塘，飞桥跨水。自洋以下，皆游集焉。至今为北都之盛。"后主高纬时，"又于晋阳起十二院，壮丽逾于邺下。所爱不恒，数毁而又复。夜则以火照作，寒则以汤为泥，百工困穷，无时休息。凿晋阳西山为大佛像，一夜燃油万盆，光照宫内。又为胡昭仪起大慈寺，未成，改为穆皇后大宝林寺，穷极工巧，运石填泉，劳费亿计，人牛死者不可胜纪"[①]。

纵观东魏、北齐皇家林园，有两个特点。其一，如游豫园，仍采用秦汉宫苑"一池三山"模式，表现了蓬莱求仙意象。其二，如仙都苑，苑内的各种建筑物形象丰富，如像贫儿村摹仿民间的村肆，密作堂宛若水上漂浮的厅堂，园中类似城堡的建筑，等等。这些，在皇家园林的历史上都具有一定的开创性意义，为后世宫苑所延承和发展。

至于西魏、北周时期的皇家园林，文献记载甚少，有待进一步挖掘考略。

二、北朝私家园林

（一）私家园林兴起的原因

两汉时期，皇家苑囿在园林系统中占绝对统治地位，仅有少数贵胄富商兴建私家园林。到魏晋南北朝时期，私家园林空前发展，这与当时的社会背景有着密切的联系。动乱的社会政治对经济产生了巨大的破坏力，实力相对强大的庄园经济趁机发展，尤其是在南方地区，为山水园林的建设提供了坚

---

① ［隋］李百药：《北齐书》卷八。

实的物质保障。另外，动荡的社会政治环境撼动了原有儒学独尊的局面，思想文化日趋多元化引发了思想上的解放潮流。在不安定的政治环境和解放的思想潮流中，士人逐渐形成了追求山水之美的意识，以求精神的解脱，人格的超越。于是，对山水田园的追求激发了士人建造园林的欲望，促进了魏晋南北朝时期私家园林的兴起和发展。

（二）北朝的私家园林

私家园林有两种类型：一是建在郊野，突出山水林木的自然之美，格调质朴清隽，主要以文人名士经营的别墅园林为代表。二是建在城市中，讲究华丽，偏于绮靡，主要以达官贵人经营的城市型私园为代表。对于北朝的私家园林，主要叙述北魏洛阳的城市型私园。此类园林在当时的洛阳城有很多，分布于坊里和城郭之内。如寿仁里是王公贵族的私宅和园林集中地，《洛阳伽蓝记·城西》记之曰①：

> 自退酤以西，张方沟以东，南临洛水，北达芒山，其间东西二里，南北十五里，并名为寿丘里，皇宗所居也。民间称为王子坊。当时四海晏清，八荒率职……于是帝族王侯，外戚公主，擅山海之富，居林川之饶，争修园宅，互相夸竞。崇门丰室，洞户连房，飞馆生风，重楼起雾，高台芳榭，家家而筑；花林曲池，园园而有。莫不桃李夏绿、竹柏冬青。其中又以河间王琛最为豪首……入其后园，见沟渎蹇产，石磴礁嶤，朱荷出池，绿萍浮水，飞梁跨阁，高树出云。

这一引文介绍了北魏洛阳城私家园林的分布范围和产生背景。"家家而筑"，可知造园风气之盛；"石磴礁嶤"，可知当时已采用了叠石作为造景的手段；"飞梁跨阁"，可能指桥上建阁，当与后世亭桥或廊桥相类。

《洛阳伽蓝记·城东》正始寺条还记载了北魏司农张伦的园林，曰②：

---

① ［东魏］杨衒之：《洛阳伽蓝记》卷四。
② 同上，卷二。

　　　　园林山池之美，诸王莫及。伦造景阳山，有若自然；其中重岩复岭，嵚崟相属，深蹊洞壑，逦迤连接。高林巨树，足使日月蔽亏；悬葛垂带，能令风烟出入。崎岖石路，似壅而通；峥嵘涧道，盘纡复直。是以山情野兴之士，游以忘归。

张伦的园林，"山池之美，诸王莫及"，成为北朝乃至整个中国古典私家林园的杰作。特别值得注意的是，假山景阳山"重岩复岭"，"有若自然"，集中地反映了天然山岳的主要特征。这已透露出园林写意造景法的端倪，也表现了北朝私家园林的建造水平。

三、北朝寺观园林

随着佛教的盛行，南北朝时期大量兴造的佛寺呈现出与山水自然环境紧密结合的趋势，或于佛寺内另建附属园林。是时，道观在建筑营构方式及审美意趣上，与郊野佛寺基本趋同，也注重建筑与环境的有机结合。

（一）北朝佛寺园林

北朝佛寺园林基本可概括为城市佛寺园林、郊野佛寺园林及石窟寺园林三种情况。

1. 城市佛寺园林

北朝时期，城市里的佛寺逐渐演变为合院建筑组群与山树园池相结合的模式，或于佛寺内另建附属园林。《洛阳伽蓝记》中所举北魏洛阳城内外佛寺，很大一部分有园林化特点，如景林寺，具有合院式的殿堂区，并在该区西侧兴建了附属的园林，以供静修。其总体布局与士人宅园十分相似，园林的风格意境也与士人园如出一辙。《洛阳伽蓝记·城内》记之曰 [①]：

　　　　景林寺，在开阳门内御道东。讲殿叠起，房庑连属。丹槛炫日，绣桷迎风，实为胜地。寺西有园，多饶奇果。春鸟秋蝉，鸣声相续。中有

---

① ［东魏］杨衒之：《洛阳伽蓝记》卷一。

禅房一所，内置洹精舍，形制虽小，巧构难比。加以禅阁虚静，隐室凝邃，嘉树夹牖，芳杜匝阶，虽云朝市，想同岩谷。静行之僧，绳坐其内，飱风服道，结跏数息。

又如宝光寺，有大而美丽的园池环境，"京邑士子，至于良辰美日，休沐告归，征友命朋，来游此寺"①。京邑民众常结伴到寺园游玩，说明其具有公共园林的性质。而景明寺则是将殿堂与园池林木穿插结合而建的典型寺院。此外，永宁寺、建中寺、长秋寺、瑶光寺、景乐寺、昭仪尼寺、愿会寺、景明寺、灵应寺、秦太上君寺、正始寺、平等寺、秦太上公寺、文觉寺、报德寺、高阳王寺、崇虚寺、冲觉寺、白马寺、法云寺、大觉寺、永明寺、凝圆寺等，无一不具有园林化景观。

2. 郊野佛寺园林

在佛教中，山水林泉等自然环境是适于静修和思悟之所。因此，不少佛寺择址于郊野的自然山水中，有云"天下名山僧占多"。南北朝时期，士夫官僚大兴舍宅为寺之风，有的士族豪宅原为占据优美山水环境的庄园山居，舍为寺院后，成为郊野佛寺园林的重要来源。另外，由于政权和佛教的盛衰不定，有些僧人避地而居，倚重地方士族资助，兴立佛寺，聚徒讲学，有建于郊野的佛寺，与此相关。建于郊野山林的佛寺数量很大，不再一一列举。

3. 石窟寺园林

按佛教典籍要求，石窟寺的建造通常选择河泉环绕、林木荫郁、幽闭僻静的山崖或台地等自然形胜处，凿窟造像，成为僧人聚居修行之所在。如云冈石窟寺，凿于武周山，前临武周川，川水东南流；麦积山石窟寺，依托麦积山，山形奇崛，酷似当地农家麦垛。永川河绕山北流。有的石窟寺或另建附属园林。如《水经注·漯水》记载②，云冈石窟寺前，"山堂水殿，烟寺相望，林渊锦镜，辍目新眺"，一派园林景象。前文已较详细地叙述了石窟寺，这里不再赘述。

---

① ［东魏］杨衒之：《洛阳伽蓝记》卷四。
② ［北魏］郦道元：《水经注》卷十三。

（二）北朝宫观园林

道教于东汉初兴，其渊源为古代的巫术，合道家、阴阳、五行之说，奉老子为教主。东汉时张道陵倡导的五斗米道，为道教定型化之始。东汉末，五斗米道与后起的太平道流行于民间，一时成为农民起义的旗帜。魏晋南北朝时期，是道教的发展完善期，东晋葛洪作《抱朴子》，对道教学说加以理论上的整理，北魏寇谦之制定乐章诵戒，南朝陆修静编著斋醮仪范，道教仪轨自此趋于完备。是时，道教理论主张融合儒、释、道，依附于统治阶级政权，讲求服食养生之道、追求长寿不死、羽化登仙，这也符合统治阶级企图永享奢靡生活、留恋人间富贵的愿望。因而，不仅在民间流行，在上层社会也颇有市场。例如南朝的琅邪王氏、高平郗氏、竟陵萧氏，以及北朝的清河崔氏、京兆韦氏等世家大族都竞相崇奉道教。南朝道士陶弘景被梁武帝萧衍敬为"山中宰相"、北魏太武帝则尊寇谦之为天师，"拜事甚谨"，都具有非比寻常的社会地位。道教着眼于现世，讲求通过清修吐纳养气，服食药物养身等方式祛病祸而致神仙。为方便采集药物，锻炼神丹，道士往往居于山林；同时，山清水秀的环境也适合于吐纳调息、清修静养。故道士所居宫观多择址山林，据传东汉时天师道的创始人张道陵就在峨眉山修持，东晋葛洪隐居浙江灵隐山。经历代延承，许多道教宗派常常与山岭并为指称，如嵩山天师道（寇谦之在此创新天师道）、茅山道（萧梁陶弘景在茅山创该道）等。山林道观在建筑营构方式以及审美意趣上，与郊野士人园林基本趋同，也是注重建筑与环境的有机结合。如北魏平城东郊的大道坛庙，《水经注·漯水》记之曰[①]：

> 水左有大道坛庙，始光二年（425），少室道士寇谦之所议建也。兼诸多庙碑，亦多所署立。其庙阶三成，四周栏榄。上阶之上，以木为圆基，令互枝梧。以版砌其上，栏陛承阿。上圆，制如明堂，而专室四户，室内有神坐，坐右列玉磬。皇舆论亲降，受箓灵坛，号天师。宣

---

① ［北魏］郦道元：《水经注》卷十三。

扬道式，暂重当时……水右有三层浮图，真容鸾架，悉结石也。制装丽质，亦尽美善也。

大道坛庙的建筑群与周围环境相映成趣，一派园林风光。

第八章　手工技术

我国古代手工业发达，分工细致，涉及机械、冶金、陶瓷、皮革、纺织、印染、酿造等多个行业，每一行业又有更加精细的分工。早在先秦时期，就有"百工"之说。如对于车辆的制作，既有所谓的"车人"，也有专门制造车轮的"轮人"，还有专门制作车厢的"舆人"、专门制作车辕的"辀人"等。细致的分工，促进了手工业技术的不断进步。东汉时期，我国手工业技术已达到较高的水平。经魏晋南北朝，手工业的行业有所增加，其技术水平又有了进一步的发展。本章就北朝的机械、纺织、冶铁、制瓷等方面的技术成就作一叙述。

第一节　北朝对手工业的管理

我国古代官营、私营手工业并存，很长时段以官营为主。官营手工业的生产主要包括两大部分，一部分是直接为满足皇室成员及政府的特殊需要而设立的，如织造、陶瓷、营缮、车船、钱币等；另一部分是重要的国计民生物资，如盐、酒、茶等生活必需品及铁、金、银、铜、铅、锡等生产原料等。战国时期，随着井田制的瓦解、私有土地制的出现，又出现了私营手工业。秦汉时期，这种以官为主、官私并存的手工业格局到得到进一步的发展与定型化。为了组织手工业的正常运行，必须有行之有效的管理机构。

一、北朝之前的手工业管理

我国古代，历来都重视手工业的发展及管理。相传在尧舜时代，有一名叫倕的巧匠，善作弓、耒、耜等，尧帝召之，命其掌管各种工匠。殷墟甲骨卜辞中记载的"工"，就是商朝管理工匠的"工"官。西周春秋时期，已经有了比较完善的手工业管理机构。是时，周王室针对官营手工业生产的不同目的，设置了不同层次的管理职官，即有内、外廷之分。王室内廷设事务官，直接为王室服务。由于职司不同，内廷职官又有不同种类。例如太仆，掌管王室的车舆马匹；庶府，掌管王室的物资仓库；缀衣，掌管王室的衣冠服饰。王室外廷设有政务官和事务官两类：外廷政务官是司空（金文都作司工），掌百工职事。外廷事务官则是有专门技术的官员，如卜、祝、巫师、工师等，称为艺人。其中，工师掌百工和手工业制造。诸侯国亦有与此对应的职官。

战国时期，韩国始设少府，秦汉沿置。其地位相当于宫廷总管，掌国家山海地泽收入和皇室手工业制造。秦汉时少府均为九卿之一，其属官有：尚书、符节、太医、太官、汤官、导官、乐府、若卢、考工室、左弋、居室、甘泉居室、左右司空、东织、西织、东园匠等十六官令丞，胞人、都水、均官三长丞，中书谒者、黄门、钩盾、尚方、御府、永巷、内者、宦者八官令丞，以及诸仆射、署长、中黄门等官。这些官署名称并不同时存在，也不完全固定。其中，考工室主管兵器及机械的制造，东织、西织主管丝织，东园匠主管宫殿建筑瓦当的制造，御府主管奴婢制作及缝补衣服，尚方（西汉始设左、中、右三尚方）主管皇室所用刀剑、玩好陈设等物的制造及对高级手工业工匠的管理，等等。东汉时门下诸官如侍中、侍郎、常侍等汇于侍中寺，成为一个相对独立的机构，使少府宫廷总管的地位逐渐被门下诸官所替代。魏晋时期，原隶属于少府的尚书独立，升尚书至卿位，使原少府所属中枢机要机构的色彩日益消失。这样，少府机构职司有很大的变化。曹魏时"少府统三尚方，御府内藏玩弄之宝"[①]，西晋沿袭，东晋仅置一尚方，不置御府。如《晋书·职官志》所云[②]："少府，统材官校尉、中左右三尚方、中黄左右藏、左校、甄官、平准、奚官等令，左校坊、邺中黄左右藏、油官等丞。及渡江，哀帝省并丹阳尹，孝武复置。自渡江唯置一尚方，又省御府。"

---

① ［西晋］陈寿：《三国志·魏书》卷二十四。
② ［唐］房玄龄、令狐德棻：《晋书》卷二十。

十六国时期，石勒建立后赵，置少府，属官有上、中、下三尚方及御府诸令。后又设左、右校令，掌左、右工徒。南朝宋、齐有左、右尚方，各设令、丞，并造军器。梁、陈分左、中、右三尚方署。可见，少府逐渐演变为主要管理手工业的机构了。

为满足手工业管理的需要，历代在少府之外不断增设相关机构和职官，情况复杂。例如西汉武帝时盐铁官营，在大司农之下设盐铁丞，在地方各郡县亦设盐官或铁官，管理全国盐铁产销事业。后世改省不定、隶属多变。《后汉书·百官志》记载[①]：东汉光武帝时，"郡有盐官、铁官、工官、都水官者，随事广狭置令、长及丞"。本注曰："凡郡县出盐多者置盐官，主盐税；出铁多者置铁官，主鼓铸；有工多者置工官，主工税物；有水池及鱼利多者置水官，主平水收渔税。"这表明东汉时出现私营盐铁，在所有产盐、产铁郡县设置的盐官、铁官，主要负责征收盐铁之税，这同西汉的官营盐铁制度有一定程度的差别。《宋书·百官志》又曰[②]："汉有铁官，晋署令，掌工徒鼓铸，隶卫尉。江左以来，省卫尉，度隶少府。宋世虽置卫尉，冶隶少府如故。"卫尉，本是秦时设置的"掌宫门屯兵"之官，两汉沿袭。但在西晋时却掌管冶铸业，且将铁官更名为冶令。东晋时不置卫尉，冶铸业复归少府。南朝宋世祖孝建元年（454）复置卫尉，但冶铸业仍属少府。又如东晋始设祠部，其所属有起部曹，"掌诸兴造工匠等事"；等等。增设的机构和职官，都强化了对手工业生产的管理。

二、北朝对手工业的管理

北朝手工业发达，手工业管理机构及职官的设置颇为复杂。

北魏立国之初，未设少府，左民尚书掌管手工业。《魏书·段霸传》记载[③]，段霸"少以谨敏见知，稍迁至中常侍、中护军将军、殿中尚书，领寿安少府，赐爵武陵公，出为安东将军、定州刺史"。即段霸曾担任多种要职，

---

① ［南朝宋］范晔：《后汉书》卷一百十八。
② ［南朝梁］沈约：《宋书》卷三十九。
③ ［北齐］魏收：《魏书》卷九四。

并以阉官身份掌领寿安少府。寿安，即北魏皇太后所居的寿安宫。查《魏书·官氏志》，无少府一职。可见，北魏太和改制前，寿安少府或为专司皇室财政储藏的机构之一，与掌管手工业的少府不同。《通典·职官》曰 [①]：

> 后魏太和中，改少府为太府卿。兼有少卿，掌财物库藏。……北齐曰太府寺，亦有卿、少卿各一人，又兼掌造器物。后周有太府中大夫，掌贡赋货贿，以供国用，属大冢宰。隋初与北齐同，所掌左右藏及尚方、司染、甄官等署。

据此可知，在北魏孝文帝太和改制中，改少府为太府，"掌财物库藏"。太府主官为太府卿，九卿之一，秩正三品。其副职为太府少卿，秩正四品。东魏、北齐因之，"又兼掌造器物"。即太府寺不仅掌金帛府库，而且掌营造器物。隋初沿袭北齐。关于太府寺的下属机构及其所管理的事项，《隋书·百官志》作了较为详细的记载 [②]：

> 太府寺，掌金帛府库，营造器物。统左中右三尚方、左藏、司染、诸冶东西道署、黄藏、右藏、细作、左校、甄官等署令丞。左尚方又别领别局、乐器、器作三局丞。中尚方又别领别局、径州丝局、雍州丝局、定州绸绫局四局丞。右尚方又别领别局丞。司染署又别领京坊、河东、信都三局丞。诸冶东道又别领滏口、武安、白间三局丞。诸冶西道又别领晋阳冶、泉部、大邻、原仇四局丞。甄官署又别领石窟丞。

西魏恭帝三年（556），设天官、地官、春官、夏官、秋官、冬官等六官府。太府属天官府，其主官为太府中大夫，正五命。但其职能已非北魏太府，变为"掌贡赋货贿"，即太府变为专司财政收支的机构。而主管手工业

---

① ［唐］杜佑：《通典》卷二十六。
② ［唐］长孙无忌：《隋书》卷二十八。

的机构和职官相当复杂，部分属于天官府、地官府，大部分属于冬官府。天官府的手工业管理机构和职官主要有[①]：

玉府，掌皇室所用玉器的加工及保管。职官有玉府上士、玉府中士。

内府，掌皇室所用器具的制造及保管。职官有内府上士、内府中士。

缝工，掌皇室所用衣服的缝制及保管。职官有缝工上士、缝工中士。

染工，掌皇室所用衣物的洗染及保管。职官有染工上士、染工中士。

冬官府下属设置掌盐，管理盐业生产。职官有掌盐中士、掌盐下士。

冬官府的主官是大司空卿，正七命；副职是小司空上大夫，正六命。冬官府中管理手工业的主要机构和职官如下：

工部，总管营造工程及百工。职官有工部中大夫，工部上士，工部中士，工部下士。

匠师，掌城郭宫室之制及度量衡。职官有匠师中大夫，小匠师下大夫，小匠师上士。

司木，掌木类工程。职官有司木中大夫，小司木下大夫，小司木上士。

司土，掌土类工程。职官有司土中大夫，小司土下大夫，小司土上士。

司金，掌矿冶铸造。职官有司金中大夫，小司金下大夫，小司金上士。

司水，掌水利交通。职官有司水中大夫，小司水下大夫，小司水上士。

司玉，掌玉石制作。职官有司玉下大夫，小司玉上士。

司皮，掌皮革制作。职官有司皮下大夫，小司皮上士。

司色，掌染色油漆。职官有司色下大夫，小司色上士。

司织，掌丝麻纺织。职官有司织下大夫，小司织上士。

司卉，掌草竹制品。职官有司卉下大夫，小司卉上士。

此外，尚有掌材、司量、司准、司度、车工、角工、彝工、器工、弓工、箭工、卢工、复工、陶工、涂工、典丱、冶工、铸工、锻工、函工、雕工、典甕、磬工、石工、裘工、屦（读 ju，用麻葛制鞋）工、鞄工、裋工、鞞工、韦工、胶工、氄工、缋工、漆工、油工、弁工、织丝、织采、织枲、

---

① ［唐］杜佑：《典通》卷三十九。

织组（经纬相交。织为布帛，组为编织）、竹工、籍工、罟工、纸工等机构，其职官均有中士和下士。以上职官中，中大夫为正五命，下大夫为正四命，上士为正三命，中士为正二命，下士为正一命。

以上职官设置在北周时才开始实施。较之北魏，对手工业的管理分工更为详尽。

三、北朝官营手工业劳动者的来源

北朝时期，官营手工业的劳动者除部分来自私营手工业及民间的工匠外，主要源于当时的"杂户"（亦称"百杂之户""杂役人户""杂色役隶之徒"）。这是一个被剥削、被压迫的特殊阶层，始于十六国，盛于北朝，消亡于唐代。杂户的演变比较复杂，不同时期区别很大。十六国时期，杂户是直接隶属于军队的人口。北朝时期，随着杂户自身的变化，转变为官府各部、署中专门从事各种杂役的人口，包括军户（兵户、府户、营户）、隶户、盐户（灶户）、金户、屯田户、牧户、乐户、伎作户、细茧户、罗縠户、绫罗户、僧祇户、佛图户等。[①] 而这些杂户又是由两类人员组成：

其一，罪犯及其家属。是时，按有关法律规定，把犯罪入官的人户配没为杂户。《魏书·刑罚志》曰[②]："诸强盗杀人者，首从皆斩，妻子同籍，配为乐户。其不杀人，及赃不满五匹，魁首斩，从者死，妻子亦为乐户。"《隋书·刑法志》曰[③]："盗贼及谋反大逆、降叛恶逆罪当流者，皆甄一房配为杂户。"

其二，俘虏及被迫迁移的人口。北魏前期，鲜卑拓跋部在统一中国北方的过程中，造成大批的俘虏及迁移人口。其中，少部分抑为奴婢，以赐百官。大部分则移民至平城及附近，以实首都畿甸的人口，并用军事编制起来，配给官府作为杂役人户，即充当官府的工匠。道武帝拓跋珪在平城

---

① 周升华：《论杂户的界定与北朝杂户的构成》，《乐山师范学院学报》2012年第3期。
② ［北齐］魏收：《魏书》卷一一一。
③ ［唐］魏徵：《隋书》卷二十五。

期间（398—409），曾 7 次向平城及附近大规模移民，总数达 150 万人 ①。其中，不乏各种工匠。如天兴元年（398）元月，北魏攻破后燕首都中山城（今河北定县）后，"徙山东六州民吏及徒何（指慕容鲜卑）、高丽杂夷三十六万，百工伎巧十万余口，以充京师" ②。以后的北魏诸帝继续向平城及附近移民。例如：太武帝拓跋焘太延五年（439）九月，北魏攻陷了北凉都城姑臧（今甘肃省武威市），"冬十月，车驾东还，徙凉州民三万余家于京师" ③。其中，就有后来主持开凿云冈石窟的昙曜法师。又如献文帝拓跋弘皇兴三年（469）五月，北魏攻占南朝宋青、齐二州后，"徙青、齐人于京师" ④。北魏政府为了安置这些移民，置平齐郡，下设怀宁、归安二县。青、齐移民中除了被抑为奴婢以赐百官的人外，其余悉属平齐郡。青、齐移民称为"平齐民"或"平齐户"，相当于杂户。另外，北魏前期也将俘虏移民至平城之外的所需之地。如明元帝拓跋嗣永兴五年（413）七月，北魏军队在跋那山的西面，大败越勤倍泥部落（属高车）⑤，"获马五万匹，牛二十万头，徙二万余家于大宁，计口受田"。"置新民于大宁川，给农器，计口受田。"又如《魏书·高车传》记载 ⑥，太武帝神䴥二年（429）五月，破高车，"高车诸部望军降者数十万落，获马牛羊亦百万余，皆徙置漠南千里之地"。《魏书·世祖纪》亦载 ⑦："列置新民于漠南。"新民，就是杂户的别称。

北朝时期，杂户社会地位低下，他们由所属官府役使，职业世袭，不准自由经营，不准与平民通婚，尤其不能读书入士。《魏书·世祖纪》记载 ⑧，太武帝太平真君五年（444），诏曰："其百工伎巧，驺卒子息，当习其父兄所业，不听私立学校，违者师身死，主人门诛。"《魏书·高宗纪》又载 ⑨，文

---

① 李凭：《北魏平城时代》，社会科学文献出版社 2000 年版，第 349—407 页。
② ［北齐］魏收：《魏书》卷二。
③ 同上，卷四。
④ ［唐］李延寿：《北史》卷二。
⑤ ［北齐］魏收：《魏书》卷三。
⑥ 同上，卷一〇三。
⑦⑧ 同上，卷四。
⑨ 同上，卷五。

成帝拓跋濬和平四年（463）诏曰："今制皇族、师傅、王、公、侯、伯及士民之家，不得与百工伎巧、卑姓为婚，犯者加罪"。把"百工伎巧"与"卑姓"并列，说明当时杂户虽然是与奴婢有所区别，但仍然是低于平民的贱民。就连建筑师蒋少游深受宠信时，孝文帝和文明太后也没有忘记他曾经是身份低下的"作师"，赏赐虽多，官位却得不到升迁。

北魏太和十八年（494）十一月，孝文帝拓跋宏迁都洛阳。是时，大批官吏及民众随迁，在平城及附近属于官府的杂户亦在其中。北魏末，东西魏分立。东魏都邺，洛阳官府所属杂户又随之转移到邺。北齐因之。是时，杂户的身份和地位有所提高，有些杂户还得到了放免。北周建德六年（577），周武帝灭北齐，下诏"凡诸杂户，悉放为民"①。《隋书·梁彦光传》亦曰②："初，齐亡后，衣冠士人多迁关内，唯技巧、商贩及乐户之家，移实州郭。"说明这时放免了从洛阳官府迁邺的杂户。但这并不意味全部杂户的放免及杂户名目的消失，实际上北周直到隋唐都有杂户存在。这样，客观上使北朝手工业始终有充足的劳动者。

第二节　北朝机械制造技术

史籍中关于北朝机械制造的记载甚少，我们只能从零星的记载中作些考证或推测。

一、指南车的复制

指南车，是我国古代一种指示方向的机械，主要用于帝王仪仗队中。指南车的出现，证明我国古代齿轮传动技术、离合器技术已取得了很高的成就。近百年来，国内外学者对指南车的起始、外形、内部结构及历代制造者都有一定的研究成果，并制成实物样品，读者可参阅相关论著。这里，仅依据有关文献记载，对北朝复制指南车一事，做些讨论。

---

① ［唐］令狐德棻：《周书》卷六。
② ［唐］魏徵：《隋书》卷七十三。

传说黄帝、周公时已出现了指南车，不可信。《三国志·杜夔传》裴松之注云①，魏明帝时，给事中马钧与常侍高堂隆、骁骑将军秦朗在朝议时，对指南车发生了争论。高、秦二人认为古代没有指南车。马钧认为曾有过，但已失传。后马钧奉诏作之，"而指南车成"。裴松之系南朝宋人，由其"注"可知，马钧制作了指南车是不会错的。稍后的《晋书》《宋书》《南齐书》中都有关于指南车的记载。《晋书·舆服志》曰②：

> 司南车，一名指南车，驾四马，其下制如楼，三级，四角金龙衔羽葆，刻木为仙人，衣羽衣，立车上。车虽回运，而手常南指。

记载了指南车的外形，这大概是马钧之作。马钧所作的指南车，因晋乱而"复亡"。以后，又有多人造指南车。对此，《宋书·礼志五》曰③：

> 明帝青龙中，令博士马钧更造之而车成。晋乱覆亡。石虎使解飞，姚兴使令狐生又造焉。安帝义熙十三年，宋武帝平长安，始得此车……范阳人祖冲之，有巧思，常谓宜更构造。宋顺帝升明末，齐王为相，命造之焉。车成……其制甚精，百屈千回，未尝移变……索虏拓跋焘使工人郭善明造指南车，弥年不就。扶风人马岳又造，垂成，善明鸩杀之。

《南齐书·祖冲之传》曰④：

> 姚兴指南车有外形而无机巧。每行，使人于内转之。昇明（477—479）中，太祖辅政，使冲之追修古法。冲之改造铜机，圆转不穷而司方如一。

据以上文献记载可知，马均在魏明帝青龙年间（233—237）制成指

---

① ［西晋］陈寿：《三国志·魏书》卷二十九。
② ［唐］房玄龄：《晋书》卷二十五。
③ ［南朝梁］沈约：《宋书》卷十八。
④ ［南朝齐］萧子显：《南齐书》卷五十二。

南车；解飞在后赵石虎在位期间（334—349）制成指南车；令狐生在后秦姚兴在位期间（394—417）制成指南车；马岳在北魏太武帝拓跋焘在位期间（424—452）制成指南车；祖冲之在南朝宋顺帝昇明年间（477—479）制成指南车。以往的研究者，多言马均、祖冲之造指南车，很少论及十六国时期解飞、令狐生造指南车。至于北魏马岳造指南车，几乎无人提及。

与马岳同造指南车的郭善明，是北魏皇家建筑师，活动在北魏太武帝和文成帝年间。文成帝期间，郭善明（郭善明详细情况请参看本书第七章第二节）升任给事中，曾劝文成帝"大起宫室"。是时，他在建筑方面确有建树，"北京宫殿，多其制作"。马岳，史籍无传，曾制成指南车。《宋书·礼志五》说马岳是扶风（今陕西省兴平县）人。扶风距后秦都城长安（今陕西省西安市）很近，实为京畿之地。马岳青少年时期，应为后秦的臣民，很可能参与，至少知道令狐生造指南车之事。随着后秦灭国，太武帝拓跋焘统一北方，马岳流落到北魏国都平城。因其有制造机械的特长，为太武帝知晓。因此，太武帝命马岳造指南车，"垂成"，后为"善明鸩杀之"。说明马岳当时地位低下，或为"杂户"，是郭善明的下属。这样，郭善明才有机会"鸩杀之"，且不受影响。因此，此事为蔑称太武帝是"索虏"的《宋书》披露。《宋书》作者萧子显（489—537）的活动年代，距北魏太武帝时期仅几十年，所以他的记载是不会错的，马岳确实制造了指南车。

另外，尚有一种推测：三国时著名机械制造家马均也是扶风人，马岳或为马均的后人。如是，马岳制成指南车就不奇怪了。因为马均"巧思绝世"，曾造指南车。

二、床弩的制造

床弩，是中国古代射程最远、威力最大的弩，同时也是很复杂的自动控制类机械。史载[①]，北魏文成帝时在军队中配置了床弩。床弩是在标准弩的基

---

① ［唐］李延寿：《北史》卷四十一。

础上发展起来的。

弩为春秋时楚人发明，是一种利用机械弹力射箭，以打击远距离目标的弹射机械。床弩，是将一张弓或几张弓安装在弩床（发射架）上，绞动安装在弩床尾部的轮轴，产生强力以张弦发箭。多弓床弩以几张弓的合力发箭，其弹射力远远超过单人使用的各类弩。床弩在我国的发明至迟不会晚于东汉。《后汉书·陈球传》记载[1]，陈球为零陵太守时，遇叛军攻城，陈球"乃悉内吏人老弱，与共城守，弦大木为弓，羽矛为矢，引机发之，远射千余步，多所杀伤"。"引机发之"，说明陈球所置是一种弩，可把矛射出"千余步"。如此强力之弩，仅用手臂、足踏之力难以张开，故应是床弩。不过从"弦大木为弓"的记载看来，这时的床弩还处于单弓的阶段。明确使用床弩这个名称，据目前所见文献，应起自北朝。《北史·源贺传》记载[2]，北魏文成帝时，源贺都督三道诸军屯守漠南，"城置万人，给强弩十二床，武卫（一种军事用车）三百乘。弩一床给牛六头，武卫一乘，给牛二头"。这里，弩以床为单位，当为弩床。这种床弩式样如何，史载阙如。直到宋代，官方编修的《武经总要》中才对床弩作了较详细的说明，从中可推测北朝床弩的大体结构和弹射原理。《武经总要》所载床弩多种，这里仅简述三弓床弩。

据《武经总要·前集·器图》记载[3]，三弓床弩亦称"八牛弩"，表示要用八头牛的力量才能拉开它；如用人力，则需百人。这种床弩的弩箭巨大，以坚木为箭杆，状如长枪，三片铁翎就像三把剑一样，世称"一枪三剑箭"。稍小的三弓床弩开弓时，也需 50—70 人，其射程也可达 300 步，合当今约500 米。明弘正本《武经总要》中载有三弓床弩图样（如图 8-1 所示），但缺乏详细说明，难以看清楚其发射原理。当今有关学者对宋代三弓床弩进行了细致深入的研究，并复制了模型，重新绘制了结构示意图（如图 8-2 所示）。据此，我们分析其弹射原理：

---

[1] ［南朝宋］范晔：《后汉书》卷五十六。
[2] ［唐］李延寿：《北史》卷四十一。
[3] ［宋］曾公亮、丁度：《武经总要·前集》卷十三。

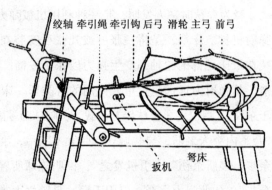

图 8-1 《武经总要》三弓床弩图　　　　图 8-2 三弓床弩结构示意图

将 3 张弓安装在弩床上，中者为主弓。在主弓和前弓的两端，用短绳相连。后弓安装的方向相反，其弦通过装在主弓两端处的小轮或小环，与主弓之弦并在一起，用牵引钩钩住。牵引绳分别与牵引钩、轮轴相连。当转动轮轴，收紧牵引绳，拉紧主弓的弓弦时，前弓随之开张，后弓之弦绕过小轮或小环也一同拉紧，后弓也随之张开。当主弦拉到机牙处，以牙扣住弓弦，解下牵引绳。这种床弩发射时，用人手是扳不动扳机（悬刀）的，要由专管发射的弩手在矢道中装好弩箭，并瞄准目标。然后，由另一名弩手用大锤击打扳机，三弓同时回弹，将巨大的弩箭强力射出。

北朝床弩，每台配备六头牛为绞轴的动力，当为多弓床弩。其结构应和《武经总要》所载床弩大同小异。重要的是，北朝六牛床弩实开宋代"八牛弩"之先河。

三、七宝镜台的制造

七宝镜台，为北齐胡太后时所作，是一种游艺性的自动机械，主要供皇宫内的嫔妃娱乐。《太平广记》卷二百二十五《伎巧一》引《皇览》曰：

> 胡太后使沙门灵昭造七宝镜台。合有三十六户，别有一妇人，手各执锁。才下一关，三十六户一时自闭；若抽此关，诸门咸启，妇人各出户前。

《太平御览》及明代俞安期《唐类函》等书中亦有相同的记载。该文献的原文出自唐玄宗时学者丘悦所撰的编年体史书《三国典略》，该书以关中、邺都、江南为三国区域，记录了南北朝中晚期的西魏及北周、东魏及北齐、梁及陈三方面的重要历史，涉及各政权的外交、军事、政治、经济、文化多方面内容。《太平御览》《太平广记》等大量唐宋时期的史书、类书都摘引了该书的内容，记录可信。但该书久已亡佚，当今有辑佚本出版。

胡太后（生卒年代及名字不详），本是北齐武成帝高湛（561 至 565 年在位）的皇后。河清四年（565），高湛禅位给太子高纬，是为北齐后主，在位 12 年（565—576）。是时，胡氏当为胡太后。因此，造七宝镜台应在 565 至 576 年之间。上述文献的大意是：胡太后派沙门灵昭建造了七宝镜台。镜台共有三十六个室，另有一个妇人，两只手各拿着一把钥匙。只要用一把钥匙旋转一个机关，三十六个室的门同时关闭。如果将钥匙从这个机关里抽出来，各个门全都开启，妇人的影像就出现在各个室前的镜子里。

研究者对七宝镜台的记载尚有不同的理解，七宝镜台的结构还不清楚。对此，应作深入研究。

四、水磨、水碾的制造

水磨、水碾，是继水碓之后发明的水力推动粮食加工机械。在魏晋时期的文献中，仅见用水碓进行谷物加工的记载，尚未见到关于水碾和水磨于记载。据此推断，水磨、水碾应发明于南北朝时期。

《南齐书·祖冲之传》记载[①]，祖冲之"于乐游苑造水碓磨，世祖亲自临视"。世祖，指齐武帝萧颐（483 至 493 年在位）。祖冲之在建康城（今南京市）乐游苑造水碓磨，齐武帝亲自观看。可见，此水碓磨是以水轮同时驱动碓与磨的机械，颇有观赏性，是否有实用价值，不得而知。在有关南朝的文献中，记载水碓磨者仅此一例。足见，水碓磨并没有在南朝推广。而北朝则

---

① ［南朝齐］萧子显：《南齐书》卷五十二。

是另一番景象。《魏书·崔亮传》记载 [1]：

> 亮在雍州，读《杜预传》，见为八磨，嘉其有济时用，遂教民为碾。及为仆射，奏于张方桥东堰谷水造水碾、磨数十区，其利十倍，国用便之。

崔亮（460—521），字敬儒，北魏政治家，清河东武城（今山东武城西北）人。史称其"韶居雅仗正，有国士之风"。崔亮少年时，因家乡为北魏攻占，遂迁至平城，为平齐民。成年后曾仕北魏孝文、宣武、孝明三帝，多次参与军政大事，先后担任中书博士、吏部郎、太子中舍人、中书侍郎、给事黄门侍郎、青州大中正、度支尚书、御史中尉、都官尚书、廷尉卿、安西将军、雍州刺史、太常卿、抚军将军、定州刺史、殿中尚书、吏部尚书、侍中、左光禄大夫、尚书右仆射等职。正光二年（521），崔亮去世，孝明帝诏赠使持节、散骑常侍、车骑大将军、仪同三司、冀州刺史，谥曰贞烈。杜预（222—285），《晋书》有传，西晋著名的政治家、军事家和学者，灭吴统一战争的统帅之一。历任曹魏尚书郎、西晋河南尹、安西军司、秦州刺史、度支尚书、镇南大将军，官至司隶校尉。太康五年（285），杜预逝世，追赠征南大将军、开府仪同三司，谥号成侯。杜预耽思经籍，博学多通，多有建树，著有《春秋左氏经传集解》及《春秋释例》等。杜预文武全才，在明朝之前他是唯一同时进入文庙和武庙之人。杜预在担任地方官时，关心民生，积极发展生产，曾发明以一牛之力运转八座磨盘的"八磨"。

上述文献表明，崔亮担任雍州刺史期间，读《杜预传》，受杜预制造"八磨"的启发，"遂教民为碾"；担任尚书右仆射期间，又上奏"于（洛阳）张方桥东堰谷水造水碾、磨数十区，其利十倍，国用便之"。可见，崔亮既造了水碾，又造了水磨，而且积极推广。杨衒之《洛阳伽蓝记·城南》记载 [2]：景明寺内，"石硙碓舂簸，皆用水功"。这至少说明当时在洛阳地区广泛地使用了水碾、水磨。

---

[1] ［北齐］魏收：《魏书》卷六六。
[2] ［东魏］杨衒之：《洛阳伽蓝记》卷三。

比较南朝、北朝的情况，崔亮至少独自创制了水磨。至于水碾，王祯《农书》中引《魏书·崔亮传》"奏于张方桥东堰谷水造水碾、磨数十区"，下一句是"水碾之制自此始"[①]。而崔亮之前文献并无水碾记录。之后，水碾水磨得到广泛利用。例如：东魏灭亡后，北齐文宣帝高洋封孝静帝元善见为中山王，封赐之物中就有"水碾一具"[②]。北齐时，高隆之"又凿渠引漳水，周流城郭，造治水碾硙，并有利于时"[③]。

关于当时水碾、水磨的具体传动机构，今已很难了解。但元代王祯《农书》中有所介绍，据此，我们先叙述水磨的传动机构。为了说明问题，先了解磨的结构。

磨，最初叫硙，汉代才叫做磨，是把米、麦、豆等加工成面的机械。磨用两块有一定厚度的扁圆柱形的石头制成，这两块石头叫做磨扇。下扇中间装有一个短的立轴，用铁制成，上扇中间有一个相应的空套，两扇相合以后，下扇固定，上扇可以绕轴转动。两扇相对的一面，留有一个空膛，叫磨膛，膛的外周制成一起一伏的磨齿。上扇有磨眼。磨面的时候，谷物通过磨眼流入磨膛，均匀地分布在四周，被磨成粉末，从夹缝中流到磨盘上，过罗筛去麸皮等就得到面粉。磨有用人力的、畜力的和水力的。用水力者就是水磨，它有两种类型：卧轮式和立轮式。

卧轮式水磨。其动力部分和水排一样，是一个卧式水轮。对水排而言，在轮的主轴上端安装上卧轮；对卧轮式水磨而言，则要安装磨的上扇。流水冲动卧轮，通过立轴带动磨转动，如图8-3

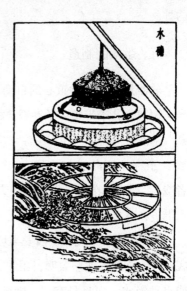

图8-3 王祯《农书》卧轮式水磨图

---

① ［元］王祯：《农书》卷十九。

② ［北齐］魏收：《魏书》卷一二。

③ ［唐］李百药：《北齐书》卷十八。

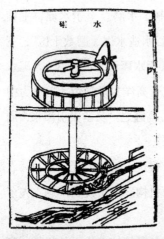

图 8-4 王祯《农书》中的水碾

所示。这种水磨适宜安装在水的冲力较大的地方。

立轮式水磨。其动力部分和水碓一样，是一个立式水轮。对水碓而言，在立轮的横轴上安装拨板，以拨动碓杆的梢，使碓头一起一落地进行舂米；对立轮式水磨而言，在立轮的横轴上装一齿轮，使之与磨的上扇边缘所安装的齿轮相衔接（两轮的作用相当于一对斜齿轮）。

流水冲动立轮，通过横轴、齿轮带动磨转动，这种水磨适宜安装在水的冲力较小，但水量较大的地方。

水碾的传动机构（见图 8-4）与水磨大体一致，其水轮亦有卧式和立式两种。

五、欹器的制造

欹器是通过器物重心的自动调节，来实现平衡的一种物器。《荀子·宥坐》记载，孔子带领弟子参观鲁桓公庙，见到一种称为"宥坐之器"的"欹器"（倾斜的容器），并作了注水实验，发现此欹器"虚则欹，中则正，满则覆"。孔子不明白其中的原理，于是借题发挥，感慨道："吁，恶有满而不覆者哉！"即告诉弟子，恶贯满盈者岂有不倾覆之理。同时，也告诫弟子们要求上进，不自满，为人中正。孔子所见到的欹器是什么样子，不得而知。

20 世纪 50 年代，在西安半坡遗址和其他一些遗址中出土了一种小口尖底双耳红陶瓶。实验表明，用绳子系这种陶瓶的双耳，将其放入水中，不仅能自动汲水，而且具有"虚则欹，中则正，满则覆"的特征。其原理大体是，空瓶的重心高于耳部，因此用绳子系瓶的双耳，将其放入水中后，由于浮力和瓶的轴线的交点，即定倾中心总是低于空瓶的重心，陶瓶必然从铅垂状态倾倒至水平状态（虚则欹）；水流入瓶中，然后将瓶提起，瓶和水的总重心下移到耳的上边沿之下时，瓶不翻倒。当瓶中水量适中，使盛水瓶的重心低于耳部时，瓶身自动扶正（中则正）；往瓶中继续注水，使盛水瓶的重心又上移，当重心高于耳部时，瓶身倾倒（满则覆）。这种自动汲水用具，是先民们对重心的一种利用。但当时是否带有告诫性质今已难考，具有告诫意义的欹器至迟见于春秋时期，君主可置于座右以为戒。之后，对其具体形态常有改进和创新。南北朝时期，南齐祖冲之和西魏文帝元宝炬都曾制作过欹器。

《南史·祖冲之传》曰 [①]：

> 永明中，竟陵王子良好古，冲之造欹器献之，与周庙不异。

据此，祖冲之（429—500）在南齐武帝永明年间（483—493），曾制作欹器，献给竟陵王萧子良，这是没有问题的。东汉末年，天下大乱，周庙欹器在战乱中失踪，其形制和制作方法也失传了。因此，祖冲之欹器"与周庙不异"，恐言过其实。

《周书·薛憕传》记载 [②]，西魏文帝元宝炬（535 至 551 年在位）大统四年（538），曾制作过二件欹器：

> 一为二仙人共持一钵，同处一盘，钵盖有山，山有香气。一仙人又持金瓶以临器上。以水灌山，则出于瓶而注乎器，烟气通发山中，谓之仙人欹器。一为二荷，同处一盘，相去盈尺，中有莲下垂器上，以水注荷，则出于莲而盈乎器，为凫雁、蟾蜍以饰之，谓之水芝欹器。二盘各处一床，钵圆而床方，中有人，言三才之象也。皆置清徽殿前。器形似觥（读 gōng，中国古代盛酒器）而方，满则平，溢则倾。

上述"仙人""水芝"二欹器"满则平，溢则倾"，与以前欹器的基本特

---

① ［南朝齐］萧子显：《南齐书》卷五十二。
② ［南朝齐］萧子显：《周书》卷三十八。

征"虚则欹，中则正，满则覆"，是不相符的。有学者认为可能是《周书》的作者未加考察等原因所致。但总的说来，"仙人""水芝"二欹确实器精巧绝伦，令人叹为观止，这反映了北朝时期具有相当高的制造工艺水平。

此外，前已述及的铁质浑仪 [1]，也当为北朝制造技术的典型代表。

第三节　北朝纺织技术

我国古代纺织业发达。北朝之前，纺织技术已达到相当高的水平。北朝期间，在原料加工、织造及染印等方面的科学技术均有一定程度的发展和进步 [2]。

一、北朝之前的纺织技术

我国是世界上最早生产纺织品的国家之一。原始社会，先民们已经采集野生的葛、麻等，并且利用猎获的鸟兽毛羽，编织成为粗陋的衣服，以取代蔽体的草叶和兽皮。原始社会后期，随着农牧业的发展，逐步学会了种麻索缕、养羊取毛和育蚕抽丝等人工生产纺织原料的方法，并且利用了较多的工具。有的工具已是由若干零件组成，有的则是一个零件有几种用途，使劳动生产率有了较大的提高。那时的纺织品已出现花纹，并施以色彩。但是，所有的工具都由人手直接赋予动作，因此称作原始手工纺织。

夏商周时期，纺织技术已具初步形态。商代，出现了平纹织机，能运用平纹织法和挑织法织出几何形图案的丝织品。西周，已有了官办的手工纺织作坊，相继出现了具有传统性能的简单机械缫车、纺车、织机等。商周之际，开始设置专管织造的职官。据《周礼》记载，设有典丝、典枲、典妇功及掌画缋之类官吏，说明当时纺织品生产的组织及分工已经逐步健全。当时的纺织业以麻纺、丝纺为主，也有少量毛纺织。是时，还没有棉花，所谓的布都指的是麻布，使用的纺织原料主要是大麻、苎麻和葛等植物纤维。由于

---

[1]　李海：《北魏铁浑仪考》，《自然辩证法通讯》1988 年第 3 期。

[2]　李海：《北魏纺织技术研究》，《山西大同大学学报》（自然学科版）2016 年第 4 期。

麻和葛的纤维必须通过脱胶才能利用，经过多次实践，发明了沤麻（浸渍脱胶）和煮葛（热溶脱胶）技术。随着纤维加工能力的提高，麻织品的质量也有所改进，并出现了统一的纱支标准。人们可以根据不同的用途按照纱支标准，织作粗细不同的麻布。计算纱支标准的单位叫"升"，每升为80根经线。据《礼仪》记载，周代1匹麻布标准：幅宽周尺二尺二寸（合当今0.5米）；长4丈（合当今9米）。每匹可裁制一件上衣与下裳相连的当时服装"深衣"。并且规定，不符合标准的产品不得出售。这是世界上最早的纺织标准。

夏商周时期，丝织技术也有所提高。栽桑、育蚕、缫丝达到很高的水平；束丝（绕成大绞的丝）成了规格化的流通物品；丝织的组织逐渐增多，除平纹外，还出现了斜纹、变化斜纹、重经组织、重纬组织等。最重要的是提花技术的出现，即发明了多综片的提花机。提花技术，为我国古代纺织技术的发展作出重大贡献，对世界纺织技术的发展也有很大影响。西方的提花技术都是在汉代以后由我国传过去的。追根溯源，我国的提花技术实肇基于殷商时期。随着纺织业的发展，印染技术也得到发展。商周时期，人们已经利用多种矿物颜料给衣服染色，其方法有浸染和画缋两种，通称为"石染"；也掌握了一些植物染料染色技术，通称为"草染"，能染出黄、红、紫、蓝、黑等色。当时染色已发展成为一个专门行业。据《周礼》记载，西周设有职官"染人"，掌染帛，说明对染色行业的重视。

春秋战国时期，我国丝织物品种已有绡、纱、纺、縠、缟、纨、罗、绮、锦等多种，有的还加上刺绣等。在这些纺织产品中，锦和绣已非常精美。所以"锦绣"成为美好事物的形容词。从出土织品推断，最晚到春秋战国时期，已经开始使用较复杂的缫车、纺车、脚踏织机等手工机器。特别是踏织机，利用脚踏板作提综开口的装置，手就能腾出来投梭，手脚配合，功效倍增，这是丝织技术上的划时代成就。是时，丝、麻脱胶、精练，矿物、植物染料染色等技术得到进一步的发展，并且有了文字记载。染色方法有涂染、揉染、浸染、媒染等。人们已掌握了使用不同媒染剂，用同一染料染出不同色彩的技术。色谱齐全，还用五色雉的羽毛作为染色的色泽标样。

秦汉时期，我国丝、麻、毛纺织技术都达到很高的水平。广泛采用缫车、纺车、络纱、整经工具以及脚踏织机等手工纺织机器，有的织机在原有基础上还进行了重大改进。西汉初年，钜鹿人陈宝光的妻子创制了一种新的提花机，用一百二十蹑（踏板），六十天能织成一匹散花绫，"匹值万钱"。这在当时是比较先进的丝织机械。此后，又有人把它简化成"五十综者五十蹑"，或"六十综者六十蹑"。是时，束综提花机也已产生，加上多综多蹑织机的出现，已能织出大型花纹。随之出现了多色套版印花。湖南长沙马王堆汉墓出土纺织品是当时纺织水平的物证。东汉时，桑、麻种植扩大，丝、麻织业发展迅速；洛阳、山东、四川等地设有服官；新疆地区已经种植棉花，有了棉纺织业；羊毛也成为纺织原料。

魏晋时期，织造技术又有所提高。其中最重要的是三国时马钧对"五十综者五十蹑，六十综者六十蹑"织机的改进。尽管这种织机在汉代是比较先进的丝织机械，但其结构复杂笨重，不便操作，织工辛辛苦苦，织一匹绫子需要几十天时间。马钧对织机进行了深入细致的观察和研究，经过日夜苦心钻研和反复实验，改进获得成功。对此，《三国志·杜夔传》裴松之引傅玄序注云[1]："马先生钧，字德衡，天下之名巧也。少而游豫，不自知其为巧也。为博士，居贫，乃思绫机之变。不言而世人知其巧矣。旧绫机五十综者五十蹑，六十综者六十蹑，先生患其丧功费日，乃皆易以十二蹑。"由这段记载看，马钧改变了昔日综片数与踏杆数相等的状态，把控制开口用的脚踏杆从50或60根减少到了12根，综片仍然保持原来的50或60片，即用12根拉杆来控制50或60片综，大大简化了操作。

二、北朝对纺织业的管理

北魏前期，推行宗主督护制下的"户调"，平均每户每年的户调是帛二匹、絮二斤、丝一斤、粟二十石，外加地方征收的调外之费帛一匹二丈。北魏太和九年（485），实行均田制后，改为按丁征收赋税，户调制从此废止。

---

[1] ［晋］陈寿：《三国志》卷二十九。

但每丁每年缴纳的赋税中，除粟外，还有一定数量的绢、布。北齐、北周的均田制中亦有类似的规定。如北周均田制中规定已婚丁男授田一百二十亩，未婚丁男授田一百亩；租调量为已婚者每年纳租五、绢十匹、绵八两，未婚者纳半数。这种征收赋税的方式，实际上是将绢布作为货币使用，一定要有相当规模的家庭纺织业才有可能。另外，布帛、绵绢不仅与人民的日常生活密切相关，而且也要满足皇室、各级官吏的需求。因此，北朝各代政权对纺织业都非常重视，主要体现在以下两方面。

其一，设置自上而下的纺织业管理机构。北魏立国初期，置左民尚书，管理包括纺织业在内的手工业生产。孝文帝太和改制，设太府寺①，"统左中右三尚方、左藏、司染、诸冶东西道署"。中尚方是专管纺织业的中央职官。"中尚方又别领别局、泾州丝局、雍州丝局、定州绸绫局四局丞"。即在泾州（今陕西泾川）、雍州（今陕西西安市）设丝局，在定州（今河北定县）设绸绫局。这些地方都是传统的丝织业中心，设丝局或绸绫局，作为管理、经营地方丝织品的专门机构。司染署是专管印染业的中央职官。"司染署又别领京坊、河东（今山西永济县）、信都（今河北冀县）三局丞"，即在地方专设管理、经营印染业的机构。北齐沿袭北魏的纺织业管理制度。北周时，依《周礼》改革职官制度，设六（天、地、春、夏、秋、冬）官，冬官下属置司织和司色，分别掌丝麻纺织和染色油漆。司织的职官有司织中大夫、小司织上士；司色的职官有司色下大夫，小司色上士。另有毳工中士、下士，缋工中士、下士，织丝中士、下士，织采中士、下士，织枲中士、下士，织组中士、下士，等织造行业各职官。这样，对纺织业的管理更加细致周全。

其二，完善官、私并举的纺织业格局。北朝期间，不仅有大量的注籍为"绫罗户""细茧户""罗縠户"的纺织业"杂户"，而且有规模巨大的私营（家庭）纺织业。同时，还有相当规模的官营丝织业。在京城内外广置官方工场、作坊，为政府生产绫罗锦绣等各种精美丝织品。甚至在皇宫也有丝织业。例如北魏太武帝期间，在平城皇宫内有"丝绵布绢库"，"婢使千余人，

---

① ［唐］长孙无忌：《隋书》卷二十八。

织绫锦贩卖"①。北周武帝天和六年（572）九月，"省掖庭夷乐，后宫罗绮工人五百余人"②。

由于北朝各代政权对纺织业的重视，有力地促进了纺织业的生产，纺织品产量大大增加。北魏立国前，丝织品十分匮乏。昭成皇帝什翼犍③时，"国中少缯帛"，一个叫许谦的人偷了两匹绢，守官竟告到了昭成皇帝那里去。后来什翼犍担心"为财辱士"，叫守官不要再追究，此事才算罢休。北魏中期以后这种情况完全改变。孝文帝拓跋宏（471至499年在位）时，罢尚方锦绣绫罗工，"以绅绫绢布百万匹及南伐所俘赐王公以下"④。孝明帝元翊之母灵太后主政时，曾让百官进左藏库任取布绢，"多者过二百匹，少者百余匹"⑤，可见库藏丝织品之多。这种盛况，也反映在北魏时出现的《张丘建算经》中。该书卷上22题曰："今有女善织，日益功疾，初日织五尺，今一月织九匹三丈，问日益几何？"答曰："五寸二十九分寸之十五。"同书卷上23题曰："今有女子不善织，日减功迟。初日织五尺，末日织一尺。今三十日织讫，问织几何？"答曰："二匹一丈。"当时，一个熟练的丝织女工，一月可织"九匹三丈"；一个不熟练的丝织女工，一月仅织"二匹一丈"。

北齐、北周时，纺织业的规模及产量比肩北魏。如《北齐书·祖珽传》记载⑥，祖珽"出山东大文绫并连珠孔雀罗等百余匹，令诸妪掷樗蒲，赌之，以为戏乐"。樗，即臭椿树。樗蒲，古代的一种棋类游戏。游戏时，用于掷采的投子最初是用樗木制成，故称樗蒲。为了几个老太太戏乐、赌博，祖珽可拿出百余匹上等的绫罗，足见当时丝织品之多。

三、北朝纺织技术的进步

纺织技术主要包括纺织原料加工、织造及染印等，北朝时这些技术均有

---

① ［南朝梁］萧子显：《南齐书》卷五十七。
② ［唐］令狐德棻：《周书》卷五。
③ ［北齐］魏收：《魏书》卷一。
④ 同上，卷七。
⑤ 同上，卷一三。
⑥ ［唐］李百药：《北齐书》卷三十九。

一定程度的发展和进步。

（一）纺织原料的加工

北朝时纺织原料仍为蚕丝、麻类纤维及毛类，其加工技术均有不同程度的进步。

1. 蚕丝的选优

蚕丝加工技术的进步表现在蚕的选种、孵化及贮茧等养蚕技术的提高。选种是养蚕生产的一个重要环节。北魏时期，蚕农已经注意到蚕种的选择。《齐民要术·种桑柘》曰[①]：

> 养蚕法：收取蚕种，必须取者，近上则丝薄，近地则子不生也。

选取"居簇中"的茧留作蚕种，目的是使第二代蚕的生长发育和速度一致，便于饲育和管理。孵化是养蚕生产的又一重要环节。为了发展蚕丝生产，需要一年内养多批蚕。是时，蚕农除了利用蚕自然传种外，还发明了低温催青制取生种的方法。即利用低温抑制蚕卵，使它延期孵化。《齐民要术·种桑柘》曰[②]：

> 取蚖珍之卵，藏内瓮中，随器大小，亦可十纸。盖覆器口，安硎泉冷水中，使冷气折出其势，得三七日，然后剖生，养之，谓之爱珍，亦叫爱子。绩成茧，出蛾，生卵，卵七日又剖成蚕，多养之，此则爱蚕也。

一般二化蚕第一次产卵后，在自然状况下，经七八天就会孵化出第二代蚕，用低温（冷泉）处理，若控制得好，要在"三七日"（21天）后才孵化。这样，一种蚕可以连续不断地孵化几代，为一年内多批养蚕创造了有利条件。这是我国古代养蚕技术的一项重大成就，是世界上利用低温来中断蚕的

---

①② ［北魏］贾思勰：《齐民要术》卷五。

滞育的最早记载。贮茧，也是养蚕生产的一个重要环节。是时，为使蚕快速作茧，就采用了炙箔法。"炙箔"，实际上是暖烘蚕箔。《齐民要术·种桑柘》记载，蚕上簇后，需在簇"下微生炭以暖之，得暖则作速；伤寒（嫌冷）则作迟"。可见，炙箔的目的最初是为了快速作茧。炙箔技术一直沿用了下来，明代《天工开物》曾把与此相类的操作谓之"出口干"，意即蚕丝一旦吐出，由于烘烤之故，即刻变干。是时，还采用了盐腌杀蛹法，以便更好地贮茧。对此，《齐民要术·种桑柘》曰[①]：

> 用盐杀茧，易缲而丝韧。日晒死者，虽白而薄脆。缣练衣著，几将倍矣。甚者，虚失岁功，坚、脆悬绝。

秦汉时期，主要利用薄摊阴凉，或用日晒杀蛹来推延、适当控制时间，但它只能推延一二日，且丝质欠佳。采用盐腌杀蛹法，"易缲而丝韧"，不但缲丝容易，而且提高了生丝质量。

2. 麻类纤维的加工

北朝时期，麻类纤维仍被广泛使用，其加工技术也有了较大进步，主要表现在对麻类植物的沤渍脱胶有了新的认识。北魏以前，在麻类植物沤渍脱胶时人们多注意水温。如西汉《氾胜之书》曾指出，沤大麻的时间是"夏至后二十日"，这时气温较高，适宜细菌繁殖，脱胶也爽利。北魏时期，不仅重视沤渍脱胶的水温，而且注意到用水量、水质及沤渍时间。对此，《齐民要术·种麻》曰[②]：

> 获欲净，有叶者喜烂。沤欲清水，生熟合宜。浊水则麻黑，水少则麻脆。生则难剥，大烂则不任。暖泉不冰冻，冬日沤者，最为柔韧也。

沤麻时水要清，浊水沤出的麻黑；沤的生熟要适度，沤生了剥麻困难，

---

① ［北魏］贾思勰：《齐民要术》卷五。
② 同上，卷二。

沤过了易腐烂，麻不耐用；水少时沤的麻脆没韧性；冬天用暖水泉沤麻，所沤之麻最为柔软和坚韧。这与现代技术原理基本相符。如水太少不能浸没麻皮，麻纤维与空气接触而被氧化，"则麻脆"。

养羊取毛，并以羊毛作为纺织原料，已有悠久的历史。但直到北魏时，人们才简要地谈到了铰羊毛的时间和方法。《齐民要术·养羊》曰[①]：

> 白羊，三月得草力，毛床动，则铰之。铰讫，于河水之中净洗。羊则生白净毛也；五月，毛床将落，又铰取之。铰讫，更洗如前；八月初，胡菓子未成时，又铰之。八月半后铰者，勿洗：白露已降，寒气侵人，洗即不益。胡菓子成，然后铰者，非直著毛难治，又岁稍晚，比至寒时，毛长不足，令羊瘦损……羖羊，四月末五月初铰之。性不耐寒，早铰，寒则冻死。

可见，绵羊（白羊）每年可铰毛三次，山羊（羖羊）只可铰毛一次。显然，这都是人们在长期的生产实践中总结出来的，表现了毛类加工技术的发展。

（二）织造

北朝时期，织造技术基本沿袭了魏晋时的基本操作，有所不同者主要表现在两方面。

一是丝织品上的构图融入了中亚文化元素。十六国北朝期间，随着佛教东传，也带来了异域文化。是时，在丝织品构图题材上增加了许多我国原来所不熟悉的大象、骆驼、翼马、葡萄等生物图像；在构图方式上，中原传统的菱形纹、云气纹多为中亚的团窠形、双波形、多边形代替。这在考古发掘中已得到证明[②][③]。1959年，在新疆吐鲁番阿斯塔那北区墓葬出土有北朝树纹锦，其经纬密为 112 × 36 根/厘米，用绛红、宝蓝、叶绿、淡黄、纯白五

① ［北魏］贾思勰：《齐民要术》卷六。
② 新疆维吾尔自治区博物馆：《"丝绸之路"上新发现的汉唐织物》，《文物》1972 年第 3 期。
③ 新疆维吾尔自治区博物馆：《吐鲁番县阿斯塔那—哈拉和卓古墓群发掘简报》，《文物》1973 年第 10 期。

色丝线织出树纹。1967年，在同一地点的高昌延昌七年（567）墓出土有夔纹锦：平纹地，经显花，锦面细密，质地薄，牢度高；用色复杂，计有红、蓝、黄、绿、白五色；经线红、黄、蓝、绿四色分区排列配色，整个图案非常绚丽。1964年，同地高昌延昌二十九年（589）唐绍伯墓出土有牵驼纹"胡王"字锦，系斜纹重经组织的经线显花，地纹也是斜纹组织结构。虽然墓葬年代属隋（581—618），但其制作年代应在隋前。过去，人们认为隋唐以前锦的基本组织是平纹，或把经线斜纹显花作为平纹的一种变化组织。随着新疆出土的这些十六国北朝的丝织品，不仅否定了上述看法，也成为我国丝绸西传的重要证据。是时，养蚕技术亦传到了西方，据说在550年时，东罗马皇帝尤斯提尼阿奴斯决意创建缫丝业。当时，两位到过中国的波斯僧侣挖空心思，把蚕卵藏于空心竹杖中，偷运出境，献给了东罗马皇帝。自此，中国的蚕丝业传入欧洲。

二是以织毡为主的毛纺织业出现。北魏由游牧民族建立，畜牧业规模巨大，毛类纺织原料丰富。因此，毛纺织业成为北魏特有的纺织部门。其产品，有混纺型的，如以羊毛、木皮和野蚕丝混合制成的"织成"（有彩色图案的纺织品），但主要是毡。《齐民要术·养羊》中介绍了用春毛、秋毛的作毡法[1]。指出做毡"秋毛紧强，春毛软弱"，应该混用，并且"不须厚大，唯紧薄均调乃佳耳"。还提出了预防毡生虫的方法："夏月敷席下卧上，则不生虫。若毡多无人卧上者，预收柞柴、桑薪灰，入五月中，罗灰遍著毡上，厚五寸许，卷束，于风凉之处阁置，虫亦不生"。毡的用途很广，可做襦（短衣）、袴（套裤）、靴垫等。还可用来做帐篷，甚至做成"千人毡帐"，就是在今天看来，也是颇为壮观。这反映了北魏织毡业的盛况及发展水平。

北齐、北周时期，织毡业仍然发达。如《北史·樊逊传》记载[2]，北齐文学家樊逊"少好学。其兄仲以造毡为业，亦常优饶之"。即樊逊的哥哥樊仲以制毡为业，收入颇丰，除了养活自己一家外，还能资助弟弟樊逊念书，这也说明北齐织毡业的普及程度。

---

① ［北魏］贾思勰：《齐民要术》卷六。
② ［唐］李延寿：《北史》卷七十一。

（三）染印

纺织品的染印技术包括：纺织品的洗练、染色、印花等技术。北朝时期，纺织品洗练、染色、印花技术基本沿用前世的一些操作，一些成熟的技术被明确地记载在著作中。

1. 洗练

我国古代，丝及其织品染色前，先进行染色预处理——洗练。即先把丝及其织品浸泡在富含碱性的植物灰汁中，或浸泡在用贝壳煅烧出的石灰汁中。白日取出暴晒，夜间再放入灰汁中，"七日七夜"。这样，就可把丝及其织品上的丝胶去除，有利于染色。北朝时期，洗练技术的进步主要表现在两方面：一是为增加白度，使用了"白土"助白。如《水经注》卷十《浊漳水·清漳水》记载："泜水东出房子城西，出白土，细滑如膏，可用濯绵，色夺霜雪，光彩鲜洁，异于常绵。"从传统工艺调查来看，这种白土应属膨润土或高岭土类，内含硅铝化合物。二是对洗练用水有了一定认识。如《水经注》卷三十三《江水》在谈到成都锦官城时说："夷里桥道西，故锦官也。言锦工织锦，则濯之江流，而锦至鲜明，濯以佗江，则锦色弱矣，遂命之为锦里也。"这都说到长江水是洗练织绵的最佳用水。

2. 染色

北朝染色技术的进步主要表现在对蓝靛和红花的认识和使用上。先秦时期，我国已经较广泛地使用蓝靛染色。秦汉之后，蓝靛染色技术已相当成熟，但未见文字叙述。北魏时期，贾思勰《齐民要术》中则详尽地记述了用蓝草制蓝靛的方法 [①]：

> 刈蓝倒竖于坑中，下水，以木石镇压，令没；热时一宿，冷时再宿；漉去荄，内汁于瓮中。率十石瓮，著石灰一斗五升。急手抨之，一食顷止。澄清，泻去水，别作小坑，贮蓝靛著坑中，候如强粥，还出瓮中盛之，蓝靛成矣。

────────

① ［北魏］贾思勰：《齐民要术》卷五。

刈蓝，割蓝草。漉，指滤网。荄，即草根。上文的大意是，将割下的蓝草倒竖浸泡在水坑里。天热时，浸泡一夜；天冷时，浸泡两夜。然后，用滤网过滤坑里的水。滤去草根和杂质，过滤后液汁置于瓮中。并加入石灰，比例是十石液汁，加一斗五升石灰。同时，急速搅拌约一顿饭的时间。再始液汁静置、澄清，"泻去水，别作小坑，贮蓝靛著坑中"。等到蓝靛如稠粥状，从小坑里取出，装于瓮中。这里，最值得注意的有两点：一是"热时一宿，冷时再宿"，即热天浸泡一夜，冷天浸泡两夜。说明当时已打破了蓝草染色的季节性限制，这是制蓝技术的一大进步。二是"著石灰一斗五升"，目的是中和染浴，使染液发酵，在发酵中靛蓝被还原成靛白。靛白具有弱酸性，加入碱质可促进还原反应的迅速进行。靛白染色后，经空气氧化又可复变为鲜艳的靛蓝。这是蓝草制靛工艺的系统总结，也是世界上关于制备蓝靛技术的最早最完备的记载，其造靛和染色工艺与现代合成靛蓝的染色机理完全一致。

红花是一种红色染料。虽汉代已经种植和使用，但直到北魏时，在贾思勰《齐民要术》中才记载了关于提取红花染料的方法[①]：

      杀花法：摘取，即碓捣使熟，以水淘，布袋绞去黄汁，更捣，以粟饭浆，清而酸者淘之，又以布袋绞去汁，即收取染红勿弃也。绞讫，著瓮器中，以布盖上，鸡鸣更捣令均于席上，摊而曝干，胜作饼。作饼者，不得干，令花浥郁也。

《齐民要术》中记载的这种制造红花染料的方法，与现代染色学红花素提取原理完全一致，这里不再赘述。

3. 印花

先秦时期，已发明了古代型版印花技术。汉代已相当发展，魏晋南北朝

---

① ［北魏］贾思勰：《齐民要术》卷五。

便进一步推广开来。型版印花属于直接印花，其型版主要有镂空型和凸纹型两种。此外，尚有防染印花技术，包括绞缬、蜡缬、夹缬等。北朝时的印花技术未见文献记载，但可从考古发掘到的实物进行探讨[①]。

1959 年，新疆于田屋于来克古城北朝遗址出土一件残长 11 厘米、宽 7 厘米的蓝白印花棉布，经考证，属于夹缬。其工艺要点是：用两块对称的镂空型版板夹住织物，加以紧固，勿使织物移动，于镂空处涂刷或注入色浆后，解开型板，花纹即现。蓝白印花棉布的出土，证明在北朝时期的新疆境内，不仅在吐鲁番地区有了棉织业，于田一带也有了棉织业和棉织印染。蜡缬，即蜡染。其工艺要点是：用蜡刀蘸取蜡液，在预先处理过的织物上描绘各式图样，待其干燥后，投入靛蓝溶液中防染，染后用沸水去蜡，印成蓝地白花的蜡染织物，蜡染多以靛蓝染色。1959 年，在新疆于田屋于来克古城遗址出土的北朝（396—581）蓝色蜡缬毛织物、蓝色蜡缬棉织品，以及新疆吐鲁番阿斯塔那北区墓葬出土的西凉（400—421）蓝色蜡缬绢，这批遗存的蜡染织品实物中，都是深蓝色地现白花，纹样光洁清晰，古朴典雅。绞缬，方法简单。其工艺要点是：将布帛先缝扎出花纹，再入染液染色。晾干后，拆去缝扎线结，便产生褶皱文理自然和深浅色晕不同的白花色地的花纹图案。1963 年，新疆吐鲁番阿斯塔那出土的实物有：十六国时期的"红白花纹绞缬绢"，北朝时期的"红色绞缬绢"，敦煌佛爷庙的"蓝地纹缬绢"等。

图 8-5、图 8-6 为出土的两件北朝织品[②]，现藏于中国丝绸博物馆。

图 8-5　北朝　褐绢锦缘帽　　　图 8-6　北朝　暗红地联珠新月纹锦覆面

---

① 新疆维吾尔自治区博物馆：《"丝绸之路"上新发现的汉唐织物》，《文物》1972 年第 3 期。
② 中国丝绸博物馆：《中国丝绸博物馆》，浙江大学出版社 2018 年版，第 15，17 页。

第四节　北朝冶铁技术

北朝之前，我国冶铁技术已达到相当高的水平。北朝期间，在炼钢及热处理等方面的技术又有所进步。特别是北齐綦毋怀文，在总结前人经验的基础上，造宿铁刀，改进和完善"灌钢法"，是我国炼钢史上的一项杰出成就。

一、北朝之前的冶铁技术

我国古代用铁的历史可以追溯到商代。1972 年在河北藁城台西村商代遗址及 1977 年在北京平谷县刘家河村商代墓中，分别发现了一件铁刃铜钺。经检测，二者铁刃部分为陨铁。这表明当时人们已经对铁有所认识，如铁与青铜相比硬度更高，制成兵器刃部更锋利等。

大约在春秋早期，我国已发明了冶铁技术。1990 年，河南省三门峡市虢季墓中出土了两件珍贵文物[①]：玉柄铁剑和铜内铁援戈。其中，玉柄铁剑残长 34.2 厘米，通体由铁、铜、玉三种材料复合而成；铜内铁援戈为铁援和铜内锻合而成，残长 17.4 厘米，内长 7.4 厘米，厚 0.5 厘米。经北京科技大学冶金史研究所鉴定，二者所用的铁均为人工冶铁，分别为"块炼渗碳钢"和"块炼铁"。这是我国目前已知的最早的人工冶铁制品，表明我国至迟在春秋早期已经出现了制造铁剑的技术。但在这一时期冶炼业并不发达，铁兵器的制造难以普及，所以在史籍中，并未有关于当时铁质刀剑太多的记载和说明。在近现考古发现中，铁质刀剑的实物也屈指可数。所谓"块炼铁"，是铁矿石在 800 ℃—1000 ℃ 的条件下，由木炭还原得到的，出炉时是含有大量杂质的固体块。这种铁有几个缺点：一是生产效率低，产量小；二是需要反复锻打，才能制造一些形状简单的器物；三是含碳量很低，质地很软，即是熟铁。由于上述缺点，这种铁不可能得到普遍应用。人们在锻打块炼铁、制造铁器物的过程中，由于反复在木炭中加热，使铁吸收了碳，提高了含碳

---

① 李书谦：《虢季墓出土的玉柄铁剑和铜内铁援戈》，《中原文物》2006 年第 6 期。

量，减少了夹杂物，于是得到了钢。可以说，这是最初期的炼钢术。用这种方法得到的钢，即为"块铁渗碳钢"。熟铁、钢及下面提到的生铁，都是铁和碳的合金。其中，含碳量小于0.05%者称为熟铁，含碳量在0.05%—2%者称为钢，含碳量大于2%者称为生铁。

大约在春秋晚期，由于鼓风方法和设备的改善，提高了炉温，发明了生铁冶铸技术。《左传·昭公二十九年》记载，周敬王七年（前513），晋国就用生铁铸造了一个铁质刑鼎，将范宣子所作的刑书铸在上面。战国时期，许多铁制农具都是生铁铸造。但生铁比较脆，不能锻打和延展，不适宜制造手工工具和兵器。因此，在生铁发明后的相当长一段时间内，人们所使用的锻件熟铁仍然是用"块炼法"得到的。而炼钢的原料也仍然是块炼铁。后来，人们在打制器物时，有意识地增加折叠锻打次数，一块钢往往需要打打烧烧，烧烧打打，重复许多次，所以把用这种方法炼出的钢称为"百炼钢"。百炼钢和块铁渗碳钢在工艺方法上虽然没有本质区别，但是由于百炼钢折叠锤打的次数更多，吸收了更多的碳，使钢的组织致密，成分均匀，质量提高。是时，此种百炼钢多用来制造宝刀、宝剑等兵器。或许早期的炼钢术就是在炼制刀剑过程中发明的。

西汉时期，出现了生铁炒炼技术，并逐渐取代了块炼法。所谓炒炼，就是把生铁加热成半液体或液体状态，然后加入铁矿粉，同时不断搅拌，利用铁矿粉和空气中的氧，烧去铁中的一部分碳，降低生铁中碳的含量，除去渣滓，制得熟铁。若含碳量控制得好，还可直接得到钢，称为"炒钢"。这是我国钢铁冶炼史上的一项重要成就。在河南巩县铁生沟西汉冶铁遗址中，还发现有多座炒钢炉。可见，西汉时不仅生铁炒炼技术已经相当进步，而且炒钢设备的规模也比较大。

东汉时期，由于水力鼓风机械——水排的运用，使冶铁炼钢业得到较快的发展，主要兵器已全部为钢铁所制，从而完成了生产工具和兵器的铁器化进程。是时，制造生产工具和兵器所用的钢材，多是以炒钢为原料冶炼的百炼钢。其冶炼方法多用炒钢多层积叠、反复折叠锻合法。1974年，在山东苍山县汉墓中，出土了一把东汉永初六年（112）制造的

钢刀 ①，全长 111.5 厘米，上有错金铭文"卅湅大刀"等字。湅，通"炼"。据分析，此刀是由炒钢折叠锻打而成，其刃部组织分层，为 30 层左右。1978 年，在徐州市铜山县的一座小型汉代砖墓中，发现了一把东汉章帝建初二年（77）的"五十湅"的长钢剑 ②，钢剑锋部稍残，无首，通长 109 厘米。经考察，此剑亦是由炒钢折叠锻打而成，其刃部组织亦是分层，约为 60 层。一般炒钢经反复锻打、千锤百炼后，便可进一步排除夹杂、均匀成分、致密组织；多层积叠时，往往还可起到刚柔相济的作用。这种方法传到了日本后，对日本刀的工艺产生了重要影响。

魏晋时期，基本沿用和推广汉代的一些冶铸技术。1974 年，河南渑池出土的窖藏铁器 ③，计有 60 多种、4000 多件、3500 千克；种类包括铁范、农具、手工业工具、兵器、交通工具、铁材、烧结铁等。据考察，除了六角锄和铁板镢等少数器物为汉器外，其余多数是属于曹魏至北朝时期的物器。这大体上反映了当时的冶铸情况。另外，史籍中有关当时"百炼"型钢铁刀剑的记载，比前代明显地增多。例如东汉建安年间（196—220），曹操曾命有司用百炼钢锻打造而成的五把宝刀，名曰"百辟刀"；三国时期，蜀国蒲元在成都为刘备造了"七十二炼"刀五千把，又在斜谷为诸葛亮造"称绝当世"的"神刀"三千把；十六国时期，夏赫连勃勃凤翔年间（413—417），"造百炼刚刀"。这些说明当时百炼钢的冶炼已较为普遍。

二、北朝对冶铁业的管理

冶铁业关乎国计民生，北朝各政权非常重视冶铁业的发展，自上而下地设置管理冶铁业的机构和职官。北魏立国初期，置左民尚书，管理包括冶铁业在内的手工业生产。孝文帝太和改制，设太府寺，"统左中右三尚方、左藏、司染、诸冶东、西道署"。东、西道冶署是专管冶铁业的中央职官。"诸冶东道又别领滏口、武安、白间三局丞。诸冶西道又别领晋阳冶、泉部、

① 刘心健、陈自经：《山东苍山发现东汉永初纪年铁刀》，《文物》1974 年第 12 期。
② 徐州市博物馆：《徐州发现东汉建初二年五十湅钢剑》，《文物》1979 年第 7 期。
③ 渑池县文化馆、河南博物馆：《渑池县发现的古代窖藏铁器》，《文物》1976 年第 8 期。

大邴、原仇四局丞"。即东道冶署在太行山以东的滏口（今邯郸市峰峰矿区）、武安（今河北省武安县）、白间（今河北省易县一带）设置冶局；西道冶署在太行山以西的晋阳（今太原市晋源区）、泉部（今山西省东南一带）、大邴（今河南省沁阳、济源一带）、原仇（今山西省盂县）设置冶局。这些地方都是传统的冶铁业中心，设冶局，作为管理、经营地方矿冶、铁器的专门机构。北齐沿袭北魏的冶铁业管理制度。北周时，冬官下属置司金，掌矿冶铸造。其职官有司金中大夫，小司金下大夫，小司金上士。另有典丱中士、下士，冶工中士、下士，铸工中士、下士，锻工中士、下士等矿冶铸造业各职官。这样，对冶铁业的管理更加细致周全。

北朝时期，钢铁产量很高。上文所述的渑池窖藏铁器便是一例。又如《宋书·索虏传》记载[1]，宋文帝元嘉二十七年（450），南朝刘宋军队北伐北魏，破济州，"取泗渎口，虏碻磝戍主"，获取了大量的战利品。其中，包括"铁三万斤，大小铁器九千余口，余器仗杂物称此"。碻磝，古津渡、城名。故址在今山东茌平县西南古黄河南岸，北魏时为河南四镇之一，又为济州（今山东省东阿县）治所。东晋十六国、南北朝时为军争要地。从刘宋军队缴获的大量铁器来看，说明碻磝铁冶规模不小。北齐、北周时，铁冶业的规模及产量基本等同北魏。

三、綦毋怀文和灌钢法

用生铁直接炒炼成钢，工艺比较复杂，技术不易掌握。因此，一般情况下要得到钢，往往仍然采用"百炼法"。但是，百炼钢的工艺费时费力，产量不容易提高，远远不能适应社会生发展的需要。大约在东汉末，我国可能已出现了炼钢新工艺"灌钢法"的初始形式。北朝之前，虽然有少量文献记载了灌钢法，但都非常简略，后人难以了解其具体含义和方法。《北齐书》及《北史》中记载了綦毋怀文的灌钢法，则是灌钢技术最详细、最明确的较早记载。可以说，綦毋怀文虽然可能不是灌钢法的最早发明者，但却是目前所

---

① ［南朝梁］沈约：《宋书》卷九十五。

知灌钢法的最早实践者和革新者，为灌钢法的发展作出了重大贡献。

（一）綦毋怀文其人

綦毋怀文，生卒年代及其籍贯不详，北齐著名冶金家，曾"以道术事齐神武"[①]。齐神武，即北齐神武帝高欢（496—547），据此，綦毋怀文应活动在东魏、北齐之际，官至北齐的信州（今四川省奉节县一带）刺史。綦毋怀文在制造"宿铁刀"的过程中，用了灌钢法。对此，《北史·綦毋怀文传》曰[②]：

> 怀文造宿铁刀。其法：烧生铁精，以重柔铤，数宿则成刚。以柔铁为刀脊，浴以五牲之溺，淬以五牲之脂，斩甲过三十札。

宿铁，即灌钢。柔铤，指可锻铁料，可以是熟铁，也可以是钢。柔铁，即熟铁。刚，即钢。从这条文献中可知，綦毋怀文造刀的方法是：首先，把生铁和熟铁以灌钢法烧炼成钢。其次，使用复合材料技术，以熟铁为刀脊，宿铁为刀刃。再次，使用尿淬和油淬，即"浴以五牲之溺，淬以五牲之脂"。这样做出来的刀称为"宿铁刀"，极其锋利，能够一下子斩断铁甲30札。概言之，綦毋怀文造刀的方法包括3种技术：灌钢法、复合材料制刀技术、淬火技术。下面分别说明这3种技术的意义。

（二）灌钢法及其影响

"其法：烧生铁精，以重柔铤，数宿则成刚。"意思是，将优质的生铁烧化，浇注在叫"柔铤"的可锻铁料上，经过数次灌炼，就可得钢了。由于让生铁和可锻铁料"宿"在一起，所以炼出的钢被称为"宿铁"。这种方法，后人叫做生熟炼或灌钢法。该方法同百炼法或炒炼法比较，有很多优点。其一，生铁作为一种渗碳剂，因熔化后温度很高，可以大大提高向可锻铁料中渗碳的速度，缩短冶炼时间，提高生产率。其二，生铁由于脱碳也可以变成钢，这样就可以增加钢的产量。其三，在高温下，可锻铁料中的杂质会被强

---

① ［南朝梁］沈约：《宋书》卷九十五。
② ［唐］李延寿：《北史》卷八十九。

烈氧化而除去，因而炼成后的钢可以减少锻打次数。其四，灌钢法操作简便，容易掌握和推广。

綦母怀文之后，灌钢法广泛传播，这对于增加钢的产量，改善农具和手工工具的质量，促进社会生产力的发展，起了积极作用。同时，对后世的炼钢生产也产生了深远的影响。隋唐时期，綦母怀文灌钢法仍为冶炼家沿用，特别在河北中部一带广为传播。宋代，灌钢已经取代炒钢和百炼钢，成为当时的主要炼钢方法。沈括《梦溪笔谈》卷三《辨证一》记之曰："世间锻铁所谓钢铁者，用柔铁屈盘之，乃以生铁陷其间，封泥炼之。"这种方法的要点是：把生铁放入曲盘的熟铁片中，入炉冶炼，并用泥封炉。封泥的作用有三：使铁料各部分均匀受热，让生铁缓慢熔化；防止生铁熔化后的流失，使之更好地与熟铁作用；防止和减少碳在炉气中的烧损。明代，灌钢技术得到进一步发展。宋应星《天工开物》第十四卷《五金》"铁"条曰："凡钢铁炼法，用熟铁打成薄片，如指头阔，长寸半许，以铁片束包尖（夹）紧，生铁安置其上。又用破草覆盖其上，泥涂其底下。洪炉鼓鞲，火力到时，生钢（铁）先化，渗淋熟铁之中，两情投合，取出加锤。再炼再锤，不一而足。俗名团钢，亦曰灌钢者是也。"这种方法的要点是：把生铁放在熟铁片上，入炉冶炼，并用草鞋涂泥盖在生铁上。覆盖泥草鞋的作用是：使大部分火焰反射入炉中，以提高冶炼温度，加速生铁熔化。这两种方法，都把熟铁加工成薄片，以增大生铁和熟铁的接触面积，有利于生铁中碳分的渗入。明代中期，灌钢法又出现了新工艺形式的"苏钢"。相传为江苏工匠始创，故名苏钢，这是灌钢法的最高形式。明代唐顺之《武编前集》卷五"铁"条曰："熟钢……以生铁与熟铁并铸，待其极熟，生铁欲流，则以生铁于熟铁上，擦而入之。"熟钢，即苏钢。其工艺的要点是：先把熟铁放入炉内鼓风加热，后把生铁条的一端从炉口斜放入炉内加热。继续鼓风，使炉温不断升高。当炉温在 1300 ℃ 左右时，炉内的生铁开始往下滴铁水，熟铁已经软化。然后，钳住生铁条在炉外的一端，使铁水均匀地淋到熟铁上，"擦而入之"，且不断地翻动熟铁。这样，就产生剧烈的氧化。淋完后，停止鼓风，夹出钢团，砧上锤击，去除杂质。一般要淋两次。《武编前集》又曰："此钢合二铁，两经铸炼之手，复合为一，少沙土粪淬，故凡工炼之为易也。"用现代的观点看，这种方法是利用了生铁含碳量较高，熟铁含氧化夹杂较多的特性，用熟铁中的氧来氧化生铁中的硅、锰、碳。无需封泥及覆盖涂泥草鞋，亦可达到去除夹杂的目的。而且"凡工炼之为易也"，即工序简化，操作简单，效果却十分明显。清代，在安徽芜湖、湖南湘潭等地，苏钢仍然兴盛。

概言之，灌钢法是我国古代炼钢工艺中的最高成就，在坩埚炼钢法发明之前，它一直是最先进的炼钢方法，为我国古代炼钢技术的进步和钢铁生产的发展起了巨大的推动作用。

（三）复合材料制刀

在綦毋怀文之前，我国古代的钢刀大都用百炼钢制成，这样制作的刀、剑虽然性能优异锋利无比，但也存在不少缺陷，整把刀全部用百炼钢制成，因此价格昂贵。如东汉时一把名钢剑的价钱，当时可购买供七个人吃两年九个月的粮食。另外，用百炼钢制作刀剑，费时费力。三国时曹操命有司制作了五把宝刀，用时三年。綦毋怀文制刀，用灌钢（宿铁）作刃，以熟铁（柔铁）作刀背，即运用了复合材料制刀技术，这是制刀工艺的重大更新。也表明他对钢铁的性能有比较深刻的认识，并能根据刀的不同的部位合理地加工制造。刀的刃部需要比较高的硬度，刀刃才能锋利，所以要用钢来制造。而刀背却需要有比较好的韧性，使刀在接受较大的冲击力时不致折断，所以用熟铁比较合适。把二者巧妙地结合起来，既满足了实用要求，又节省了大量价格昂贵的钢材，利于钢刀的推广和普及。这种制刀工艺，当今还在沿用。

关于綦毋怀文制刀时的淬火技术，我们将在下文叙述。

四、热处理技术的进步

北朝时期，金属热处理中的铸铁可锻化退火和钢的淬火技术，保持着较高的水平。

（一）铸铁可锻化退火

退火是一种金属热处理工艺，是指先将金属缓慢加热到一定温度，保持足够时间。然后以适宜速度冷却。目的是降低硬度，改善切削加工性；消除残余应力，稳定尺寸，减少变形与裂纹倾向；细化晶粒，调整组织，消除组织缺陷。铸铁可锻化退火则是将白口铸铁转变成可锻铸铁或"铸铁脱碳钢"的退火工艺。考古发掘发现，这一工艺我国在战国时期就出现了。东汉以后，发展到了较为成熟的阶段。北朝期间，仍然保持在较高水平上，这在渑池铁器中表现得最为明晰。北京钢铁学院（北京科技大学的前身）金属材料系中心试验室对渑池铁器作了化学成分分析。1976 年，公布了部分分析结果，见表 8-1。

表 8-1 渑池部分出土铁器的化学分析 [①]

器名 / 器件原编号	组织状态	相关化学成分含量（%）				
		碳	硅	锰	硫	磷
铁砧 /62	铸态	4.15	0.04	0.02	0.031	0.34
铧范 /419	铸态	4.40	0.10	0.11	0.029	0.24
"新安" 铧范 /420	铸态	2.31	0.21	0.19	0.031	0.38
"津右周" Ⅰ式斧范 /346	铸态	3.46	0.07	0.05	0.028	0.38
"黾" 铧 /158	铸态	4.47	0.06	0.04	0.031	0.24
Ⅰ式斧 /471	脱碳退火	0.24	0.16	0.41	0.014	0.14
"新安" Ⅱ式斧 /254	脱碳退火	0.87	0.69	0.25	0.024	0.27
"黾□□" Ⅱ式斧 /277	脱碳退火	0.87	0.05	0.60	0.011	0.14
"黾池军□" Ⅱ式斧 /299	脱碳退火	0.29	0.10	0.58	0.011	0.11
"陵右" Ⅱ式斧 /257	脱碳退火	0.6—0.9	0.16	0.05	0.020	0.11
"新安" 镰 /258	脱碳退火	0.57	0.21	0.14	0.019	0.34

这些分析结果表明：汉魏至北朝时期，大量的农具是白口铁经过可锻化退火制成的。而且，当时已发明了生铁铸件经脱碳处理变成钢件的新工艺。如Ⅰ式斧（471 号）、Ⅱ式斧（299、257 号）等部分生铁铸件，从器形看都是铸造的，但经过化学分析和金相观察得知，基本具有钢的组织和成

---

① 北京钢铁学院金属材料系中心试验室：《河南渑池窖藏铁器检验报告》，《文物》1976 年第 8 期。

分。说明这些器件由生铁铸成后，经有控制的脱碳退火处理，即在退火过程中把碳脱掉，使之基本不析出石墨，避免成为展性铸铁，直接得到钢件。是时，虽然炼钢技术已相当发展，但尚未达到高温冶炼液体钢的程度，所以还不能生产铸钢件。而锻钢的冶炼和加工效率又都相当低，并且所含的杂质也比较多。在不能炼出液体钢的历史条件下，通过脱碳退火的方法，即可得到称为"铸铁脱碳钢"的铸钢件。这种特殊的制钢的新工艺，是我国古代钢铁冶炼史上的一项重大发明，在世界冶金史上也具有十分重要的意义。另外，部分生铁铸件经脱碳退火成了熟铁和钢后，根据需要又进行了再加工。如Ⅱ式斧（257、277、299号）等在脱碳后对刃口又进行锻打加工，使其更加锋利。而Ⅰ式斧（471号）、"新安"铁镰（528号）等则在整体脱碳后又在刃部进行了局部表面渗碳，以提高刃口的硬度。这说明当时人们对于脱碳、渗碳已有了相当的认识，操作上亦表现了较高的技艺。铸铁可锻化退火技术的发明虽然早于北朝，但是，北朝期间却传承和发扬了这一技术。

（二）钢的淬火

淬火是一种金属热处理技术，主要用于钢件。其工艺过程是：把钢件加热到一定温度，然后突然浸在水或油中使其冷却，以增加硬度，或获得一些特殊的物理化学性能。我国古代许多著名的宝刀宝剑大都经过淬火处理。一些杰出的刀剑制造家还注意到用不同的水淬出的刀剑，它们的性能不同。例如龙泉剑是因为用龙泉水淬火而得名。曹丕命人制造的"百辟剑"，是用清漳水淬火的。蒲元淬刀，认为"汉水钝弱不任淬"，因此不用汉水而用蜀江水。可见，在北朝以前我国在钢的淬火方面虽然积累了丰富的经验，但始终没有突破水的范围。

綦毋怀文最先突破了以水淬火的传统方法。他在制作宿铁刀时，"浴以五牲之溺，淬以五牲之脂"，即使用了动物尿和动物油脂作为冷却介质。动物尿中含有盐分，冷却速度比水快，用它作淬火冷却介质，淬火后的钢比用水淬火的钢坚硬；而动物油脂冷却速度则比水慢，淬火后的钢比用水淬火的钢有韧性。这是对钢铁淬火工艺的重大改进，一方面扩大了淬火介质的范围，另一方面可以获得不同的冷却速度，以得到不同性能的钢。綦毋怀文虽然不一定懂得其中的科学道理，但是他使用的方法是正确的。

綦毋怀文还可能使用了双液淬火法，即先在冷却速度快的动物尿中淬火，然后再在冷却速度慢的动物油脂中淬火，这样可以得到性能比较好的钢，避免单纯使用一种淬火介质淬火（即单液淬火）的局限。因为只用一种淬火介质毕竟难以两全其美，如果使用的淬火介质冷却速度比较快，就容易引起工件开裂、变形等缺陷；如果淬火介质冷却速度缓慢，就会使工件韧性有余，硬度不足，难以满足使用的要求这样，就需要使用双液淬火法，即在工件的温度较高（一般为 650 ℃—400 ℃）时，选用冷却速度较快的淬火介质，以保证工件的硬度；而在温度较低（一般为 300 ℃—200 ℃）时，则选用冷却速度比较小的淬火介质，以防止工件开裂和变形，使其有一定的韧性。双液淬火法是一种比较复杂的淬火工艺，掌握起来并非易事，它需要操作者有很高的技术水平和丰富经验。既要掌握好开始淬火的温度（温度过高，淬火后工件发脆，温度过低，则硬度不够），又要掌握好从第一种介质取出的时机（实际也是工件温度）。这在当时没有测温、控温设备的条件下，完全依赖操作者的感观、把握和操作技巧。綦毋怀文能在这种困难条件下掌握如此复杂的淬火工艺，是在钢热处理技术上的创新，在我国热处理技术史上占有一席之地。

第五节　北朝制瓷技术

我国古代制瓷业发达，制瓷技术先进。北朝之前，制造青瓷、黑瓷的技术已达到相当高的水平。北朝期间烧制出的白瓷，是我国陶瓷史上的一个重大事件，它为后世的青花、釉里红、五彩、斗彩、粉彩等各种彩绘瓷器的发明奠定了良好的基础，为我国瓷器技术的发展开辟了一条广阔的道路。

一、北朝之前的制瓷技术 [①]

考古发掘的大量资料表明，我国瓷器发明至迟在商代中期。最早在河南郑州二里岗商代文化遗址发现了一种质地坚硬、施玻璃质青釉的器物，如大口尊等，火度很高，轻轻敲击能发出悦耳的金属声。此后的一些发现证明，在我国陶瓷发展史上，出现过一个由陶到瓷的"原始瓷"的阶段。现代科技测定显示，原始瓷与陶器在组成上有一个突变，存在本质上的差别。与瓷器则没有这个突变，而是逐步变化。这说明原始瓷从本质上已不是陶器，不能把它叫做釉陶。但尚不能完全等同于瓷器，因而叫它原始瓷。

原始瓷器多为原始青瓷，出现以后很快就发展起来。商代后期，河南、河北、山东、江西等地的遗址和墓葬中，均有原始青瓷和碎片出土。它们的器型、胎质、釉色与前期相似。西周时期，原始青瓷的分布地区更为广泛，河南、陕西、江苏、安徽、浙江、福建的武夷山等地的遗址和墓葬中均有出土，器物的烧制技术又有所提高。根据已经发现的材料可知，大约在商代早期到中期，人们在烧制陶器的实践中，不断改进原料的选择与处理，以及通过提高烧成温度和器表施釉等方式，创烧了原始青瓷。原始瓷起源于何地，之前有"源于南方"和"南北方同时起源"两种的观点 [②]。2009 年，中国科学院研究生院的夏季、朱剑、王昌燧采用古陶瓷粒度分析法，对我国不同地方出土的原始瓷进行了分析，发现了南北方出土的原始瓷的明显差异，得出了我国商代原始瓷应有多个产地的结论。

春秋战国时期，制瓷业有了较大的发展。从商周时期的原始青瓷，进入了早期青瓷阶段。春秋时期的早期青瓷分布在东南沿海广大地区，且多集中在尤江苏、浙江。战国时期的早期青瓷，在浙江绍兴一带的战国墓葬中出土较多，胎质坚硬，器形规整，多仿青铜器。

早期青瓷经过秦、西汉时期的发展及制瓷技术的提高，到东汉时出现了

---

① 中国硅酸盐学会：《中国陶瓷史》，文物出版社 1982 年版。
② 李宝宗、原瑕：《我国原始瓷起源问题再议》，《中原文物》2015 年第 4 期。

真正的瓷器。考古发掘发现，小仙坛窑遗址出土的青瓷制品的胎质细腻，呈灰白色，釉以青色为主、少量青绿，釉层比原始瓷显著增厚，且胎釉结合紧密牢固，釉层光亮，有较强的光泽度。经中国科学院上海硅酸盐研究所测定，小仙坛的青瓷产品已达到或超过现代日用瓷的标准。可见，我国真正的瓷器出现在东汉时期。

魏晋南北朝时期，是我国古代陶瓷技术发展的一个重要阶段。是时，南方社会相对稳定，东汉时的青瓷、黑瓷技术先在南方得到了进一步的发展。浙江是我国瓷器的重要发源地和主要产地之一。由于制瓷技术的迅速发展，逐步形成了越窑、瓯窑、婺州窑、德清窑四大窑系。其中，又以越窑发展最快，窑场分布最广，瓷器质量最好。故宫博物院珍藏的永安三年谷仓罐上有一个小碑，正面刻写："永安三年时，富且羊，宜公卿，多子孙，寿命长，千意（亿）万岁未见央（殃）。"南京市越士岗东吴墓出土的青瓷虎子，上面刻有"赤乌十四年，会稽郡上虞师袁宜作口"的铭文，说明制瓷手工业已经有了专业的工匠队伍。另外，在浙江上虞生产的瓷器出现在南京、镇江等地，距离相当远，说明当时瓷器手工产品作为商品流通已比较活跃，可能已有相当规模。概言之，当时长江下游的江、浙地区，长江中上游的赣、湘、鄂、蜀地区，以及东南沿海的闽、粤、桂一带，都烧出了独具地方特色的瓷器，并在胎料、釉料的选择和配制，以及成形、施釉、筑窑和烧造技术上，都取得了长足的进步。

二、北朝瓷器的考古发现[1]

1955 年，北京历史博物馆（现为中国国家历史博物馆）在 1948 年发现的河北景县北朝封氏墓群中，收集到青釉、黄釉、酱色釉等瓷器或残片 35件，拉开了北朝瓷器研究的序幕。多年来，在众多的考古、文物工作者努力下，发现和发掘了不少北朝窑址、城址及墓葬等遗址，出土了大量的瓷器、窑具等实物资料，为研究北朝瓷器奠定了基础。

---

[1] 张勇盛：《北朝瓷器研究》，南京大学硕士学位论文 2013 年。

（一）已发现的北朝瓷窑遗址

北朝瓷窑体系的形成，突破了过去只有南方生产瓷器的局面，从此南北两大瓷系互相促进，使我国陶瓷生产发展的速度大大加快。20世纪70年代以来，相继发现了不少北朝瓷窑遗址，主要有河南的巩县铁匠炉窑①、安阳相州窑②、安阳灵芝窑③、巩义市白河窑④，河北的磁县贾壁村窑⑤、河北内丘县邢窑⑥、临城陈刘庄窑、邢台西坚固瓷窑，山东的淄博市寨里窑⑦、泰安中淳于窑⑧、枣庄中陈郝窑⑨山东临沂朱陈窑⑩，江苏的徐州户部山窑⑪等。

（二）城址中出土的北朝瓷器

20世纪50年代以来，考古、文物工作者对北魏都城盛乐、平城、洛阳的局部地域和东魏、北齐的都城邺城（包括邺南城）的遗址进行了文物调查和发掘。在此过程中，只有洛阳一地出土了瓷器。

1985年以来，中国社会科学院考古研究所相继完成了对北魏洛阳城外廓城及廓城内主要道路、河渠的勘探工作。并对位于洛阳西廓城内、阊阖门外御道和西阳门外御道之间的北魏洛阳最大商业市场"大市"，进行了考古钻探和发掘，发现了一些坊间道路和不同类型的房舍、窖穴，并清理出一大批有价值的古代文物，其中北朝瓷器与釉陶器尤为重要。瓷器出土时多已残碎，共出土残片100余片。经粘对复原，得到完整或较完整的瓷器62件，多为生活用器，只有青瓷、黑瓷两种。其中，青瓷53件：碗27、杯15、盏3、盏托2、钵2、高足盘2、壶1、十四足砚1；黑瓷9：碗5、杯3、盂1。这些瓷器胎体厚重，加工粗糙，多呈灰黄色；釉质透明度差，缺乏光泽者居

①④ 冯先铭：《河南巩县古窑址调查纪要》，《文物》1959年第4期。
② 河南博物馆、安阳地区文化局：《河南安阳隋代瓷窑址的试掘》，《文物》1977年第4期。
③ 河南省文物考古研究所：《河南巩义市白河窑遗址发掘简报》，《华夏考古》2011年第1期。
⑤ 内丘县文物保管所：《河北省内丘县邢窑调查简报》，《文物》1987年第9期。
⑥ 山东淄博陶瓷史编写组：《山东淄博市寨里北朝青瓷窑址调查纪要》，载文物编辑委员会：《中国古代窑址调查发掘报告集》，文物出版社1984年版，第360—373页。
⑦ 山东大学历史系考古专业：《山东省泰安县中淳于古代瓷窑遗址调查》，《考古》1986年第1期。
⑧ 山东大学历史系考古专业、枣庄市博物：《山东枣庄中陈郝窑》，《考古学报》1989年第3期。
⑨ 冯沂：《山东临沂朱陈古瓷窑址调查》，《考古》1989年第3期。
⑩ 徐州博物馆：《江苏徐州市户部山青瓷窑址调查简报》，《华夏考古》2003年第3期。
⑪ 杜玉生：《北魏洛阳城内出土的瓷器与釉陶器》，《考古》1991年第12期。

多，少数釉质清亮，莹润而有光泽。大多数青瓷胎釉结合紧密，但仍存在脱釉现象。黑瓷胎釉结合较好，甚少脱釉现象。瓷器的施釉的方法，以荡釉和蘸釉为主。器内底部釉层普遍较厚，积釉现象较为突出；器外壁下部釉层稍厚，但流釉现象很少出现。有一些青瓷器如多足砚、盏托等较为特殊，其胎色灰白，釉色灰绿，器形特点有南方越窑青瓷的风格。但胎质却与南方青瓷明显不同，这或许是北方地区的仿制品。

（三）纪年墓葬中出土的北朝瓷器

从 1965 年发掘山西大同司马金龙墓开始，截至 2012 年底，考古、文物工作者发掘了出土瓷器的北朝纪年墓葬有 40 多座，出土了大批瓷器。这些瓷器地层关系清晰，年代准确，为分析、研究北朝瓷器的产生、发展和演变提供了宝贵的实物资料。从出土的北朝瓷器看，虽不及南方地区丰富多样，但基本生活类器物比较齐全。据统计，出土的北朝瓷器有 19 种。按器物的用途可将这些瓷器分为 5 类：饮食器，此类瓷器品种最为丰富，包括碗、杯、唾壶、高足盘、碟、盘、钵等；存储器，包括盘口壶、鸡首壶、罐、瓶、盒等；文房器，包括水盂、砚台；陈设器，只有尊；其他生活器，包括烛台、香薰、虎子等。详见表 8-2。

表 8-2　北朝纪年墓中出土瓷器一览表

墓名 / 年代	出土瓷器釉色、器类、数量	资料来源
山西大同司马金龙墓 / 北魏太和八年（484）	青绿：唾壶 1	《文物》1972（1）
山东临淄崔猷墓 / 北魏太和十七年（493）	青：狮形水盂 1、杯 7；素烧：盘 1、罐 1	《考古》1985（3）
河南孟县司马悦墓 / 北魏永平元年（508）	青：唾壶 1、杯 3；青黄：碗 7	《考古》1983（3）
河南孟津邙山（M17）/ 北魏永平四年（511）	青：碗 2；泛青：盘 1	《华夏考古》1993（1）
河南偃师元睿墓 / 北魏延昌二年（514）卒，北魏熙平元年（516）迁葬	青：碗 4	《考古》1991（9）

墓名/年代	出土瓷器釉色、器类、数量	资料来源
河南洛阳宣武帝景陵北魏/延昌四年（515）	青：鸡首壶 3、唾壶 2、盘口壶 6；青黄：钵 1	《考古》1994（9）
陕西华阴杨舒夫妇墓/北魏熙平二年（517）	青：唾壶 1	《文博》1985（2）
山西太原辛祥夫妇墓/神龟三年（520）	青：鸡首壶 1、托杯 4	《考古集刊》（第 1 集）科学出版社，1981
河南洛阳吕达墓/北魏正光五年（524）① 河南洛阳吕仁墓/北魏普泰二年（532）	青：唾壶 2；青：盘口壶 1	《考古》2011（9）
山东寿光贾思伯墓/北魏孝昌元年（525） 贾思伯妻刘氏墓/东魏武定二年（544）	青：碗 1；青黄：四系罐 1	《文物》1992（8）
河南偃师染华墓/北魏孝昌二年（526）	青：碗 2、蟾座烛台 1	《考古》1993（5）
陕西西安韦彧夫妇墓/北魏孝昌二年（526）	青：十二足砚台 1、砚滴 1；	《考古与文物》2010（2）
陕西西安韦乾墓/北魏永熙三年（534）	青：罐 1、鸡首壶 1、盘口壶 1、唾壶 1	《考古与文物》2010（2）
河南景县高雅墓/东魏天平四年（537）②	青：鸡首壶 1	《文物》1979（3）
河南安阳赵明度墓/东魏天平四年（537）	青：碗 6、四系罐 4、罐 1	《考古》2010（10）
山东临淄崔混墓/东魏元象元年（538）	青：碗 1、四系罐 1	《考古学报》1984（2）
河北吴桥封柔夫妇墓/东魏武定二年（544）	青：盘口壶 2、四系罐 1、碗 4	《考古》1977（6）
河北赞皇县李希宗墓/东魏武定二年（544）	青：带系罐 2；青绿：碗 16；黑釉瓷器残片（器形不明）	《考古通讯》1956（6）

（续表）

墓名/年代	出土瓷器釉色、器类、数量	资料来源
河南景县高长命墓/东魏武定五年（547）[②]	青：碗5	《文物》1979（3）
河北磁县赵胡仁墓/东魏武定五年（547）	青：长颈瓶1；酱色：四系罐2，细颈、双耳、双系瓶各1，壶2	《文博》1977（6）
河北磁县菇菇公主墓/东魏武定八年（550）	青：莲花尊1	《文物》1977（6）
山东临朐崔芬墓/北齐天保二年（551）	青：碗2、鸡首壶1、豆2；素烧：六系罐1	《文物》2002（4）
河北磁县元良墓/北齐天宝四年（553）	青：碗1、杯2、盘1、高足盘1、罐2、虎子1	《考古》1997（3）
山西寿阳库狄回洛墓/北齐太宁二年（562）	浅黄：碗8、杯8、盘7、盒4；黄：莲花宝相纹尊7	《考古学报》1979（3）
山西太原张海翼墓/北齐天统元年（565）	绿：碗3、杯4	《文物》2003（10）
山东临淄崔德墓/北齐天统元年（565）	黄绿：碗4、高足盘4	《考古学报》1984（2）
河北平山崔昂墓/北齐天统二年（566）	青、黄绿、绿、酱黄：碗9、四系罐2、盘口壶1、唾壶1、盘1；黑褐：四系罐1。	《文物》1973（11）
河北磁县尧峻墓/北齐天统二年（566）	青：罐3、高足盘1、盘口壶1	《文物》1984（4）
山西太原库狄业墓/北齐天统三年（567）	青：唾壶1、盘1；青黄：扣盒2、鸡首壶1、碟1、灯台1、瓶1	《文物》2003（3）
山西祁县韩裔墓/北齐天统三年（567）	青绿：盘4、盒3、鸡首壶3	《文物》1975（4）
河南安阳和绍隆墓/北齐天统四年（568）	青：唾壶1	《中原文物》1987（1）
山西祁县韩裔墓/北齐天统三年（567）	青：鸡首壶3；青绿：盘4、盒3	《文物》1975（3）

墓名/年代	出土瓷器釉色、器类、数量	资料来源
山西太原娄叡墓/北齐武平元年（570）	黄绿：碗39、盘10、扣盒11、灯台4、鸡首壶5、瓶2、罐2；淡绿：盂1；淡黄：托杯2	《文物》1983（10）
山东济南道贵墓/北齐武平二年（571）	青：碗6，素烧：壶2	《文物》1985（10）
山西太原徐显秀墓/北齐武平二年（571）	青、黄绿、淡绿、淡黄：碗、扣盒、盘、鸡首壶、灯台、尊、罐、灯、唾壶等残体、残片200余件	《文物》2003（10）
河北黄骅常文贵墓/北齐武平二年（571）	青：碗5	《文物》1985（5）
陕西咸阳独孤宾墓/北周建德元年（572）	青绿：碗2、杯4	《考古与文物》2011（5）
山东临淄崔博墓/北齐武平四年（573）	青：高足盘1；淡黄：碗1	《考古学报》1984（2）
河南安阳范粹墓/北齐武平六年（575）	菊黄：扁壶4；白：碗2、壶1、四系罐2、瓶2；白釉施绿彩：三系罐2、长颈瓶1	《考古》1972（1）
河南濮阳李云墓/北齐武平七年（576）	青：罐4	《考古》1964（9）
河北磁县高润墓/北齐武平七年（576）	青：碗4、罐8、扁壶1、灶台3；青黄：鸡首壶1	《考古》1979（3）
陕西咸阳王德衡墓/北周建德四年（576）	青：碗8、杯6、盘口壶1	《北周墓葬》：36—59[③]
陕西咸阳孤独藏墓/北周宣政元年（578）	青：碗9、盘口壶1、盘1；黑：唾壶1、盘口壶1；白：唾壶1	《北周墓葬》：76—93
陕西咸阳若干云墓/北周宣政元年（578）	青：鸡首壶3、唾壶2、盘口壶6；青黄：钵1	《北周墓葬》：80—76

394

（续表）

墓名 / 年代	出土瓷器釉色、器类、数量	资料来源
陕西咸阳尉迟达墓 / 北周大成元年（579）	青：杯 2、瓶 1、灶台 1；白：香薰 1	《北周墓葬》：93—109
陕西咸阳王士良墓 / 北周保定五年（565），隋开皇三年（583）迁葬	青：罐 1；绿：唾壶 1	《北周墓葬》：109—130

注：① 吕达、吕仁系父子。此两座北魏墓位于洛阳吉利区同一墓地，于1987年发掘。

② 高雅墓、高长命墓位于河南景县高氏家族墓地，此两座东魏墓于1973年发掘。

③ 负安志：《中国北周珍贵文物——北周墓葬发掘报告》（简称《北周墓葬》），陕西人民美术出版社1992年版，第36—59页。

三、北朝制瓷技术的发展与创新

北朝制瓷业起步于孝文帝迁都洛阳之后，但发展较快，不仅烧制青瓷、黑瓷，还创烧了我国最早的白瓷。

（一）北朝制瓷技术的发展历程

北魏迁都洛阳后才开始烧制瓷器。1959 年，中国科学院硅酸盐研究所对河北景县北朝封氏墓出土的一件青釉器碎片进行了测试分析[1]，结果表明，其瓷胎成分主要有两个特点：一是二氧化硅（SiO_2）含量为 67.29%，较南方青瓷为低；而三氧化二铝（Al_2O_3）含量为 26.94%，远较南方青瓷为高。这正是北方青瓷的一个基本特点。二是二氧化钛（TiO_2）量较高，这也是北方瓷系的重要特征，封氏墓出土的青瓷胎和其他北方青瓷胎一般着色较深，与此关系密切。三氧化二铁（Fe_2O_3）和二氧化钛（TiO_2）都是着色元素，若瓷胎含铁而不含钛，即使含铁量超过 1%，在还原焰下烧成后，瓷胎仍然是呈白色的；若含铁、含钛且钛较高时，其着色就会变得明显起来。此乃因三氧化二铁和二氧化钛在高温下生成了 $FeO \cdot TiO_2$ 与 $2FeO \cdot TiO_2$ 以及 $Fe_2O_3 \cdot TiO_2$ 等化合物使胎着色之故。南北青瓷虽含铁量相去不大，但因南方青瓷含钛量稍低而呈色较浅。可见，封氏墓出土的青瓷为北朝瓷窑所烧制。北朝制瓷技

[1] 周仁、李家治：《中国历代名窑陶瓷工艺的初步科学总结》，《考古学报》1960 年第 1 期。

术的发展，大体可分为三期 ①。

第一期：北魏迁洛（494）至北魏末（534），即北魏中后期。根据纪年墓出土的器物可知，品种较少，主要集中于碗、钵、唾壶等饮食器具。器物多施青釉，满釉，釉色光亮。器身表面大多素面无纹饰。少数碗身上施弦纹，个别碗身上饰有莲瓣纹。鸡首壶、盘口壶身上多为方形桥状系。这些造型装饰都带有南方青瓷的特征。北魏洛阳城址出土的一批青、黑釉瓷器：青瓷器有杯、盏、钵，黑瓷有碗、杯、盂等，以青瓷居多。多数青瓷胎体厚重，加工粗糙，其色灰黄，多数釉面缺少光泽、透明度较差，少数器物存在脱釉现象。这与北魏墓葬中出土的物器有所不同。据此推知，这批器物应是北魏本土烧造，因其质量较差才未在贵族墓中发现。说明北魏迁洛后烧造瓷器技术尚不成熟，多模仿南方青瓷，烧制的瓷器质量也较差，多数贵族仍在使用比较精美的南方青瓷。

第二期：东魏建立（534）至北齐早期（约560），即东魏、西魏时期。是时，所发现瓷器多出于东魏统治的河南、河北、山西、山东地区。器物种类略有增加，除第一期常见的碗、唾壶、鸡首壶外，瓶开始大量出现。盘口壶有所减少，钵、罐等出现了多种造型，为以往南北方不见，而在后来的北齐时期墓葬中较为常见，无疑是北方烧造。带系罐在这时也开始出现，赵胡仁墓出土的四系罐、茹茹公主墓出土的六系罐很有北方瓷器特征，尤其是茹茹公主中罐的盖，凸塑仰覆莲两层，造型复杂，与北朝石窟莲瓣装饰基本一致，应为北方所产。器物器身装饰除了流行于南朝的方形桥状系外，还增加了单条形系和双条形系，条形系在北朝末期和隋代北方瓷器的装饰上非常流行，成为北方瓷器的一个突出特征。可见，东魏、西魏时期，北方制瓷技术逐步发展，开始烧制具有北方特征的器物。

第三期：北齐早期（约560）至隋朝建立（581），即北齐、北周时期。是时，北方出土瓷器种类进一步增多，基本上包括了北朝瓷器的所有品种。器物胎质逐渐细腻，白度增高。釉色纯正，除青黄釉之外，还有白釉、黑釉

---

① 张勇盛：《北朝瓷器研究》，南京大学硕士学位论文 2013 年。

器。器型装饰都具有强烈的时代特征和地域特征。装饰手法有印花、贴花、刻画等。装饰主题多为莲瓣纹、宝相花纹，辅纹有从西域传入的联珠纹等。与北朝晚期窑址材料的对比，多数器物都可判定为北方地区所产。图8-7至图8-10是出土的北齐瓷器实例。概言之，在北齐、北周时期，北方制瓷技术瓷器已经初步成熟，北方瓷业体系已初步建立，开始烧制具有北方特色的各种瓷器，为隋代北方制瓷技术的进步及制瓷业的兴盛奠定了基础。

图8-7　北齐白釉双系瓶

图8-8　北齐青瓷四系罐

图8-9　北齐黑褐釉垂壶

图8-10　北齐相州窑青釉杯

（二）白瓷的发明[①]

白瓷是中国古代瓷器中的重要品种。1971年，河南安阳北齐武平六年（575）范粹墓出土了一批碗、杯、缸、瓶等白瓷器物。其后，陕西咸阳北周宣政元年（578）孤独藏墓出土了一件白瓷唾壶。这些白瓷形制皆为当时青瓷所流行的式样，说明我国北方在北齐时已开始生产白瓷产品。另外，这些白瓷胎釉的白度、烧成后的强度和吸水率等，都不能与现代标准白瓷相比。尤其是其釉色呈乳浊的淡青色，在釉厚处依然泛青，显然是从青瓷发展而

① 张勇盛：《北朝瓷器研究》，南京大学硕士学位论文2013年。

来的。

北方烧制的青瓷从造型到工艺方面都受到南方青瓷的影响，但由于与南方所用瓷土、釉料、窑炉的不同，两者在胎、釉方面差别很大。北方青瓷普遍胎质粗厚，釉层薄，加之制作工艺的落后，所以最初烧造的青瓷质量并不是很高。北方地区在改善青瓷质量的过程中，采用了多种方法：一是二次施釉，使釉面变得均匀光亮。二是提高制坯原料的质量。主要是选择软质黏土，通过特别的配制，进而淘洗、充分的提炼，从而使胎质均匀细腻，胎色灰白。同时，改良釉的配方，使釉具有较高的硅铝比，降低釉中的含铁量，使釉色变得更透明，更有玻璃感。三是在青瓷的胎、釉间加施化妆土。在改进青瓷釉色的尝试中，当含铁量偏低的青釉施在颜色较浅的胎体上时，就会呈现一种白中泛青的颜色。这些白胎青瓷釉色浅淡，介于青瓷和白瓷之间，但窑工当时的主观意图是烧造青瓷，还是属于青瓷范畴。

直至人们有意识地开始烧造白瓷，且胎料除铁技术发展到一定程度并扩展到瓷釉中时，真正的白瓷才正式出现。目前，发现北方地区最早烧制白瓷的窑场集中于豫北冀南地区，有河北内丘、临城的邢窑窑址，安阳相州窑窑址等。从邢窑窑址出土的碗、杯、盘等残片的造型来看，年代可早到北朝晚期。这一时期的邢窑主要生产粗白瓷，而这些粗白瓷又分为胎质粗、胎色灰白和胎质较细、胎色白中泛黄但施化妆土两类。这表明，在白瓷生产之初，生产者就把改良青瓷的方法吸收过来，转化为烧造白瓷的技术：一是优化胎、釉原料。努力在胎、釉原料中去除铁、钛等着色成分，使胎体变白，釉变得浅淡而透明。加上北方地区馒头窑易在窑炉中形成氧化气氛，因此使白瓷逐渐脱离青瓷而独立出来。二是加施化妆土。在较粗且颜色不纯的胎体上加施白色化妆土，然后再施以极浅淡色透明釉，也成为不同于青瓷的白瓷器。另外，在烧制工艺上，改进窑炉，提高烧成温度，也是提高瓷器质量的一个重要举措。

在北方早期白瓷的发展过程中，还与釉陶器有着紧密的关系。在司马金龙墓中出土的釉陶俑上有的加白色釉彩，在范粹墓中白瓷器与白釉二彩陶器共同出土，且釉陶器与瓷器的造型类似。因此，可以大致推测，铅釉陶和瓷器的发展是共同进步的，在胎、釉不断精炼的同时，釉陶和瓷器的质量也在不断提高，白釉陶和瓷器应该是基本同一时间出现的。

关于白瓷出现后在北方迅速形成规模的原因，许多学者已做过专门论述，认为与北方民族的文化传统、审美趣味、社会心理、民族的"尚白"习俗和宗教信仰有关，这里不再赘述。

（三）北朝瓷器的装饰、装烧技法[①]

北朝瓷器不仅重视胎料、釉料的选择和配制，而且重视瓷器的成形、装饰、装烧等制瓷工艺和技法，并都取得了长足的进步。这里仅对北朝瓷器的装饰、装烧技法作简要介绍。

1. 北朝瓷器的装饰技法

北朝瓷器的装饰技法主要包括印花、刻画、贴花、彩釉等工艺。

印花工艺，是指在尚未干透的瓷坯体表面，用刻有装饰花纹的模具压印，使得模具上的饰纹反印于坯体表面，以达到装饰的目的。北朝瓷器上印花工艺实例甚少，仅见于陕西咸北周尉迟达墓出土的青瓷杯，其表面压印有朵花纹。

刻画工艺，包括刻花工艺和划花工艺。划花工艺，是指在半干的瓷坯体表面上，用竹、木、铁等工具浅划出线条纹样，待瓷坯阴干后施釉或直接入窑焙烧；刻花工艺，是指在尚未干透的瓷坯表面上，以铁刀等工具刻出装饰花纹，待瓷坯阴干后施釉或直接入窑焙烧。刻花的特点是用力较大、线条较划花深而宽。刻画工艺由于使用的工具较为尖锐，工匠的技法娴熟，因而所刻画的纹饰，一般线条流畅，图案完整，装饰效果甚佳，如东魏至北齐时的青釉六系划花罐（图8-11）。

图8-11 东魏至北齐青釉六系划花罐

贴花工艺，又称贴塑工艺，是指先采用模

---

① 张勇盛：《北朝瓷器研究》，南京大学硕士学位论文2013年。

印或捏塑等方法，用胎泥制成各种花纹图案。然后，以浓度适当的泥浆作为黏合剂将所制作的花纹图案贴在坯体表面。待之阴干后，在其表面施加釉料，入窑烧制。模印由于采用规格相同等模具，因而纹饰整齐划一。捏塑因用手捏制，往往较为随意。贴花工艺的运用，使得器物表面纹样凸显出来，立体感极强，具有很强在装饰效果，如北齐范粹墓出土的白瓷四系贴花莲瓣罐（图8-12）。又如河北景县北朝封氏墓及北齐相州窑出土的六系青瓷莲花大尊，都用了贴花工艺，分别见图8-13、图8-14。

图 8-12　北齐范粹墓白瓷四系贴花莲瓣罐

图 8-13　北朝封氏墓六系青瓷莲花尊　　图 8-14　北齐相州窑六系青瓷莲花尊

彩釉工艺，是指先在制作好的瓷坯体表面上施加一层底釉，然后再使用其他颜色的釉料在其表面涂抹，没有一定的饰纹要求，往往随意成之。但色彩较为鲜艳，效果良好。

2. 北朝瓷器的装烧技法

讨论北朝瓷器的装烧技法，首先要搞清楚当时所用的窑炉和窑具。北朝时期，北方流行的窑炉是"馒头窑"（南方流行"龙窑"）。目前所发现的北朝瓷窑遗址中，只有河南巩义市白河窑址有一座保存较为完好的窑炉[①]。窑具则发现了很多，墓葬及瓷窑遗址出土有大量的窑具，早期调查的瓷窑遗址表面也散落着不少窑具。

北朝时期的窑具按其形制和作用可分为支烧具和垫烧具两类。

支烧具要置于窑底，其作用是把待烧器物装到窑内最好烧成的部位，一般较为高大粗壮。支烧具主要有窑柱、喇叭形支烧具、桶形支烧具、柱状三叉形支烧具等。其中柱状三叉形支烧具是三叉支垫和窑柱的复合产物，是一种特殊的支烧具。支烧具出现在汉代，魏晋南北朝时期流行。支烧具的出现和广泛使用，是装烧工艺的一大进步。它可以将待烧器物支托到最佳窑位，避免窑底的"低温带"，有利于提高产品的质量和成品率。放置待烧器物的匣钵出现和普遍使用后，支烧具的使用明显减少，有的窑甚至停止使用。

垫烧具又称间隔具，用于叠装，一般制作较为精细。垫烧具主要有三叉形支垫、四叉形支垫、垫饼、垫圈、齿状垫具等。其中，三叉形支垫出土数量最多，几乎每一个北方地区瓷窑遗址中都有所发现，而且器形也较为丰富。四叉形支垫仅在河南巩义市白河窑遗址发现。从力学原理来说，四叉形支垫的稳定性还不如三叉形高，且耗费瓷土较多，这可能是其发现较少的原因。垫饼呈圆状，垫圈呈圆环状，一般由瓷土或耐火材料制成，直径大小不一，以满足不同待烧器物的需要。

北朝时期，瓷器的装烧技法主要有两种：三叉形支钉叠烧法、三叉形支钉裸烧法。

三叉支钉叠烧法多用于碗、盘、杯等重量轻、体积小的器物。其装烧的步骤是：首先，在窑床上均匀地铺一层石英或沙粒。这样，既可以较好地保持窑内的温度，也能使支烧具安放得稳定牢固。其次，将窑柱（或其他支烧具）放置在窑床上的沙层之中，并在窑柱上部放置一个三叉形支垫。再次，在支垫上仰放一个待烧器物，并在其内再放置一个支垫，在此支垫上又放置一个待烧器物，这种操作重复进行。这样，依次在待烧器物内放置支垫，其

---

① 冯先铭：《河北磁县贾壁村隋青瓷窑址初探》，《考古》1959 年第 10 期。

上放置待烧器物。由于上部器物的重量都垂直叠压在最下一层器物的内腹，因而，叠烧的高度是有限的。叠烧的层数取决于窑炉的高度和器物的整体体积。采用叠烧法的最大优势是可以大幅度地提高产量。另外，支钉可以防止器物之间的粘连，减少废品率。北朝时期，尚未发明匣钵，因而待烧器物周围没有包裹物保护。在烧制过程中，烟尘等顺着窑火的方向流经待烧器物周围而污染其表面，使得有些器物表面出现明显的瑕疵。

三叉形支钉裸烧法主要用于鸡首壶、盘口壶、罐、钵等大型器物。由于这些器物的高度较高，且口部较小，难以层层相垒，不宜采用叠烧法。采用三叉形支钉裸烧法的具体过程是：先将窑柱放置在窑床上的沙层之中，在窑柱上放置一个三叉形支垫，在支垫上再放置待烧器物。这种方法采用单件装烧，即每个器物使用一个支垫和一个支烧具。也可以直接使用柱状三叉支烧具，其上放置待烧器物，或许更方便些，不过后者目前还未经证实。

概言之，北朝是北方瓷器的起源和初步发展时期。是时，北方不仅开始烧制瓷器，还创烧了我国历史上最早的白瓷。北朝瓷业的兴起，为隋唐北方瓷业的迅速发展奠定了基础。

第九章　食品加工技术

　　我国古代食品加工历史悠久，加工成品丰富多彩。北朝之前，粮食类、畜禽鱼肉类、果品蔬菜类、饮料类、调味品类等食品的加工技术已达到较高水平。北朝时期，又有所发展和创新，加工技艺中蕴含着诸多科学合理的因素，所记载的传统制作技法，值得当今继承与发扬。以上成果多记录在贾思勰《齐民要术》一书中。

第一节　北朝对食品业的管理

一、北朝之前的食品业管理

　　食品业关乎国计民生，历朝历代都非常重视食品业的发展和管理。西周时期，周王室就设置了众多的管理膳食的职官。据《周礼·天官》记载，王室内廷设置膳夫（亦称膳宰）、内饔、外饔、凌人等职官。其中，膳夫为食官之长，掌王的饮食用品；内饔掌王后、世子的饮食及宗庙祭享用品；外饔掌王国外祭祀、犒赏百官、款待老人和孤儿所用物品；凌人掌藏冰之事等。另外，还有由宦官、奴隶组成的加工各种食品的工匠，如造酒的酒人、造饮料的浆人、用草竹编制食器的笾人、造各种酱制食物的醢人、掌供应盐的盐人等。王室外廷则设置职官——工师，专管百工及各种食品、器物的加工制造。是时，为了加强市场管理，设置职官——司市，掌国市政令、刑禁、货贿之事，即全面负责市场的监督和治理。司市以下尚设许多属官，如质人，管理上市商品种类、交易契约及市场秩序；廛人，掌管市场的赋税活动；胥师，管理市场货物；贾师，评定物价；司稽，维持市场治安；司门，负责市门，稽查走私；泉府，掌管钱币等。诸侯国亦有与此对应的职官。从而，形成了一个自上而下的较完善的管理系统，强化了对食品生产及市场活动的干预和监督。例如据《礼记·王制第五》记载，西周时对食品交易就规定："五谷不时，果实未熟，不粥于市。"为了杜绝商贩们为牟利而滥杀禽兽鱼鳖，还规定"禽兽鱼鳖不中杀，不粥于市"，即不在狩猎季节和狩猎范围猎获的禽兽，也不得在市场上出售等。

春秋战国时期，基本沿袭西周之制。

秦代，设置少府，其地位相当于宫廷总管。太官署是少府的下属机构之一，其主官为太官令，掌皇室膳食，以及代表皇帝用酒食款待宾客。秦朝另设尚食，为"六尚（尚冠、尚衣、尚食、尚沐、尚席、尚书）"之一，管理百官的饮食供应之事。

汉代，沿袭秦制。汉代的食品交易活动频繁，交易品种丰富。为杜绝有毒有害食品流入市场，国家在法律上作出了相应的规定。汉朝《二年律令》规定[1]："诸食脯肉，脯肉毒杀、伤、病人者，亟尽孰（熟）燔其余。其县官脯肉也，亦燔之。当燔弗燔，及吏主者，皆坐脯肉臧（赃），与盗同法。"脯肉，泛指肉食。燔，焚烧。这一规定的意思是：因腐败等因素可能导致变质有毒的肉类，要及时焚烧。如果没有按照规定焚烧的，肇事者和相关官员将会"与盗同法"，受到处罚。管理之严，可见一斑。东汉后期，尚食之职并入太官署。

三国曹魏时期，少府下属掌饮食的职官除太官外，新增设左士曹、右士曹等。两晋时期，太官属光禄勋，亦设左士曹、右士曹。及至北朝，对饮食业的管理更为周详。

二、北朝对食品业的管理

北魏前期，未设少府，太官独立，设太官尚书，沿袭历代太官的职责，管理皇室饮食及款待宾客。《魏书·毛修之传》记载[2]："修之能为南人饮

---

① 黄道诚：《先秦至汉代的司法检验论略》，《河北大学学报》（哲学社会科学版）2008 年第 33 期。
② ［北齐］魏收：《魏书》卷四三。

食，手自煎调，多所适意。世祖亲待之，进太官尚书，赐爵南郡公，加冠军将军，常在太官，主进御膳。"擅长南食的毛修之，受到太武帝拓跋焘的宠爱，加官晋爵由其专门烹制御膳。这一方面说明北魏前期太官尚书的独立存在，另一方面也说明当时对南方食品的重视，有力地促进了南北饮食文化的交流。又如本书前文提及，2003—2008 年，山西省考古研究所等单位在今大同市操场城发掘了北魏平城宫城的 3 处遗址，分别命名为大同操场城一号遗址、二号遗址、三号遗址。经专家考证，二号遗址为太官粮储遗址。这是北魏前期设置太官的实例。此外，北魏前期另设左士曹，其主官为左士郎，管理一般的饮食业。左士曹属都官尚书所辖。唐杜佑《通典》卷二十三《职官五·礼部尚书》膳部郎中条曰："膳部于周官即膳夫、凌人二职也。晋尚书有左士、右士曹。后魏都官尚书管左士郎。"都官尚书本是管理司法方面的主官，以后演变为刑部尚书。都官尚书兼管饮食，耐人寻味。由管理司法事务的主官兼管饮食，应是加强对食品市场安全管控的措施。

北魏孝文帝改革官制后，重新设置九卿，光禄为九卿之一。《通典·职官·光禄卿》太官署条记载，"后魏分太官为尚食、中尚食，知御膳，隶门下省；而太官掌百官之馔，属光禄卿。北齐因之"。是时，设太官署，置太官令、丞等职，归光禄卿所辖。太官"掌百官之馔"，即掌管百官的食品供应之事。同时，在门下省增设尚食局，"总知御膳事"，即负责皇室饮食的供应。尚食局设置的职官有：尚食典御二人、丞二人、监四人。尚食局下属机构有司膳、司酝、司饎及食医等。其中，尚食典御为正五品，尚食丞为从七品，司膳等正八品。另外，在中书省设中尚食局，亦管理皇室的饮食之事。中尚食局的职官有中尚食典御二人、丞二人、监四人。其中，中尚食典御为从五品，中尚食丞为从七品。东魏、西魏、北齐时期，沿袭北魏后期之制。

西魏恭帝三年（556），天官府下置主膳府，其职责相当于太官署、尚食局、中尚食局的合并。《通典·职官五·礼部尚书》膳部郎中条曰："后周有膳部大夫一人，亦掌饮食，属大冢宰。"这里称为"膳部大夫"，而北周官品令中称"主膳中大夫"，当是官名前后稍有改易之故。天官府中管理饮食业的主要机构和职官如下：

主膳，掌国家饮食业，制定食政，主要为皇室服务。职官有主膳中大夫。

小膳部，掌国家饮食业，制定食政，主要为百官服务。职官有小膳部下大夫、上士。

内膳，掌皇室的饮食。职官有内膳上士、中士。

外膳，掌皇帝犒赏百官的饮食。职官有外膳上士、中士、下士。

典庖，掌厨师的管理、培训，为厨师之长。职官有典庖中士、下士。

典饎，掌酒食的管理。职官有典饎中士、下士。

酒正，掌酒的生产与供给，为酒官之长。职官有酒正中士、下士。

肴藏，掌食品的保管。职官有肴藏中士、下士。

掌醢，掌醋、酱的供应。职官有掌醢中士、下士。

司鼎俎，掌皇室祭品、膳食及朝廷宴会时所用的礼器。职官有司鼎俎中士、下士。

掌冰，掌取水、取冰、用冰。职官有掌冰中士、下士。

食医，掌宫廷饮食滋味、温凉及分量调配的医官。职官有：食医下士。

综上所述，北朝时期中央饮食业管理机构逐步细密完善。特别是北周，除设主管机构主膳、小膳部外，其下又设置内膳、外膳等十类食官，而且各类又再分阶，形成了自上而下的等级系统，有力地促进了食品加工技术的发展和提高。

第二节　北朝粮食类食品的加工

据《齐民要术》记载[①]，北朝时期，黄河中下游地区的粮食作物主要有谷、稷、粟、稗、黍、穄、粱、秫、大豆、小豆、大麻、小麦、小麦、瞿麦、水稻、旱稻等。这些粮食作物成熟收割后，再运用杵臼、脚踏碓、水碓、磨、水磨、碾、水碾等粮食加工机械，进行舂、磨、捣、压，并和筛罗等配合，即可产出精细的米、面，成为加工粮食类食品的原料。是时，所加

---

① 缪启愉：《齐民要术校释》，农业出版社1998年版。

工的粮食类食品可分为饼、饭、粥等类。

一、作饼[①]

唐代以前，把面糊以外所有用面粉加工成的食品，统称为"饼"。东汉刘熙《释名·释欲食》曰[②]："饼，并也，溲麪使合并也。"麪，即面。溲麪，即用水或其他汤汁和面。刘熙还记载了当时流行的七种饼：胡饼、蒸饼、汤饼、蝎饼、髓饼、金饼、索饼。可惜"皆随形而名之也"，仅录其名，未记制法。《齐民要术》一书恰恰弥补了这一缺憾，不仅全面地记载了北朝前期及其以前的饼食品种，而且对各种饼的风味特点及配料、制作方法都作了简练精辟的描述、概括，成为今天研究中国古代饼食科技、文化的珍贵资料。《齐民要术》中记载的作饼主料有面粉、米粉、糯米粉、粳米、粟米等，调辅料有牛乳、羊乳、羊肉、蜜、鸡蛋、豉汁、骨髓油、动物油等；作饼工具有铛（煮锅）、锅铛（平底煎锅）、烤炉、甑（蒸笼）以及特制工具竹杓、牛角杓、铜钵、笐篱等。是时，各种饼食的熟制方法主要有炉烤、油炸（煎）、锅煮、甑蒸，叙述如下。

（一）炉烤法

据《齐民要术·饼法》记载，当时用炉烤法所制得饼有白饼、烧饼、髓饼等。白饼是不加调料炕熟的白面饼，类似于当今的烧饼；烧饼则是加肉馅炕熟的饼，类似于当今的烤肉馅饼。髓饼，在《释名·释欲食》就有其名，《齐民要术·饼法》中则记载了其烤制方法[③]：

> 髓饼法：以髓脂、蜜合和面。厚四五分，广六七寸。便著胡饼炉中，令熟。勿令反复。饼肥美，可经久。

胡饼炉，即烤炉。髓饼法的要点是：用牛羊的骨髓和蜂蜜和面，制成厚

---

① 陈金标：《〈齐民要术〉中的"饼法"》，《中国烹饪研究》1994 年第 3 期。
② ［东汉］刘熙：《释名》卷四。
③ ［北魏］贾思勰：《齐民要术》卷九。

四五分、直径六七寸的饼。然后，放在烤炉中烘烤至熟。在烤制的过程中，不要反复翻个，以防烂碎。此饼的特点是"肥美"，可长久食用。髓饼实际上是带有甜味的油酥饼，演化到现在成为一种清真食品——千层油酥饼，是西北少数民族特有的一种风味小吃，至今依然流行于西北地区。

（二）油炸（煎）法

在《齐民要术·饼法》中，油炸曰"膏油煮之"，油煎曰"膏油煎之"。当时用油炸、油煎法制熟的饼有：粲、膏环、鸡鸭子饼、细环饼、截饼、餢飳等。如膏环就是用油炸法所制，《饼法》曰[①]：

> 膏环，一名"粔籹"。用秫稻米屑，水、蜜溲之，强泽如汤饼面。手搦团，可长八寸许，屈令两头相就，膏油煮之。

秫稻米屑，即糯米面粉。溲之，和面。汤饼，即下文所说的馎饦，就是面片汤。搦，拿着，按下。文献的大意是：膏环，也称粔籹，用糯米面粉制成。用蜜水和面，软硬如作汤饼的面。然后，反复揉压，捏成多个小面团。再把小面团搓成长约八寸的匀称细条，并使其两头相连构成环状，入油锅炸制而成。从用料、制法上看，膏环与当今油炸食品"馓子"类似。

鸡鸭子饼则是用油煎法所制，《齐民要术·饼法》曰[②]："鸡鸭子饼：破写瓯中，不与盐。锅铛中膏油煎之，令成团饼，厚二分，全奠一。"写，即泻。令成团饼，即作成圆饼形。鸡鸭子饼的做法类似于当今煎荷包蛋，严格地说不算饼。但因其外形像饼，故《齐民要术》中将它归在"饼法"中。

其他，粲是稀米粉通过竹杓漏到油锅里炸制而成，实质上是一种油炸米线；细环饼、截饼，是用牛奶或羊奶和面，《饼法》中没有介绍其烹制方法及制作过程，但据其特点"美脆"，可以推测，二者都是经油锅炸制而成；餢飳则是起面的圆油炸饼。作好后，须"瓮盛，湿布盖口，则常有润泽，甚佳，任意所使，滑而且美"。油炸制品一般要密封保存以保持酥脆的口感，

---

①② ［北魏］贾思勰：《齐民要术》卷九。

这里却以"湿布盖口",其结果"滑而且美",这种保存方法当今少见。

（三）锅煮法

据《齐民要术·饼法》记载,当时用水煮至熟的饼有水引、馎饦、豚皮饼、粉饼等。从用料、制法上看,水引是一种宽面条,且得在沸水中煮,和现代的面条非常相似;馎饦的制作过程如水引,但其薄片要比水引大,和现代的面片汤类似;豚皮饼又称拨饼,由淀粉制成。从制法上看,豚皮饼和现代的拉皮、凉皮、凉粉等类似。最有特色的是粉饼,《齐民要术·饼法》曰[①]:

> 粉饼法:以成调肉臛汁,接沸溲英粉……如环饼面,先刚溲,以手痛揉,令极软熟;更以臛汁溲,令极泽,铄铄然。割取牛角,似匙面大,钻作六七小孔,仅容粗麻线。若作"水引"形者,更割牛角,开四五孔,仅容韭叶。取新帛细绸两段,各方尺半,依角大小,凿去中央,缀角著绸。以钻钻之,密缀,勿令漏粉。用讫,洗,举,得二十年用。裹盛溲粉,敛四角,临沸汤上搦出,熟煮,臛浇。若著酪中及胡麻饮中者,真类玉色,积积著牙,与好面不殊。一名"搦饼"。著酪中者,直用白汤溲之,不须肉汁。

肉臛汁,肉汤、肉臊。英粉,指上好的面粉或淀粉。铄铄然,形容由硬面再溲成稀面,稀到几乎可以流动的状态。缀,即缝,指绸的中央开一个孔,和牛角的大小相应,然后缝在一起。钻,指用钻子钻牛角缝孔。胡麻饮,芝麻捣烂煮成的饮料。积积,细腻黏软。粉饼法的要点是:制作粉饼,先作面团。用煮沸的肉汤调和上好的面粉或淀粉。先和得硬些,并用力揉至极软。再加入些肉汤汁,使面团油光润泽,几乎可以流动。作粉饼要有专用工具——牛角杓,其制法是:割一片像汤匙面大小的圆形牛角片,在其中部钻六七个能容麻线通过的小孔,用于制圆条粉饼;或在牛角片上开四五个刚好可容韭菜叶通过的扁缝隙,用于制扁条粉饼。取 0.5 m^2 的洁净细绢绸一

---

① ［北魏］贾思勰:《齐民要术》卷九。

块，在绸中心剪一牛角片大小的口，并将牛角片缝在绸上（事先在牛角片边上钻出缝线的针孔），牛角枸就作好了。然后，将调好的面团包在牛角枸的绸袋里。在沸水锅上方，挤捏绸袋，使里面的面团从牛角片孔中漏出，直接落入沸水锅中。煮熟，捞出，浇上肉臊，即可食用。如果将粉饼加到酪浆或芝麻糊里，真是清白如玉，且软嫩细致，口感极好。从制法、所用炊具及食用方式上看，粉饼与当代的饸饹、米粉类似。

（四）甑蒸法

据《齐民要术·饼法》记载，当时用甑蒸熟后食用的饼有切面粥和馉饦。切面粥又名棋子面，其制作方法是 [1]：

> 　　刚溲面，揉令熟，大作剂，挼饼粗细如小指大。重萦于干面中，更挼如粗箸大。截断，切作方棋。簸去勃，甑里蒸之。气馏，勃尽，下著阴地净席上，薄摊令冷，挼散，勿令相黏。袋盛，举置。须即汤煮，别作臛浇，坚而不泥。冬天一作，得十日。

挼，揉搓。萦，缭绕。勃，沾在湿面上的干面粉。馏，把凉了的食品再蒸热。作切面粥：先用手将和好的面"挼饼粗细如小指大"；再挼如筷子粗细的面条，并切成像围棋子大小一样的面丁，放入蒸笼中蒸熟；然后，薄摊在置于背阴地的席子上，晾干，装袋以备用。"冬天一作"，可保存十天。食用时，水煮，加肉臊。作馉饦粥与作切面粥稍有不同。先用粟米饭（见下文）加适量的水，置面中，搅和均匀。再用手"挼之如胡豆大小"，蒸熟，摊薄，晒干，可保存1个月。食用时，水煮，煮熟后用笊篱捞出，加肉臊。这两种食品在古代曾用作过军粮。从其制法和食用方式看，这是我国古代的方便食品，和当今的方便面类似。

二、作饭

饭是我国延续千百年的一种重要主食，其含义很多。据《齐民要术》记

---

① ［北魏］贾思勰：《齐民要术》卷九。

载，北朝时期，饭主要是指将谷物蒸煮为固态粒食的一种形态。《齐民要术》所记载的作饭原料非常丰富，不但有五谷如粟、麦、黍、稻、豆等，还兼有其他如胡麻、菰米、稗米等。所记载的饭食有十多种，其熟制方法有甑蒸、锅煮及一些特殊方法[①]。

（一）甑蒸法

据《齐民要术·飧饭》记载，当时用甑蒸熟后食用的饭主要有粟米饭、稻米饭、菰米饭、糗糒等。粟米饭在当时最为常见，在《齐民要术》中也是排在"饭"篇之首，其制法是[②]：

> 作粟飧法：帅米欲细而不碎。碎则浊而不美。帅讫即炊。经宿则涩。淘必宜净。十遍以上弥佳。香浆和暖水浸，馈，少时。以手挼，无令有块。复小停，然后壮。凡停馈，冬宜久，夏少时，盖以少意消息之。若不停馈，则饭坚也。投飧时，先调浆令甜酢适口，下热饭于浆中，尖出便止。宜少时住，勿使挠搅，待其自解散，然后捞盛。飧便滑美。若下饭即搅，令饭涩。

飧，是一种用甜酸浆泡的饭。帅，即舂，用杵臼捣去谷物皮壳。馈，蒸饭。壮，用蒸笼重装再蒸。上文的大意是：作粟飧饭，米不能碎。先将舂好的粟米淘净，最好淘十遍以上。再把淘净的粟米浸泡在香浆和暖水混合液中，再甑蒸。蒸一小会儿就停下来，用手挼粟米，使其不结块。停蒸的时间"冬宜久，夏少时"，否则饭硬。然后，重装再蒸至熟。最后，投饭调浆，便成粟飧。所调之浆，要甜酸适口。投饭时要"下热饭于浆中，尖出便止。宜少时住，勿使挠搅，待其自解散，然后捞盛"。这样的粟飧，"滑美"。粟饭尚有其他用途，用它作辅料，可制作其他食品，还可用于造醋、酒等。

稻米饭也是当时常见的饭食，《齐民要术·飧饭》中记载了制作稻米饭

---

① 杨坚：《〈齐民要术〉中农产品加工的研究》，南京农业大学博士论文 2004 年。
② ［北魏］贾思勰：《齐民要术》卷九。

的方法[①]：

> 治旱稻赤米令饭白法：莫问冬夏，常以热汤浸米，一食久，然后以手挼之。汤冷，泻去，即以冷水淘汰，挼取白乃止。饭色洁白，无异清流之米。

赤米，指一些旱地稻产出的米质较差、呈红色的米。此类稻有的是生长期极短，可晚种早熟，多作为灾后的补种救荒作物。有的是抗旱、涝、盐、碱、瘠、寒及病虫害的能力较强，在自然条件较差的地域经常种植。因此，才有"赤米令饭白"之法。清流之米，即水稻米，作出来的饭是白色的。用变白的赤米作出的饭，和水稻米作出的饭一样，"饭色洁白"。稻米饭除直接食用外，尚有多种用途：一是以稻米饭为原料，加工更高级的食品。如可制作白茧糖[②]。二是以稻米饭为辅料，用于加工其他食品。如以稻米饭为糁（指煮熟的米粒），用于制鲊（一种腌制的鱼）[③]，可去腻增味。三是以稻米饭为原料，用于造酒。

菰米饭的做法同作稻米饭。菰米饭与《齐民要术》中还记载的稗米饭、胡麻饭、橡实饭等，在当时不属主流，多为备荒充饥。

糗糒，指干粮，这是一类特殊的饭食。《齐民要术·飧饭》曰[④]：

> 作粳米糗糒法：取粳米，汰洒，作饭，曝令燥。捣细，磨，粗细作两种折；粳米枣糒法：炊饭熟烂，曝令干，细筛。用枣蒸熟，迮取膏，溲糒。率一升糒，用枣一升。崔寔曰："五月多作糒，以供出入之粮。"

这里介绍了两种干粮的做法：一是粳米干粮。用粳米作饭，晒干，磨成

---

①②④ ［北魏］贾思勰：《齐民要术》卷九。
③ 同上，卷八。

米粉，即成；二是粳米枣干粮。先把熟烂的粳米饭晒干、磨碎、细筛，成面粉状的干粮。再把枣蒸熟，并挤压成枣汁或枣泥，用之和米粉干粮。比例是一升干粮，用一升枣，即成。这两种干粮，和当今的"炒面"类似，均为"以供出入之粮"。

（二）锅煮法

粽子，又称角黍，是一种用锅煮熟后食用的饭。《齐民要术》引《风土记》注云[①]：

> 俗，先以二节日，用菰叶裹黍米，以淳浓灰汁煮之，令烂熟。于五月五日、夏至，啖之。黏黍一名"粽"，一曰"角黍"，盖取阴阳尚相裹，未分散之时象也。

二节日，指农历五月初五端午节和夏至。淳，通纯，纯粹。灰汁，指浸泡草木灰的水经过滤后所得之汁，主要成分为碳酸钾，呈碱性。上文的大意是：按照民俗，端午节前要制作粽子。方法是用菰叶裹上黍米，再用纯浓的灰汁煮之，特别熟时取出，凉冷。待到五月初五端午节和夏至时食用。这里记载的制作粽子的原料和方法，与当今类似。现在还流行的灰汁粽应是最正统的粽子了。

另外，当时还有用几种用特殊方法作成的饭：面饭、葅白蒸、胡饭、酥托饭。面饭，用干蒸过的面粉加少量的水，再与米饭搅和，作成如"栗颗"大小的块状，蒸熟，食用。从面饭的做法上看，此饭和当今晋、冀、蒙交界一带的人们经常食用的"块垒"相似；葅白蒸，是一种以秫米、菜、豉汁、油、葱、葅为原料而作成的饭食。其做法复杂。蒸熟后热食，辅之以姜末、花椒粉等佐料。从葅白蒸的用料看，这在当时是一种较为高级的食品了。胡饭、酥托饭是当时北方少数民族的两种饭食。作胡饭[②]，先把切成长条的酱瓜、切碎的烤肥肉及生杂菜放在熟薄饼上，卷之成卷状，"卷用两卷，三截、

---

①② ［北魏］贾思勰：《齐民要术》卷九。

并六断"，再切成长约二寸的小段，即成。食用胡饭时，用含有蒜、姜、韭菜碎末及胡芹丝的醋作佐料。从胡饭的原料、制作方法看，胡饭和当今的肉菜卷类似。而酥托饭 [①]，则是一种用白米和酥油等原料烹调而成饭食，味美香浓。

《齐民要术》中尚记载有麦饭、黍饭，是直接以麦粒、黍粒蒸饭食用，这在当时应该已不常见。不过，麦饭、黍饭还在其他方面发挥作用。如用于作醋、作酒、助发酵等。

三、作粥

粥是一种半流质食物，以粟、麦、稻、豆等为主要原料，为人们所常食。粥历史悠久，《逸周书》中就有"黄帝始烹谷为粥"的记载。粥可稠可稀，原料可粗可精，自古以来就是人们喜爱的主食之一。《齐民要术·醴酪》中记有的粥类有粟米粥、麦粥、豆粥、稻米粥、黍米粥等。大概是因为这些粥的做法太普遍，不值一记，所以都没有记其具体做法。仅"煮醴酪"条记载了一种寒食节食用高级麦粥，名"杏酪粥"，其法曰 [②]：

> 用宿矿麦，其春种者则不中。预前一月，事麦折令精。细簸拣，作五六等，必使别均调，勿令粗细相杂，其大如胡豆者，粗细正得所。曝令极干。如上治釜讫，先煮一釜粗粥，然后净洗用之。打取杏人，以汤脱去黄皮，熟研，以水和之，绢滤取汁。汁唯淳浓便美，水多则味薄。用干牛粪燃火，先煮杏人汁，数沸，上作豚脑皱，然后下穬麦米。唯须缓火，以匕徐徐搅之，勿令住。煮令极熟，刚洮得所，然后出之。预前多买新瓦盆子容受二斗者，抒粥著盆子中，仰头勿盖。粥色白如凝脂，米粒有类青玉。停至四月八日亦不动。渝釜令粥黑，火急则焦苦，旧盆则不渗水，覆盖则解离。其大盆盛者，数卷亦生水也。

---

① ② ［北魏］贾思勰：《齐民要术》卷九。

根据这一文献可知，杏酪粥的制作大体可分为准备、煮粥、装盆三步[1]：

准备工作有两点：一是精心选料。作杏酪粥要用冬大麦（宿穬麦），不能用春大麦。冬大麦还要精制，方法是：对最初舂捣下来的大麦，要多次细致地簸、拣，分其为五六等次，"勿令粗细相杂，其大如胡豆者，粗细正得所"。另外，还要精心挑选杏仁，晒干备用。二是修治炊具。用来煮制杏酪粥的釜不能"渝"，就是所煮的粥不能黑。由于"最初铸者"的冶炼水平还不高，用生铁铸造的釜难免在表层附有各种灰色的杂质。如用这种釜煮粥，粥必变黑。为此，《齐民要术·醴酪》篇介绍"治釜令不渝法"：用蒿、猪皮等拭釜，"如是十遍许，汁清无复黑，乃止；则不复渝"。否则，所煮的粥，不但颜色不对，味道也不好。

完成"治釜"，即可煮粥。首先，对原料进行初加工：将精制的大麦放入釜中用水初煮，即所谓"粗粥"。因为大麦直接煮出来的粥呈暗红色，这与麸皮有关。经过初煮，当可避免。煮成粗粥后，捞出大麦粒，洗净待用。同时，用热汤脱去杏仁黄皮，再细研，水和，并用细绢滤取杏仁汁。水要不多不少，"水多则味薄"。然后，把杏仁汁放在釜中用干牛粪燃火（当时还未广泛使用煤炭）煮数沸，煮到稠黏，像猪脑子一样微微起皱。这时再加入经初煮的大麦粒，用缓火再煮，并以匕（古代一种取食用具，曲柄浅斗，类似于匙）不停地慢慢搅动，直到"极熟"。如用急火煮粥，味道焦苦。

煮好的杏酪粥要装在瓦盆。瓦盆要新，容积二斗即可。新者污染少，容积小也可减少盛装过程中的污染。"其大盆盛者，数卷亦生水也。"生水，就是因微生物作用出现的酸腐状况。这些措施保证了此粥的保存时间，自寒食节"停至四月八日亦不动"，大约20多天不坏。这样作出的粥，"粥色白如凝脂，米粒有类青玉"，色、香、味俱全。

"煮醴酪"条下自注曰："然麦粥自可御署，不必要在寒食。世有能此粥者，聊复录耳。"说明当时麦粥比较流行，也不限定在寒食节时作，且做法亦趋于简单。

---

[1] 杨坚：《〈齐民要术〉中农产品加工的研究》，南京农业大学博士论文 2004 年。

第三节　北朝畜禽鱼肉类食品的加工

《周礼·天官》中记载的"庖人"，即是掌管肉食加工制作之人。春秋战国时期，专门的厨师已经出现，其中不乏技术能手。伊尹以厨艺为相，易牙凭调鼎晋身，而解牛之庖丁，更是神乎其技。孔子提出"食不厌精，脍不厌细"的肉食加工理论，说明当时肉食加工技术已十分精致。两汉时期，随着铁制炊具的广泛使用，各种肉食加工技术又有较大的发展。北朝时期，不仅继承了汉代的肉食加工技术，还有所创新和发展。据《齐民要术》记载，当时肉源丰富：既有猪、牛、羊、马、驴、鹅、鸡、鸭等家养动物，也有獐、熊、鹿、野猪、兔、雁、凫、雉等野生动物，还有鱼、鳖、虾、蟹等大量水生动物。肉食加工的方法多种多样，大体概括为烹饪、干制、发酵等三类。

一、烹饪 [1]

《齐民要术》中所记载的烹饪技法有煮、羹臛、蒸、缹、煎、炙等十多种。其中，有的是传统技法，有的则是北朝时期的创新和发展。

（一）羹臛法

羹臛一般指带汤的荤菜，也有素的，如藿羹。东汉王逸注《楚辞·招魂》曰："有菜曰羹，无菜曰臛。"不过，羹臛在《齐民要术》中差别并不大，羹中可无菜，臛中可有菜，汤汁多少也随菜而定，总的特征是浓厚少汁。《齐民要术·羹臛法》中记载用畜禽肉作羹臛的方法有：芋子酸臛法、作鸭臛法、作鳖臛法、作猪蹄酸羹、作羊蹄臛法、作酸羹法、作胡羹法、作胡麻羹法、作瓠叶羹法、作鸡羹法、作羊盘肠雌斛法、羊节斛法、羌煮法、食脍鱼莼羹、醋菹鹅鸭羹、菰菌鱼羹、鳢鱼臛、鳢鱼汤、鲤鱼臛、鲍臛、臛淡、臛者、损肾、烂熟等 19 种。可见，羹臛应是当时较为常用的肉食加工法之一。所记载的羹臛的制法并不复杂，大多只是"煮"而已。例如：

---

① 邱庞同：《魏晋南北朝菜肴史——〈中国菜肴史〉节选》，《扬州大学烹饪学报》2001 年第 2 期。

作芋子酸臛法：猪羊肉各一斤，水一斗，煮令熟。成治芋子一升——别蒸之——葱白一升，著肉中合煮，使熟。粳米三合，盐一合，豉汁一升，苦酒五合，口调其味，生姜十两。得臛一斗 ①。

这是一道用猪羊肉加芋子（小芋）以及粳米、盐、豉汁、苦酒、生姜制成的酸味的臛。先将猪羊肉煮熟，加辅料后再合煮，"使熟"。

不过，作羹臛的"煮"也有讲究，并非一概大火焖煮。如"醋菹鹅鸭羹"云："方寸准，熬之。"这里的"熬"，应是以小火少水慢慢煮，因为鹅鸭肉不容易烂。"损肾"则曰："用牛羊百叶，净治令白，薤叶切，长四寸，下盐、豉中，不令大沸——大熟则韧，但令小卷止。"这里要求根据原料特点掌握煮的火候，如果大火烧开，牛羊百叶太熟，就会变得老韧而不中食。

《齐民要术·养鸡》中介绍了一种特殊的羹——鸡蛋羹（汤），其做法名"瀹鸡子法" ②："打破，泻沸汤中，浮出，即掠取，生熟正得，即加盐醋也。"瀹，即煮。显然，这与当今作鸡蛋羹（汤）的方法几乎完全一致。在《齐民要术》中，瀹有时当"预煮"讲，等同于淖。如《齐民要术·菹绿》"白瀹豚法"云 ③："绢袋盛豚，酢浆水煮之。系小石，勿使浮出。上有浮沫，数接去。两沸，急出之，及热以冷水沃豚。"就是把选好的白条小猪装在绢袋中，置于酢浆水中预煮，即瀹。预煮可以使原料表面的蛋白质迅速凝固，从而减少营养损失，这在《齐民要术》肉食加工中较多见，乃是一种先进的加工技术。

（二）蒸法

蒸法是一种传统的烹饪技术，就是将原料与辅料合置于大甑中隔水蒸。《齐民要术·蒸缹法》所载蒸法中最先介绍了蒸整头熊的"蒸熊法"，其后注曰："蒸羊、肫（禽类的胃）、鹅、鸭，悉如此"。接着介绍了蒸整头猪、鸡的"蒸豚法"和"蒸鸡法"，特别强调要用肥猪、肥鸡。又介绍了"蒸羊

①③ ［北魏］贾思勰：《齐民要术》卷八。
② 同上，卷六。

（肉）法"蒸猪头法""裹蒸生鱼""毛蒸鱼菜"及"蒸藕法"等。现以蒸豚法为例说明蒸法[①]。

　　蒸豚法：好肥豚一头，净洗垢，煮令半熟，以豉汁渍之。生秫米一升，勿令近水，浓豉汁渍米，令黄色，炊作馈，复以豉汁溜之。细切姜、橘皮各一升，葱白三寸四升，橘叶一升，合著甑中，密覆，蒸两三炊久。复以猪膏三升，合豉汁一升溜，便熟也。

　　先将选好的肥猪收拾干净，并煮到半熟。然后，浸于豉汁中入味上色，待用。再将以浓豉汁浸泡过的秫米蒸成饭，待用。最后，加葱白、姜、橘皮、橘叶等，将猪与蒸饭一并合于甑中蒸两三顿饭的工夫，再洒猪油及豉汁，即成。

　　蒸豚法具有几个特点：一是蒸之前要预煮。这样不但使产品味道好，口感也更好。这是肉食加工中的重要一环，现在依然如此。二是豉汁用得多。多用豉汁，既入味，又上色，主要目的还是上色，说明当时人们对肉食的颜色很重视。三是与秫米饭同蒸。肉加上粳米、秫米之类糁同做似乎是当时的一种特色，如前文提到的芋子酸臛法、羊节斛法、蒸熊法，以及下文将涉及的缹猪肉法、勒鸭消、猪肉鲊法等，莫不如是。这与当今制作粉蒸肉的方法相类似。

　　（三）缹法

　　缹法是少汁温火煮，有点像现在的"焖"。《齐民要术·蒸缹法》中载有缹整头猪的"缹豚法"、缹整头鹅的"缹鹅法"及"缹猪肉法"。现以缹猪肉法为例说明缹法[②]。

　　缹猪肉法：净燖猪讫，更以热汤遍洗之，毛孔中即有垢出，以草痛揩，如此三遍，梳洗令净。四破，于大釜煮之。以杓接取浮脂，别著瓮

①② ［北魏］贾思勰：《齐民要术》卷八。

中；稍稍添水，数数接脂。脂尽，漉出，破为四方寸脔，易水更煮。下酒二升，以杀腥臊——青、白皆得。若无酒，以酢浆代之。添水接脂，一如上法。脂尽，无复腥气，漉出，板切，于铜铛中煎之：一行肉，一行擘葱、浑豉、白盐、姜、椒；如是次第布讫，下水焦之。肉作琥珀色乃止。

烊，用开水烫后去毛。脔，切成小块的肉。焦猪肉法的大意是，将选好的猪肉用开水烫后去毛，并以热水洗、草揩三遍，直到清洗干净。然后，将猪"四破，于大釜煮之，以杓接取浮脂，别著瓮中"；再加水接脂，待汤中脂尽；又将猪肉破为四方寸的小块，换水再煮。此时，下酒二升，以去腥臊。若无酒，则以酢浆代之。接着，添水并重复抽脂，直到脂尽，无腥气；最后，"漉出，板切"，再按一层肉，一层葱、浑豉、白盐、姜、椒等佐料的次序放置在铜铛中，加水慢慢焖，直到"肉作琥珀色乃止"。

焦猪肉法有这样几个特点：一是去脂不厌其烦。采用不断加水，不断接脂的办法来去除原料中的油脂，使成品脂肪含量大大下降。二是以酒去腥。明确提出"下酒二升，以杀腥臊——青、白皆得。若无酒，以酢浆代之"。这是肉食加工理论上的一个飞跃。

（四）煎法

煎法，就是用油炒，这是一种传统的烹饪技术。先秦时已有炒的烹饪方法，但多是干炒，以制糇。也可能用于炒制肉菜，遗憾的是缺乏文字记载。在《齐民要术》中，始见炒法作肉菜的明确记载，这是我国乃至世界烹饪发展史上的一件大事。现煎鸭为例说明煎法。《齐民要术·脏腤煎消法》曰[①]：

鸭煎法：用新成子鸭极肥者，其大如雏。去头，焰治，却腥翠、五藏。又净洗，细锉如笼肉。细切葱白，下盐、豉汁，炒令极熟，下椒姜

---

① ［北魏］贾思勰：《齐民要术》卷八。

末，食之。

焰治，指净毛出肉。腥翠，禽类腥气的尾腺。五藏，即五脏。笼肉，做肉馅的肉，指碎肉、肉末。鸭煎法，实际上是炒鸭碎肉法：选用将新长成大如雉的肥子鸭，宰杀，去头，烫去羽毛，去掉腥翠、五脏，洗净。再将其切成碎肉。然后，加葱白、盐、豉汁等调料，下热锅炒至极熟而成。文中未提炒前锅中放油之事，估计当会放的。即使真不放油也无妨。因为这道菜取用的子鸭是"极肥者"，切成碎肉后下热锅一炒，肥肉会快速溶化为油，也就间接起到了放油、滑锅、炒菜的作用。

煎法也可用于煎鱼。如同篇所记载的"蜜纯煎鱼法：用鲫鱼，治复中，不鳞。苦酒、蜜中半，和盐渍鱼，一炊久，漉出。膏油熬之，令赤。浑奠焉"[①]。"膏油熬之，令赤"。这里的"熬"，有煎的意思。从做法上看，蜜纯煎鱼就是当今的糖醋煎鱼。

（五）炙法

炙即烧烤，这是一种古老的肉食加工方法。应该说从人类懂得用火即已存在，先秦文献中即有很多炙烤肉食的记载，汉画像砖上亦多有反映。北朝时期，炙法有了较大的发展，《齐民要术·炙法》记载了各种不同的炙法，如炙豚法、捧（或作棒）炙、脯炙、肝炙、牛胘炙、灌肠法、跳丸炙法、捣炙法、衔炙法、作饼炙法、酿炙白鱼法、脯炙法、捣炙、饼炙、范炙、炙蚶、炙蛎、炙车熬、炙鱼等20多种。其中，有的是对整只畜禽鱼进行炙烤，有的则是对畜禽胴体或肉进行炙烤；有的先用调料浸泡后再炙烤，有的则不用调料浸泡。总之炙烤对象不同，炙法各有特点。例如炙豚法，《齐民要术·炙法》曰[②]：

炙豚法：用乳下豚极肥者，豮、牸俱得。煮治一如煮法，揩洗、刮削，令极净。小开腹，去五藏，又净洗。以茅茹腹令满，柞木穿，缓火

---

① ［北魏］贾思勰：《齐民要术》卷八。
② 同上，卷九。

遥炙，急转勿住。转常使周匝，不匝则偏焦也。清酒数涂以发色。色足便止。取新猪膏极白净者，涂拭勿住。若无猪膏，净麻油亦得。色同琥珀，又类真金。入口则消，状若凌雪，含浆膏润，特异凡常也。

炙豚法类似于今日之烤乳猪，是一种不用调料浸泡而进行烤制的方法。选用正吃奶的肥小猪（公、母均可），脱毛，去五脏，并反复清洗。然后，在小猪腹中填充茅草，以保持产品的形状。再用一根柞木棍将小猪串住，"缓火遥炙，急转勿住"。火不能大，手不能停；同时，用猪油或麻油涂抹原料表面。这些措施都是为了原料在加工过程中均匀受热，以避免将小猪烤焦，又使其表皮酥脆。此外，烤制时还要多次用清酒涂在原料表面，使产品呈现出好看的琥珀色。这样，加工出来的成品，色、香、味、形俱全，自然是"特异凡常也"。

炙鱼一般先要用调料腌渍，既入味，又去腥。腌渍鱼有不同的方法。可用"姜、橘、椒、葱、胡芹、小蒜、苏、欓（即茱萸)，细切锻，盐、豉、酢和，以渍鱼。可经宿"[①]；又可将调料置于鱼腹中炙烤。如"酿炙白鱼法"[②]：用二尺长的大鱼，洗净后从背部剖开。调料是醋、鱼酱、姜、橘、葱、豉汁、瓜菹，再加鸭肉末熬成半熟。然后加入鱼腹，小火烤，至半熟，再刷调料。如此，应是美味可口。其他一些炙法均不甚复杂。例如跳丸炙法，是将肉捣烂作成丸形烤；棒炙，就是烤牛肉；捣炙法、衔炙法，就是烤鹅肉串；腩炙，就是将羊、牛、獐、鹿肉切成小块，用调料稍稍浸泡，立即用急火烤；捣炙，是将原料裹在竹筒上烤；等等。

（六）灌肠法和胡炮肉法

灌肠法和胡炮肉法，是北朝时期出现的两项重要肉食烹饪技法。对于灌肠法，《齐民要术·炙法》曰[③]：

灌肠法：取羊盘肠，净洗治。细锉羊肉，令如笼肉，细切葱白，

———————
①②③　[北魏]贾思勰：《齐民要术》卷九。

盐、豉汁、姜、椒末调和，令咸淡适口，以灌肠。两条夹而炙之。割食甚香美。

先取羊肠洗净。再作羊肉馅，辅以葱白、盐、豉汁、姜、椒末等，灌入羊肠，即成灌肠。烤熟食用。这种灌肠类似于现在人们食用的"烤肠"。《齐民要术·羹臛法》中还记载了一种素馅灌肠，名为"作羊盘肠雌斛法"①。在羊血中加入生姜、橘皮、椒末、豆酱清及豉汁以调味，再加入米、面作糁，成为素馅。灌入经水洗、酒洗的羊肠中。然后，切成五寸左右长的小段，煮熟食用。灌肠法，是我国最早的香肠类食品加工技术的记载。

胡炮肉法，是一种特殊的羊肉烹饪方法，《齐民要术·蒸缹法》曰②：

胡炮肉：肥白羊肉——生始周年者，杀，则生缕切如细叶，脂亦切。著浑豉、盐，擘葱白、姜、椒、荜拨、胡椒，令调适。净洗羊肚，翻之。以切肉、脂内于肚中，以向满为限。缝合。作浪中坑，火烧使赤，却灰火。内肚著坑中，还以灰火覆之。于上更燃火，炊一石米顷，便熟。香美异常，非煮、炙之例。

炮，是包裹着烧烤的烹饪方式，不用炊具，在少数民族中流行。最原始的方法是用泥土裹着动物烧烤。这里介绍的"胡炮肉法"已有许多改进，它用羊肚代替包裹物，用切细并拌以各种调料的羊肉代替整只动物，置于热火坑中，覆以热灰，上烧明火，煮一石米的功夫便做成一道"香美异常"的名菜。这种烹饪法也应来自少数民族，故冠以"胡"名。

二、干制

干制，就是将畜禽鱼肉加工制成干肉。《齐民要术·脯腊》中把大动物如牛、羊等切成条或片干制者叫做脯，小动物如鸡、兔等整只干制者谓之腊。

---

① 邱庞同：《魏晋南北朝菜肴史——〈中国菜肴史〉节选》，《扬州大学烹饪学报》2001年第2期。
② ［北魏］贾思勰：《齐民要术》卷八。

干制是我国古代肉类加工的重要方法。通过加工，原料肉成为具有特殊风味且耐久贮藏的干肉，为人们所常食。《齐民要术·脯腊》中载有的脯腊有五味脯、度夏白脯、甜脆脯、五味腊、脆腊、鳢鱼脯、浥鱼等。其中，五味脯的制作最为复杂，《齐民要术·脯腊》曰[①]：

> 作五味脯法：正月、二月、九月、十月为佳。用牛、羊、獐、鹿、野猪、家猪肉。或作条，或用片，罢，凡破肉，皆须顺理，不用斜断。各自别捶牛羊骨令碎，熟煮取汁，掠去浮沫，停之使清。取香美豉，别以冷水淘去尘秽。用骨汁煮豉，色足味调，漉去滓。待冷，下盐；适口而已，勿使过咸。细切葱白，捣令熟；椒、姜、橘皮，皆末之，量多少。以浸脯，手揉令彻。片脯三宿则出，条脯须尝看味彻乃出。皆细绳穿，于屋北檐下阴干。条脯浥浥时，数以手搦令坚实。脯成，置虚静库中，著烟气则味苦。纸袋笼而悬之。置于瓮则郁浥；若不笼，则青蝇、尘污。腊月中作条者，名曰"瘃脯"，堪度夏。

浥浥，湿润。瘃，冻干、风干。上文的大意是：制作五味脯一般选择在秋冬季，"正月、二月、九月、十月为佳"。此时气温较低，肉类不易腐败变质。原料包括牛、羊、獐、鹿、野猪及家猪肉，切成条或片，浸于调好的卤汁中。卤汁要调配有葱白、花椒、生姜、橘皮及美豉等"五味"。过程是：先将豆豉投在牛、羊骨清汤中煮出"色足味调"的汁，然后加入各种调料及适量的盐。"适口而已，勿使过咸"。如此，汁成。片脯较薄，浸三天即可；条脯较厚，要浸透味入才可以捞出来。然后，用细绳穿好，悬于北面屋檐下阴干。当脯还有点湿润时，可用手按几次，使之逐渐变得坚实，就作成脯了。接着，从屋檐下移至洁净的专用储藏室中挂起来，并套上纸袋，以防尘土与青蝇。取用时，先取脂肪多的，因为脂肪易氧化，不耐久藏。五味脯中有一种腊月生产的条状脯，称为"瘃脯"，可以经夏不坏。

---

① ［北魏］贾思勰：《齐民要术》卷八。

其他脯多在腊月制作。夏白脯的原料主要是牛、羊、獐、鹿之精肉，切片，并洗净残血，浸于冷盐水中，辅以花椒。两日即出，阴干。其间可以木棒轻轻敲打，使脯坚实；甜脆脯的原料是獐、鹿肉，切成手掌厚的片。不用任何辅料，连盐也不要，直接阴干。五味腊用鹅、雁、鸡、鸭、雉、鹌鹑、兔等作原料，在卤汁中"浸四五日，尝味彻，便出，置箔上阴干。火炙，熟捶"。作脆腊，则是将原料用"白汤熟煮，接去浮沫；欲出釜时，尤需急火，急火则易燥。置箔上阴干之"。从脯、腊的制法上看，与当今的腊肉之间有明显的传承关系。

生鱼亦可干制。在《齐民要术·脯腊》中介绍的作鳢鱼脯法[①]，是一种较为高级的干制鱼法。鳢鱼又名鲖鱼，也叫乌鱼，其肉肥美。制作鳢鱼脯，要在冬天最寒冷的十一月初至十二月末。原料要用整鱼，"不鳞不破，直以杖刺口中，令到尾"，即既不刮去鳞片，也不破腹挖去内脏，并用竹棍穿其间。然后，"作咸汤，令极咸，多下姜、椒末，灌鱼口，以满为度"。鱼体处理好以后，在竹棍一端穿眼，把10根竹棍串在一起，使鱼口向上，"于屋北檐下悬之，经冬令瘃"。等到第二年的二三月，鳢鱼脯就作成了。食用鳢鱼脯前，先剖开鱼腹，取出内脏，浸泡于醋中，食之美味可口。然后，把鳢鱼脯"草裹泥封，煻灰中煨之"。在煻灰中烤熟后，去掉泥草，用皮或布裹鱼，经敲打而后食之。其肉"白如珂雪，味又绝伦"，是吃饭下酒的珍品。

另外，用盐腌鲜鱼，可以制成干咸鱼，称为浥鱼。对此，《齐民要术·脯腊》曰[②]：

　　作浥鱼法：四时皆得作之。凡生鱼悉中用……去直鳃，破腹作鲏，净疏洗，不须鳞。夏月特须多著盐；春秋及冬，调适而已，亦须偯咸；两两相合。冬直积置，以席覆之；夏须瓮盛泥封，勿令蝇蛆。瓮须钻底数孔，拔引去腥汁，汁尽还塞。肉红赤色便熟。食时洗却盐，煮、蒸、炮任意，美于常鱼。作鲊、酱、煨、煎悉得。

---

①② ［北魏］贾思勰：《齐民要术》卷八。

由上文可知，腌制干咸鱼分两个阶段：盐渍与成熟。盐渍就是利用盐与水分之间的扩散与渗透作用，使鱼体脱水并获得咸味；成熟阶段是指鱼肉在此过程中所发生一系列生化反应，使风味变佳并着色。食用咸鱼时，先清洗去盐，可用煮、蒸、炮、煎等烹饪方法至熟。另外，也能以咸鱼为原料，用煮、煎等方法作鱼鲊或鱼酱。

三、发酵

发酵，是肉类食品加工的重要技术之一。利用发酵技术加工的肉食有鱼鲊、肉酱和鱼酱。其做法是：先将原料用盐、酱、醋等调料腌渍，然后，让其自然发酵，或者加米饭利用乳酸菌进行发酵。

（一）肉鲊

鲊，我国古代最常见的肉食品之一。鲊法在汉代已有，汉刘熙《释名·释饮食》曰："鲊，菹也，以盐米酿之如菹，熟而食之也。"魏晋南北朝时期，作鲊以鱼类为盛，加工技术达到较高的水平，《齐民要术·作鱼鲊》中详细地记载了作鱼鲊的一般方法[①]，其要点如下。

其一，作鱼鲊，要选择合适的时间。一般在春秋二季进行，"冬夏不佳"。因为作鱼鲊要加入米饭，利用其产生的乳酸菌进行发酵。这需要合适的温度，不能太高也不能太低。冬天气温低，影响乳酸菌的活力，发酵速度太慢，鱼鲊难熟；而夏天气温高，原料容易腐败变质，必须靠增加用盐量来防止，结果是鱼鲊变咸。同时，夏季还易生蛆。

其二，要精心备好原料和辅料。选用新鲜的大鲤鱼作原料。"取新鲤鱼，鱼唯大为佳"。然后，对原料进行处理。包括去鳞、切块、清洗、加盐、逐水等五个环节。"去鳞讫，则脔"，即去鳞之后切块。所切鱼块大小要合适，"长二寸，广一寸，厚五分"。如果鱼块太大，发酵会不均匀。鱼块小则可均匀发酵，成品率高。另外，鱼块都要带皮，"不宜令有无皮脔也"。鱼皮不但

---

① ［北魏］贾思勰：《齐民要术》卷八。

使鱼块不易散碎，本身也别具滋味。切好的鱼块要清洗，主要是洗去血污，"手掷着盆水中，浸洗去血。痏讫，漉出，更于清水中净洗"。血污不但会影响鱼鲊的外观，也会影响其味道。洗好的鱼块先置于盘中，"以白盐散之"。再盛于笼中，用平整的石板压在上面榨去盐水，名为"逐水"。因为"盐水不尽，令鲊痏烂"。所以，可"经宿迮之，亦无嫌也"。盐水尽，要尝咸淡，并采取相应措施，"淡则更以盐和糁；咸则空下糁，不复以盐按之"。

作鱼鲊的辅料有糁、茱萸、橘皮、酒。全部和在一起搅拌均匀，以糁能粘住鱼块为好。用粳米饭作糁，其作用是助发酵。饭要干，不能烂，不然鱼鲊也容易变质；茱萸、橘皮只是增加香味，少许即可；酒则因其含有各种有益菌，可加快鱼鲊的发酵，还兼有抑制其他杂菌的作用。酒中的乙醇还能与乳酸反应，生成酯类物质，使鱼鲊具有特别的香气。因此"酒，辟诸邪恶，令鲊美而速熟"。酒要用好酒，不能用变质的酒。一斗鲊用酒半升，是比较多的。

其三，准备就绪，入瓮发酵。作鱼鲊是用加米饭产生的乳酸菌进行发酵，具体方法是层饭层鱼："布鱼于瓮子中，一行鱼，一行糁，以满为限。"装瓮时有几点要注意：一是要将鱼腹部的肉后装，以便装在瓮的上面，即"腹肤居上"，因为"肥则不能久，熟须先食故也"；二是瓮口要多加糁，并以竹箬封口，既防止杂菌侵入，又比较透气，适于乳酸菌生长繁殖；三是将装好封好的瓮，置于温度适中的室内发酵，既不能太热，亦不可受冻。"著日中、火边者，患臭而不美。寒月穰厚茹，勿令冻也"；四是看流出浆水的颜色来确定成熟与否，"赤浆出，倾却。白浆出，味酸，便熟"。等瓮中流出白色的浆水，鱼鲊就算成了。与此法的繁难相比，《齐民要术·作鱼鲊》中还介绍了一种简便的速成作裹鲊法①：

　　　　痏鱼，洗讫，则盐和糁。十痏为裹，以荷叶裹之，唯厚为佳，穿破则虫入。不复须水浸、镇迮之事。只三二日便熟，名曰"暴鲊"。荷

① ［北魏］贾思勰：《齐民要术》卷八。

叶别有一种香，奇相发起香气，又胜凡鲊。有茱萸、橘皮则用，无亦无嫌也。

作裹鲊不用水浸、镇连、装瓮，简化了生产流程，缩短了发酵时间。而且由于荷叶所特有的香气，风味自然不同。更适合普通人家效仿、使用。另外，《齐民要术·鱼鲊》还引用了《食经》中的五种作鱼鲊法：作蒲鲊法、作鱼鲊法、作长沙蒲鲊法、作夏月鱼鲊法、作干鱼鲊法，记述多半简略，此处不赘。唯其中"作干鱼鲊法"有些不同，主要表现在装瓮后要"泥封日晒"，可能与原料是鱼干有关。

是时，亦用猪、羊、鹿肉作肉鲊（肉菹），扩大了制鲊原料范围，是鲊法的一大进步。

（二）肉酱

利用发酵技术制作肉酱，也是肉类食品加工的重要内容之一。在《齐民要术》中记载了肉酱法、卒成肉酱法、燥脡法、生脡法等四种作肉酱的方法[①]。对于肉酱法，《齐民要术·作酱等法》曰[②]：

> 肉酱法：牛、羊、獐、鹿、兔肉皆得作。取良杀新肉，去脂，细锉。陈肉干者不任用。合脂令酱腻。晒麹令燥，熟捣，绢筛。大率肉一斗，麹末五升，白盐两升半，黄蒸一升，曝干，熟捣，绢筛。盘上和令均调，内瓮子中。有骨者，和讫先捣，然后盛之。骨多髓，既肥腻，酱亦然也。泥封，日曝。寒月作之，宜埋之于黍穰积中。二七日开看，酱出无麹气，便熟矣。买新杀雉煮之，令极烂，肉销尽，去骨取汁，待冷解酱。鸡汁亦得。勿作陈肉，令酱苦腻。无鸡、雉，好酒解之。还著日中。

麹，同曲。黄蒸，带麸皮面粉所作的曲（发酵剂），呈黄色，故名黄蒸。

---

① 杨坚：《〈齐民要术〉所记载的肉食加工与烹饪方法初探》，《中国农史》2004 年第 3 期。
② ［北魏］贾思勰：《齐民要术》卷八。

由上文可知，作肉酱的原料广泛，牛、羊、獐、鹿、兔肉皆可。但肉要新鲜，剔除油脂。因为，用陈肉作酱，"不任用"；用有油脂的肉作酱，"令酱腻"。然后，切成肉丁。并按1斗肉丁加曲末5升、白盐2.5升，黄蒸1升的比例，混合调匀，装入瓮中，泥封日晒14日，见有酱汁渗出、无曲气，肉酱就即成了。作酱过程中，特别要注意温度对发酵的影响。因为用曲末、黄蒸发酵，即培养、利用米曲霉和黄曲霉之类的微生物发酵。这两种微生物对温度特别敏感，所以要泥封日晒；"寒月作之，宜埋之于黍穰积中"。作好的肉酱，要用雉汁或鸡汁、酒解酱，即酱中加入雉汁或鸡汁、酒稀释。另外，作肉酱，"皆以十二月作之，则经夏无虫。余月亦得作，但喜生虫，不得度夏耳"①。

卒成肉酱，是一种速成肉酱。其制法是"细锉肉一斗，好酒一斗，曲末五升，黄蒸末一升，白盐一升"，调匀后放入瓶中，不能放满，因为靠近瓶口处容易烤焦。然后，用碗盖瓶口，放入预先做好的坑中。坑要烧烤过的、并铺满草，只留放置酱瓶的空间。再在上面覆盖七八寸厚的土层，防止"土薄火炽，则令酱焦"。最后，在土上燃烧干牛粪，"通夜勿绝"。等酱汁渗出，即成。食用此酱时，在酱中加点麻油炒葱白，则"甜美异常"。

燥脡法、生脡法则是用豆酱清腌渍熟肉或生肉，而制成的肉酱。对此，《齐民要术·作酱等法》曰②："作燥脡法：羊肉二斤，猪肉一斤，合煮令熟，细切之。生姜五合，橘皮两叶，鸡子十五枚，生羊肉一斤，豆酱清五合。先取熟内著甑上蒸令热，和生肉；酱清、姜、橘和之。生脡法：羊肉一斤，猪肉白四两，豆酱清渍之，缕切。生姜、鸡子，春、秋用苏、蓼，著之。"生脡，即生肉酱。燥脡，是以生、熟肉混合而酿制成的肉酱。从制作原料和制作过程看，此类肉酱实为"酱肉"。

（三）鱼酱

《齐民要术·作酱等法》中记载了鲜鱼酱、速成鲜鱼酱、干鱼酱、鱼肠

---

①② ［北魏］贾思勰：《齐民要术》卷八。

酱等四种鱼酱的做法①。对于鲜鱼酱，《齐民要术·作酱等法》曰②：

> 作鱼酱法：鲤鱼、鲭鱼第一好；鳢鱼亦中。鲚鱼、鲐鱼即全作，不用切。去鳞，净洗，拭令干，如脍法，披破，缕切之，去骨。大率成鱼一斗，用黄衣三升，一升全用，二升作末。白盐二升，黄盐则苦。干姜一升，末之。橘皮一合，缕切之。和令调均，内瓮子中，泥密封，日曝。勿令漏气。熟，以好酒解之。

黄衣，一种用整粒小麦制作的麦曲，呈黄色。脍法，把鱼或肉切成细丝。披破，即刀与鱼体平行切鱼。上文的大意是：鲤鱼、鲭鱼、鳢鱼、鲚鱼、鲐鱼等都可用于作鲜鱼酱，但"鲤鱼、鲭鱼第一好"。作鱼酱时，鱼要去鳞，洗净，擦干鱼体表面的水分。这样，可减少对酱的杂菌污染，保证酱的质量。然后，运用披法，把鱼体切成常用的细丝，并剔除鱼骨。如果是鲚鱼、鲐鱼，则用全鱼制酱，不必切丝。原料处理完毕后，便添加黄衣及白盐、干姜、橘皮，并瓮封、日晒，与制肉酱法大同小异。但一定要用白盐，这样鱼酱较鲜。不能用黄盐，否则味苦。因黄盐含有氯化镁、氯化钙等杂质，呈味苦涩。制作鲜鱼酱"皆以十二月作之"。其他时间虽可制作，"但喜生虫，不得度夏耳"③。

《齐民要术·作酱等法》中所载"又鱼酱法"④，即速成鲜鱼酱的做法："成脍鱼一斗，以曲五升，清酒二升，盐三升，桔皮二叶，合和，于瓶内封。一日可食。甚美。"速成鲜鱼酱装在瓶中，产量不会很大。

制作干鲚鱼酱法，要在"六月、七月，取干鲚鱼，盆中水浸，置屋里，一日三度易水。三日好净"。农历六月、七月正值夏季，气温很高，所以泡干鱼要在室内进行，而且水要勤换，防止腐败变质。如此反复，须三天才行。然后，进一步清洗、除鳞。最后，添加曲末、黄蒸末、白盐等调匀，纳瓮中，"泥封，勿令漏气。二七日便熟。味香美，与生者无殊异"。由于干鱼

---

① 杨坚：《〈齐民要术〉中的鱼类加工技术研析》，《饮食文化研究》2008 年第 2 期。
②③④ ［北魏］贾思勰：《齐民要术》卷八。

本身所带杂菌较少，制酱不易造成污染而导致腐败。因此，可以在六七月作酱。据此推测，作干鱼酱在当时应是一种常见的方法。

鱼肠酱，又名鲑鮧，是一种用鱼内脏腌制而成的鱼酱，咸味甜味皆有，美味可口。

第四节　北朝果品蔬菜类食品的加工

我国早在《诗经》中已有果品蔬菜加工的记载。《诗经·小雅·信南山》曰："中田有庐，疆场有瓜。是剥是菹，献之皇祖。"菹，即腌制。《周礼》中所说的"干撩"，就是用自然干燥或用火焙干的方法制的梅干。秦汉时期，我国果品蔬菜加工技术自然天成，纯朴无害，已达到相当高的水平。北朝时期，继承了我国秦汉以来的果品蔬菜的加工技术，并有所创新和发展。在《齐民要术》中，或引经据典，或援及民谚歌谣，对此进行了全面系统的记录，反映了我国中古时期果品蔬菜加工技术的最高成就。据《齐民要术》记载，北朝时期，果品有枣、桃、李、杏、栗、梨、梅、柿、奈（沙果）、林擒（苹果）、安石榴、葡萄等十几种；蔬菜达30种以上。其中，叶菜类有：葵（冬寒菜）、菘（白菜）、蜀芥、芸（油菜），苜蓿；瓜类有：冬瓜，胡瓜；块根块茎类有：芋，芜菁（蔓菁），芦菔（萝卜）；调味类有葱、韭、兰香、姜；其他有：茄子、藕等。是时，果品蔬菜的加工方法多种多样，大体概括为干制、腌渍、发酵等三类。

一、干制

干制是果蔬类食品加工的常用技术之一。干制又分为晒曝、烟熏、阴干等方法。

（一）晒曝法

晒曝法，即通过日晒，使果品脱水，可制干果、果䏑、果脯等食品。运用晒曝法加工果品，有的直接日晒而成，如制干枣，《齐民要术·种枣》曰[①]：

---

① ［北魏］贾思勰：《齐民要术》卷四。

晒枣法：先治地令净，有草莱，令枣臭。布椽于箔下，置枣于箔上，以朳聚而复散之。一日中二十度乃佳，夜仍不聚，得霜露气，干速，成。

草莱，杂草。朳，一种无齿耙，俗称刮耙。上文的大意是：晒枣前，先把晒枣的地方打扫干净，如果有杂草，枣会腐烂。然后，在打扫干净的地上布放椽，椽上置帘子，把枣在帘上摊开。每日用刮耙搅拌20多次。到了夜晚，虽有霜露之气，但因白天枣子体内吸收大量热量，内外温差大，水分继续通过呼吸大量蒸发，所以，很快就制成了干枣。

但对大多数被加工的果品而言，则需作些处理，然后再经日晒而成。如作白李，《齐民要术·种李》曰[①]："作白李法：用夏李，色黄便摘取，于盐中接之。盐入汁出，然后合盐晒令萎，手捻之令褊。复晒，更捻，极褊乃至。曝使干。"这是先把李子用盐腌渍，再反复手捻、日晒，使干。若制作果脯，先要把要加工的果品切成片状，然后晒干。例如"枣脯法：切枣曝之，干如脯也"[②]"作柰脯法：柰熟时，中破，曝干，即成矣"[③]。这里所说的果脯，其实和干果并无本质区别，这大概是制果脯的初始阶段。

制作果麨比较复杂一些。麨，原指大米、小麦等面粉经过烘炒而成的干粮，这种干粮为粉末状，易于保存。北朝时期，为了解决果品腐烂变质问题，人们发明了果麨。其方法是：把果品压榨取果汁，果汁再浓缩晒干，然后研磨成粉末状，便于携带和保存。因其有相似的特点和使用价值，所以时人亦称干制的果汁粉末为麨。《齐民要术》中载有作酸枣麨法、作林檎麨法、作柰麨法、作杏李麨法等作麨方法。如作杏李麨，《齐民要术·种梅杏》曰[④]：

杏、李熟时，多收烂者，盆中研之。生布纹取浓汁，涂盘中，日曝

[①②③④] ［北魏］贾思勰：《齐民要术》卷四。

干，以手摩刮取之。可和水为浆，乃和米麨，所在入意也。

（二）烟熏法

烟熏法也是干制果品的方法之一，如制作干梅，《齐民要术·种梅杏》曰[①]：

> 作乌梅法：亦以梅子核初成时摘取，笼盛，于突上熏之，令干，即成矣。乌梅入药，不任调食也。

突，指烟囱。把成熟的梅子用笼装盛，放在烟囱上"熏之，令干"，即成乌梅。

在《齐民要术》中，凡是经烟熏加工的果品，多用"乌"字来命名，故熏制的干梅称乌梅；凡是经盐腌、日晒加工的果品，多用"白"字来命名，如"作白李法""作白梅法"等。

（三）阴干法（窖穴法）

有些果品含水量特别大，采用太阳曝晒反而有害。因为这些果实细胞幼嫩，在强烈的日光下容易产生"日灼"，使果品组织坏死。同时，这些果品亦不宜低温，低温易使组织结冰坏死。北朝时期，果农发明了"阴干法"。即利用房屋通风避阴，或利用地窖遮阴通气，使果品通过自然呼吸，降低含水量，即可延长果品的保鲜期，或使果品"阴干"。延长果品的保鲜期，如贮藏梨，《齐民要术·插梨》曰[②]：

> 藏梨法：初霜后即收。霜多即不得经夏也。于屋下掘作深窖坑，坑底无令润湿。收梨置中，不须覆盖，便得经夏。摘时必令好接，勿令损伤。

梨不耐低温，长期遇霜则组织结冰坏死。若贮藏环境潮湿，亦使果实呼

---

①② ［北魏］贾思勰：《齐民要术》卷四。

吸产生的二氧化碳（CO_2）与空气中的水蒸气（H_2O）产生如下反应：$CO_2 +$ $H_2O = H_2CO_3$，即生成碳酸（H_2CO_3），从而发生缺氧呼吸，使组织坏死。因此，窖坑要具备干燥通风的环境条件，"无令润湿"，"不须覆盖"，才能满足梨果实对环境特殊要求。当今，北方地区果农在采用"果库"贮藏梨时，其原理也与此基本相同。

使果品"阴干"，如制作干葡萄，《齐民要术·种桃柰》曰[①]："作干蒲萄法：极熟者——零叠摘取，刀子切去蒂，勿令汁出。蜜两分，脂一分，和内蒲萄中，煮四五沸，漉出，阴干，便成矣"。

在《齐民要术》中，未见用日晒制干菜的记载。可能是因其做法太简单，不值得记载。但记载了一种类似于阴干法（窖穴法）的蔬菜保鲜法，《齐民要术·作菹藏生菜法》曰[②]：

> 藏生菜法：九月、十月中，于墙南日阳中掘作坑，深四五尺。取杂菜，种别布之，一行菜，一行土，去坎一尺许，便止。以穰厚覆之，得经冬。须即取，粲然与夏菜不殊。

在冬天较温暖的墙南日阳中掘坑，将菜保存在其中，再覆以庄稼杆和土，以藏生菜过冬，即取即食，如同鲜菜。这种方法一直延续至今。

二、腌渍

腌渍，也是果蔬类食品加工的常用技术之一。从腌渍的介质来看，主要有盐、酒糟、酒、梅汁、蜂蜜、灰等几大类，分别举例如下。

用盐腌制果品，如腌制梅，《齐民要术·种梅杏》曰[③]："作白梅法：梅子酸，核初成时摘取，夜以盐汁渍之，昼则日曝。凡作十宿、十浸、十曝，便成矣。"

---

① ③　［北魏］贾思勰：《齐民要术》卷四。
②　同上，卷九。

用蜂蜜渍制瓜果，如渍制梅，《齐民要术·种梅杏》引《食经》曰①："蜀中藏梅法：取梅极大者，剥皮阴干，勿令得风。经二宿，去盐汁，内蜜中。月许更易蜜。经年如新也。"

用盐和蜂蜜腌渍瓜果，如腌渍木瓜，《齐民要术·种木瓜》引《食经》曰②："藏木瓜法：先切去皮，煮令熟，著水中，车轮切，百瓜用三升盐，蜜以斗，渍之。昼曝，夜内汁中，取令干，以余汁蜜藏之。"

用灰腌制的果品，如腌制柿子，《齐民要术·种梅杏》引《食经》曰③："藏柿法：柿熟时取之，以灰汁澡再三度，干令汁绝，著器中，经十日可食"。柿子有甜涩之分，甜柿成熟后即可以吃，涩柿味涩不堪入口，灰腌是常见的脱涩方法之一。用灰腌制食品的方法至今民间仍有使用。

用酒糟和盐腌制瓜果，如腌制越瓜，《齐民要术·作菹藏生菜法》引《食经》曰④：

　　藏越瓜法：糟一斗，盐三升，淹瓜三宿。出，以布拭之，复淹如此。凡瓜欲得完，慎勿伤，伤便烂，以布囊就取之，佳。豫章郡人晚种越瓜，所以味亦异。

用梅汁和灰渍制瓜果，如渍制梅瓜，《齐民要术·作菹藏生菜法》引《食经》曰⑤：

　　藏梅瓜法：先取霜下老白冬瓜，削去皮，取肉方正薄切如手板。细施灰，罗瓜著上，复以灰覆之。煮杬皮、乌梅汁著器中。细切瓜，令方三分，长二寸，熟炸之，以投梅汁。数日可食。以醋石榴子著中，并佳也。

《齐民要术》中还引录《食经》《食次》中的多种果品腌渍法，如藏蘘荷

---

①②③［北魏］贾思勰：《齐民要术》卷四。
④⑤ 同上，卷九。

法、藏干栗法、藏瓜法、乐安令徐肃藏瓜法、藏蕨法、藏杨梅法、藏姜法、藏菰法等。

在《齐民要术》中，腌渍蔬菜的记载也甚少，仅见二种用蜂蜜渍姜而制成蜜姜的方法[①]：

> 蜜姜法：用生姜，净洗，削治，十月酒漕中藏之。泥头十日，熟。出，水洗，内蜜中。大者中解，小者浑用。竖奠四。又云：卒作：削治，蜜中煮之，亦可用。

北朝时期，除主要腌渍果品外，当时还能腌制咸鸭蛋。由于腌制时要加入杭木皮，时称杬子。《齐民要术·养鹅鸭》曰[②]：

> 作杬子法：纯取雌鸭，无令杂雄，足其粟豆，常令肥饱，一鸭便生百卵……取杬木皮，《尔雅》曰："杬，鱼毒。"郭璞注曰："杬，大木，子似栗，生南方，皮厚汁赤，中藏卵、果。"无杬皮者，虎杖根、牛李根，并任用。《尔雅》云："蒤，虎杖。"郭璞注云："似红草，粗大，有细节，可以染赤。"净洗细茎，锉，煮取汁。率二斗，及热下盐一升和之。汁极冷，内瓮中，汁热，卵则致败，不堪久停。浸鸭子。一月任食。煮而食之，酒食俱用。咸彻则卵浮。吴中多用者，至数十斛。久停弥善，亦得经夏也。

这里详细叙述了腌制鸭蛋的过程。从用料选择、配料比例到具体制作都有一套操作技巧。腌好的咸鸭蛋不但味道好，而且能长久存放。

三、发酵

发酵，也是蔬菜类食品加工的重要技术之一。我国古代，利用发酵技术

① ［北魏］贾思勰：《齐民要术》卷九。
② 同上，卷六。

加工的蔬菜制品称为"菹"。《说文·艸部》曰"菹，酢菜也"，即菜菹就是腌酸菜。《释名·释饮食》曰："菹，阻也，生酿之，遂使阻于寒温之间，不得烂也。"即"菹"的词源义为"阻止"，蔬菜发酵产生酸而阻止了腐烂。菜菹源远流长，西周时已非常普遍。《周礼·天官·醢人》曰："凡祭祀……以五齐、七醢、七菹、三臡实之。"七菹，指韭、菁、茆、葵、芹、箈、笋菹。先秦时期，作菹的辅料主要是醯和酱。醯即醋，古作"酢"，也称为苦酒。北朝时期，作菹的辅料和发酵剂调料增加了许多，有盐、醋、豉、米糁、粥清（米汤）及多种不同的曲。据《齐民要术》所载，当时制作菜菹有多种方法，如咸菹法、作淡菹、作汤菹法、作卒菹法、作葵菹法、作菘咸菹法、作酢菹法、作菹消法、蒲菹、酿瓜菹酒法、瓜菹法、瓜芥菹、汤菹法、苦笋紫菜菹法、竹菜菹法、截菹法、菘根菹法、胡芹小蒜菹法、菘根萝卜菹法、紫菜菹法、梨菹法、木耳菹、苜菹法等。所制作的菜菹大体可分为生菹和熟菹两大类。

生菹制作的一般方法是：先用盐水洗净新鲜生蔬菜，然后放入瓮中，加盐，让其自然发酵；或者在菜中加曲，再加热米汤浸泡，让生菜发酵。如用葵、菘、芜菁、蜀芥制作咸菹，《齐民要术·作菹藏生菜法》曰[①]：

> 咸菹法：收菜时，即择取好者，菅蒲束之。作盐水，令极咸，于盐水中洗菜，即内瓮中。若先用淡水洗者，菹烂。其洗菜盐水，澄取清者，泻著瓮中，令没菜把即止，不复调和。菹色仍青，以水洗去咸汁，煮为茹，与生菜不殊。其芜菁、蜀芥二种，三日抒出之。粉黍米作粥清；捣麦䴝作末，绢筛。布菜一行，以䴝末薄坌之，即下热粥清。重重如此，以满瓮为限。其布菜法：每行必茎叶颠倒安之。旧盐叶还泻瓮中。菹色黄而味美。

菅蒲，一种水草，叶细长而尖，可以束物。煮为茹，煮熟当菜吃。抒

---

① ［北魏］贾思勰：《齐民要术》卷九。

出，舀出、捞出。粉黍米，压碎的黍米。麨，是一种用整粒小麦制作的麦曲，呈黄色，故称黄衣、黄子、女曲。绢筛，用细绢罗筛捣碎的麦曲。咸菹法的大意是：选好葵、菘、芜菁、蜀芥，用极咸的盐水洗净，放入瓮中。不能用淡水洗，否则所作之菹要腐烂。再将洗菜的盐水澄清，取上面的清盐水倒入瓮中，直到淹没菜为止。发酵后即成咸菹，"菹色仍青"。食用时用水洗去咸汁，煮熟吃，与新鲜蔬菜没有什么不同。其中，芜菁和蜀芥可用另外的方法发酵：在盐水中浸泡三日后捞出，放入其他瓮中。放置的方法是：放一层菜，撒一薄层麦曲粉，随即加入碎黍米作的热米汤，浸泡。层层如此，直到瓮满。放菜时，每一层都要茎叶倒置。同时，把原来的盐菜叶也要倒入瓮中。这样，经发酵所成的"菹色黄而味美"。

汤菹和卒菹（速成菹）均属熟菹类。其制作方法是[①]：

> 作汤菹法：菘菜佳，芜菁亦得。收好菜，择讫，即于热汤中煠出之。若菜已萎者，水洗，漉出，经宿生之，然后汤煠。煠讫，冷水中濯之，盐、醋中。熬胡麻油着，香而且脆。多作者，亦得至春不败。
>
> 作卒菹法：以酢浆煮葵菜，擘之，下酢，即成菹矣。

煠，即焯，把蔬菜放到沸水中略微一煮就捞出来。制作熟菹的大体过程是，选择好制熟菹蔬菜，洗净，先放入沸水里焯一下。然后，加入盐、醋等浸泡，让其发酵即成。

作菹菜时为了增香和调味，常会放入一些青蒿、薤白、豉汁等调料，如作酢菹法[②]：

> 三石瓮。用米一斗，捣，搅取汁三升；煮滓作三升粥。令内菜瓮中，辄以生渍汁及粥灌之。一宿，以青蒿、薤白各一行，作麻沸汤，浇之，便成。

---

① ② ［北魏］贾思勰：《齐民要术》卷九。

《齐民要术》中所载用果品作菹者甚少，仅记梨、枣作菹法。可能是果菹酸味，难吃，故少作果菹。

第五节　北朝饮料、调味品类食品的加工

饮料、调味品，也是人们日常生活离不开的重要食品。北朝时期，所加工的饮料、调味品主要有酒、奶酪、醋、酱、豉、盐、糖、植物油等，其加工方法分为发酵和制造两大类。

一、发酵

北朝时期，利用发酵加工的饮料、调味品有酒、奶酪、醋、酱、豉等。

（一）酿酒

我国是世界上酿酒最早的国家之一。相传夏禹时，一个名叫仪狄的人开始造酒，《吕氏春秋》和《战国策》中就有相关记载。还有一种"仪狄作酒醪，杜康作秫酒"的传说，是说仪狄始作黄酒，杜康始作高粱酒。河南汝阳县，相传为杜康酿造"秫酒"之处。据殷墟的发掘，我国早在3200多年前的殷商武丁时期，已经能用麦芽制成酿醴（甜酒）；20世纪70年代，在河北藁城台西商代遗址中，曾出土酿酒作坊遗址和酵母遗迹[①]，表明当时能用谷物发霉制成曲，再发酵酿酒。殷商时期，至少能制作两种酒：醴和鬯。鬯，是用曲加小米作的香酒，多用于祭祀。西周时期，设置了专管酒的职官。从《周礼》《礼记》中可以看到有酒正、浆人、大酋等职官名。如《周礼·天官》记载，"酒正掌酒之政令"，"浆人掌共王之六饮"。大酋系酒正之别称，《礼记·月令》记载，仲冬之月，"乃命大酋，秫稻必齐，曲蘖必时，湛炽必洁，水泉必香，陶器必良，火齐必得，兼用六物，大酋监之，毋有差贷"。这里，总结出酿酒的六个要领，并说明酿酒由"大酋监之"。秦汉时期，造曲技术

---

① 唐云明：《藁城台西商代遗址》，《河北学刊》1984年第8期。

有所提高，能用不同的谷物制曲。天汉三年（前98），汉武帝设置榷酤官，专管官酒的销售，说明当时酒的生产规模、产量已经相当大。魏晋南北朝时期，饮酒之风盛行，促使酿酒技术长足发展。在《齐民要术》第七、八卷中就有酿造方面的记载，其中制曲、酿酒的方法被后人称为世界上第一部酿酒工艺学。

制曲是酿酒的基础。在《齐民要术》中记载了11种造曲法[①]。其中，神曲六种（包括三斛麦曲、河东神曲、卧曲和三种神曲），笨曲三种（焦麦曲、秦州春酒曲、颐曲），白醪曲、女曲各一种。神曲和笨曲是依据其酿酒的效率而得名。当时酿酒的效率以"杀米"（即曲和原料间的比例）来表示。神曲的效率高于笨曲，神曲一斗杀米少则一石八斗，多至四石，多用于酿造冬酒；笨曲一斗杀米仅七八斗，多用于春夏酒。白醪曲的效率则介于二者之间，用于夏酒。北朝时期，造曲的原料主要为小麦，各种曲的制造方法大同小异。大体过程是：小麦分别用蒸、炒、生磨等方法处理后合和，加水搅拌（拌曲），做成团，放入曲房，进行微生物发酵，经摆放、翻个、聚拢、再装入瓮里，用泥封住瓮口。取出后，再经穿绳、晾晒，便成曲饼。在制曲的过程中，要注意原料的湿度、温度和曲房的密闭。《齐民要术》中用"太泽""绝强""刚""小刚""微刚""微泡泡"等来表示干湿度。有的曲中还添加了药物，如桑叶、苍耳、艾、茱萸等，使酒具有特殊的风味，并借以促进霉菌的生长。

《齐民要术》中记载了40种酿酒方法。从这些记载可知，当时的酿酒技术已有较高的水平，主要表现在以下几方面。

其一，重视酿酒原料的质量。当时用于酿酒的原料有黍米、秫米、糯米、稻米、粟米、粳米、粱米、穄米等及部分果品，对其质量的要求很严。如造酒用料中有杂质容易引起酒的变质，所以造酒时，米粒必须完整，"其米绝令精细。淘米可二十遍"[②]。又如渍曲法："初下酿，用黍米四斗，再馏弱炊，必令均熟，勿使坚刚、生减也。"[③] 为了保证同步糖化酒化，饭要求熟透弱软。

其二，能依据曲势消融情况分批投放原料。如《齐民要术·造神曲并酒》曰[①]：

> 造神曲黍米酒方：初下用米一石，次酘五斗，又四斗，又三斗，以渐待米消即酘，无令势不相及。味足、沸定为熟。气味虽正，沸未息者，曲势未尽，宜更酘之；不酘则酒味苦、薄矣。得所者，酒味轻香，实胜凡曲。

酘，即投。以渐，慢慢地。无令，不使。势，力量、势头，这里指曲力，曲势。沸定，指不再冒气泡了。薄，淡薄。上文的大意是：造神曲黍米酒时，初投用米一石，次投用米五斗，第三次投米四斗，第四次投米三斗，慢慢地等待前次投入的米消化完，立即投米，不能让曲无力而不能很好地消化米。当酒味已足，且不再冒气泡时就是酒酿熟了。气味虽正，但还在冒气泡，是曲力未尽，宜再投米：不投米酒味就淡薄、发苦了。投米适当，酒味就清香，确实胜过一般曲酿的酒。可见，分批投料是用足曲势、保证酒质的重要技术。

其三，认识到水质、温度对酿酒的影响。认为"河水第一好，远河者取极甘井水，小咸则不佳"，有条件的人家，"作曲、浸曲、炊、酿，一切悉用河水。无手力之家，乃用甘井水耳"[②]。由于温度对酿酒有影响，因此强调"十月桑落、初冻则收水，酿者为上"，十月是最好的酿酒时间。春天和夏天酿酒，水就要用"沸汤"冷却后浸曲。天冷时酿酒，要适当用谷类植物的茎秆等裹护（"茹瓮"）保温，但不能太厚，以防止"伤热"；寒冬下曲汁时，要漉出在锅中温好，不要过热，然后下黍，否则就会"伤冷"。

其四，出现了浸制药酒。《齐民要术·笨曲并酒》记载了泡药用酒的酿造方法，如"浸药酒法"[③]："以此酒浸五茄木皮，及一切药，皆有益，神效。"

---

①②③　[北魏]贾思勰：《齐民要术》卷七。

这种酒有神奇的效果，对身体非常有益。当时还能制作速成药酒①："酒一斗；胡椒六十枚，干姜一分，鸡舌香一分，荜拨六枚，下筛，绢囊盛，内酒中。一宿，蜜一升和之。"这种速成药酒配制方法当时称"和酒法"。

（二）作奶酪

北朝时期，乳制品的原料包括牛、羊、马乳，但似以羊乳为主。当时乳制品的加工有作酪法、作干酪法、作漉酪法、作马酪酵法、抨酥法等方法。其中，奶酪是当时最受喜欢的饮料食品之一。加工奶酪是从挤奶开始的，《齐民要术·养羊》中讲述了挤奶的注意事项，特别指出②，挤奶时必须考虑羊羔和牛犊的需要，"三分之中，当留一分，以与羔、犊"。挤好的奶，需慢火煎煮，然后过滤。"于铛釜中缓炎煎之"，"四五沸便止"，"以张生绢袋子，滤熟乳，著瓦瓶子中卧之"。过滤后的熟奶，进一步加工便可制成奶酪③：

> 滤乳讫，以先成甜酪为酵——大率熟乳一升，用酪半匙——著杓中，以匙痛搅令散，泻著熟乳中，仍以杓搅使均调。以毡、絮之属，茹瓶令暖。良久，以单布盖之。明旦酪成。
>
> 若去城中远，无熟酪作酵者，急揄醋飧，研熟以为酵——大率一斗乳，下一匙飧——搅令均调，亦得成。其酢酪为酵者，酪亦醋；甜酵伤多，酪亦醋。

醋飧，指酸浆水饭。酢酪，酸酪。上文叙述了制作奶酪的方法。文中提到的制酪发酵剂有甜酪、酸酪和酸浆水饭三种，此三物中均可获取制作奶酪所需的接种剂——乳酸菌。

（三）酿醋

醋是一种重要的调味品，古称醯、酢或苦酒。我国古代制醋业源远流长，前文已经提及，西周时就有专管酱醋业的职官"醯人"。汉代，随着制曲技术的提高，醋的品种不断增多。北朝时期，酿醋技术有了进一步的发

---

① ［北魏］贾思勰：《齐民要术》卷七。
②③ 同上，卷六。

展。《齐民要术》中记载了20多种酿醋之法，所用原料有粟米、秫米、粳米、黍米、大麦、小麦、大豆、小豆、白粟米、苍粟米、烧饼、麦麸、粟糠、乌梅、蜜等，几乎与今日酿醋原料相差无几。催化剂大多用麦曲，也使用笨曲和黄蒸，有的还加入酒糟、醋醅（醋糟）或醋浆等。现举例说明。

以谷物为原料的酿醋法：先利用酒曲将原料中的淀粉转化为糖，并进一步转化为乙醇。之后，利用醋酸菌将酒中的乙醇氧化生成醋酸，便是醋了。如大酢法[①]："七月七日取水作之。大率麦䴷一斗，勿扬簸；水三斗；粟米熟饭三斗，摊令冷。任瓮大小，依法加之，以满为限。先下麦䴷，次下水，次下饭，直置勿搅之。以绵幕瓮口，拔刀横瓮上。一七日，旦，着井花水一碗。三七日，旦，又着一碗，便熟。常置一瓠瓢于瓮，以挹酢；若用湿器、咸器内瓮中，则坏酢味也。"

以水果、蜂蜜为原料的酿醋法：直接把糖发酵为乙醇，再把乙醇发酵为醋酸。《齐民要术》中所载桃酢、蜜苦酒、外国苦酒等都属于此类醋。如桃酢法[②]："桃烂自零者，收取，内之于瓮中，以物盖口。七日之后，既烂，漉去皮核，密封闭之。三七日酢成，香美可食。"

以酒和酒糟为原料之酿醋法：直接把酒和酒糟中的乙醇转化为醋酸，方法比较简便。《齐民要术》中所记的酒糟酢、回酒酢、动酒酢等都属于此类醋。如动酒酢法[③]：

> 春酒压讫而动不中饮者，皆可作酢。大率酒一斗，用水三斗，合瓮盛，置日中曝之。雨则盆盖之，勿令水入；晴还去盆。七日后当臭，衣生，勿得怪也，但停置，勿移动、挠搅之。数十日，醋成，衣沈，反更香美。日久弥佳。

是时，还出现了速成醋法，如作乌梅苦酒，《齐民要术》引《食经》曰[④]：

---

① ③ ④ ［北魏］贾思勰：《齐民要术》卷八。
② 同上，卷四。

442

乌梅苦酒法：乌梅去核一升许肉，以五升苦酒渍数日，曝干，捣作屑。欲食，辄投水中，即成醋尔。

另外，由《齐民要术》所载多种酿醋法可知，酿醋的关键技术在于原料的斟量、温度的控制及发酵菌类的生长。原料要根据不同的情况，分多次投放，直到味道合适，发酵停止。在这个过程中，还要经常汲冷水浇瓮外，"引去热气"，同时又要防止生水进入瓮中。这些都跟酿酒有相似之处。《齐民要术》注意到在酿醋的过程中，一些微生物的生长和变化。其中一种叫"衣"。衣是在酿醋过程中，在醪液表面形成的菌膜。"衣生"，表示正在发酵；"衣沉"，表示发酵成熟。还有一种微生物叫"白醭"。白醭是不同于"衣"的杂菌，它会分解醋酸，使酸变坏，必须除去，而办法就是不停地搅动，"不搅则生白醭，生白醭则不好"[①]。搅动能防止这种杂菌的滋生蔓延。等到"衣"生之后就不要再搅动了，直到醋成熟。

（四）作酱

酱也是一种重要的调味品。郑玄注《周礼·天官·醢人》曰："凡醯、酱所合。"据此，酱和醋应是同时代的产物。《齐民要术》中共记载了16种酱的制作方法。其中，豆酱一种、肉酱四种、鱼酱四种、榆子酱一种、麦酱一种、虾酱一种、藏蟹两种、芥子酱两种。由于作肉酱和鱼酱时可用不同的肉和鱼，因此又可作出不同的肉酱和鱼酱。如肉酱，"牛、羊、獐、鹿、兔皆得作"；卒成肉酱，"牛、羊、獐、鹿、兔、生鱼，皆得作"；鲜鱼酱，鲤、鲭、鳢、鲚、鲐鱼等皆可作。总之，北朝时期酱的品种丰富多样，足以满足当时的需要。是时，关于酱的命名也颇有意思。在《齐民要术》中，豆酱是用大豆制作的酱，仅用"酱"一字专指。而其他用肉、蔬、果及多种原料混合制成的酱，其名多与原料有关，如干鲚鱼酱、榆子酱、麦酱、虾酱、燥脡等。前文已谈及肉酱、鱼酱，这里仅叙述豆酱的制作方法，其他酱不再一一赘述。在《齐民要术·作酱等法》中，从生产的时间、原料的选用和处理、

---

① ［北魏］贾思勰：《齐民要术》卷八。

酱曲的制作、豆酱的发酵等环节，全面地记述了豆酱的生产过程、工艺及制作要领。①

豆酱生产的时间，"十二月、正月为上时，二月为中时，三月为下时"②。腊月、正月是一年当中气温最低的两个月份，此时有利于抑制有害微生物的生长繁殖，尤其容易防止产酸菌的侵入。因此，是生产豆酱的"上时"，最适宜的投料季节。

制作豆酱，选用"用春种乌豆"最佳。原因是"春豆粒小而均，晚豆粒大而杂"③。春种乌豆，即春天播种的黑大豆。其豆粒饱满均匀，豆粒虽小，但其内有用物质丰厚，又便于处理。对春种乌豆的处理分为干蒸、湿蒸两个步骤。干蒸是为了脱皮，湿蒸才是使其熟透。干蒸的工艺是，把春种乌豆放到大甑中，干蒸半天。倒出来，再装上，让料上下翻转，使豆子普遍蒸透。然后用灰压住火，以文火焖一夜。待用牙咬看豆粒内部发黑熟透时，倒出晒干。如果要用杵臼捣去豆皮外壳时，就把豆子再装入甑中，继续用气蒸，再倒出来晒一天。这样做的目的是舂去豆皮时豆粒不易碎。第二天用簸箕簸净豆皮，拣去碎粒，即成没有黑皮的、豆粒呈黄颜色的"豆黄"。湿蒸的工艺是，把干蒸后的无皮豆黄浸渍于热水中，经过一定时间的浸润泡软，用手揉搓，淘去余下的黑皮，滤掉水分，放置于甑中，蒸约一顿饭的工夫，再倒在席子上，摊平冷却，即成熟"豆黄"。

在对大豆进行干蒸、湿蒸加工的同时，还要预先处理辅料："预前，日曝白盐、黄蒸、草蒿、麦曲，令极干燥。"④即制酱发酵前要预先准备好食盐、酱曲、麦曲和香料（草蒿），并使它们保持非常的干燥状态。这种做法有一定的科学依据。将原料中的杂物去掉，可以免去苦涩的味道；除去原料的水分与湿气可以防止酿造过程发生酸败现象；添加"黄蒸令酱赤美，草蒿令酱芬芳"，即达到酱香浓郁、色泽鲜美的目的。

制作豆酱，关键要先制用于发酵的酱曲。《齐民要术》中介绍了一种作酱曲的方法——密封制曲醋法。先按照各种原辅料的配合比例配料："大率豆

---

① 赵建民：《〈齐民要术〉制酱技术及酱的烹饪应用》，《扬州大学烹饪学报》2008年第4期。
②③④ ［北魏］贾思勰：《齐民要术》卷八。

444

黄三斗，曲末一斗，黄蒸末一斗，白盐五升，蒿子三指一撮。"① 然后，将配好的料全部置于盆中调和均匀，并用手使劲揉搓，使其浸润透彻。再放到专用的瓮中，用手按压结实，一定要装得结实瓮满，否则不易成熟。最后，还要加盖盖住瓮口，并用湿泥把瓮口封严，不得漏气。待曲醭成熟后，打开封泥，曲醭应该有纵向或横向的开缝与裂纹，瓮的周围也与曲醭剥离开，到处都长满了长长的菌丝。掏出全部曲醭，捣碎结块，把两瓮曲醭的料分成三个瓮装好。制曲有不同的周期，"腊月五七日，正月、二月四七日，三月三七日"。这就是说，由于气温的高低决定了酱曲生产周期的长短。腊月气温最低，周期需五个七天，即 35 天；正月、二月气温渐趋回升，周期缩短为四个七天，即 28 天；三月气温渐暖，周期更可缩短为三个七天，即 21 天了。

原料、酱曲等都准备好了，接下来就是制酱。首先，是调制面浆②：

> 日未出前汲井花水，于盆中以燥盐和之。率一石水，用盐三斗，澄取清汁。又取黄蒸于小盆内没盐汁浸之。捋取黄渖，漉去滓，合盐汁泻着瓮中。

调制面浆，要取用清晨日出以前的井水，在盆里面将食盐溶化，一石水溶解三斗盐，沉淀后取用上面的清汁。再将黄蒸浸泡于少许盐水中，分散融化后滤去渣滓，取其黄色汁液，然后连同盐水一并倒入装有曲醭的瓮中。

然后，是晒酱。晒酱实际上就是促使酱发酵的过程，其方法是③：

> 仰瓮口曝之……十日内，每日数度以杷彻底搅之。十日后，每日辄一搅。三十日止。雨即盖瓮，无令水入。水入则生虫。每经雨后，辄须一搅。解后二十日堪食，然要百日始熟耳。

从加水调和作成酱之后，20 天便可以尝新。但酱要达到完全成熟则需要

---

①②③ ［北魏］贾思勰：《齐民要术》卷八。

100 天，这就是至今流行在民间的"百日酱"。

（五）作豉

豉作为一种调味品，至迟在秦汉时即已出现。东汉刘熙《释名·释饮食》曰："豉，嗜也。五味调和，须之而成。"即五味中少不了豉。有关豉汁（或豉清）的记载，始见于三国。曹植《七步诗》曰："煮豆持作羹，漉豉以为汁。"显然，用豉汁来调味可能已是当时比较流行的做法。北朝时期，豆豉仍然是重要的调味品，但豉汁可能用得更多。《齐民要术》中记录了近80 条用豆豉、豉汁调味的内容。其中用豉汁 51 条，约占 63%。在《齐民要术·作豉法》中记载了四种豉的制作方法①：作豉法、《食经》作豉法、家理食豉法和麦豉法。以原料对豉分类，前 3 种豉的原料是豆，是为豆豉；后一种豉的原料是小麦粉，是为麦豉。以发酵时是否加盐来分类，作豉法和家理食豉法不加盐，为淡豉；《食经》作豉法和麦豉法加盐，为咸豉。现以"作豉法"为例，说明豆豉的制作过程及技术②。

其一，选择制豉的场所和时间。制豉先作"暖荫屋"，即半地下室的密闭暖屋。地下掘二三尺深，屋以草盖，泥塞窗户，开仅能容人出入的小门，其上再加藁杆编成的门苫，"无令风及虫、鼠入也"。这样的制豉场所能保持较高的室温。制豉时间是以"四五月为上时，七月二十日后八月为中时，余月亦皆得作"。将作豆豉的时间扩大到全年，还分为上中下三等，这是作豉技术的进步。但因豉坯生长的菌主要是黄曲霉（黄衣），在 30—35 ℃时培养，其蛋白酶和淀粉酶的酶活性最高。当时尚难控制室温，"然冬夏大寒大热，极难调适"。所以，要凭丰富的制豉经验，选择合适的时间，以获得适宜的温度，"常以四孟月（四个季度的第一个月）十日后作者，易成而好。大率常令温如人腋下为佳，若等不调，宁伤冷不伤热。冷则穰覆还暖，热则臭败矣"。这为豆豉生产提供了经验性的时间标准和温度标准。

其二，选料。据《齐民要术·作豉法》记载，豆豉原料"用陈豆弥好，新豆尚湿，生熟难均故也"。是时，制豉近似于作坊生产，所以原料用量相

---

① ［北魏］贾思勰：《齐民要术》卷八。
② 杨坚：《我国古代豆豉的加工研究》，《古今农业》1999 年第 1 期。

当大："三间屋，得作百石豆。二十石为一聚"，而且"极少者，犹须十石为一聚"。其目的是为了保证生产豆豉所需的温度："若三五石，不自暖，难得所，故须以十石为率"。对料豆处理：先"净扬簸"，除去品相不好的豆及杂物。再以"大釜煮之"。煮到"申舒如饲牛豆，掐软便止"的程度即可。要防止过度或不足，"伤熟则豉烂"。

其三，制豉。制作豆豉，要先制豆曲（豉坯）。把煮好的料豆"漉着净地摊之，冬宜小暖，夏须极冷，乃内荫屋中聚置"。然后，把聚置堆放的料豆翻堆。其目的，一是散热，使料豆的温度低于"人腋下暖"；二是防止料豆粘连，造成菌丝难以深入豆内生长。《齐民要术·作豉法》记述了翻堆的方法 [①]：

> 翻法：以杷杴略取。堆里冷豆为新堆之心，以次更略，乃至于尽。冷者自然在内，暖者自然居外。还作尖堆，勿令婆陀。一日再候，中暖更翻，还如前法作尖堆。若热汤人手者，即为失节伤热矣。凡四五度翻，内外均暖，微着白衣，于新翻讫时，便小拨峰头令平，团团如车轮，豆轮厚二尺许乃止。复以手候，暖则还翻。翻讫，以杷平豆，令渐薄，厚一尺五寸许。第三翻，一尺；第四翻，厚六寸。豆便内外均暖，悉着白衣，豉为粗定。

杴，同锨。略，同掠。婆陀，即陂陀，指平缓而不陡。汤，同烫。翻堆时，杷、锨同时使用，从外层掠取冷豆，使之变为新堆的中心。翻堆的过程：从"聚置""尖堆"到"豆轮"；再逐渐降低其厚度至"二尺许""一尺五寸许""一尺""六寸"，直到豆堆内外温度一致，"悉着白衣，豉为粗定"。此后，"乃生黄衣。复摊豆令厚三寸，便闭户三日"。其中，豆堆的厚薄随豆堆的温度而定，"冷即须微厚，热则须微薄，尤须以意斟量之"。

为了保证制曲成功，"三日开户，复以东西作垄耩豆"，在此过程中要防

---

① ［北魏］贾思勰：《齐民要术》卷八。

止豆着地，"豆若着地，即便烂矣"。等到"豆著黄衣，色均足，出豆于屋外，净扬簸去衣"，再清洗附着在豆曲表面的大量孢子和菌丝[1]：

> 扬簸讫，以大瓮盛半瓮水，内豆著瓮中，以杷急抨之使净。若初煮豆伤熟者，急手抨净即漉出；若初煮豆微生，则抨净宜小停之。使豆小软则熟，太软则豉烂。水多则难净，是以正须半瓮尔。漉出，著筐中，令半筐许，一人捉筐，一人更汲水于瓮上就筐中淋之，急斗擞筐，令极净，水清乃止。淘不净，令豉苦。漉水尽，委著席上。

豆曲经过洗曲之后，即可加入辅料，入窖（装瓮）发酵。装瓮入窖均需使豆紧实，入窖时窖底要铺二三尺厚的谷糠，上面覆席。然后，"使一人在窖中，以脚摄豆，令坚实"，并且还要"掩席覆之"，席上堆谷糠，"厚二三尺许，复镊令坚实"。发酵的时间："夏停十日，春秋十二三日，冬十五日，便熟。"豆豉制成后，如不能及时消费，必须晒干，以便保存。所以，古代豆豉多为干豆豉，极少水豆豉。

豉汁可由煮豉获得。如《齐民要术·作豉法》"作麦豉法"条记载[2]："用时，全饼着汤中煮之，色足漉出。削去皮粗，还举。一饼得数遍煮用。热、香、美，乃胜豆豉。打破，汤浸研用亦得；然汁浊，不如全煮汁清也。"

二、制造

北朝时期，通过生产制造得到的调味品主要有盐、糖和植物油。

（一）制盐

作为调味品的食盐，其重要性不言而喻。魏晋南北朝时期，食盐除海盐外，还有井盐、池盐和岩盐。由于当时制盐比较粗简，成品盐含有较多的杂质。为了提高食盐的质量，人们不断探求食盐提纯技术。北朝时期，人们

---

[1][2] ［北魏］贾思勰：《齐民要术》卷八。

至少已掌握了两种食盐提纯的方法：一是造花盐法，提纯精制一种细而洁白的食盐；二是造印盐法，提纯制造一种盐粒较大、呈方形结晶的食盐。对此《齐民要术·常满盐花盐》曰[①]：

> 造花盐、印盐法：五月中旱时，取水二斗，以盐一斗投水中，令消尽；又以盐投之，水咸极，则盐不复消融。易器淘治沙汰之，澄去垢土，泻清汁于净器中。盐甚白，不废常用。又一石还得八斗汁，亦无多损。好日无风尘时，日中曝令成盐，浮即接取，便是花盐，厚薄光泽似钟乳。久不接取，即成印盐，大如豆粒，四方，千百相似。成印辄沈，漉取之。花、印二盐，白如珂雪，其味又美。

另外，《齐民要术·常满盐花盐》中还介绍了如何节省盐的方法，如造常满盐法[②]："以不津瓮受十石者一口，置庭中石上，以白盐满之，以甘水沃之，令上恒有游水。须用时，挹取，煎，即成盐。还以甘水添之，取一升，添一升。日曝之，热盛，还即成盐，永不穷尽。风尘阴雨则盖，天晴净，还仰。若用黄盐、咸水者，盐汁则苦，是以必须白盐、甘水。"

（二）制糖

我国最早制造的糖类是麦芽糖。利用麦芽糖化淀粉，由滤去米渣后的糖化液汁熬制而成。其中，较强厚的称为"饧"，较稀弱的称为"饴"，干饴饧则称"餦餭"。周朝，麦芽糖已出现。如《诗经·大雅·绵》曰："周原膴膴，堇荼如饴。"在肥沃的岐周平原上，生长着堇和荼，像饴一样甜。把堇菜、荼菜的味道比做饴，也说明了当时的人们已经十分熟悉饴糖了。《礼记·内则》曰："予事父母，枣栗饴蜜以甘之。"可见，当时饴糖成为人们日常生活中一种比较高贵的食品，用以供养父母，以尽孝心。战国时期，南方也会制造麦芽糖了，屈原《楚辞·招魂》曰："粔籹、蜜饵，有餦餭。"汉代，麦芽糖更为多见，就连皇宫内也喜欢这种甜品了。《后汉书·皇后纪》

---

①② ［北魏］贾思勰：《齐民要术》卷八。

记载，明德马皇后（汉章帝即位后尊为皇太后）对汉章帝说 ①："吾但当含饴弄孙，不能复关政矣。"不过当时"饴餔可以养老自幼" ②，即饴饧主要供老人和小孩食用。给小孩食用称为"哺"，哺又通"餔"，因而又有"饧餔"的说法。

《齐民要术》中最早记载了制作麦芽糖的技术：第一步制蘖，第二步熬糖。关于制蘖，《齐民要术·黄衣黄蒸及蘖》作蘖法条记载了各种蘖的制作方法 ③：

> 八月中作。盆中浸小麦，即倾去水，日曝之。一日一度着水，即去之。脚生，布麦于席上，厚二寸许。一日一度，以水浇之，牙生便止。即散收，令干，勿使饼；饼成则不复任用。此煮白饧蘖。若煮黑饧，即待芽生青，成饼，然后以刀剥取，干之。欲令饧如琥珀色者，以大麦为其蘖。

蘖，即麦芽。脚生，指小麦种子萌发时最初长出的幼根。芽生青，指幼芽继续生长，由白转青。成饼，指根芽相互盘结成一片。从上文可知，制蘖时间大约在农历八月中。小麦发白芽蘖制白饧，小麦发青芽成饼蘖制黑饧，大麦蘖则制琥珀饧。

《齐民要术·饧餔》中记载了白饧、黑饧、琥珀饧、餔，以及引《食经》《食次》中有关熬糖的方法 ④。如熬白饧法：用白芽蘖末。锅要擦得干净发亮，既不能有斑迹，更不能沾油。否则，熬出的糖会带黑色。锅上还要加锅盖圈，以防止熬糖时沸涨漫溢。蘖与米之间的比例是"蘖末五升杀米一石"。米必微舂，淘洗数十遍使之干净。米煮成饭后，摊开散热，不等冷透，就放在盆中和以蘖末，并搅拌均匀，再连盆一起放入底上有小孔的瓮内。把饭摊平，但不要用手按。然后，用棉被覆盖盆瓮，使之发热。若在冬天，还要包

---

① ［南朝宋］范晔：《后汉书》卷十。
②④ ［北魏］贾思勰：《齐民要术》卷九。
③ 同上，卷八。

草。冬季需要覆盖一整天，夏季大约半天。待加糵的饭发酵成糖糟，将覆盖物取开。接着，用滚开水淋糟，使滚水高出糟面一尺多，停止淋水。用棍子上下搅和均匀后，约停一顿饭时间，移去瓮中糟渣，取盆中糖汁熬煮。每当锅内糖汁煮涨，就添加两杓糖汁，火力要缓。等到盆中糖汁添完，估计锅内糖汁不会沸溢，就加上锅盖圈。煮糖人站在锅边，用杓不停地扬糖汁，不能中停。否则，糖汁要熬焦变黑。估计糖汁浓度达到要求，就停止烧火。等到所熬糖汁全部冷透，才能出锅。是时，制作饧、饴的原料米主要有粱米、黍米、秫稻米、白秫米等。所制的麦芽糖不同，糵与米间的比例也不同，如制白饧，糵末五升杀米一石；而黑饧，糵末一斗杀米一石；琥珀饧，糵末一斗杀米一石；餔，糵末一斗六升杀米一石。至于熬糖之法皆大同小异。

甘蔗产于南方，从甘蔗中榨取糖汁所制的糖称为蔗糖。在北朝的地域中不产甘蔗，当然也不产蔗糖。但在北魏前期，北方也应有产于南方的甘蔗了。如《宋书·张畅传》中记载[1]，北魏太平真君十二年（450），太武帝南征彭城时，差人向张畅求取甘蔗等南方特产。同时，人们已经知晓了蔗糖的制法。《齐民要术·五谷果蓏菜茹非中物产者》引《异物志》曰[2]："甘蔗，远近皆有。交趾所产甘蔗特醇好，本末无薄厚，其味至均。围数寸，长丈余，颇似竹。斩而食之，既甘；迮取汁为饴饧，名之曰'糖'，益复珍也。又煎而曝之，既凝如冰，破如博棋，食之，入口消释，时人谓之'石蜜'者也"。当时，把蔗糖称为"石蜜"，这是我国关于蔗糖制造的最早记载。另外，东汉许慎《说文解字》中，没有"糖"字，上文中的"糖"字，则是第一次出现在古汉语文献中。

（三）榨油

关于油的使用，先秦时，菜肴用油主要是动物性的油——脂和膏。汉代，人们已学会了榨取各种植物油的技术，如豆油、菜籽油和麻籽油的制法。胡麻传入中原后，又出现了芝麻油，也称麻油，俗称香油。北朝时期，植物油已较多地用于烹饪，《齐民要术·炙法》炙豚法条记载，烤乳猪

---

① ［南朝梁］沈约：《宋书》卷五十九。
② ［北魏］贾思勰：《齐民要术》卷十。

时即用到了麻油①："取新猪膏极白净者，涂拭勿住。若无新猪膏，净麻油亦行得"。

是时，像芝麻（胡麻）、荏子（白苏）、麻子（大麻）、蔓菁等作物都可用来榨取植物油。如"今世有白胡麻、八棱胡麻。白者油多，人可以为饭，惟治脱之烦也"②。蔓菁"一顷收子二百石，输与压油家"③；"荏子秋未成……收子压取油，可以煮饼。荏油色绿可爱，其气香美，煮饼亚胡麻油，而胜麻子脂膏。麻子脂膏，并有腥气。"④在《齐民要术》中虽然没有榨油过程的描述，但通过上述记载表明，北朝继承和发扬了汉代的榨油技术，并且能辨别油质的优劣。

① ［北魏］贾思勰:《齐民要术》卷九。
② 同上，卷二。
③④ 同上，卷三。

参考文献

一、文献

［1］［东汉］班固：《汉书》。

［2］［南朝宋］范晔：《后汉书》。

［3］［西晋］陈寿：《三国志》。

［4］［唐］房玄龄等：《晋书》。

［5］［南朝梁］沈约：《宋书》。

［6］［南朝梁］萧子显：《南齐书》。

［7］［北齐］魏收：《魏书》。

［8］［唐］李百药：《北齐书》。

［9］［唐］令孤德棻：《周书》。

［10］［唐］魏徵：《隋书》。

［11］［唐］李延寿：《南史》。

［12］［唐］李延寿：《北史》。

［13］［唐］姚思廉：《梁书》。

［14］［后晋］刘昫：《旧唐书》。

［15］［宋］欧阳修宋祁：《新唐书》。

［16］［元］脱脱：《宋史》。

［17］［元］脱脱：《金史》。

［18］［秦］吕不韦：《吕氏春秋》卷六。

［19］［西汉］刘安：《淮南子》卷三《天文训》。

［20］［东汉］刘熙：《释名》卷四。

［21］［北魏］贾思勰：《齐民要术》。

［22］［北魏］郦道元：《水经注》。

［23］［北魏］张丘建：《张丘建算经》。

［24］［北周］甄鸾注：《数术记遗》。

［25］［北齐］颜之推：《颜氏家训》卷五。

［26］［东魏］杨衒之：《洛阳伽蓝记》。

［27］［北周］甄鸾：《五曹算经》。

［28］［北周］甄鸾：《五经算术》。

［29］［晋］葛洪：《肘后备急方》。

［30］［梁］慧皎：《高僧传》。

［31］［隋］费长房：《历代三宝记》卷九。

［32］［唐］李淳风注释：《孙子算经》。

［33］［唐］孔颖达：《春秋左传注疏·定公八年》。

［34］［唐］杜佑：《通典》。

［35］［唐］徐坚：《初学记》卷二十五。

［36］［唐］道宣：《续高僧传》。

［37］［唐］李林甫：《唐六典》卷十四。

［38］［唐］法琳：《辩正论》卷三。

［39］［宋］曾公亮、丁度：《武经总要·前集》。

［40］［宋］司马光：《资治通鉴》卷一百一十四。

［41］［元］王祯：《农书》。

［42］［明］崔铣：《嘉靖彰德府志》卷八。

［43］［明］徐光启：《农政全书》卷二十一。

［44］［清］阮元：《畴人传》。

［45］［清］朱彝尊：《曝书亭集》卷五十五。

［46］［清］戴震：《四库全书提要·孙子算经提要》。

［47］［清］阎镇珩：《六典通考》。

［48］［清］周中孚：《郑堂读书记》卷四十五。

［49］［清］永瑢、纪昀：《四库全书总目提要》卷七十二。

二、专著

［1］白尚恕：《九章算术注释》，科学出版社1983年版。

［2］陈邦贤：《中国医学史》，团结出版社2006年版。

［3］陈美东：《古历新探》，辽宁教育出版社1995年版。

［4］陈桥驿：《〈水经注〉研究》，天津古籍出版社1985年版。

［5］陈桥驿、叶光庭、叶扬注：《水经注全译》，贵州人民出版社1996年版。

［6］戴念祖：《中国力学史》，河北教育出版社1988年版。

［7］杜石然：《中国科学技术史稿》，科学出版社1985年版。

［8］范祥雍：《洛阳伽蓝记校注》，上海古籍出版社2011年版。

［9］国家计量总局、中国历史博物馆：《中国古代度量衡图集》，文物出版社1984年版。

［10］郭盛炽：《中国古代的计时科学》，科学出版社1988年版。

［11］纪志刚：《南北朝隋唐数学》，河北科学技术出版社2000年版。

［12］江晓原：《天学真原》，辽宁教育出版社1991年版。

［13］江灏、钱宗武译注：《今古文尚书全译》，贵州人民出版社1990年版。

［14］华同旭：《中国漏刻》，安徽科技出版社1991年版。

［15］华印椿：《中国珠算史稿》，中国财政经济出版社1987年版。

［16］李继闵：《东方数学典籍〈九章算术〉及其刘徽注研究》，陕西人民教育出版社1990年版。

［17］李经纬：《中医史》，海南出版社2009年版。

［18］李经纬、林昭庚：《中国医学通史·古代卷》，人民卫生出版社2000年版。

［19］李凭：《北魏平城时代》，社会科学文献出版社2000年版。

［20］黎翔凤：《管子校注》，中华书局2009年版。

［21］李俨、杜石然：《中国数学简史（上册）》，中华书局 1963 年版。

［22］刘敦帧：《中国古代建筑史》，中国建筑工业出版社 2005 年版。

［23］梁家勉：《中国农业科学技术史稿》，农业出版社 1989 年版。

［24］梁宗巨：《世界数学史简编》，辽宁人民出版社 1981 年版。

［25］马衡：《凡将斋金石丛稿》，中华书局 1997 年版。

［26］缪启愉：《齐民要术校释》，农业出版社 1998 年版。

［27］缪启愉：《〈齐民要术〉导读》，巴蜀书社 1988 年版。

［28］潘谷西：《中国建筑史》，中国建筑工业出版社 2003 年版。

［29］钱宝琮：《中国数学史》，科学出版社 1964 年版。

［30］钱宝琮校点：《算经十书》（下册），中华书局 1963 年版。

［31］丘光明：《中国物理学史大系计量史》，湖南教育出版社 2002 年版。

［32］石声汉：《齐民要术今释》，中华书局 2013 年版。

［33］石云里：《中国古代科学技术史纲》（天文学卷），辽宁教育出版社
1999 年版。

［34］山东中医学院：《针灸甲乙经校释》，人民卫生出版社 1979 年版。

［35］沈康身：《中算导论》，上海教育出版社 1986 年版。

［36］汤用彤：《汉魏两晋南北朝佛教史》（增订本），北京大学出版社
2011 年版。

［37］田雨译注：《历代名画记》，黄山出版社 2012 年版。

［38］谢成侠：《中国养牛羊史（附养鹿简史）》，农业出版社 1985 年版。

［39］许莼舫：《中国算术故事》，中国青年出版社 1965 年版。

［40］许作民：《邺都佚志辑校注》，中州古籍出版社 1996 年版。

［41］叶秀山：《前苏格拉底哲学研究》，人民出版社 1982 年版。

［42］阴发鲁，许树安：《中国文化史》，北京大学出版社 1991 年版。

［43］游修龄：《〈齐民要术〉及其作者贾思勰》，人民出版社 1976 年版。

［44］曾雄生：《中国农学史》，福建人民出版社 2008 年版。

［45］张润生、陈士俊、程慧芳：《中国古代科技名人传》，中国青年出
版社 1981 年版。

［46］赵一德:《云冈石窟文化》,北岳文艺出版社 1998 年版。

［47］中国硅酸盐学会:《中国陶瓷史》,文物出版社 1982 年版。

［48］中国科学院自然史研究所:《中国古代建筑技术史》,科学出版社 1985 年版。

［49］中国科学院自然科学史研究所:《中国古代科技成就》,中国青年出版社 1978 年版。

［50］中国科学院自然科学史研究所地学史组:《中国古代地理学史》,科学出版社 1984 年版。

［51］中国丝绸博物馆:《中国丝绸博物馆》,浙江大学出版社 2018 年版。

［52］中国天文学史整理研究小组:《中国天文学史》,科学出版社 1981 年版。

［53］中外数学简史编写组:《中国数学简史》,山东教育出版社 1986 年版。

［54］周祖谟:《洛阳伽蓝记校释》,中华书局 2010 年版。

［55］朱大渭、张泽咸:《中国封建社会经济史》,齐鲁书社 1996 年版。

［56］朱谦之校辑:《新辑本桓谭新论》,中华书局 2009 年版。

［57］庄威凤、王立兴:《中国古代天象记录总集》,江苏科技出版社 1988 年版。

［58］(英)李约瑟:《中国科学技术史》(第 3 卷),科学出版社 1978 年版。

［59］(英)李约瑟:《中国科学技术史》(第 4 卷),科学出版社 1975 年版。

［60］(日)三上义夫:《中国算学之特色》商务印书馆 1933 年版。

［61］(西汉)刘歆:《山海经》,燕山出版社 2001 年版。

［62］(东晋)常璩:《华阳国志》,刘琳校注,时代出版社 2007 年版。

［63］(东晋)法显:《佛国记》,郭鹏注译,长春出版社 1999 年版。

［64］(唐)刘知几著:《史通》,黄寿成校点,辽宁教育出版社 1997 年版。

［65］(晋)王叔和:《脉经》(影印元·广勤书堂本),人民卫生出版社 1956 年版。

［66］（宋）陈思：《宋代书论之书小史》，水采田译注，湖南美术出版社1999年版。

三、论文

［1］北京钢铁学院金属材料系中心试验室：《河南渑池窖藏铁器检验报告》，《文物》1976年第8期。

［2］薄树人：《关于马上漏刻的第四、第五种推测》，《自然科学史研究》1995年第2期。

［3］曹臣明：《浅谈大同操场城北魏一号遗址的性质》，载《北朝研究》，科学出版社2008年版，第122—126页。

［4］曹道衡：《关于杨衒之〈洛阳伽蓝记〉的几个问题》，《文学遗产》2001年第3期。

［5］曹胜高：《论东汉洛阳城的布局与营造思想》，《洛阳师范学院学报》2005年第6期。

［6］陈金标：《〈齐民要术〉中的“饼法”》，《中国烹饪研究》1994年第3期。

［7］陈梦家：《亩制与里制》，《考古》1966年第1期。

［8］陈美东：《张子信》，载杜石然：《中国古代科学家传记》（上集），科学出版社1992年版，第274—278页。

［9］陈寅恪：《崔浩与寇谦之》，载《金明馆丛稿初编》，读书·生活·新知三联书店2001年版。

［10］陈志辉：《隋唐以前之七曜历术源流新证》，《上海交通大学学报》（哲学社会科学版）2009年版第4期。

［11］崔为、王姝琛：《姚僧垣与〈集验方〉》，《长春中医药大学学报》2006年第3期。

［12］崔赢午：《魏晋南北朝时期太医制度简述》，《长春教育学院学报》2009年第1期。

［13］大同市博物馆、山西省文物工作委员会：《大同方山北魏永固陵》，

《文物》1978 年第 7 期。

[14] 大同市博物馆：《大同北魏方山思远佛寺遗址发掘报告》，《文物》
2007 年第 4 期。

[15] 杜玉生：《北魏洛阳城内出土的瓷器与釉陶器》，《考古》1991 年第
12 期。

[16] 杜玉生、肖淮雁、钱国祥：《北魏洛阳外廓城和水道的勘察》，《考
古》1993 年第 7 期。

[17] 杜永清、李海、吕仕儒：《"东后魏尺"考》，《物理通报》2011 年
第 8 期。

[18] 冯礼贵：《甄鸾及其五曹算经》，载吴文俊主编：《中国数学史论文
集》（二），山东教育出版社 1986 年版。

[19] 冯立升：《数术记遗及甄鸾注研究》，《内蒙古师范大学学报》（自然
科学版）1989 年科学史增刊。

[20] 冯立升：《张丘建算经的成书年代》，载李迪：《数学史研究文集》
（第 1 集），内蒙古大学出版社 1991 年，第 46—49 页。

[21] 冯沂：《山东临沂朱陈古瓷窑址调查》，《考古》1989 年第 3 期。

[22] 冯先铭：《河南巩县古窑址调查纪要》，《文物》1959 年第 4 期。

[23] 冯先铭：《河北磁县贾壁村隋青瓷窑址初探》，《考古》1959 年第
10 期。

[24] 傅晶：《魏晋南北朝园林史研究》，天津大学博士学位论文 2003 年。

[25] 高振儒：《关于孙子算经编纂年代的考证》，《山西大学学报》（哲学
社会科学版）1982 年增刊。

[26] 郭济桥：《邺南城的宫城形制》，《殷都学刊》2013 年第 2 期。

[27] 郭盛炽：《马上漏刻辨》，《自然科学史研究》1995 年第 2 期。

[28] 山东淄博陶瓷史编写组：《山东淄博市寨里北朝青瓷窑址调查纪
要》，文物编辑委员会：《中国古代窑址调查发掘报告集》，文物出版社 1984
年版，第 360—373 页。

[29] 阚绪良：《〈齐民要术〉卷前〈杂说〉非贾氏所作新证》，《安徽广

播电视大学学报》2003年第4期。

［30］河南博物馆、安阳地区文化局：《河南安阳隋代瓷窑址的试掘》，《文物》1977年第4期。

［31］河南省文物考古研究所：《河南巩义市白河窑遗址发掘简报》，《华夏考古》2011年第1期。

［32］侯娟颖：《〈洛阳伽蓝记〉创作背景及动机浅论》，《太原城市职业技术学院学报》2008年第1期。

［33］胡戟：《唐代度量衡与亩里制度》，《西北大学学报》1980年第4期。

［34］华同旭：《秤漏的结构及其稳流原理》，《自然科学史研究》2004年第1期。

［35］黄道诚：《先秦至汉代的司法检验论略》，《河北大学学报》（哲学社会科学版）2008年第3期。

［36］黎瑶渤：《辽宁北票县西官营子北燕冯素弗墓》，《文物》1973年第3期。

［37］李宝宗，原瑕：《我国原始瓷起源问题再议》，《中原文物》2015年第4期。

［38］李迪，冯立升：《谢察微算经试探》，李迪：《数学史研究文集》（第3集），内蒙古大学出版社1992年版，第58—65页。

［39］李海：《北魏纺织技术研究》，《山西大同大学学报》（自然学科版）2016年第4期。

［40］李海：《北魏天文学成就初探》，《山西大同大学学报》（自然学科版）2007年第1期。

［41］李海：《北魏平城中的宫城布局研究》，《山西大同大学学报》（山西大同大学学报）2015年第3期。

［42］李海：《北魏平城明堂初步研究》，《科学技术与辩证法》1996年第5期。

［43］李海：《北魏铁浑仪考》，《自然辩证法通讯》1988年第3期。

［44］李海：《北魏医学成就初探》，《山西大同大学学报》（自然科学版）

2016 年第 6 期。

　　［45］李海：《大同府文庙沿革》，《文物世界》2011 年第 2 期。

　　［46］李海、崔玉芳：《李兰漏刻——中国古代计时器的重大发明》，《雁北师范学院学报》2002 年第 2 期。

　　［47］李海、吕仕儒：《北魏旱地农业技术研究》，《山西大同大学学报》（自然科学版）2014 年第 4 期。

　　［48］李海、吕仕儒：《北魏孝文帝对度量衡改革及其影响》，《山西大同大学学报》（自然科学版）2013 年第 4 期。

　　［49］李海、吕仕儒，高海：《北魏尺度及其对后世的影响》，《山西大同大学学报》（自然科学版）2010 年第 4 期。

　　［50］李海、王怡：《北魏乐律学研究》，《山西大同大学学报》（自然科学版）2015 年第 6 期。

　　［51］李家治：《科学技术研究在陶瓷考古中的应用》，载《科技考古论丛》，中国科学技术大学出版社 1991 年版，第 18 页。

　　［52］李久昌：《北魏洛阳里坊制度及其特点》，《学术交流》2007 年第 7 期。

　　［53］李培业：《〈数术记遗〉中的算器研究（一）》，《新理财》2002 年第 4 期。

　　［54］李培业：《〈数术记遗〉中的算器研究（二）》，《新理财》2002 年第 5 期。

　　［55］李强：《马上漏刻考》，《自然科学史研究》1990 年第 4 期。

　　［56］李清，梅晓萍：《魏晋南北朝僧医的医学成就》，《辽宁中医药大学学报》2009 年第 2 期。

　　［57］李书谦：《虢季墓出土的玉柄铁剑和铜内铁援戈》，《中原文物》2006 年第 6 期。

　　［58］李兆华：《张丘建算经中的等差数列问题》，《内蒙古师范学院学报》（自然科学版）1982 年第 1 期。

　　［59］梁中效：《〈水经注〉中的三国城市文化地理》，《西华师范大学学报》（哲学社会科学版）2014 年第 4 期。

［60］刘钝：《提出百鸡问题的张丘建》，载许义夫：《山东古代科学家》，山东教育出版社 1992 年版，第 200—208 页。

［61］刘心健、陈自经：《山东苍山发现东汉永初纪年铁刀》，《文物》1974 年第 12 期。

［62］罗哲文：《石窟寺》，载《中国古建筑学术讲座文集》，中国展望出版社 1986 年版。

［63］洛阳汉魏故城队：《河南洛阳汉魏故城北魏宫城阊阖门遗址》，《考古》2003 年第 7 期。

［64］骆钦，华骆英：《中国何时出现杆秤》，《中国计量》2005 年第 3 期。

［65］马曼丽：《宋云丝路之行初探》，《青海社会科学》1985 年第 4 期。

［66］渑池县文化馆、河南博物馆：《渑池县发现的古代窖藏铁器》，《文物》1976 年第 8 期。

［67］内丘县文物保管所：《河北省内丘县邢窑调查简报》，《文物》1987 年第 9 期。

［68］钱宝琮：《孙子算经考》，载《钱宝琮科学史论文选集》，科学出版社 1993 年版，第 15—22 页。

［69］钱先友：《李兰秤漏的一种可能结构及其平均流速稳定原理》，《自然科学史研究》2007 年第 1 期。

［70］邱隆：《中国历代度量衡单位量值表及说明》，《中国计量》2006 年第 10 期。

［71］邱庞同：《魏晋南北朝菜肴史——〈中国菜肴史〉节选》，《扬州大学烹饪学报》2001 年第 2 期。

［72］山东大学历史系考古专业：《山东省泰安县中淳于古代瓷窑遗址调查》，《考古》1986 年第 1 期。

［73］山东大学历史系考古专业、枣庄市博物馆：《山东枣庄中陈郝窑》，《考古学报》1989 年第 3 期。

［74］山东淄博陶瓷史编写组：《山东淄博市寨里北朝青瓷窑址调查纪要》，载文物编辑委员会：《中国古代窑址调查发掘报告集》，文物出版社

1984 年版，第 360—373 页。

［75］沈康身：《数书九章大衍类算题中的数论命题》，《杭州大学学报》（自然科学版）1986 年第 4 期。

［76］沈仲常：《四川昭化宝轮镇南北朝时期的崖墓》，《考古学报》1959 年第 2 期。

［77］唐云明：《藁城台西商代遗址》，《河北学刊》1984 年第 8 期。

［78］万国鼎：《〈齐民要术〉所记农业技术及其在中国农业技术史上的地位》，《南京农学院学报》1956 年第 1 期。

［79］王德埙：《论楚、瑟、平三个调与公孙崇的七弦琴仲吕宫弦式》，《中国音乐学》1992 年第 2 期。

［80］王东，陈徐：《洛阳北魏元乂墓的星象图》，《文物》1974 年第 12 期。

［81］王建国：《〈洛阳伽蓝记〉的作者及创作年代辩证》，《江汉论坛》2009 年第 10 期。

［82］王能河：《魏晋南北朝时期的医学教育》，《云南中医学院学报》2006 年第 1 期。

［83］王青建：《〈古算筹考释〉研究》，《自然科学史研究》1998 年第 2 期。

［84］王晓卫：《北朝自然科学中的中亚因子》，《贵州大学学报》1997 年第 4 期。

［85］吴慧：《魏晋南北朝隋唐的度量衡》，《中国社会经济史研究》1982 年第 3 期。

［86］席泽宗：《中、朝、日三国古代的新星记录及其在射电天文中的意义》，《天文学报》1965 年第 1 期。

［87］新疆维吾尔自治区博物馆：《"丝绸之路"上新发现的汉唐织物》，《文物》1972 年第 3 期。

［88］新疆维吾尔自治区博物馆：《吐鲁番县阿斯塔那—哈拉和卓古墓群发掘简报》，《文物》1973 年第 10 期。

［89］辛长青：《羌族建筑家王遇考略》，《文史哲》1993 年第 3 期。

［90］邢丙彦：《〈"平齐民"与"平齐户"试释〉商榷》，《上海师范大学学报》（哲学社会科学版）1983 年第 4 期。

［91］许鑫铜：《孙子算经首创开方法中的超位退位定位法》，《华东师范大学学报》（自然科学版）1987 年第 1 期。

［92］徐州市博物馆：《江苏徐州市户部山青瓷窑址调查简报》，《华夏考古》2003 年第 3 期。

［93］徐州市博物馆：《徐州发现东汉建初二年五十湅钢剑》，《文物》1979 年第 7 期。

［94］薛瑞泽：《曹操对邺城的经营》，《黄河科技大学学报》2012 年第 2 期。

［95］杨坚：《〈齐民要术〉中农产品加工的研究》，南京农业大学博士学位论文 2004 年。

［96］杨坚：《〈齐民要术〉所记载的肉食加工与烹饪方法初探》，《中国农史》2004 年第 3 期。

［97］杨坚：《〈齐民要术〉中的鱼类加工技术研析》，《中国会议·饮食文化研究》2008 年第 2 期。

［98］杨坚：《我国古代豆豉的加工研究》，《古今农业》1999 年第 1 期。

［99］杨九龙：《〈齐民要术〉农学体系结构研究》，《西北农林科技大学学报》（社会科学版）2007 年第 3 期。

［100］严敦杰：《南北朝算学书志》，《图书季刊》1940 年第 2 期。

［101］严辉：《北魏永宁寺建筑师郭安兴事迹的新发现及相关问题》，《中原文物》2004 年第 5 期。

［102］颜世明：《宋云、惠生行记研究》，《青海民族大学学报》2016 年第 4 期。

［103］邺城考古工作队：《河北临漳县邺南城遗址勘探与发掘》，《考古》1997 年第 3 期。

［104］伊世同：《量天尺考》，《文物》1978 年第 2 期。

［105］殷宪：《北魏平城考述》，载《北朝研究》（第七辑），科学出版社

2008 年版。

［106］张勇盛：《北朝瓷器研究》，南京大学硕士学位论文 2013 年。

［107］张志忠：《大同古城的变迁》，《晋阳学刊》2008 年第 2 期。

［108］赵建民：《〈齐民要术〉制酱技术及酱的烹饪应用》，《扬州大学烹饪学报》2008 年第 4 期。

［109］赵荣：《魏晋南北朝时期的中国地理学研究》，《自然科学史研究》1994 年第 1 期。

［110］赵有臣：《〈徐之范墓志铭〉之出土带来对"徐王"的新见识》，《医古文知识》1993 年第 2 期。

［111］中国科学院考古研究所洛阳工作队：《汉魏洛阳城一号房址和出土的瓦文》，《考古》1973 年第 4 期。

［112］中国科学院考古研究所洛阳工作队：《汉魏洛阳城初步调查》，《考古》1973 年第 4 期。

［113］钟晓青：《北魏洛阳永宁寺塔复原探讨》，《考古》1988 年第 5 期。

［114］朱岩石、何利群、郭济桥：《河北临漳县邺城遗址赵彭城北朝佛寺遗址的勘探与发掘》，《考古》2010 年第 7 期。

［115］周全忠：《汉徐岳〈数术记遗〉"宫算"辩真》，《齐鲁珠算》1997 年第 4 期。

［116］周仁、李家治：《中国历代名窑陶瓷工艺的初步科学总结》，《考古学报》1960 年第 1 期。

［117］周升华：《论杂户的界定与北朝杂户的构成》，《乐山师范学院学报》2012 年第 3 期。

［118］周昕：《"锋"考》，《中国科技史料》2003 年第 1 期。

后 记

1996—2000 年，我就读于雁北师范学院物理系，当时李海教授任系书记。1999 年，李老师为我们讲授"物理学史""科技写作"等课程。在李老师的指引下，我开始走向科技史之路。

2010 年前后，李老师在一份邮件中告诉我，准备写一部关于北朝科技史的书，拟由我们几位同学每人负责一部分。在往来的邮件中，李老师和我拟定了书的内容范围、提纲结构等。但后来由于同学们各忙其事，"分担"的计划未能落地。我知道李老师一直在做北朝时期的科技史研究，且多有独到之处，未曾想，他退休之后仍然笔耕不止，要写"北朝科技史"著作。

2011 年我博士毕业，留在内蒙古师范大学从事科技史的教学与研究工作。和李老师见面，大约都是在学术会议期间，李老师喜欢和我聊天，每一次都要聊"北朝科技史"一书的写作进度和遇到的困难。李老师每写完一章，都要发给我。我只做了一点小修改和提示。其实李老师长期做学报编辑，行文十分严谨，几乎无可挑剔。

2017 年 5 月 13 日至 14 日，"第 19 届全国物理学史学术年会"在山西大学召开，李老师作为该专业委员会副主任委员参会并发言。会前我们几位同学与李老师一起吃了顿饭，会后我和李老师一起游览山西地质博物馆。但未曾想到这竟是最后一次相聚！

受李老师爱人张兰英老师之托，将李老师的书稿整理完善，并将之出版。我诚惶诚恐，担心能力有限，有负于李老师。一年之余，全心投入，在书稿的完善、校正、编排、插图、删改等琐事上花了一些时间，但愿不负李老师之愿。

感谢内蒙古社科规划办资助本书的出版！

感谢上海交通大学关增建教授欣然为本书作序！

感谢上海人民出版社舒光浩先生和屠毅力博士的辛勤劳动！

段海龙

2018 年 9 月 10 日于呼和浩特

图书在版编目(CIP)数据

北朝科技史/李海,段海龙著. —上海:上海人
民出版社,2019
ISBN 978-7-208-12847-7

Ⅰ.①北… Ⅱ.①李… ②段… Ⅲ.①科学技术-技
术史-中国-北朝时代 Ⅳ.①N092

中国版本图书馆 CIP 数据核字(2019)第 206435 号

责任编辑 屠毅力 舒光浩
封面设计 胡 斌 刘健敏

北朝科技史
李 海 段海龙 著

出 版 上海人民出版社
(200001 上海福建中路 193 号)
发 行 上海人民出版社发行中心
印 刷 常熟市新骅印刷有限公司
开 本 720×1000 1/16
印 张 30
插 页 2
字 数 435,000
版 次 2019 年 11 月第 1 版
印 次 2019 年 11 月第 1 次印刷
ISBN 978-7-208-12847-7/D·2644
定 价 128.00 元